U0293625

3ds Max &VRay 效果图制作及疑难精解

宿晓辉　吴海霞　编　著

清华大学出版社
北　京

内容简介

本书详细讲解了VRay的灯光、材质功能及渲染参数设置，并通过大量的测试渲染对比和案例，让读者快速掌握VRay效果图的表现技法。这些案例包括地中海客厅、欧式客厅、卧室、卫生间、酒店包间、经理办公室、会议室、餐厅大堂、办公大厅等。书中还穿插常见疑难问题，让读者与实践知识链接，完全掌握软件技术。

为了方便读者的自学和创作，本书还制作了配套光盘，将本书所涉及的线架及相应的图片和用到的所有贴图等都收录在其中。

本书难度由浅入深，制作步骤详尽易懂，适用于3ds Max爱好者、室内效果图设计人员及培训班学员学习使用。

图书在版编目(CIP)数据

3ds Max & VRay效果图制作及疑难精解 / 宿晓辉，吴海霞编著. --北京：清华大学出版社，2013
ISBN 978-7-302-33584-9

Ⅰ. ①3… Ⅱ. ①宿… ②吴… Ⅲ. ①建筑装饰—计算机辅助设计—三维动画软件 Ⅳ. ①TU238-39

中国版本图书馆CIP数据核字(2013)第203924号

责任编辑：汤涌涛　杨作梅
封面设计：杨玉兰
责任校对：李玉萍
责任印制：沈　露

出版发行：清华大学出版社
　　网　　址：http://www.tup.com.cn，http://www.wqbook.com
　　地　　址：北京清华大学学研大厦A座　　**邮　　编**：100084
　　社 总 机：010-62770175　　**邮　　购**：010-62786544
　　投稿与读者服务：010-62776969，c-service@tup.tsinghua.edu.cn
　　质 量 反 馈：010-62772015，zhiliang@tup.tsinghua.edu.cn
　　课 件 下 载：http://www.tup.com.cn，010-62791865
印 装 者：北京亿浓世纪彩色印刷有限公司
经　　销：全国新华书店
开　　本：190mm×260mm　　**印　张**：21.75　　**字　　数**：525千字
　　附DVD光盘3张
版　　次：2013年10月第1版　　**印　　次**：2013年10月第1次印刷
印　　数：1～3000
定　　价：78.00元

产品编号：045427-01

本书导读

随着计算机硬件的不断升级，VRay 在室内外建筑装饰设计效果图的表现方面具有操作简捷、渲染速度快、渲染图像品质好等特点。结合光线跟踪和光能传递的渲染器，其真实的光线计算能创建专业的照明效果，可用于建筑设计、灯光设计、展示设计等多个领域。随着软件版本的不断升级，VRay 渲染器的功能也更趋于完善，在更多领域向人们展示了其强大的功能。

本书采用 3ds Max+VRay+Photoshop 的完美结合，详细讲述不同风格、种类的效果图案例的制作方法与应用技巧，从而使读者可以在较短的时间内彻底掌握。

■ 本书内容

本书内容丰富，知识全面，思路新颖，注重实践，具有很强的实用性、可操作性和指导性。相信读者在认真学完本书内容后，对效果图的制作水平能有一定的提高。全书共分 11 章，具体内容如下。

第 1 章：主要讲解效果图的基本概念和基本操作等常见使用技巧。

第 2 章：主要讲解效果图单体模型元素的建模技巧。

第 3 章：通过卫生间效果表现，详细解析了设计分析、建模、材质、灯光、渲染、后期处理等完整的效果图制作流程。

第 4 章：主要讲解卧室日、夜景材质以及灯光的处理技巧。

第 5 章：主要讲解简欧客厅空间材质、灯光的处理技巧。

第 6 章：主要讲述地中海客厅材质、灯光的处理技巧。

第 7 章：主要讲述经理办公室材质、灯光的处理技巧。

第 8 章：主要讲述酒店包间空间材质、灯光的处理技巧。

第 9 章：主要讲述餐厅大堂空间材质、灯光的处理技巧。

第 10 章：主要讲述会议室空间材质、灯光的处理技巧。

第 11 章：主要讲述办公大厅空间材质、灯光的处理技巧。

■ 本书特点

这是一本专门为广大室内设计人员解决常见疑难问题的重要指导书。本书以多个不同风格的效果图制作为例，并在用 VRay 进行渲染制作的过程中，采用你问我答的形式解决典型的问题。本书的作者长期使用 VRay 从事室内设计，应广大读者的需求，作者将数年来的经验和日常碰到的技术难点、问题、故障现象等进行精心的整理和分类，详细分析了这些故障产生的原因和解决办法，同时还介绍了大量实用的经验和技巧。

本书内容广泛，形式灵活，通过丰富的范例、细致的步骤和插图，将读者经常遇到的难点、障碍逐一化解、消除。本书不但是室内装潢设计人员排忧解难的宝典，同时也是高等院校电脑美术专业、室内设计专业培训班重要的配套教材。

■ 本书光盘

本书素材光盘中收录了书中所讲范例的线架文件、制作范例时用到的贴图文件及后期处理等所需要的一些素材，以便读者在制作效果图的过程中随时调用。所有案例的贴图文件及案例最终效果文件都放在相关章节的文件夹中。例如，第 9 章所涉及的文件就放在文件夹“第 9 章”中。如果读者在制作过程中遇到了疑难问题，则可以打开本书配套光盘中的相关文件加以对照、参考。

■ 本书编者

本书由宿晓辉执笔完成，参与本书编写的还有杜婕、朱晓平、孙冬蕾、黄晓光、高勇、丁仁武、苏德利、尼春雨、尚峰、沈虹廷等。另外，在本书的编写过程中，刑发达设计师为我们提供了部分经典案例，在此表示衷心的感谢。由于作者水平有限，书中难免存在一些不足之处，敬请广大读者指正，同时也希望读者能够对本书提出宝贵的意见。

编　者

目　　录

第1章

室内设计准备知识

室内设计作为环境艺术设计的一个重要组成部分，一直是室内设计专业的重要课程。要学好室内设计必须了解社会、了解时代，不断地完善自己，及时补充新知识。

1.1　室内设计概述

室内设计是根据建筑物的使用性质、所处环境和相应标准，运用物质技术手段和建筑设计原理，创造功能合理、舒适优美、满足人们物质和精神生活需要的室内环境。这一空间环境既具有使用价值，能满足相应的功能要求，同时也反映了历史文化、建筑风格、环境气氛等精神因素，并明确地把创造“满足人们物质和精神生活需要的室内环境”作为室内设计的目的。现代室内设计是综合的室内环境设计，它包括视觉环境和工程技术方面的问题，也包括声、光、热等物理环境以及氛围、意境等心理环境和文化内涵等内容。

1.2　室内设计的基础知识

室内设计的基础知识是室内设计师的必备知识，通过学习该基础知识，可以增加设计师的自身修养，为以后设计出成功作品打下基础。

1.2.1　室内设计的基本原则

室内设计的基本原则在设计方法中具有非常重要的位置。进行室内设计活动必须遵循一定的基本原则，功能、构造、情感、地点是室内设计应该研究的四大问题，这是从古至今世代相传的经验，也是设计师们对室内设计基本特性的规律性总结，它包含了技术与艺术的综合内容，体现了室内设计的目的性，是室内设计必须遵循的具有普遍性的基本原则。

1．功能

室内设计的功能体现在物质与精神两个方面。它以创造良好的室内环境为目的，把满足人们在室内进行工作、生活的要求放在首位。

室内设计的主要目的是为人们的生存活动创造一个理想场所。那么，只有使内部环境实用化、舒适化，才能使室内设计真正地学科化，才能充分满足使用功能。设计时不能单纯追求形式或突出技术，以致影响或破坏了使用功能，因此“实用”必须是第一位的。

2．构造

室内设计的目的在于营造一个能够满足需求的建筑空间，这些空间是通过完美的构造来实现的。构造包含技术、材料、结构方式等，成功的构造能够强化与提升使用功能。

构造中技术、材料与结构方式之间也是一种相互作用的关系。构造对建筑的影响主要有两个途径，一个是材料及技术的影响，一个是施工手段及程序的使用。二者共同形成的构造活动是真正实现设计目标的主要动力。

3．情感

设计是人具有的、创造性的高级情感活动，是通过空间语言符号表达出来的文化形式。

它是艺术创造个性与社会性、自我与非自我之间的相互交流，是人的潜意识与显意识综合起来的审美创造活动。

4．地点

室内设计中的“地点”是个极富弹性的概念，它包含多种不尽一致的含义，区域、环境、空间、角落等许多可变与不可变的因素，这些因素深深影响设计，并直接作用于我们的设计。所谓“地点”原则就是设计应该配合基地环境去进行。

功能、营造、情感、地点这四个方面的基本原则，同时体现了设计的目的与方法，前两项是关系设计创作的已知条件，这些条件的运用并不等于设计行为，关键是在情感激发之下运用“组合”中的“连贯”、“平衡”、“特征”等法则，使设计得以实现。设计的基本原则，实际上就是设计条件与设计思维的组合法则，没有这些法则的限制与激发，设计工作无法进行，设计本身也就失去了存在的意义。

1.2.2　室内环境色彩、构图、灯光

1．色彩

色彩的设计在室内设计中起着改变或者创造某种格调的作用，会给人带来某种视觉上的差异和艺术上的享受。人进入某个空间最初几秒钟内得到的印象75%是对色彩的感觉，然后才会去理解形体。所以，色彩是室内设计不能忽视的重要因素。在室内环境中的色彩设计要遵循一些基本的原则，这些原则可以更好地使色彩服务于整体的空间设计，从而达到最佳境界。

1) 整体统一的规律

在室内设计中色彩的和谐性就如同音乐的节奏与和声。在室内环境中，各种色彩相互作用于空间中，和谐与对比是最根本的关系，如何恰如其分地处理这种关系是营造室内空间气氛的关键。色彩的协调意味着色彩三要素——色相、明度和纯度之间的靠近，从而产生一种统一感，但要避免过于平淡、沉闷与单调。因此，色彩的和谐应表现为对比中的和谐、对比中的衬托(其中包括冷暖对比、明暗对比、纯度对比)。

色彩的对比是指色彩明度与彩度距离的远近。在室内装饰过多的对比，则会给人眼花和不安的感觉，甚至带来过分的刺激感。为此，掌握配色的原理，协调对比的关系则显得尤为重要。缤纷的色彩给室内设计增添了各种气氛，和谐是控制、完善与加强这种气氛的基本手段，一定要认真分析和谐与对比的关系，这样才能使室内色彩更富有意境。

2) 人对色彩的感觉规律

不同的色彩会给人带来不同的感觉，所以在确定居室与饰物的色彩时，要考虑感情色彩。比如，黑色一般只用作点缀色。试想，如果房间大面积运用黑色，人们在感情上恐怕就会难以接受，居住在这样的环境里，人的感觉也不舒服。如老年人适合具有稳定感的色系，沉稳的色彩也有利于老年人身心健康；青年人适合对比度较大的色系，这种色系可以让人感觉到时代的气息与生活节奏的快捷；儿童适合纯度较高的浅蓝、浅粉色系；运动员适合浅蓝、浅绿等颜色，以解除兴奋与疲劳；军人可用鲜艳色彩调剂军营的单调色彩；体

弱者可用橘黄、暖绿色，使其心情轻松愉快等。

3) 要满足室内空间的功能需求

不同的空间有着不同的使用功能，色彩的设计也要随功能的差异而作相应变化。室内空间可以利用色彩的明暗度来创造气氛。使用高明度色彩可获得光彩夺目的室内空间气氛；使用低明度的色彩和较暗的灯光来装饰，则给人一种“隐私性”和温馨之感。室内空间对人们的生活而言，往往具有一个长久性的概念，如办公、居室等这些空间的色彩在某些方面直接影响着人的生活，因此使用纯度较低的各种灰色可以获得一种安静、柔和、舒适的空间气氛。纯度较高的鲜艳色彩则可以营造出欢快、活泼与愉快的空间气氛。

4) 力求符合空间构图需要

室内色彩配置必须符合空间构图的需要，充分发挥室内色彩对空间的美化作用，正确处理协调和对比、统一与变化、主体与背景的关系。在进行室内色彩设计时，首先要设定好空间色彩的主色调。色彩的主色调在室内气氛中起主导、陪衬、烘托的作用。形成室内色彩主色调的因素很多，主要有室内色彩的明度、色度、纯度和对比度，其次要处理好统一与变化的关系，要求在统一的基础上求变化，这样容易取得良好的效果。为了取得统一又有变化的效果，大面积的色块不宜采用过分鲜艳的色彩，小面积的色块可适当提高色彩的明度和纯度。此外，室内色彩设计要体现出稳定感、韵律感和节奏感。为了达到空间色彩的稳定感，常采用上轻下重的色彩关系。室内色彩的起伏变化应形成一定的韵律和节奏感，注重色彩的规律性，否则就会使空间变得杂乱无章，成为败笔。

5) 将自然色彩融入室内空间

室内与室外环境空间是一个整体，室外色彩与室内色彩有相应的密切关系，它们并非孤立地存在。将自然的色彩引进室内，在室内创造自然色彩的气氛，可有效地加深人与自然的亲密关系。自然界的草地、树木、水池、石头等是装饰点缀室内色彩的一个重要内容，这些自然物的色彩极为丰富，它们可以给人一种轻松愉快的联想，并将人带入一种轻松自然的空间之中，同时也可让内外空间相融。大自然给了人类一个绚丽多彩的自然空间，人类往往也向往大自然，自然界的色彩必然能与人的审美情趣产生共鸣。室内设计师常从动植物的色彩中索取素材，仅从防火板系列来看，就有用仿大理石、仿花岗岩、仿原木等自然物来再现自然，能给人一种亲切、和谐之感。室内设计中充分考虑自然色彩来创造室内空间的自然气氛是人类所向往的，同时让人类回归自然也是室内设计的一个主题。

2．构图

室内效果图构图应力求适度饱满、适中、完整、相对平衡，从属物皆应错落有致，关联呼应，从而让观者产生主体明确、有条不紊的心理感受。而且，要适度地处理好“留白”、“外轮廓”，使画面更具有一定的艺术感。

1) 协调

设计最基本的要求是协调，应将所有的设计因素和原则结合在一起去创造协调。

2) 比例

房间的大小和形状将决定家具的总数和每件家具的大小，一个很小的房间挤满重而大的家具，既不实用也不美观。现代的室内倾向于使用少量的、尺度相当小的家具，以保持空间的开阔、空透，同时也要避免房间内的家具看起来似乎无关紧要。一组家具具有统一的比例能让人感到舒适。

3) 平衡

各部分的质量围绕一个中心焦点而处于均衡、安定的状态称为平衡、平衡状态能使人感到愉快。室内家具和其他的物体的感觉“质量”是由其大小、形状、色彩、质地决定的。在室内设计中必须考虑使其构图达到平衡，如果两物体大小相同，但一为亮黄色，一为灰色，则后者显得重。一般来说，粗糙的表面比光滑的表面显得重，有装饰的比无装饰的要显得重。

4) 韵律

迫使视觉从一部分自然、顺利地巡视至另一部分时的运动力量，来自韵律的设计。韵律原则在产生统一性方面极为重要，因为它使眼睛在某一特殊焦点上静止前已扫视整个室内，而如果眼睛从一个地点跳至另一地点，其结果会使视觉产生不适和干扰。

3．灯光

灯光是一种非常灵活与富有趣味的设计元素，可以成为室内气氛的催化剂，是室内空间的焦点及主题所在。一般而言，灯光的设计可以分为直接照明和间接照明两种。

1) 直接照明

直接照明的灯光泛指那些直射式的光线，如吊灯与射灯等。其光线直接散落在指定的位置上，投射出一圈圈的光影，起着照明或突出主题的作用，直接而且简单。图 1-1 所示为直接照明的灯光效果。

2) 间接照明

间接照明的灯光主要用于室内气氛的营造上，它的光线不直接照射到地面上，而是被置于壁槽、天花背后，光线被投射到墙上再反射至地面，朦胧的灯光温柔而浪漫，可以营造不同的意境。图 1-2 所示为间接照明的灯光效果。

图 1-1　直接照明的灯光效果

图 1-2　间接照明的灯光效果

1.2.3　室内设计中的灯具

在室内空间环境创造中，灯具除了发挥其基本功能照明作用外，还起到了创造光环境和造型的装饰作用，从这个意义上看，室内设计的照明设计应扩展为更全面的灯饰设计，即在满足空间照明质量的前提下注重它的装饰作用。

1. 吊灯

吊灯多用于客厅、卧室，其给人以热烈奔放、富丽堂皇而高雅的感受，适用于客厅和

卧室。吊灯的种类有很多，如单头吊灯、多头吊灯等，多头吊灯的管线长短不一，更会使居室情趣倍增。除传统的吊灯以外，相继出现突破传统形式的新式灯，如银河灯，室内垂吊的多根流星管犹如夜空中的银河一般，富有梦幻感。

吊灯在空间装饰中占有非常重要的位置，因此吊灯的风格直接影响整个客厅的风格。带金属装饰、玻璃装饰件的欧陆风情吊灯瑰丽精美，富丽堂皇；木制中国宫灯与日式灯具古色古香、纯朴典雅、富有民族气息；以不同颜色玻璃为罩的吊灯，往往内罩纯白，外罩天蓝色、雪青色、墨绿色或淡红色，色型为圆、椭圆、双曲线、抛物线与直线的组合，美观大方，充满时代气息；由成千上万只研磨的玻璃珠串接成的珠帘灯具，能折射出五彩光芒，给人以兴奋、耀眼、华丽的感受；而用飘柔的布、绸制的灯罩吊灯，清丽可人，柔和温馨。将吊灯的风格充分地融合在客厅的布置中，再配上适宜的灯光，会使空间的主色调气氛更加突出，如图 1-3 所示。

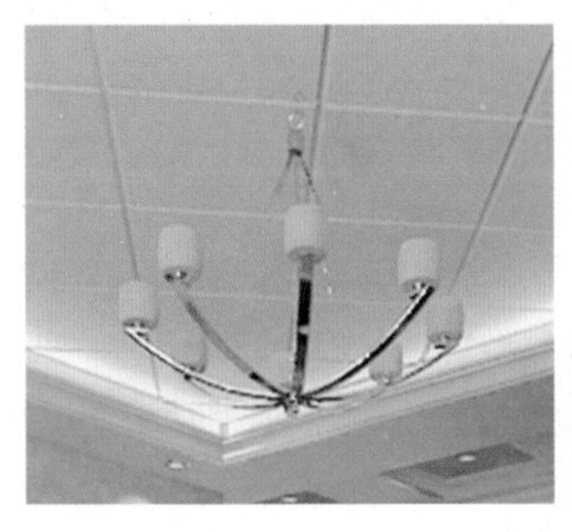

图 1-3　吊灯

2. 壁灯

壁灯柔和含蓄、温馨浪漫，适用于卧室，可与床或梳妆台组合，壁灯常用于辅助照明。常见的壁灯有床头壁灯、镜前壁灯、普通壁灯。床头壁灯大多装在床头的左上方，灯头可转动，光束集中，便于阅读。镜前壁灯多装饰在盥洗间镜子和化妆镜附近，淡雅和谐的光线可以把环境点缀得优雅、富丽，如图 1-4 所示。

图 1-4　壁灯

3. 吸顶灯

吸顶灯高雅温和，适用于卧室、高度较低的客厅及其他房间。其分为艺术造型吸顶灯、嵌入式吸顶灯、半嵌入式吸顶灯。以嵌入式吸顶灯为例，它的出光口有方形、圆形、椭圆形、菱形等。可根据设计意图布成多种图案，有效控制亮灯的位置与盏数，能创造照明新意境，有时明亮一片，有时幽雅浪漫，有时跳跃欢快，有时悠悠怡人。还会产生使人浮想联翩的朦胧照明，其散发的魅力不可抵挡，如图 1-5 所示。

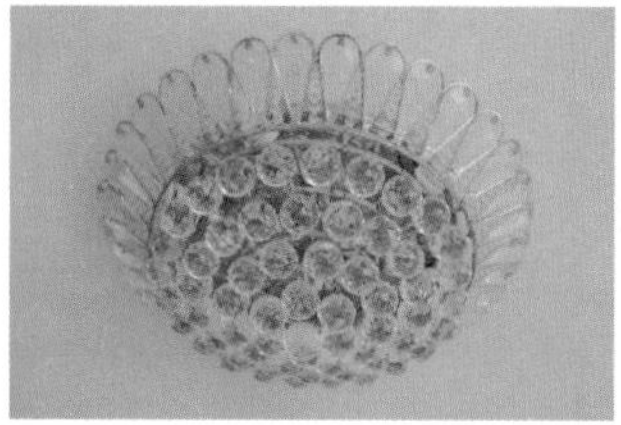
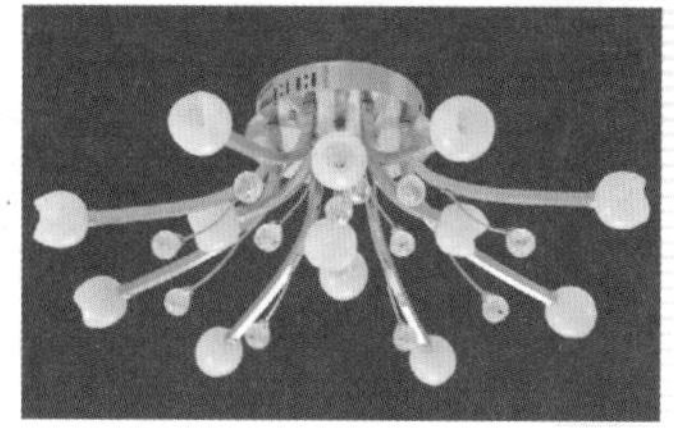

图 1-5　吸顶灯

4. 落地灯

落地灯形态多姿多彩，主要作为工艺品欣赏，可放在床头，一般多用于客厅和沙发旁边。

落地灯通常分为上照式落地灯和直照式落地灯两种。上照式落地灯的灯光光线照在天花板上，再漫反射下来，均匀散布在空间内。这种间接照明方式的光线较为柔和，对人眼刺激小，还能在一定程度上使人放松心情。直照式落地灯类似台灯，光线集中，既可以在关掉主光源后作为小区域的主灯，又可以通过和室内其他光源配合出光环境的变化。同时落地灯还可以凭自身独特的外观，成为居室内一种很好的摆设，如图 1-6 所示。

图 1-6　落地灯

5. 台灯

台灯常放于床头、写字台、沙发之间的案几、墙角柜、装饰架处。其分为工艺台灯和书写台灯。工艺台灯追求外观效果，以多样的材质和造型配合多样的家居装饰，具有多样的艺术造型和良好的装饰效果，如图 1-7 所示。

图 1-7　台灯

6. 射灯

射灯是典型的无主灯、无一定规模的现代流派照明，能营造室内照明气氛。若将一排小射灯组合起来，光线能变幻出奇妙的图案。由于小射灯可自由变换角度，组合照明的效果也千变万化。射灯光线柔和，雍容华贵，其也可局部采光，烘托气氛，如图 1-8 所示。

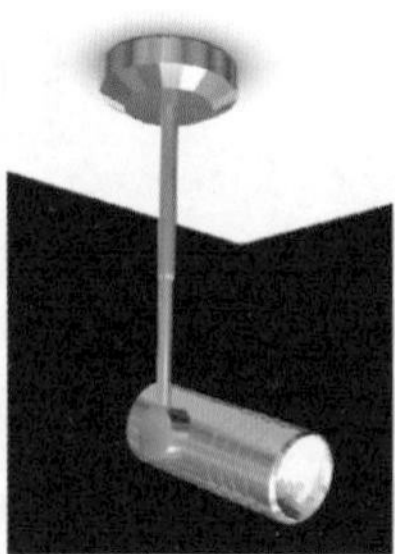

图 1-8　射灯

7. 筒灯

筒灯一般安装在卧室、客厅、卫生间的周边天棚上。这种嵌于天花板内部的隐置性灯具的所有光线都向下投射，它可用不同的反射器、镜片、百叶窗、灯泡来取得不同的光线效果。筒灯不占据空间，可增加空间的柔和气氛，试着装多盏筒灯还可营造出温馨的感觉。在选用筒灯时，要与顶灯、台灯、落地灯等各类灯具相配套，形成空间立体式的错落布置，使同一房间的灯饰在款式、色彩、材质和光色等方面保持统一的同时，还可进一步强化空间的格调。而不同房间的灯具在风格上可相互区别，各成体系，充分发挥灯具在塑造居室风格方面所起的独特作用，如图 1-39 所示。

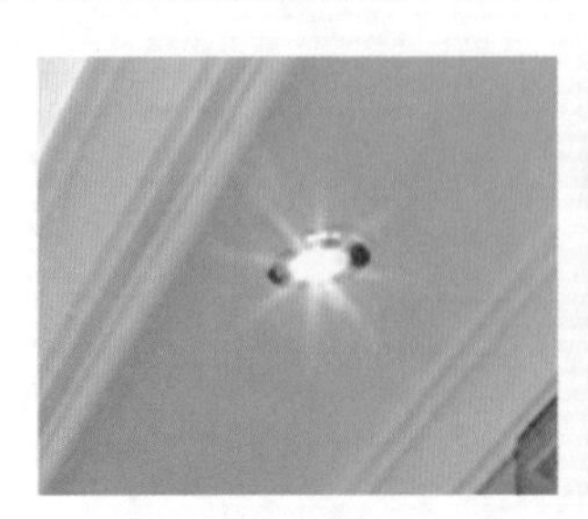

图 1-9　筒灯

以上介绍的灯饰每一种都具备它独特的魅力，在室内设计中各种灯具可相互辅助，在款式、色彩、材质和光色等方面保持统一，来强化空间的格调；然而灯具的风格又可在不同房间里相互区别各成体系，充分发挥其在塑造居室风格方面所起的独特作用。

1.2.4 家具的选择和布置原则

1．家具的类型与特点

家具是人们日常生活当中不可或缺的设施，也是室内空间构成的重要因素，家具按其与界面的处理关系和布置方式可分为移动家具和固定家具两种类型。移动家具是在界面装修完成后，才布置进室内的家具。固定家具是在室内装修中，为防止布置移动家具时与其他设施和部件发生不协调和产生琐碎感，根据界面造型及空间组合的特点，将家具与界面进行的整体造型设计。它能利用室内的边、角及高处空间，将整段空间腾出供人使用，有效提高了空间利用率。它利用墙、顶、壁面替代家具的一部分板或壁，提高了装饰材料的综合使用效率，有效降低了装修费用。

2．家具的功能与布置

从某种角度来讲家具是室内可移动的界面，它与人身体的接触最为密切，所以考虑人对家具的触觉感受就显得特别重要。

家具的主要功能包括：储藏，起居，展示，装饰，组织空间。

家具作为构成空间环境的重要因素，在选择与布置上要遵循以下原则。

1) 要满足空间的功能要求

根据实际行为需要配置家具，限制家具的合适数量，在注重造型的同时，不能忽视其多功能性和储藏能力。

2) 要与空间环境的格调相一致

主要是在家具的造型、色彩和质感与室内环境的配合关系上寻求格调的一致性。整体配套，能有效地形成室内空间环境的整体协调感。

3) 要与空间形态和尺度相协调

房间的平面形状和空间大小对家具的配置有具体要求，如在弧形平面位置布置较规则的家具时，就会使其组合显得有些牵强。而在较小空间中布置较大尺寸的家具时，就会使空间显得更拥挤。当其与室内空间的形态和尺度不协调时，会破坏空间的整体效果。

4) 要利用室内空间和流线

不同的家具布置组合方式对人在室内的活动区域和活动流线起到限定划分和引导的作用。要保证活动的流线方便通畅，活动的空间区域大小合适，互不干扰。

5) 应处理好家具与墙面的组合关系

通常，组合关系有两种：一种是分离布置，即室内家具等要素不遮挡墙面，并与墙面相呼应，突出墙面本身的造型效果；另一种是整体布置，即室内家具等要素与墙面形成前景与背景的整体造型效果，如图 1-10 所示。

图 1-10 家具的类型与布置举例

3．陈设的类型与布置

与家具相似，陈设一般具有实用性和装饰性双重作用。作为室内设计的构成要素，陈设更注重其造型的装饰作用。陈设对于调整空间重心，渲染空间气氛都能起到重要的作用。

从广义上看，一切东西都可作为室内陈设，其形式千姿百态，如窗帘、靠垫、壁画等织物类；书法、国画、油画等字画类；电视、冰箱、空调等电器类；陶器、瓷器等工艺器。若按陈设的性质和其在空间所表现的特征，可将其归纳为以下五种类型：①主题类陈设；②附设类陈设；③观赏性陈设；④设备类陈设；⑤商品类陈设。

陈设在室内空间的布置应遵循一定原则：陈设的选择应与相应的室内空间格调相一致。由于附设类陈设是室内要素的组成部分，所以它具有主体要素的特性，其造型、色彩和质感在空间组合构图中的表现应与室内环境格调相协调。陈设的数量要控制在合适的范围内，陈设布置的位置取决于陈设的类型和组织空间的要求。不同的陈设类型在室内空间的布置有其相应的特点和要求，附设类和设备类陈设多根据其在空间的功能作用确定其所布置的位置；而观赏类陈设可布置在墙、顶、地面上，或布置在家具上，或悬挂于空中，可布置于视觉中心位置，或布置于次要位置，偶然性比较大，无一定的法则可依。图 1-11 和图 1-12 所示为室内陈设。

图 1-11　家居装饰品组合陈设

图 1-12　壁炉上的陈设

1.3　3ds Max 轻松上手

3D Studio Max 常简称为 3ds Max 或 MAX，是 Autodesk 公司开发的基于 PC 系统的三维动画渲染和制作软件。在 Windows NT 系统出现以前，工业级的 CG 制作被 SGI 图形工作站所垄断。3D Studio Max + Windows NT 组合的出现立刻降低了 CG 制作的门槛，首先开始运用在电脑游戏中的动画制作，后来更进一步开始参与影视片的特效制作，例如《X 战警 II》，《最后的武士》等。

对于制作室内效果图来说，只需熟练掌握一些常用的命令和按钮功能，便可以在 3ds Max 虚拟的三维空间中尽情地发挥想象力，表现独特的设计理念，创造出精美绝伦的室内效果图。本节将介绍 3ds Max 的用户界面和主要工具的使用，至于更为详细的内容，将在后面章节中结合实例进行深入学习。

1.3.1　认识 3ds Max 用户界面

3ds Max 安装完成后，桌面上将生成快捷方式图标，双击它，即可启动 3ds Max 软件，如图 1-13 所示。

图 1-13　3ds Max 软件的启动界面

启动3ds Max 2012软件，进入3ds Max 2012系统后，即可看到如图1-14所示的初始界面。要使3ds Max中的某些对话框能在工作界面中完全显示，屏幕显示的分辨率必须在1024×768像素以上。

默认的工作界面比较暗，用户可以通过系统提供的其他方案来转换。方法是：依次选择菜单栏中的【自定义】|【加载自定义用户界面方案】命令，在弹出的【加载自定义用户界面方案】对话框中系统为用户提供了5种方案，如图1-15所示。这里我们选择ame-light.ui方案，其界面如图1-16所示。

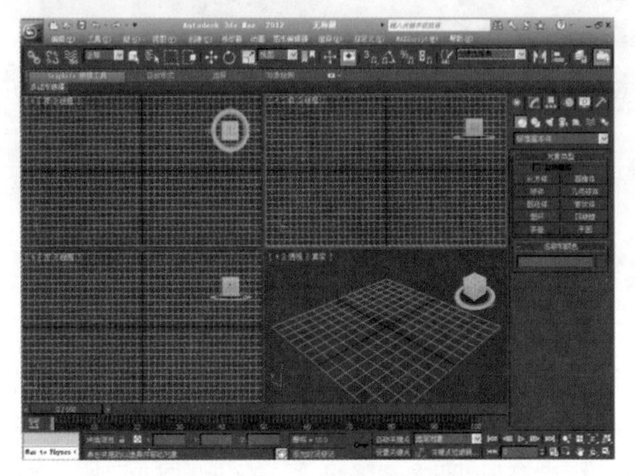

图1-14　3ds Max 2012初始界面

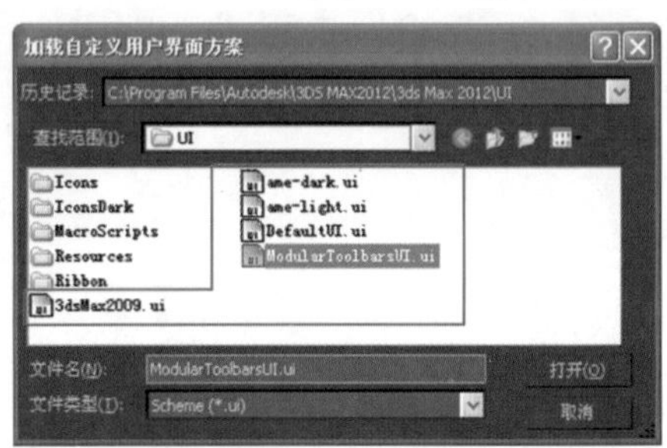

图1-15　【加载自定义用户界面方案】对话框

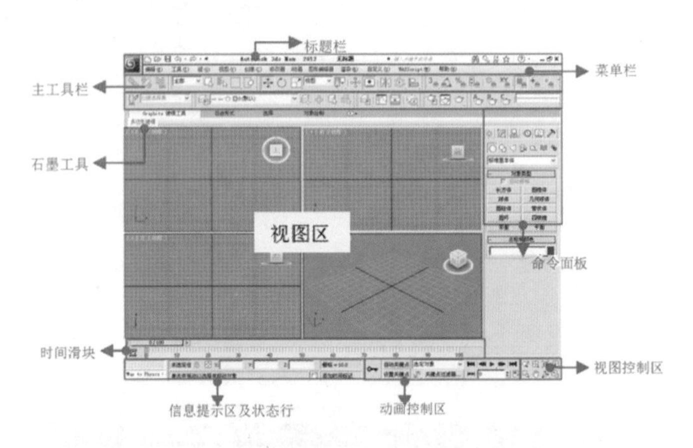

图1-16　3ds Max 2012的新界面

可以看到，3ds Max 2012的界面按照其功能大体可以分为以下几个区：标题栏、菜单栏、主工具栏、石墨工具、视图区、命令面板、时间滑块、视图控制区、动画控制区、信息提示区及状态行。

1．标题栏

3ds Max窗口的标题栏用于管理文件和查找信息，如图1-17所示。

图1-17　3ds Max 2012的标题栏

- 【应用程序】按钮：单击该按钮可显示文件处理命令的【应用程序】菜单。
- 【快速访问工具栏】：主要提供用于管理场景文件的常用命令。
- 【信息中心】：可用于查找有关 3ds Max 和其他 Autodesk 产品的信息。
- 【最小化】按钮：最小化窗口。
- 【最大化】按钮：最大化窗口，或将其还原为以前的尺寸。
- 【关闭】按钮：关闭应用程序。

2．菜单栏

菜单栏位于屏幕界面的上方，如图 1-18 所示。菜单中的命令项目如果带有省略号，表示会弹出相应的对话框，带有小箭头的项目表示还有下级菜单，有快捷键的命令右侧标有快捷键组合。大多数命令在主工具栏中都可以直接执行，不必进入菜单进行选择，熟悉 3ds Max 2012 中文版的用户会倾向于使用工具栏中的命令。

编辑(E)　工具(T)　组(G)　视图(V)　创建(C)　修改器　动画　图形编辑器　渲染(R)　自定义(U)　MAXScript(M)　帮助(H)

图 1-18　菜单栏

3．主工具栏

在 3ds Max 2012 中文版菜单行下有一行工具按钮，称为主工具栏，它为操作时大部分常用任务提供了快捷而直观的按钮和选项，其中一些在菜单命令中也有相应的命令。下面列出了部分常用命令按钮，可以展开的按钮和下拉列表也都打开了，如图 1-19 所示。

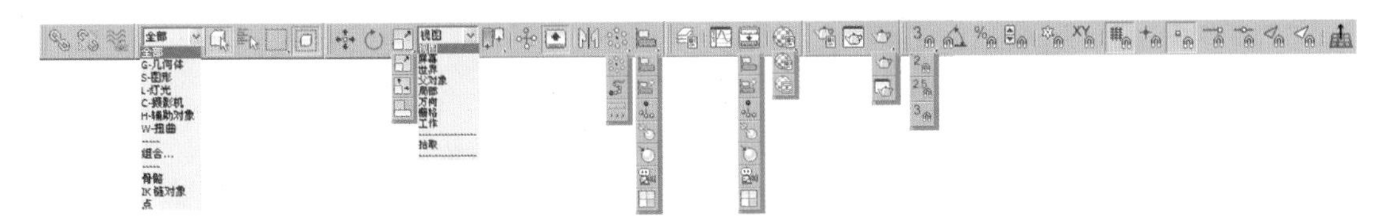

图 1-19　主工具栏

在主工具栏中，有部分按钮的右下角有一个小三角形标记，这表示此按钮下还隐藏有多重按钮选择。如在主工具栏的(矩形选择区域)按钮上按住左键不放，会弹出一列按钮，拖曳鼠标至相应的按钮图标上，就可以将按钮转换为需要选择的按钮。

命令按钮的图示制作得非常形象，用过几次后就会记住它。当鼠标箭头在按钮上停留几秒钟时，会出现这个按钮的中文命令提示，从而帮助用户了解这个按钮的功能。

另外，还有一些隐藏的工具，在工具栏的空白处右击，在弹出的右键快捷菜单中可以选择相应的工具，如图 1-20 所示。

自定义...
✔ 命令面板
✔ 主工具栏
轴约束
✔ 层
✔ 渲染
✔ 链接/取消链接
✔ 选择集
✔ 捕捉
✔ 编辑器
✔ 转换
✔ 渲染快捷方式
动画层
容器
MassFX 工具栏
笔刷预设

图 1-20　鼠标右键快捷菜单

4．石墨工具

PolyBoost 是由 Carl-Mikael Lagnecrantz 开发的 3ds Max 工具集，能快速有效地完成一系列 Poly 建模工作。PolyBoost 提供复杂而灵活

的 Poly 子对象选择，同时也有强大的模型辅助编辑工具、变换工具、UV 编辑工具、视口绘图工具等。PolyBoost 主要针对“可编辑多边形”开发，大部分功能在【编辑多边形修改器】中也可使用。石墨工具如图 1-21 所示。

图 1-21　石墨工具

5．视图区

视图区是进行操作的主要场所，几乎所有的操作，包括建模、赋材质、设置灯光等工作都要在此完成。

当首次打开 3ds Max 2012 中文版时，系统默认状态是以四个视图的划分方式显示的，它们是【顶】视图、【前】视图、【左】视图和【透视】视图，这是标准的划分方式，也是比较通用的划分方式，我们习惯在【顶】视图、【前】视图、【左】视图中调节图像以获得数据的准确性，而在【透视】视图中观察立体效果，如图 1-22 所示。

图 1-22　视图区形态

- 【顶】视图：显示物体从上往下看到的形态。
- 【前】视图：显示物体从前向后看到的形态。
- 【左】视图：显示物体从左向右看到的形态。
- 【透视】视图：一般用于观察物体的形态。

6．命令面板

在 3ds Max 2012 中，位于视图最右侧的是命令面板。命令面板集成了 3ds Max 2012 中大多数的功能与参数控制项目，是核心工作区，也是结构最为复杂、使用最为频繁的部分。创建任何物体或场景主要通过命令面板进行操作。因此，熟练掌握命令面板的使用技巧是学习 3ds Max 2012 最重要的一个环节。在 3ds Max 2012 中，一切操作都是由命令面板中的某一个命令进行控制的，它是 3ds Max 2012 中统领全局的指挥官。命令面板中包括 6 个面板，如图 1-23 所示。

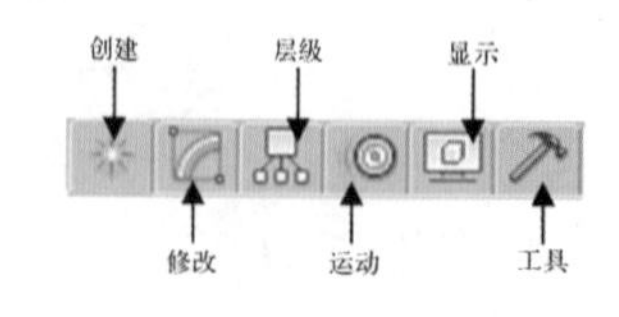

图 1-23　命令面板

1) 创建命令面板

单击命令面板上的【创建】按钮 ，显示创建命令面板，创建命令面板中创建的物体种类有 7 种，包括 【几何体】、 【图形】、 【灯光】、 【摄像机】、 【辅助体】、 【空间扭曲物体】、 【系统】。

系统默认的命令面板当前显示状态为创建命令面板，创建命令面板中的命令主要用于在场景中进行创建，如图 1-24 所示。

2) 修改命令面板

单击命令面板上的 按钮，可显示修改命令面板，其显示状态如图 1-25 所示。在修改命令面板上可以对造型的名称、颜色、参数等进行修改，还可以通过修改命令面板上的修改命令对造型的形态、表面特性、贴图坐标等进行修改和调整。各类修改命令集成并隐藏在【修改器列表】下拉列表框中。

图 1-24　创建命令面板

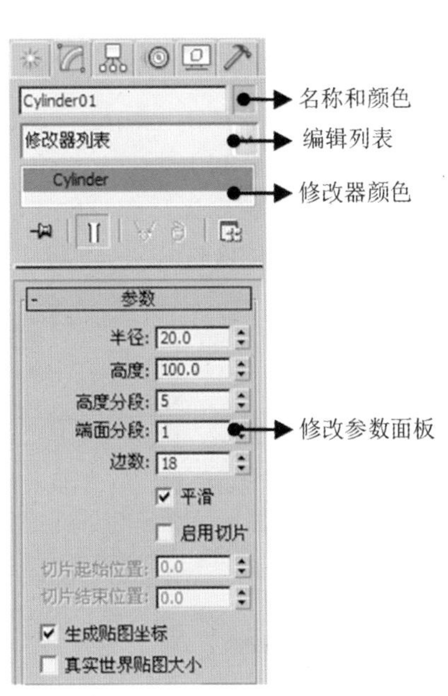

图 1-25　修改命令面板

3) 层级命令面板

单击【层次】按钮 ，可显示层级命令面板，如图 1-26 所示。层级命令面板中的命令多用于动画制作，可调节轴、反向动力学和链接信息等。

4) 运动命令面板

单击【运动】按钮 ，可显示运动命令面板，如图 1-27 所示。运动命令面板中的命令主要用于动画的制作，可调节其参数、轨迹和指定动画的各种控制器等。

图 1-26　层级命令面板

图 1-27　运动命令面板

5) 显示命令面板

单击【显示】按钮，可进入显示命令面板，如图 1-28 所示。显示命令面板中的命令主要用于显示或隐藏物体、冻结或解冻物体等。

6) 应用程序命令面板

单击【应用程序】按钮，可显示工具命令面板，如图 1-29 所示。工具命令面板中命令的主要作用是通过 Max 的外挂程序来完成一些特殊的操作。

图 1-28　显示命令面板

图 1-29　工具命令面板

命令面板的默认位置位于用户界面的右侧，为了方便用户的操作，它也可以被设置为浮动的面板，放置在视窗中的任何位置。将鼠标移动到命令面板左上角的空白处，出现一个符号时，右击，在弹出的快捷菜单中选择【浮动】命令，如图 1-30 所示。

此时，命令面板由停靠变为浮动，你可以拖动它到界面中的任意位置。运用相同的方法，从弹出的快捷菜单中依次选择【定位】|【右】命令即可还原命令面板到界面的右侧，如图 1-31 所示。

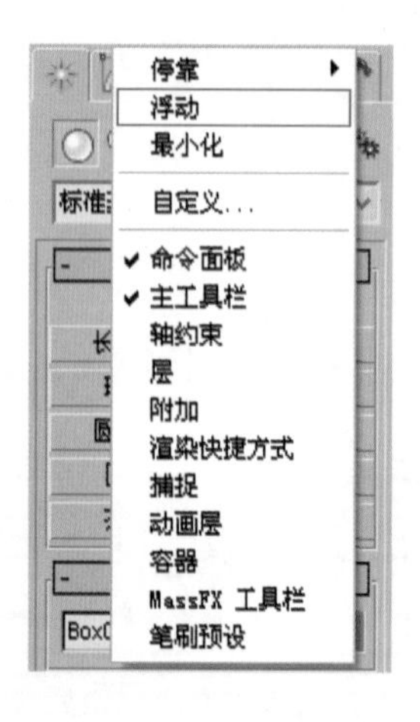

图 1-30　选择【浮动】命令

图 1-31　选择【右】命令

7. 时间滑块

时间滑块位于视图区的下方，用来调节动画帧的位置。

8. 视图控制区

视图控制区位于工作界面的右下角，主要用于调整视图中物体的显示状态，通过缩放、平移、旋转等操作，来达到方便观察的目的。

9. 动画控制区

动画控制区位于屏幕的下方，主要用来控制动画的设置和播放。

10. 信息提示区及状态行

3ds Max 窗口底部包含一个区域，提供有关场景和活动命令的提示和状态信息。这是一个坐标显示区域，可以在此输入变换值，其左侧有一个到 Max Script 侦听器的两行接口。

1.3.2　设置个性化界面

用户可以根据需要，设置个性化界面。例如在菜单栏中依次选择【自定义】|【自定义用户界面】命令，在弹出的【自定义用户界面】对话框中切换到【颜色】选项卡，再选择【视口背景】选项，单击【颜色】右侧的色块，设置颜色，然后单击【立即应用颜色】按钮，如图 1-32 所示。

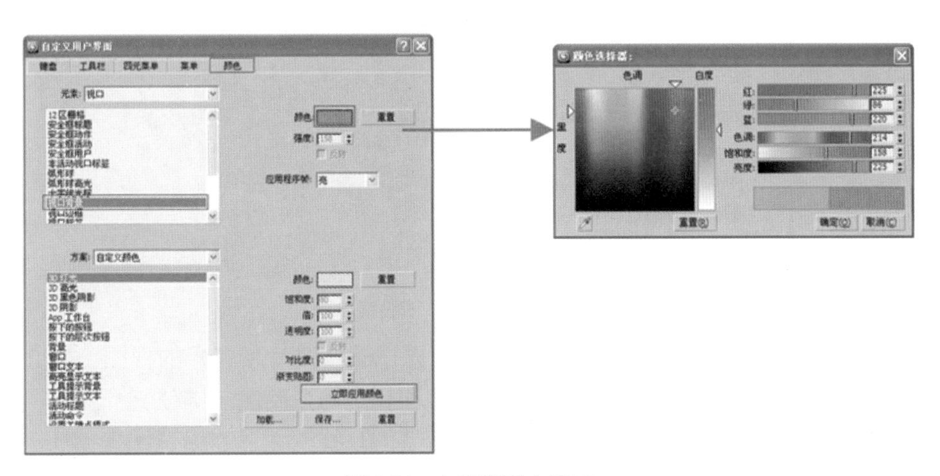

图 1-32　自定义用户界面

1.3.3　自定义视图布局

单击或右击"常标"视口标签("+")，在弹出的常规视口标签快捷菜单中选择【配置视口】命令，如图 1-33 所示；或在视图控制区任意按钮上右击，弹出【视口配置】对话框，在【布局】选项卡中有其他 14 种视图划分方式，如图 1-34 所示。

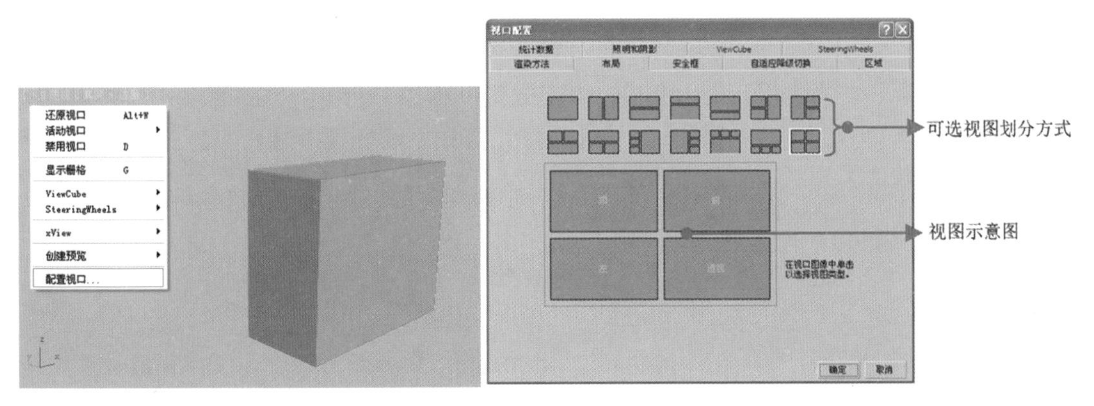

图 1-33　选择【配置视口】命令　　　图 1-34　【视口配置】对话框

在 3ds Max 2012 中，经常要用到视图之间的切换，以便从不同的角度来观察场景，从而寻找到场景的最佳观察点，以便渲染该视图中的场景。

在 3ds Max 2012 中，将鼠标移动到某一视图的名称处，如前视图，然后单击鼠标左键或右键，在弹出的控制菜单中，将光标移动到【视图】命令上，系统将弹出如图 1-35 所示的下级菜单，以列出该场景中所有的视图名称。

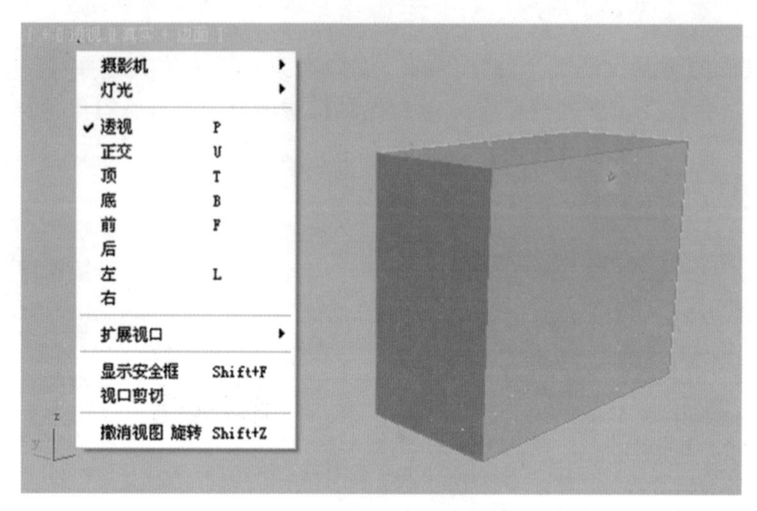

图 1-35 【视图】下级菜单

如果选择某一视图名称，系统就将所激活的原视图修改为所选择的视图，如选择【前】视图，则原来的【顶】视图改变为【前】视图。同样也可以用另一方法进行操作，例如：将【前】视图改变为【顶】视图，则可以在激活【前】视图之后，通过快捷键 T 来修改。同理，其他视图的修改方法类似，只要通过按键盘中所需视图的第一个大写的字母键（通常所说的快捷键）来修改即可。视图快捷键列表如图 1-36 所示。

快 捷 键	视 图 类 型	快 捷 键	视 图 类 型
T	顶视图	U	正交视图
B	底视图	P	透视视图
L	左视图	C	摄影机视图
F	前视图		

图 1-36 视图快捷键列表

在视图中单击或右击视口左上角的"明暗处理"标签，会看到当前明暗处理样式，如图 1-37 所示。一般我们常在【真实】和【线框】方式之间切换，【真实】着色可以了解灯光的效果、物体的形态、阴影处理以及表面贴图材质效果，【线框】方式有助于了解物体结构、编辑点、面等次级物体单位。

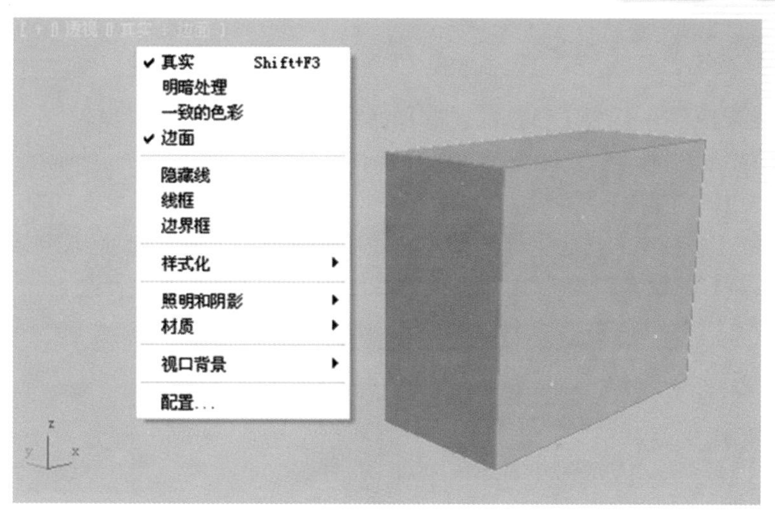

图 1-37 “明暗处理”标签

1.3.4 快捷键的设置

每个设计高手对软件的应用都有自己的一套快捷键的使用方法。它不仅可以节省作图时间，而且能提高作图效率。所以建议大家建立一套自己的快捷键系统。其方法如下。

(1) 在菜单栏中依次选择【自定义】|【自定义用户界面】命令，弹出【自定义用户界面】对话框。

(2) 在【键盘】选项卡中选择习惯使用的命令(如下面选用的【快照】选项)，然后在右侧的【热键】文本框中输入键盘快捷键(如下面输入键盘中的 Shift+I 组合键)。

(3) 单击【指定】按钮或直接按 Enter 键，再关闭该对话框即可，如图 1-38 所示。

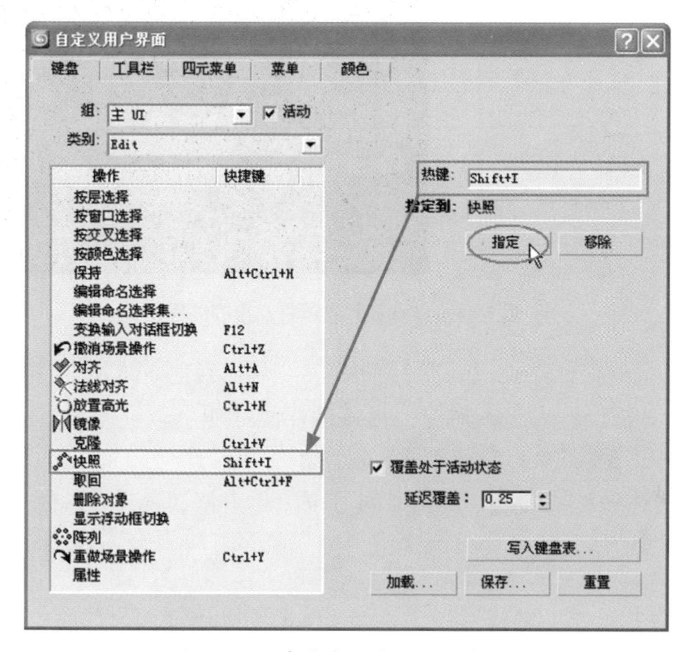

图 1-38 【自定义用户界面】对话框

1.3.5 MAX 文件的打包

使用【工具】菜单中的【资源管理器】命令收集位图/光度学文件，可以将 MAX 文件和所有贴图放置在同一个文件夹中。具体操作步骤如下。

(1) 双击桌面中的图标，启动 MAX 软件，任意打开一个文件。

(2) 单击命令面板中的【应用程序】按钮，再单击【工具】选项组下的【更多】按钮，在弹出的【工具】对话框中选择【资源收集器】选项，如图 1-39 所示。

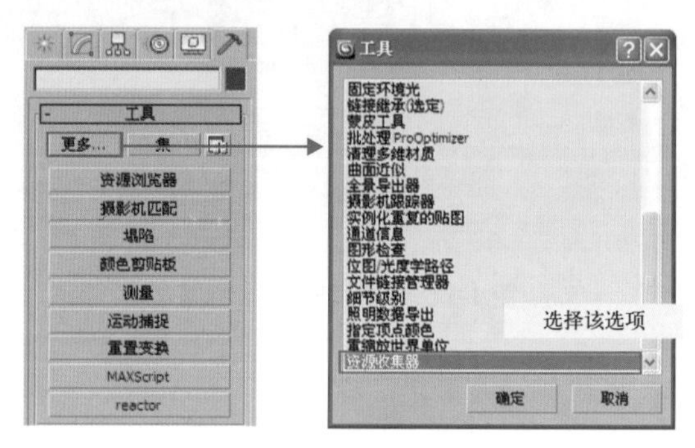

图 1-39 选择【资源收集器】选项

(3) 单击【确定】按钮，命令面板下显示【参数】卷展栏，单击【浏览】按钮，指定输出路径，选中【包括 MAX 文件】、【压缩文件】复选框，然后单击【开始】按钮进行压缩，如图 1-40 所示。

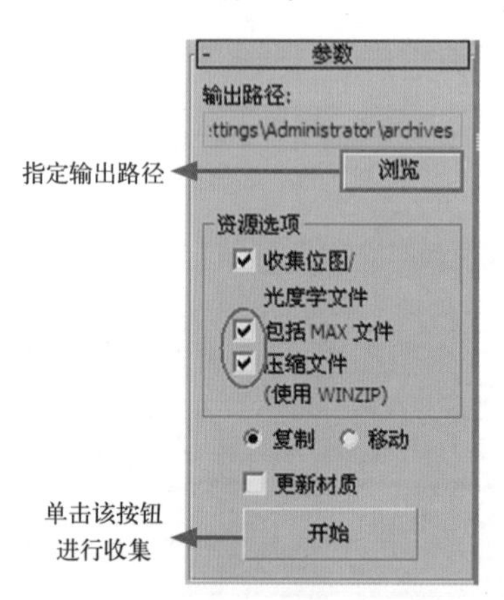

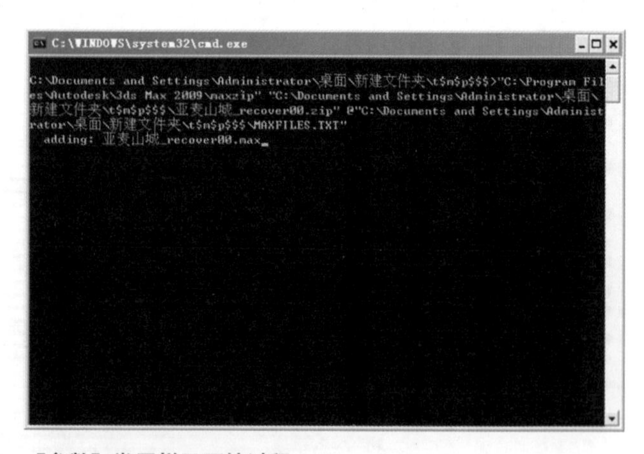

图 1-40 【参数】卷展栏及压缩过程

使用 MAX 自带的整合功能【归档】命令，可以把当前 MAX 文件中使用的所有贴图文件和 MAX 文件自动打成一个压缩包。具体操作步骤如下。

(1) 双击桌面中的图标，启动 MAX 软件，任意打开一个文件。

(2) 单击【应用程序】按钮，在弹出的下拉菜单中依次选择【另存为】|【归档】命令，弹出【文件归档】对话框，然后在对话框中将归档的文件保存在合适的路径中并对其命名，如图 1-41 所示。

(3) 单击【保存】按钮，系统自动将当前 MAX 文件中使用的所有贴图文件和 MAX 文件打成一个压缩包，如图 1-42 所示。

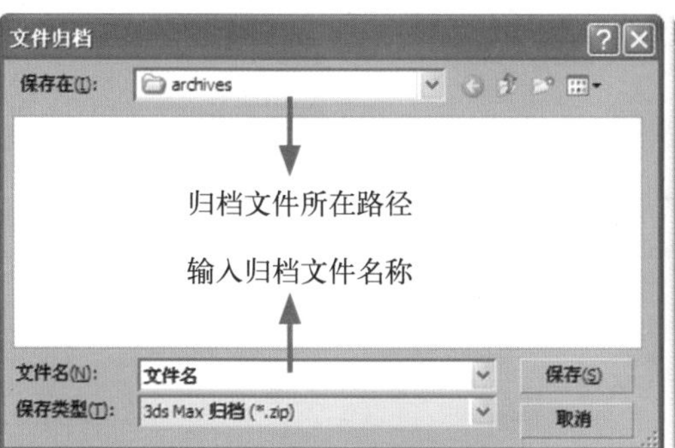

图 1-41 【文件归档】对话框

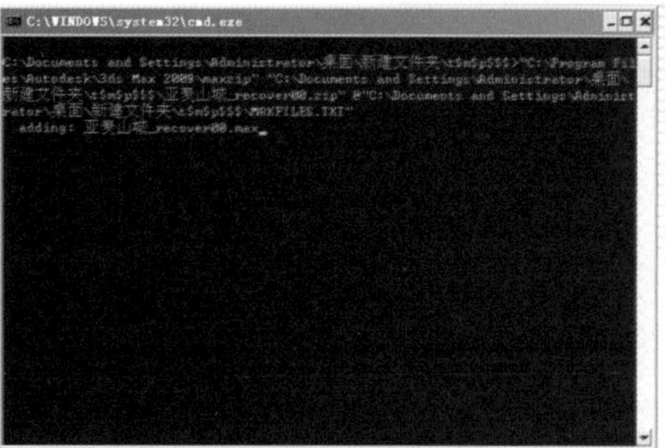

图 1-42 压缩过程

你问我答

打开的文件与当前场景的单位比例不同怎么办?

依次选择【自定义】|【单位设置】命令，打开【系统单位设置】对话框，并选中【考虑文件中的系统单位】复选框，则再打开文件时，如果加载的文件具有不同的场景单位比例，将显示【文件加载：单位不匹配】对话框，如图 1-43 所示。使用此对话框可以将加载的场景重新缩放为当前场景的单位比例，或更改当前场景的单位比例来匹配加载文件中的单位比例。

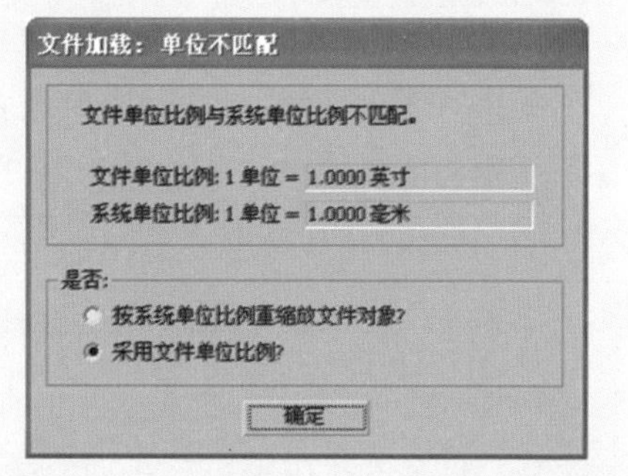

图 1-43 【文件加载：单位不匹配】对话框

【按系统单位比例重缩放文件对象】：选中该单选按钮时，打开文件的单位会自动转换为当前的系统单位。

【采用文件单位比例】：选中该单选按钮时，系统将转换当前的单位为打开文件的单位。

所以，当打开的文件与当前场景的单位比例不同时，一般要选中【采用文件单位比例】单选按钮。

你问我答

主工具栏不显示了怎么办?

当命令面板、主工具栏不显示或丢失时，依次选择菜单栏中的【自定义】|【显示UI】|【显示主工具栏】或【显示命令面板】命令即可。

你问我答

变换 Gizmo 不显示怎么办?

按键盘上的 X 键即可显示。若再次按键盘上的 X 键，则可对操纵轴进行隐藏。

你问我答

工具栏上的按钮有重复的怎么办?

打开工具栏，发现上面有重复的按钮，如图 1-44 所示。

图 1-44 工具栏

解决方法:

(1) 单击重复的按钮，按住键盘中的 Alt 键的同时将其拖出工具栏区域，此时弹出如图 1-45 所示的对话框，单击【是】按钮。

图 1-45 【确认】对话框

(2) 依次选择菜单栏中的【自定义】|【加载自定义用户界面方案】命令，弹出【加载自定义用户界面方案】对话框，从中选择任意一种方案即可。

1.4 VRay 简介及渲染参数详解

VRay 是目前业界最受欢迎的渲染引擎之一。基于 VRay 内核开发的软件有 VRay for 3ds Max、Maya、Sketchup、Rhino 等诸多版本，为不同领域的优秀 3D 建模软件提供了高质量的图片和动画渲染。除此之外，VRay 也可以提供单独的渲染程序，从而方便使用者渲染各种图片。

1.4.1 VRay 渲染器简介

VRay 渲染器是一种真正的光线追踪和全局光渲染器，由于使用简单、操作方便，现已取代 Lightscap 等渲染软件。

VRay 渲染器最大的技术特点是其优秀的全局照明功能，利用此功能能够在图中得到逼真而又柔和的阴影与光影漫反射效果。

VRay 渲染器的另一个引人注目的功能是发光贴图，此功能可以将全局照明的计算数据以贴图的形式来渲染效果，通过智能分析、缓冲和插补，发光贴图可以既快又好地达到完美的渲染效果。

1.4.2 设置 VRay 渲染器

启动 3ds Max 软件后，按键盘中的 F10 键或单击工具栏中的【渲染设置】按钮，打开【渲染设置：默认扫描线渲染器】对话框。切换至【公用】选项卡，在【指定渲染器】卷展栏中单击【产品级】选项右侧的按钮，弹出【选择渲染器】对话框，从中选择 V-Ray Adv 2.00.03 选项，然后单击【确定】按钮，如图 1-46 所示。

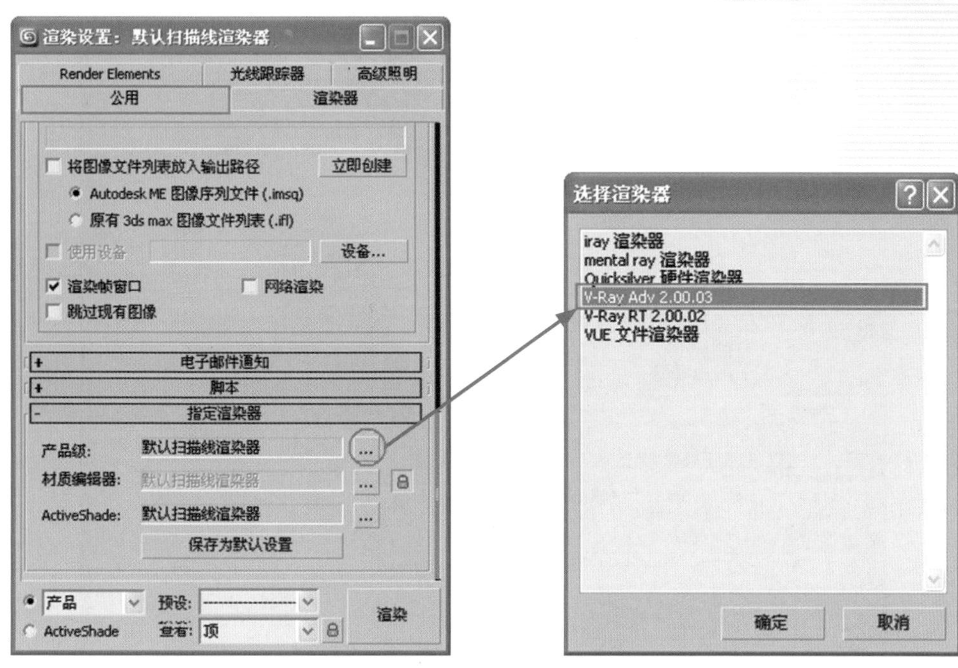

图 1-46　选择 V-Ray Adv 2.00.03 选项

切换至【渲染器】选项卡，进入渲染面板，可以看到 VRay 的所有渲染命令，这些参数可以让用户控制渲染过程中的每个方面。VRay 的控制参数包括下列部分：【V-Ray:: 图像采样器(抗锯齿)】、【V-Ray:: 自适应图像细分采样器】、【V-Ray:: 环境】、【V-Ray:: 颜色映射】、【V-Ray:: 相机】、【V-Ray:: 间接照明(全局照明)】、【V-Ray:: 发光贴图】、【V-Ray:: 穷尽 - 准蒙特卡罗】、【V-Ray:: 焦散】、【V-Ray::DMC 采样器】、【V-Ray:: 默认置换】、【V-Ray:: 系统】。在这里只介绍一些在渲染表现中常用的面板命令，如图 1-47 所示。

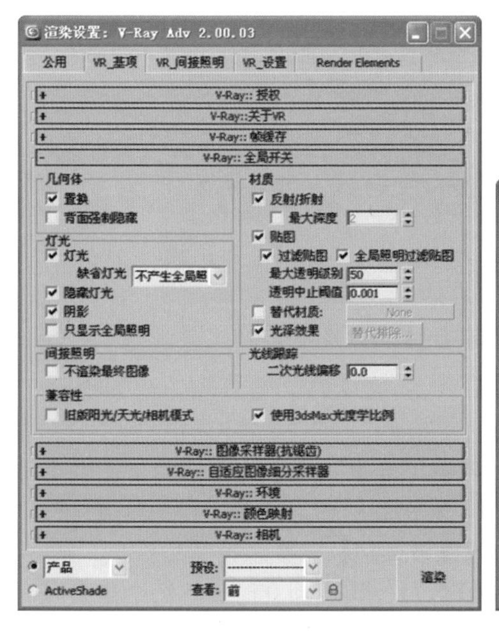

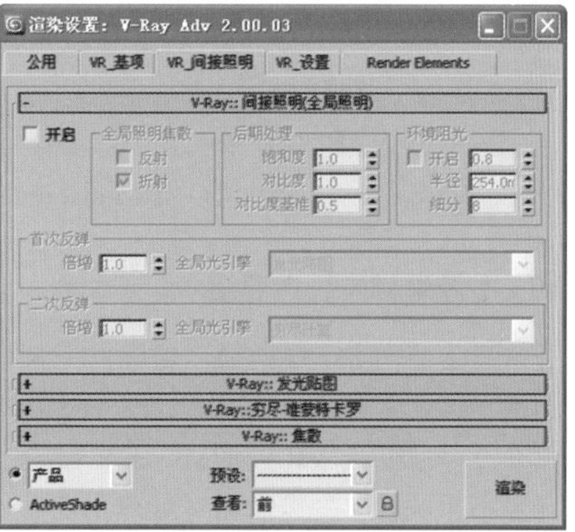

图 1-47　【渲染器】选项卡面板

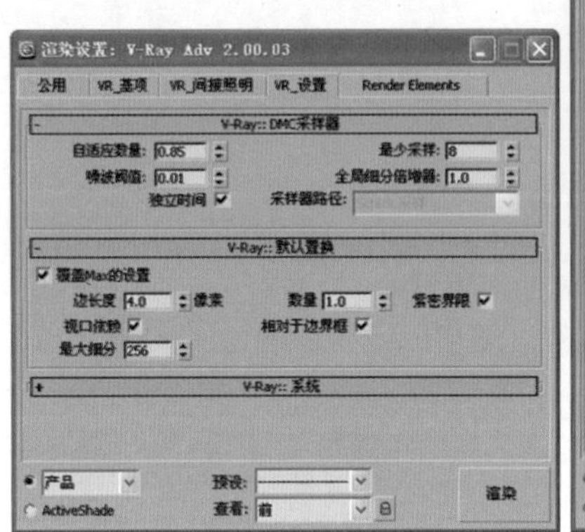

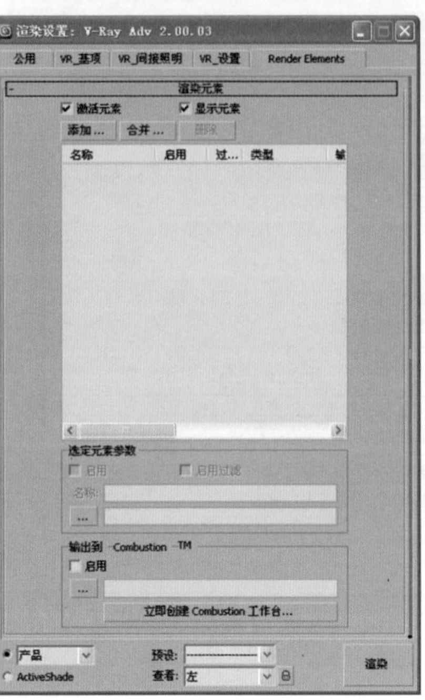

图 1-47　【渲染器】选项卡面板（续）

1.4.3　V-Ray:: 图像采样器（抗锯齿）

VRay 采用 3 种方法来进行图像的采样，用户可以选择【固定】采样器、【自适应细分】采样器和【自适应 DMC】采样器，所有图像采样器均支持 3ds Max 的标准抗锯齿过滤器。【V-Ray:: 图像采样器（抗锯齿）】卷展栏如图 1-48 所示，其具体参数介绍如下。

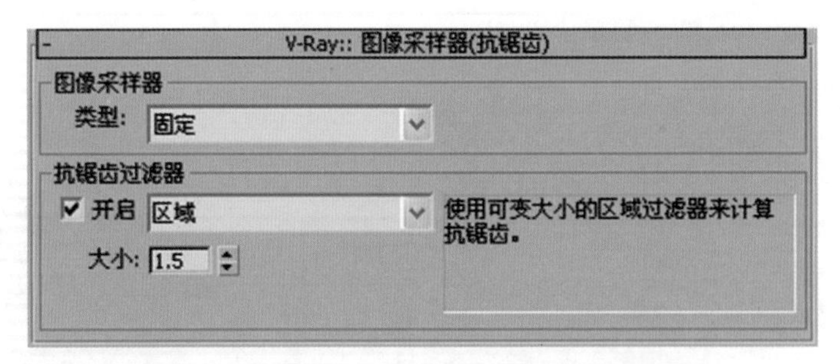

图 1-48　【V-Ray:: 图像采样器（抗锯齿）】卷展栏

1. 【图像采样器】选项组

【自适应细分】：根据每个像素和它相邻像素的亮度差异产生不同数量的样本。值得注意的是，这个采样器与 VRay 渲染器的 QMC 采样器是相关联的，它没有自身的极限控制值，不过可以使用 VR 的 QMC 采样器中的【噪波阈值】参数来控制品质。

【最小采样比】：控制每个像素的最少采样数目，该值为 0 时表示每个像素只有 1 个采样。该值为 −1 时表示每个像素只有 2 个像素采样；该值为 −2 时表示每个像素只有 4

个像素采样，以此类推。

【最大采样比】：定义每个像素使用的样本的最大数量。其值为 0 时意味着一个像素使用一个采样；其值为 1 时意味着每个像素使用 4 个采样；其值为 2 时意味着每个像素使用 8 个采样，以此类推。

【固定】：这是最简单的采样方法，它对每个像素采用固定采样，只有一个参数【细分】，这个值用来确定每一个像素使用的样本数量。当取值为 1 时，意味着在每一个像素的中心使用一个样本；当取值大于 1 时，将按照低差异的蒙特卡罗序列来产生样本。通常在进行测试渲染时使用此选项。

【自适应 DMC】：在没有 VR 模糊特效（直接 GI（间接照明）、景深、运动模糊等）的场景中，它是首选采样器。平均起来，它使用较少的样本。这样就减少了渲染时间，并可以达到其他采样器使用较多样本所能达到的品质和质量。但是，在具有大量细节或者模糊特效的情形下它会比其他两个采样器更慢，图像效果也更差。理所当然的，比起另外两个采样器，它也会占用更多的内存。

【最小细分】：定义每个像素使用的样本的最小数量。一般情况下，很少需要设置这个参数值超过 1，除非有一些细小的线条无法正确表现。

【最大细分】：定义每个像素使用的样本的最大数量。

2. 【抗锯齿过滤器】选项组

下面介绍一些常用的抗锯齿过滤器。

【区域】：这是一种通过模糊边缘来达到抗锯齿效果的方法，使用区域的大小来设置边缘的模糊程度。区域值越大，模糊程度越强。它是测试渲染时最常用的过滤器，其默认参数效果如图 1-49 (a) 所示。

Catmull-Rom：可得到非常锐利的边缘（常被用于最终渲染），默认参数下的抗锯齿效果如图 1-49 (b) 所示。

Mitchell-Netravali：可得到较平滑的边缘（较常用的过滤器），默认参数下的抗锯齿效果如图 1-49 (c) 所示。

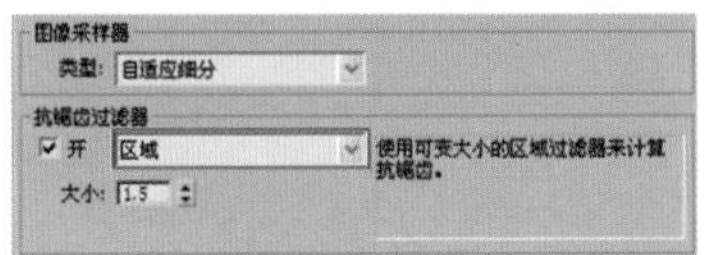

(a) 选择【区域】抗锯齿过滤器

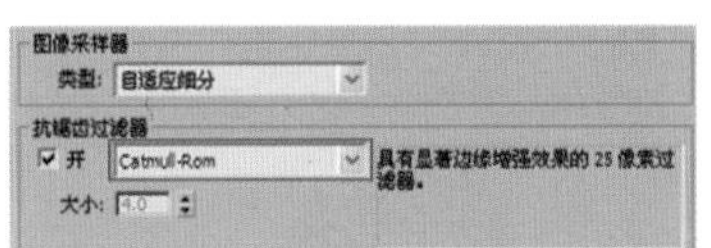

(b) 选择 Catmull-Rom 抗锯齿过滤器

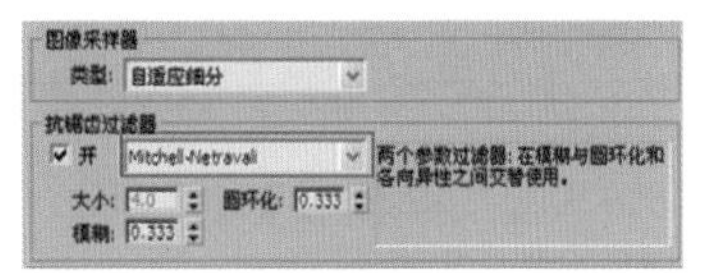

(c) 选择 Mitchell-Netravali 抗锯齿过滤器

图 1-49　不同抗锯齿过滤器参数效果

是否开启抗锯齿过滤器对于渲染时间的影响非常大，一般情况下在灯光、材质调整完成后，先在未开启抗锯齿的情况下渲染一张大图，等所有细节都确认没有问题后再使用较高的抗锯齿参数渲染最终大图。

1.4.4 V-Ray:: 间接照明（全局照明）

【V-Ray:: 间接照明（全局照明）】卷展栏如图 1-50 所示。其具体参数介绍如下。

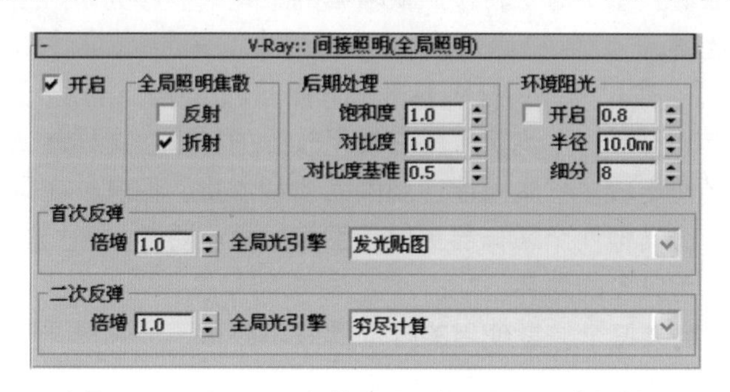

图 1-50 【V-Ray:: 间接照明（全局照明）】卷展栏

1.【开启】

该复选框用于打开或关闭全局照明。

2.【全局照明焦散】选项组

【反射】：间接光穿过透明物体（如玻璃）时会产生的反射焦散。这与直接光穿过透明物体产生的焦散不同。

【折射】：间接光照射到反射物体表面时产生的折射焦散。

3.【后期处理】选项组

这里主要是对间接照明在增加到最终渲染图像前所进行的额外修正。这些默认的设定值可以确保产生物理上的精确效果，当然用户也可以根据自己的需要进行调节。建议一般情况下使用默认参数值。

4.【首次反弹】选项组

【倍增】：倍增值参数是针对初级反弹的全局倍增，类似灯光的倍增值。其数值越高场景越亮，数值越低场景越暗。

【全局光引擎】：允许用户为初级漫反射设置反弹。

5.【二次反弹】选项组

【倍增】：倍增值参数与首次漫反射反弹倍增值作用相同，但最高值为 1。其数值越高场景越亮，数值越低场景越暗。

【全局光引擎】：其下拉列表中有三种渲染引擎，可以与第一级漫反射反弹中的渲染引擎任意搭配使用。注意，次级漫反射反弹可以选择不使用，当选择【无】选项时将不使

用次级漫反射反弹渲染引擎。

1.4.5　V-Ray:: 发光贴图

【V-Ray:: 发光贴图】卷展栏如图 1-51 所示，其具体内容介绍如下。

图 1-51　【V-Ray:: 发光贴图】卷展栏

1.【内建预置】选项组

【当前预置】下拉列表框中提供了 8 种系统预设的模式供选择，这几种模式可以满足一般需要。

2.【基本参数】选项组

【最小采样比】：该值决定每个像素中的最少全局照明采样数目。应当保持该值为负值，这样全局照明计算就能够快速计算图像中较大平坦的面。如果该值大于或等于 0，那么光照贴图计算将会比直接照明计算慢，并消耗更多的系统内存。

【最大采样比】：该值决定每个像素中的最大全局照明采样数目。

【颜色阈值】：这个参数确定发光贴图算法对间接照明变化的敏感程度。较大的值意味着较小的敏感性，较小的值将使发光贴图对照明的变化更加敏感。

【法线阈值】：这个参数确定发光贴图算法对表面法线变化的敏感程度。

【半球细分】：这个参数决定单独的 GI 样本的品质。较小的取值可以获得较快的操作速度，但是也可能会产生黑斑，较高的取值可以得到平滑的图像。它类似于直接计算的细分参数。需要注意的是它并不代表被追踪光线的实际数量，光线的实际数量接近于这个参数的平方值，并受 QMC 采样器相关参数的控制。

【间距阈值】：这个参数确定发光贴图算法对两个表面距离变化的敏感程度。

【插值采样值】：这个参数定义被用于插值计算的 GI 样本的数量。较大的值会趋向于模糊 GI 的细节，虽然最终的效果很光滑，且较小的取值会产生更光滑的细节，但是也可能产生黑斑。

3.【选项】选项组

【显示计算过程】：选中该复选框后，VR 在计算发光贴图时将显示发光贴图的传递过程。同时会减慢一些渲染计算，特别是渲染大的图像的时候。

【显示直接照明】：只在【显示计算过程】复选框选中后才能被激活。它将促使 VR 在计算发光贴图时，显示初级漫反射反弹除了间接照明之外的直接照明。

【显示采样】：选中该复选框后，VR 将在 VFB 窗口以小原点的形态直观地显示发光贴图中使用的样本情况。

4.【高级选项】选项组

【插补类型】：系统提供了 4 种类型供选择。

【采样查找方式】：这个选项在渲染过程中使用，它决定发光贴图中被用于插补基础的合适的点的选择方法。系统提供了 3 种方法供选择。

5.【光子图使用模式】选项组

【模式】下拉列表框中有以下多种供用户选择使用发光贴图的模式。

【块模式】：一个分散的发光贴图被运用在每一个渲染区域（渲染块）。

【单帧】：对整个图像计算一个单一的发光贴图，每一帧都计算新的发光贴图。

【多帧累加】：这个模式在渲染仅摄影机移动的帧序列时很有用。VRay 将会为第一个渲染帧计算一个新的全图像的发光贴图，而对于剩下的渲染帧，VRay 会设法重新使用或精炼已经计算了的发光贴图。

【从文件】：每个单独帧的光照贴图都是同一张图。渲染开始时，它从某个选定的文件中载入，任何此前的光照贴图都会被删除。

【添加到当前贴图】：VRay 将计算全新的发光贴图，并把它增加到内存中已经存在的贴图中（对于第一帧，光照贴图可以是先前最后一次渲染留下的图像）。

【增量添加到当前贴图】：VRay 将使用内存中已存在的贴图，仅仅在某些没有足够细节的地方对其进行精炼操作。

6.【渲染结束时光子图处理】选项组

该选项组控制 VRay 渲染器在渲染过程结束后如何处理发光贴图。

【不删除】：该复选框默认是选中的，意味着发光贴图存于内存中直到下一次渲染前，如果不选中，VRay 就会在渲染任务完成后删除内存中的发光贴图。

【自动保存】：如果该复选框被选中，在渲染结束后，VRay 将会把发光贴图文件自动保存到用户指定的目录。如果你希望在网络渲染时每一个渲染服务器都使用同样的发光贴图，这个功能则非常有用。

【切换到保存的贴图】：该复选框只有在【自动保存】复选框被选中后才能被激活，VRay 渲染器也会自动设置发光贴图为【从文件】模式。

1.4.6　V-Ray:: DMC 采样器

【V-Ray::DMC 采样器】卷展栏如图 1-52 所示，其中主要参数的作用如下所述。

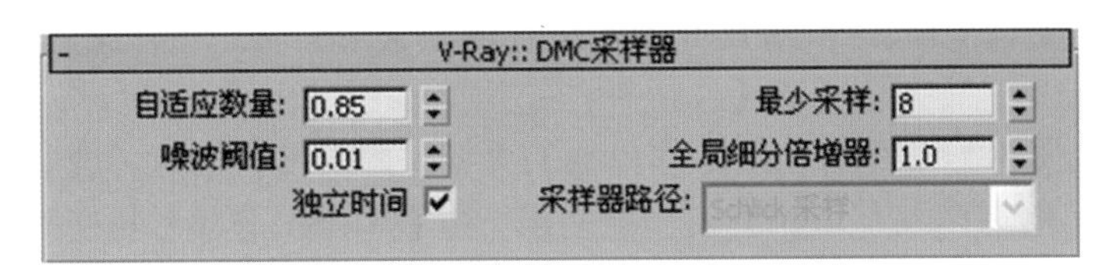

图 1-52　【V-Ray::DMC 采样器】卷展栏

【自适应数量】：用于控制重要性抽样使用的范围。默认取值为 0.85。

【噪波阈值】：确定在提前性终止算法被使用之前必须获得的最少的样本数量。较高的取值将会占用较多的渲染时间，但会使提前性终止算法更可靠。

【最少采样】：在评估一种模糊效果是否足够好的时候，用于控制 VRay 的判断能力，并在最后的结果中直接转化为噪波。较小的取值意味着较少的噪波、使用更多的样本以及更好的图像品质。

【全局细分倍增器】：在渲染过程中能倍增任何地方任何参数的细分值，可以使用这个参数来快速增加 / 减少任何地方的采样品质。

1.4.7　V-Ray:: 颜色映射

【V-Ray:: 颜色映射】卷展栏如图 1-53 所示，其中主要参数的作用如下所述。

图 1-53　【V-Ray:: 颜色映射】卷展栏

(1)【类型】下拉列表框定义了色彩转换使用的模式，下面介绍一些常用的模式。

【VR_ 线性倍增】：这种模式将基于最终图像色彩的亮度进行简单的倍增，那些太亮的颜色成分 (在 1.0 或 255 之上) 将会被钳制。通常这种模式可能会导致靠近光源的地方过分明亮 (曝光)。

【VR_ 指数】：这种模式是用亮度标准来使之更饱和的，并且对很明亮的区域的曝光有很大作用。这种模式能约束颜色范围，并且让它更饱和。能有效控制窗口曝光过度。

【VR_HSV 指数】：跟指数曝光模式很像，只是这种模式会保护色彩的色调和饱和度。

(2)【V-Ray:: 颜色映射】卷展栏中的其他内容介绍如下。

【暗倍增】：暗部倍增，用来对暗部进行亮度倍增。

【亮倍增】：亮部倍增，用来对亮部进行亮度倍增。

【伽玛值】：用于将色彩溢出的部分校验掉，使得颜色局限在 0 ~ 1 之间。

【影响背景】：选中该复选框后，当前灯光将可以影响到背景色或背景贴图。

1.4.8 V-Ray:: 环境

VRay 渲染器的【V-Ray:: 环境】卷展栏用来指定使用全局照明、反射或折射时使用的环境颜色和环境贴图。其面板中的【全局照明环境（天光）覆盖】、【反射 / 折射环境覆盖】和【折射环境覆盖】完全相同，在此不作单独的介绍。如果没有指定环境颜色和环境贴图，那么 3ds Max 的环境颜色和环境贴图将会被采用。在【V-Ray:: 环境】卷展栏中有两个设置，一个是环境颜色设置，其作用同 mental ray、FR 的环境色一样；另一个是环境贴图以及强度设置。【V-Ray:: 环境】卷展栏如图 1-54 所示。

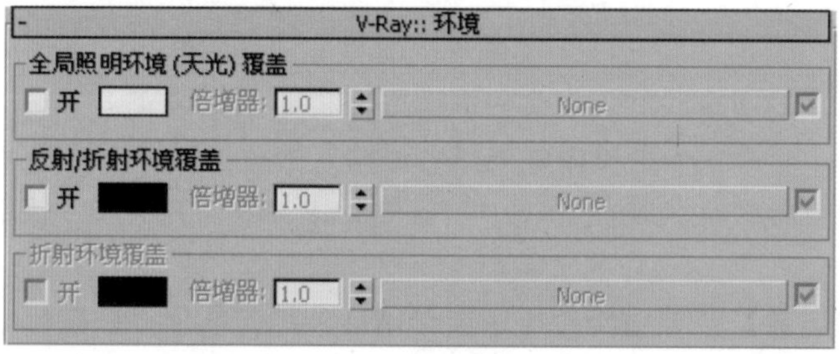

图 1-54 【V-Ray:: 环境】卷展栏

(1)【全局照明环境 (天光) 覆盖】选项组允许在使用间接照明时代替 3ds Max 的环境光设置，这种环境光效果也是天光效果。

【开】：选中该复选框后，其下的所有参数都会被激活，并在计算全局光照时计算出天光效果。

颜色：允许指定背景颜色 (即天空的颜色)。

【倍增器】：设置上述指定颜色的亮度倍增值，较高的取值会使场景更亮。通常这个参数设置在 0.7 ~ 1.2。

None：这是一个贴图按钮，单击后会打开【材质 / 贴图浏览器】，可以从中选择一张纹理贴图作为环境贴图。

(2)【反射 / 折射环境覆盖】选项组在计算反射 / 折射时替代 3ds Max 自身的环境设置。

【开】：选中该复选框后，其下的所有参数都会被激活。

颜色：指定反射 / 折射颜色。

【倍增器】：设置上述指定颜色的亮度倍增值，改变受影响部分的整体亮度和受影响的程度。

None：这是一个贴图按钮，单击后会打开【材质 / 贴图浏览器】，指定反射 / 折射贴图。

(3)【折射环境覆盖】选项组在计算折射时替代 3ds Max 自身的环境设置。

【开】：选中该复选框后，其下的所有参数都会被激活。

颜色：指定反射 / 折射颜色。

【倍增器】：设置上述指定颜色的亮度倍增值，改变受影响部分的整体亮度和受影响的程度。

None：这是一个贴图按钮，单击后会打开【材质 / 贴图浏览器】，指定折射贴图。

1.4.9　V-Ray:: 系统

【V-Ray:: 系统】卷展栏如图 1-55 所示。在这里用户可以控制多种 VRay 参数，包括光线计算参数设置组、渲染区域分割设置组、帧标记设置组、分布式渲染设置组等。下面对其中比较常用的设置进行讲解。

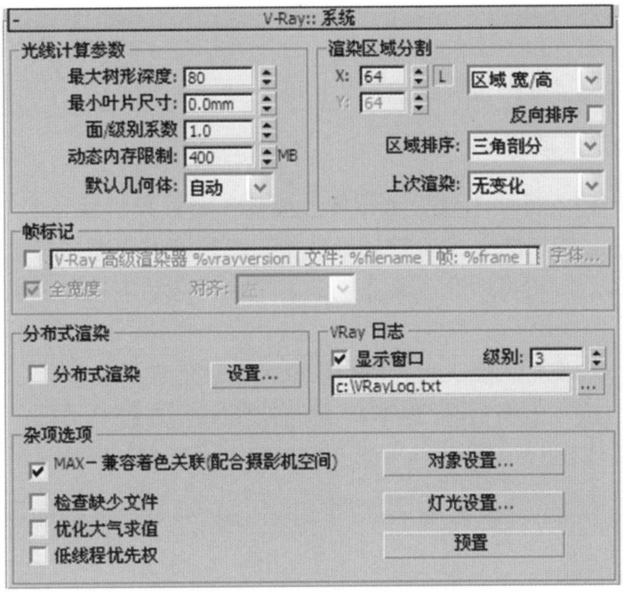

图 1-55　【V-Ray:: 系统】卷展栏

1.【光线计算参数】选项组

在该选项组中可以控制 VRay 的二元空间划分树的各种参数。默认系统设置是比较合理的，一般使用默认设置就可以了。

【最大树形深度】：二元空间划分树的最大深度。

【最小叶片尺寸】：叶片绑定框的最小尺寸，小于该值将不会进行更进一步细分。

【面 / 级别系数】：控制一个叶片中三角面的最大数量。

2.【渲染区域分割】选项组

在这里可以控制 VRay 的渲染块的各种参数。渲染块是 VRay 分布式渲染的基本组成部分，是当前所渲染帧中的一个矩形框，并独立于其他渲染块进行渲染。它能够被送到局域网中空闲的机器上进行渲染计算处理或者分配给不同的 CPU 计算。因为一个渲染块只能由一个 CPU 进行计算，每一帧划分为太多的渲染块会导致无法充分利用计算资源 (某些 CPU 总是处于空闲状态)，并降低渲染速度，因为每一个渲染块都需要一小段预处理时间 (如渲染块的设置、网络传输等)。

X：以像素为单位来决定最大渲染块的宽度 (在选择了【区域宽 / 高】选项的情况下)

或者水平方向上的区块数量(在选择了【区域计算】选项的情况下)。

Y：以像素为单位来决定最小渲染块的宽度(在选择了【区域宽/高】选项的情况下)或者垂直方向上的区块数量(在选择了【区域计算】选项的情况下)。

【反向排序】：选中该复选框的时候，采取与前面设置的次序的反方向进行渲染。

【区域顺序】：确定在渲染过程中渲染块进行的顺序。

3.【帧标记】选项组

这个选项组用来设置在渲染输出的图像下侧记录这个场景的一些相关信息。

【字体】：设置显示信息的字体。

【全宽度】：显示占用图像的全部宽度，否则显示文字的实际宽度。

【对齐】：指定文字在图像中的位置。

4.【分布式渲染】选项组

分布式渲染是一种能将动画或单帧图像分配到多台计算机或多个 CPU 上渲染的多处理器支持技术。其主要的思路是把单帧划分成不同的区域发送到网络上，由各个网络计算机单独计算每个区域，然后将所有渲染完成的区域再传送到本地计算机上合并成一幅完整的图像。

【分布式渲染】：该复选框决定 VRay 是否采用分布式渲染。

【设置】：单击该按钮将打开【VRay 分布式渲染设置】对话框，用来完成添加、查找和移除计算机等操作。

你问我答

VRay 渲染时突然停止怎么办?

在渲染过程中程序突然停止，弹出【V-Ray 异常】对话框，显示 VRay 内存分配失败，以及多少字节被堆起等信息，如图 1-56 所示。单击【确定】按钮，继续渲染，一会儿程序就直接关闭了。

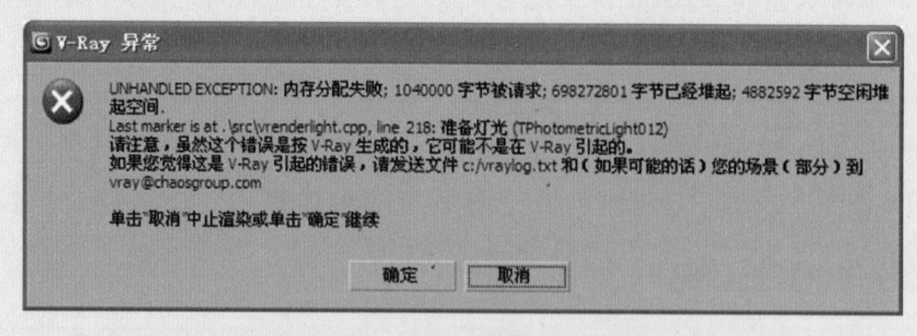

图 1-56 【V-Ray 异常】对话框

Windows XP 系统下的解决方法如下。

(1) 在【我的电脑】上右击，在弹出的快捷菜单中选择【属性】命令，打开【系统属性】对话框，切换至【高级】选项卡，在【启动和故障恢复】选项组中单击【设置】按钮，弹出【启动和故障恢复】对话框，再单击【编辑】按钮，弹出【boot- 记事本】

编辑框，在“multi(0)disk(0)rdisk(0)partition(1)\WINDOWS= ‘Microsoft Windows XP Professional’ /noexecute=optin /fastdetect”后加入“/PAE/3GB”。

(2) 再依次选择菜单栏中的【文件】|【保存】命令，保存当前的设置，操作示意图如图 1-57 所示。

(3) 设置完成后，重新启动机器，然后再进行渲染即可。

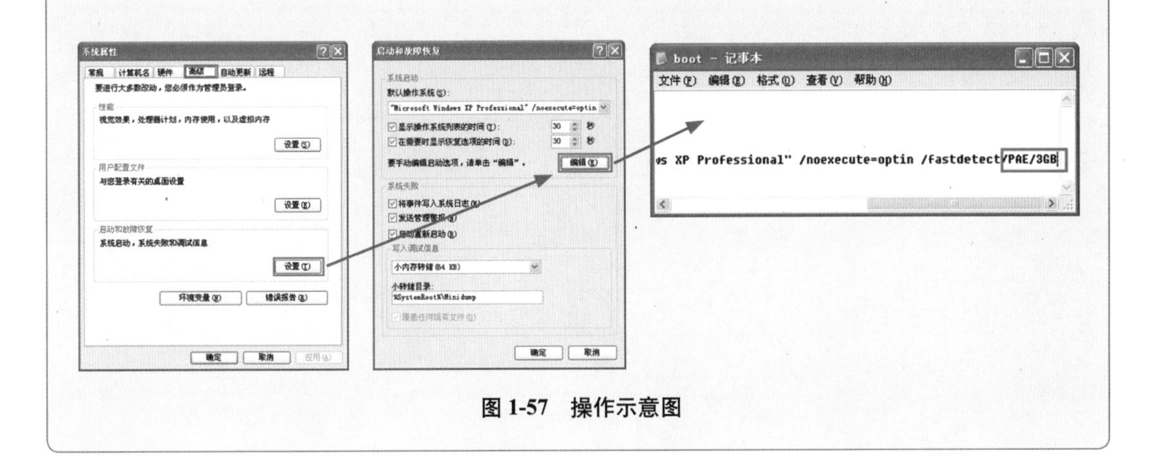

图 1-57　操作示意图

1.5　本 章 小 结

本章主要介绍了室内设计的一些相关知识，其中室内设计的基础知识是大家一定要掌握的内容。这个阶段需要不断地完善自己，及时补充新知识。通过探讨、阅读相关的书籍、参与网上论坛的学习与讨论，从中逐渐提高自己。另外，本章还讲述了效果图制作软件的基础工具，希望通过本章的学习，大家能对室内设计有一个整体的了解。

第2章

单体模型元素经典制作

随着3ds Max版本的升级，其功能越来越强大，建模方法也日趋增强。本章将重点讲述怎样用3ds Max建模以及一些建模的原则与技巧。

2.1 室内设计单体模型元素简介

室内设计是根据建筑物的使用性质、所处环境和相应标准，运用物质技术手段和建筑设计原理，创造功能合理、舒适优美、满足人们物质和精神生活需要的室内环境。这一空间环境既具有使用价值，满足相应的功能要求，同时也反映了历史文脉、建筑风格、环境气氛等精神因素；明确地把"创造满足人们物质和精神生活需要的室内环境"作为室内设计的目的，现代室内设计是综合的室内环境设计，它包括视觉环境和工程技术方面的问题，也包括声、光、热等物理环境以及氛围、意境等心理环境和文化内涵等内容。

2.2 弯曲——弧形楼梯

弧形楼梯以曲线来实现上下楼的连接，看上去不仅美观，而且可以做得很宽，没有直梯拐角那种生硬的感觉，行人行走起来也最舒服。这种楼梯美感足，韵味佳，能活跃空间气氛。由于是弧形，造型方面可以更大胆、更张扬、更前卫，让楼梯作为"精美雕塑"在室内跳跃而出。所以，做出一个优质的旋转楼梯，风格统一的优质材料、科学准确的设计方案、过硬的加工技术和专业的施工团队这几个关键要点缺一不可。在3ds Max中制作弧形楼梯主要使用【弯曲】命令，效果如图2-1所示。

图2-1　楼梯弯曲前的效果和直楼梯变为弧形楼梯的效果

具体操作步骤如下。

(1) 依次选择菜单栏中的【自定义】|【单位设置】命令，在弹出的【单位设置】对话框中单击【系统单位设置】按钮，在弹出的【系统单位设置】对话框中设置系统单位为"毫米"，如图2-2所示。

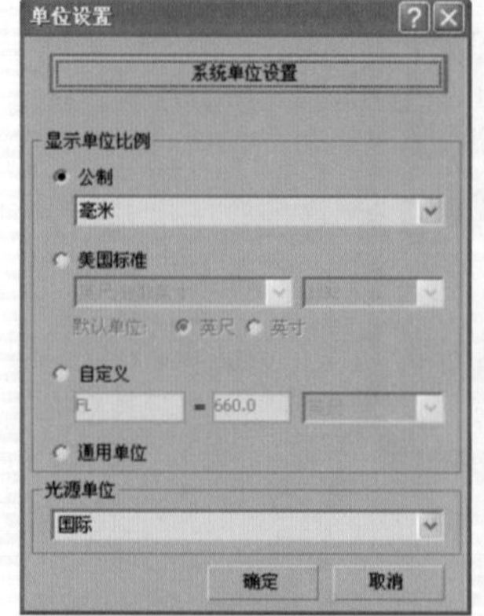

图2-2　设置系统单位

(2) 单击创建命令面板中的【图形】按钮，在【对象类型】卷展栏中单击【线】按钮，在左视图中绘制二维线形，如图 2-3 所示。单击【修改】按钮，执行修改命令面板中的【挤出】命令，设置挤出数量为 1500，如图 2-4 所示。

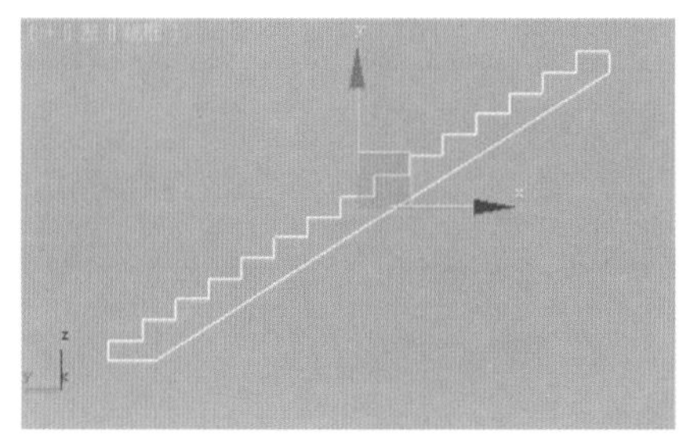

图 2-3　绘制二维线形

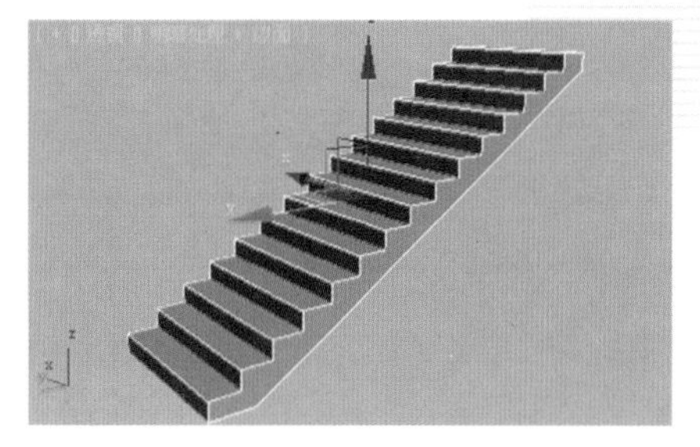

图 2-4　挤出后的形态

一般楼梯踏步设计参考尺寸如表 2-1 所示。

表 2-1　楼梯踏步设计参考尺寸

名　称	踏步高 /mm		踏步宽 /mm	
	最大值	常用值	最大值	常用值
住宅	175	150 ~ 175	260	260 ~ 300
中小学校	150	120 ~ 150	260	260 ~ 300
办公楼	160	140 ~ 160	280	280 ~ 340
幼儿园	150	120 ~ 140	260	260 ~ 280
疗养院	150	120 ~ 150	260	260 ~ 300
剧场、会堂	160	130 ~ 150	280	300 ~ 350

(3) 单击创建命令面板中的【图形】按钮，在【对象类型】卷展栏中单击【矩形】按钮，在左视图中绘制【长度】为 30、【宽度】为 320 和【长度】为 130、【宽度】为 20 的矩形，选择其中的一个矩形，单击【修改】按钮，在修改命令面板中选择【编辑样条线】命令，在【几何体】卷展栏中单击【附加】按钮，将两个矩形附加在一起，如图 2-5 所示。

(4) 按键盘中的数字键 3，进入【样条线】子对象层级，选择绘制的线形，按住键盘中的 Shift 键，用移动复制的方法将其复制，并调整位置，如图 2-6 所示。

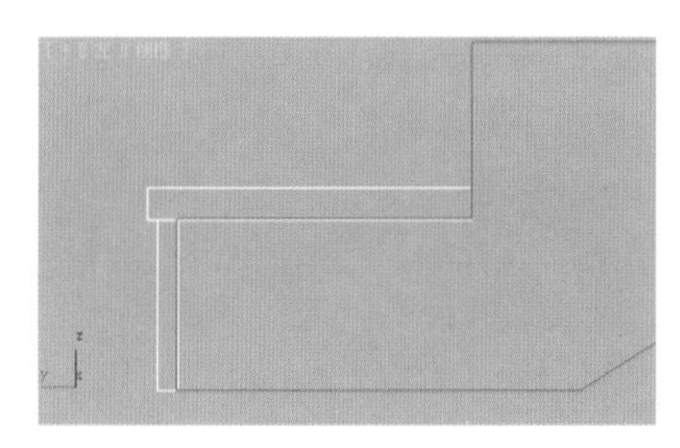

图 2-5　将两个矩形附加

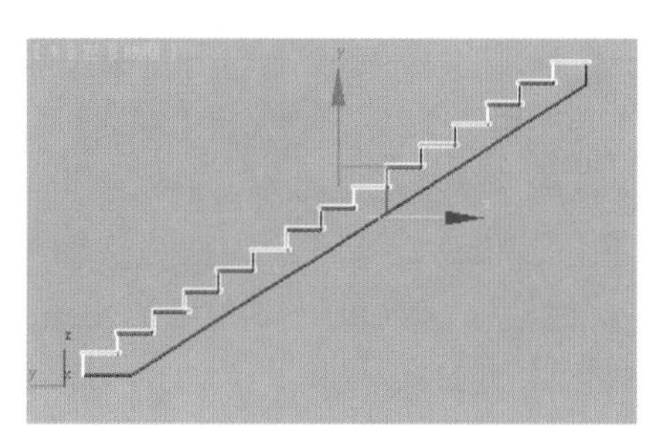

图 2-6　复制线形

(5) 再执行修改命令面板中的【挤出】命令，设置挤出数量为 1500，如图 2-7 所示。

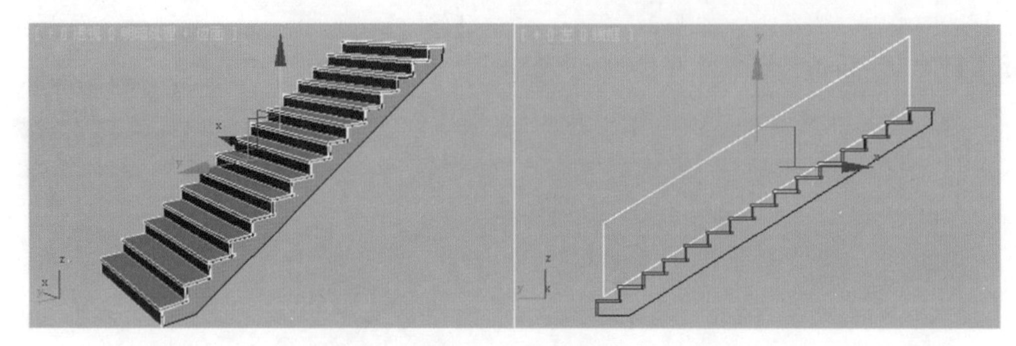

图 2-7　挤出后的形态

(6) 单击【应用程序】按钮，在弹出的下拉菜单中选择【导入】命令，在弹出的【选择要导入的文件】对话框中选择光盘中“单体模型元素”目录下的“栏杆 .max”文件，然后再用移动复制的方法将其复制并调整位置，如图 2-8 所示。

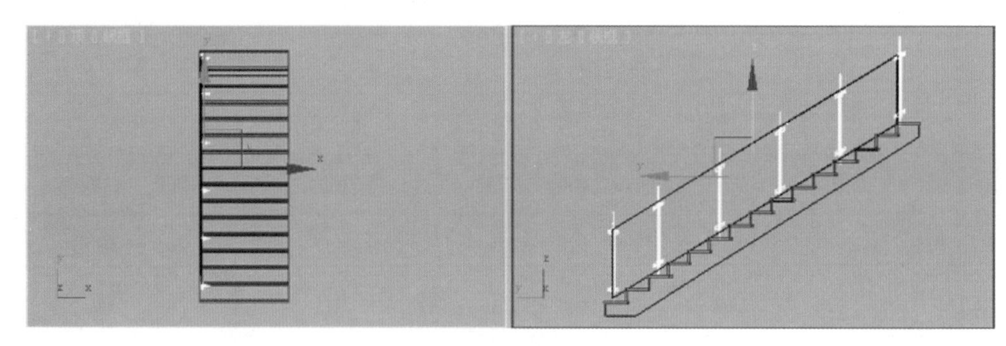

图 2-8　复制栏杆的形态

(7) 单击【线】按钮，在顶视图中绘制二维线形，调整线形形态如图 2-9 所示。

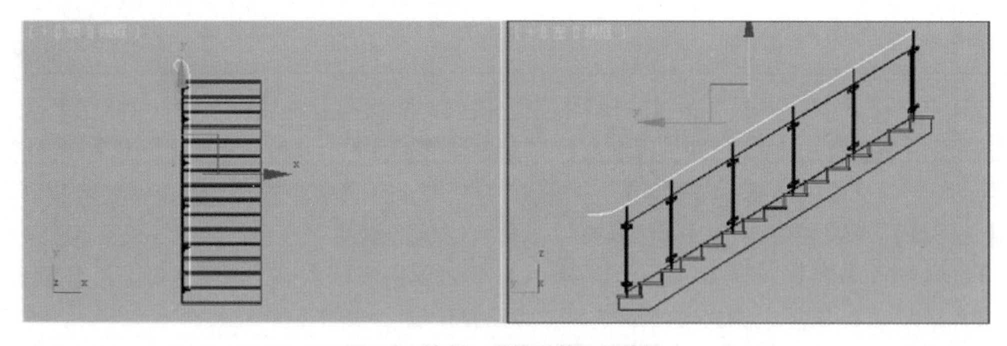

图 2-9　绘制二维线形并调整线形

(8) 单击【修改】按钮，在【渲染】卷展栏中选中【在渲染中启用】、【在视口中启用】复选框，设置【厚度】值为 40。

(9) 在顶视图中选择一侧的扶手，单击工具栏中的【镜像】按钮，弹出【镜像：屏幕 坐标】对话框，如图 2-10 所示。选择 X 轴，以【实例】的方式镜像复制一组，调整位置如图 2-11 所示。

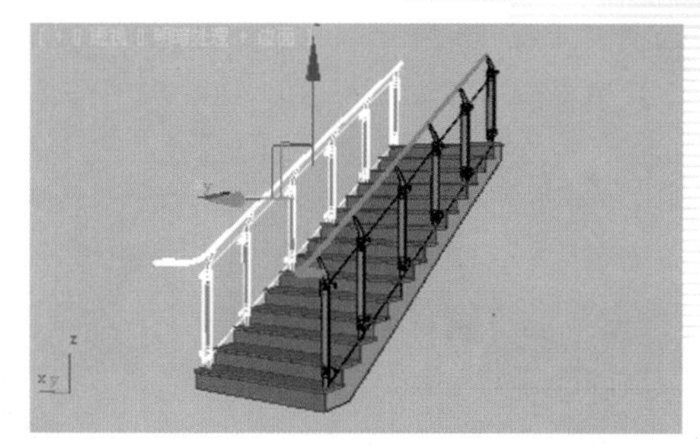

图 2-10 【镜像：屏幕 坐标】对话框　　　　图 2-11 镜像复制后的形态

(10) 选择所有造型，单击【修改】按钮，选择修改命令面板中的【弯曲】命令，在【参数】卷展栏中选择 Y 轴，设置【角度】为 −133.5，效果如图 2-12 所示，结果显示为错误形态。

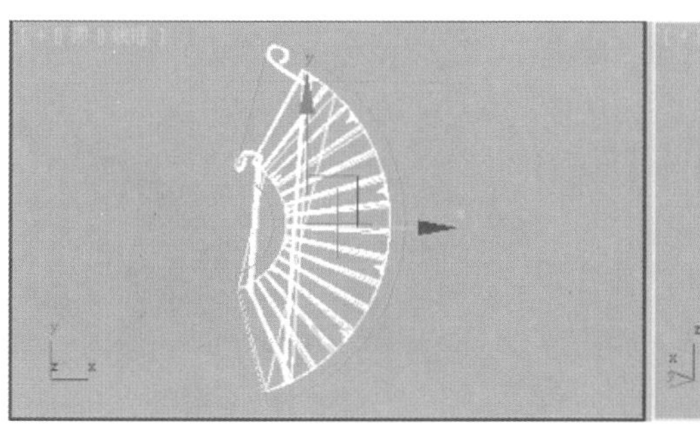

图 2-12 错误旋转的形态

你问我答

为什么使用【弯曲】命令却不显示效果？例如图 2-13 所示的错误弯曲效果。

【弯曲】命令是一个经常使用的修改器，它可以将一个造型沿着某一个轴向作弯曲处理。通过调节其弯曲的【角度】和【方向】以及弯曲依据的坐标轴向，可以限制对象弯曲在一定的区域之内。当使用该命令产生图 2-13 所示的现象时，主要是因为没有设置分段数，而只是使线框弯了，但实际物体不会弯曲。所以遇到这种情况时应首先考虑设置分段数。处理后的效果如图 2-14 所示。

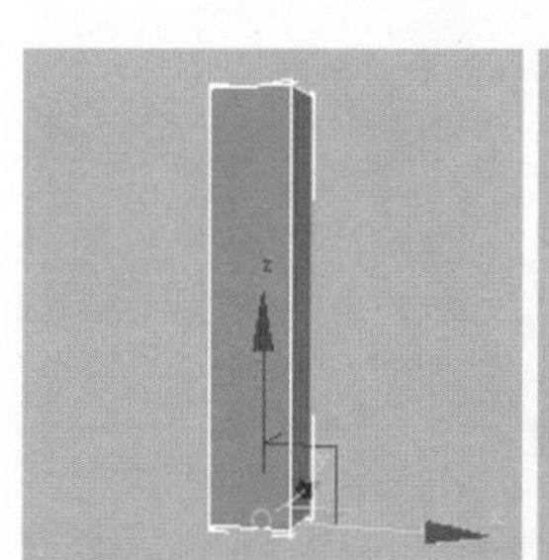

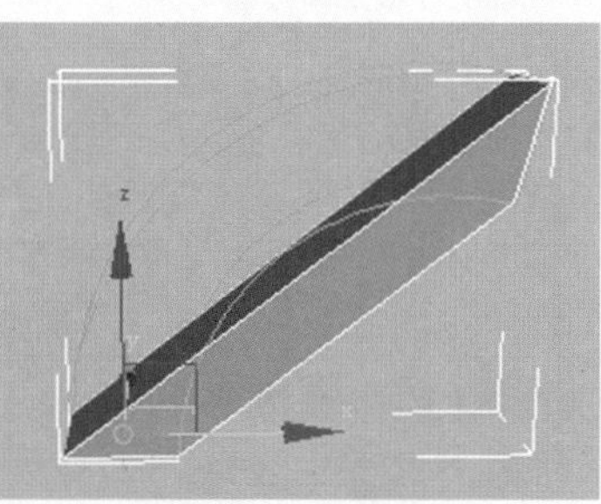

图 2-13 将创建的长方体弯曲后的错误效果

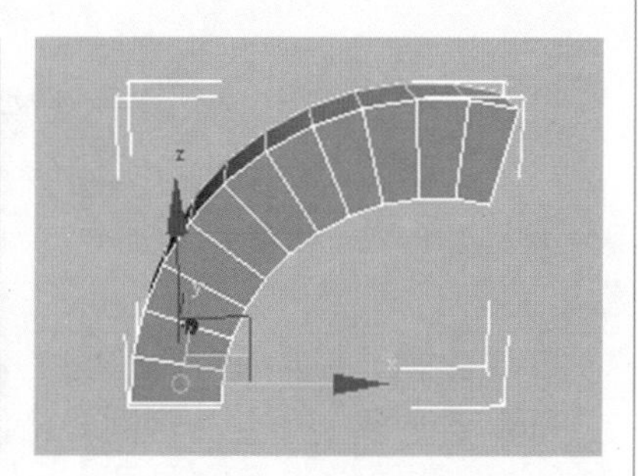

图 2-14 正确的弯曲效果

(11) 选择如图 2-15 所示的线形，在堆栈编辑器中进入【线段】子对象层级，选择线段，在【几何体】卷展栏中设置拆分值为 20，再单击【拆分】按钮，细分后的形态如图 2-16 所示。

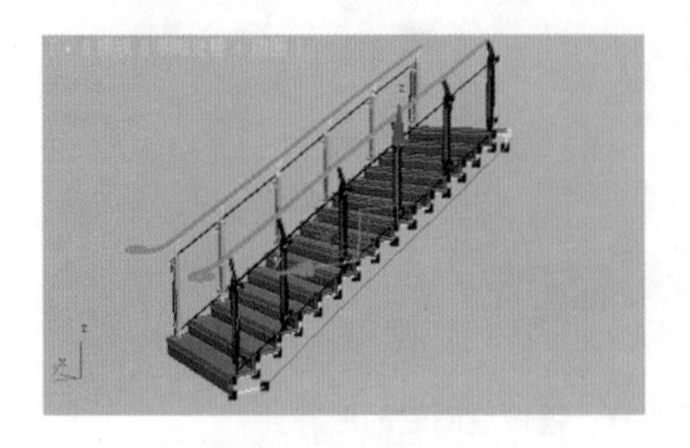

图 2-15　选择线形

图 2-16　细分段数

(12) 用上述方法将扶手线形细分。再重新选择所有线形，执行【弯曲】命令，效果如图 2-17 所示。

图 2-17　正确旋转后的效果

(13) 按键盘中的 M 键，打开材质编辑器，选择一个空白的示例球，将其命名为“石材”，并为其指定 VR 材质。在【基本参数】卷展栏中设置【反射】颜色为灰色，使其产生反射效果。

(14) 再单击【漫反射】选项右侧的按钮，并在弹出的【材质 / 贴图浏览器】对话框中双击【位图】贴图类型。选择本书光盘“单体模型元素”目录下的“无标题 df.jpg”文件，其他参数设置如图 2-18 所示。

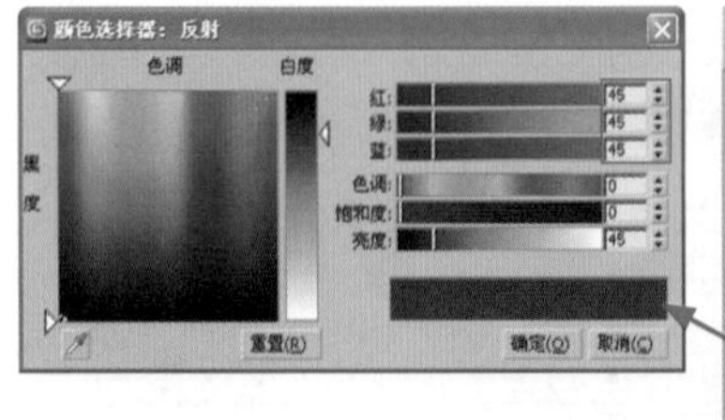

图 2-18　“石材”基本材质参数设置

(15) 在视图中选择楼梯踏步造型，单击【将材质指定给对象】按钮，将材质赋予它。

(16) 重新选择一个空白示例球，将其命名为“不锈钢”，并为其指定 VR 材质。在【基本参数】卷展栏中设置表面颜色为灰色 (RGB 值均为 191)，设置【反射】颜色为灰色 (RGB 值均为 221)，使其产生反射，设置【高光光泽度】为 0.8、【反射光泽度】为 0.8。

(17) 在视图中选择栏杆造型，单击按钮，将材质赋予它。

(18) 再选择一个空白示例球将其命名为“衣柜玻璃”，并为其指定 VR 材质。在【基本参数】卷展栏中单击【漫反射】右侧的 M 按钮，调整漫反射颜色为蓝绿色，再设置【反射】颜色为灰色，使其产生反射效果，调整【折射】颜色为灰色，并使其产生透明效果，其他参数设置如图 2-19 所示。

(19) 在视图中选择“护栏玻璃”造型，单击按钮，将材质赋予它。

(20) 单击【应用程序】按钮，在弹出的下拉菜单中选择【保存】命令，将文件存储为“弧形楼梯.max”。

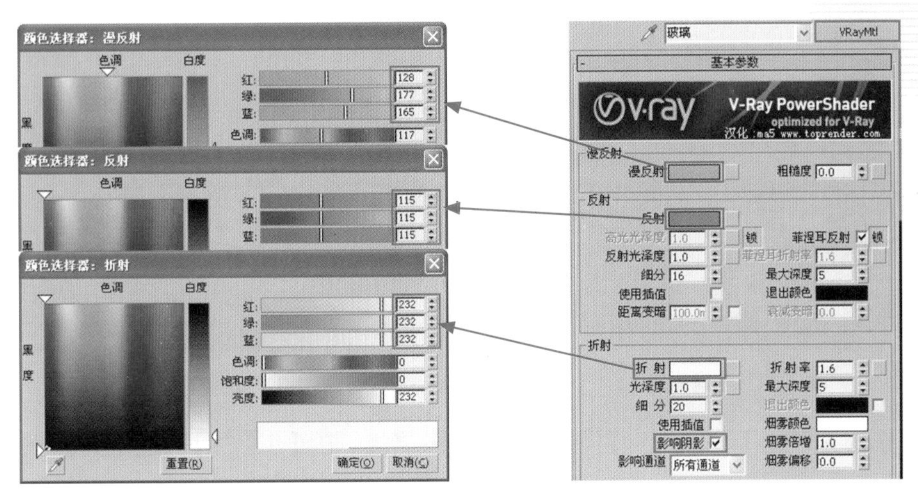

图 2-19　“衣柜玻璃”材质参数设置

2.3　放样——欧式台灯

欧式风情的古典台灯给人以古典和时尚交融之美，无不流露其经典与华美，同时又给人以清新典雅的视觉感受，其早已经远远超越台灯本身所具有的功能。使用 3ds Max 制作该台灯主要使用【放样】、【车削】、【挤出】命令完成，效果如图 2-20 所示。

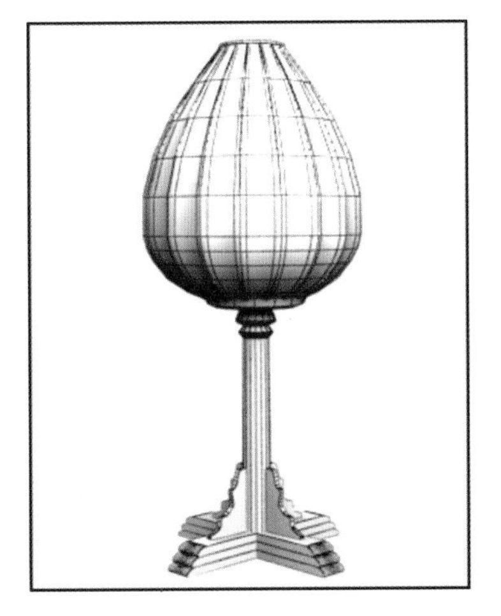 

图 2-20　欧式台灯效果

具体操作步骤如下。

(1) 依次选择菜单栏中的【自定义】|【单位设置】命令，在弹出的【单位设置】对话框中单击【系统单位设置】按钮，设置系统单位为“毫米”。

(2) 单击【星形】按钮，在【顶】视图中创建【半径 1】为 89、【半径 2】为 81、【点】为 18、【圆角半径 1】为 0、【圆角半径 2】为 11 的星形，如图 2-21 所示。选择修改命令面板中的【编辑样条线】命令，调整顶点的形态，如图 2-22 所示。

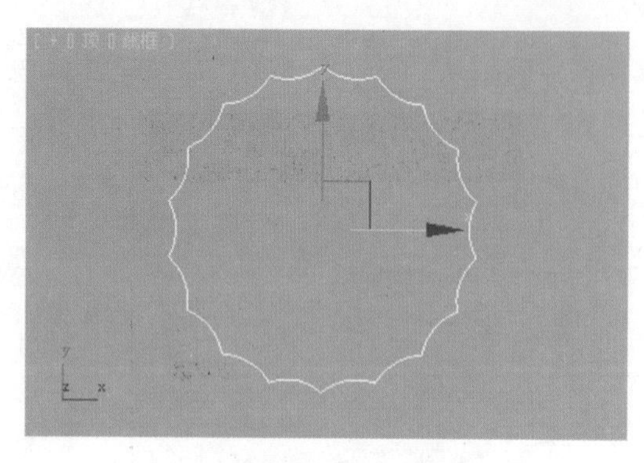

图 2-21　创建星形

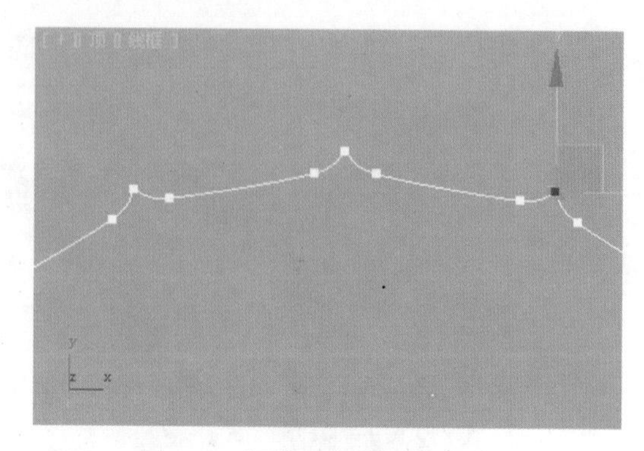

图 2-22　调整顶点的形态

(3) 按键盘中的 3 键，进入【样条线】子对象层级，在【几何体】卷展栏中设置【轮廓】值为 0.2，如图 2-23 所示。

(4) 单击【线】按钮，在【前】视图中绘制长度约为 267 的直线作为放样路径，如图 2-24 所示。

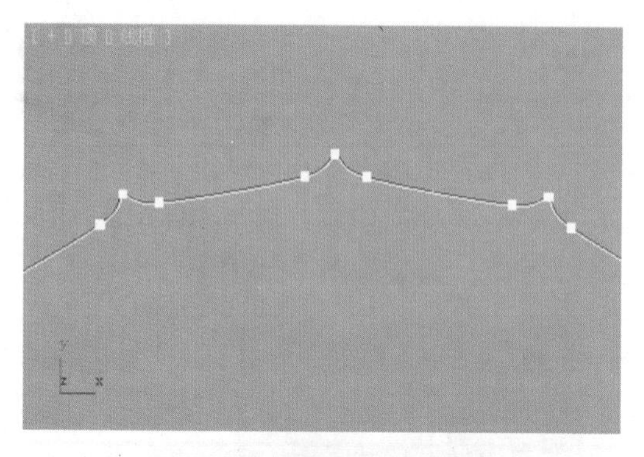

图 2-23　设置轮廓后的形态

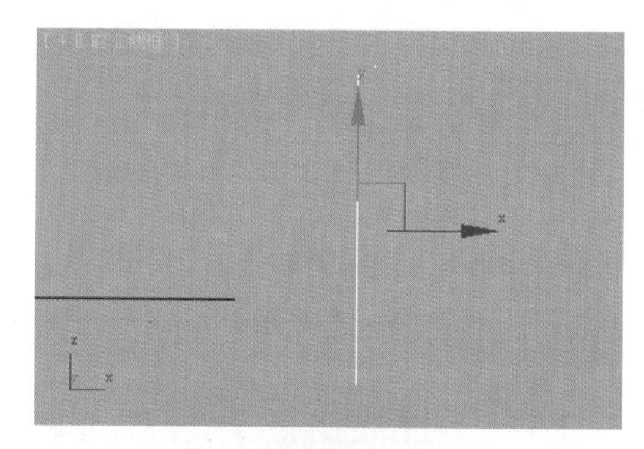

图 2-24　绘制直线

(5) 单击创建命令面板中的【标准基本体】下拉列表框，弹出的下拉列表中选择【复合对象】选项，如图 2-25 所示，然后选择【放样路径】线形，单击【对象类型】选项下的【放样】按钮。

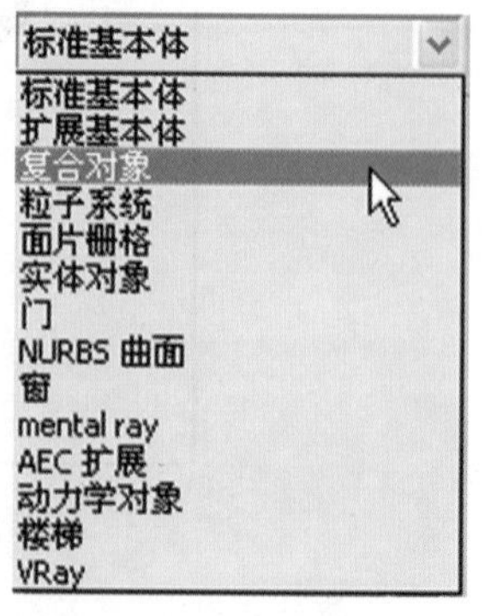

图 2-25　选择【复合对象】选项

(6) 在【拾取目标】卷展栏中单击【获取图形】按钮，拾取视图中的"放样截面"线形，放样后的形态如图 2-26 所示。

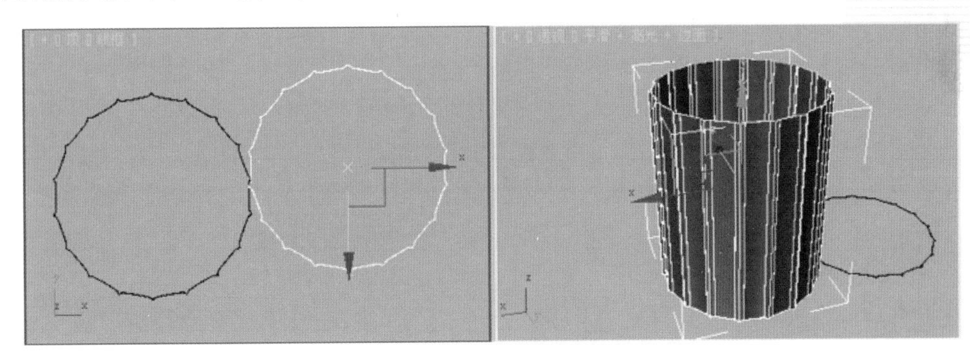

图 2-26　放样后的形态

(7) 单击按钮，打开【变形】卷展栏，单击【缩放】按钮，在弹出的【缩放变形】窗口中单击【插入角点】按钮，添加控制点并调整外形，如图 2-27 所示。

(8) 变形后的灯罩造型如图 2-28 所示。

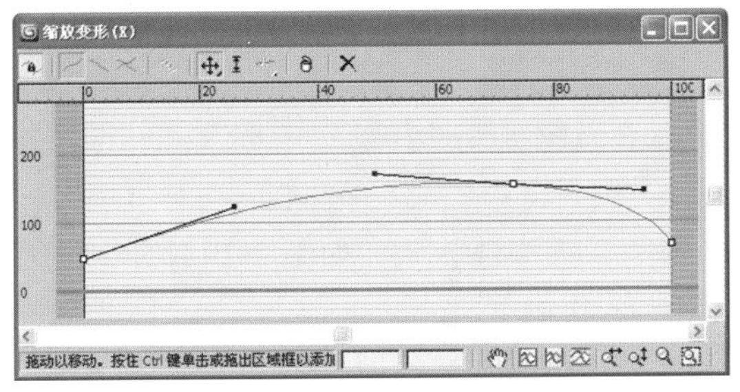

图 2-27　【缩放变形】窗口

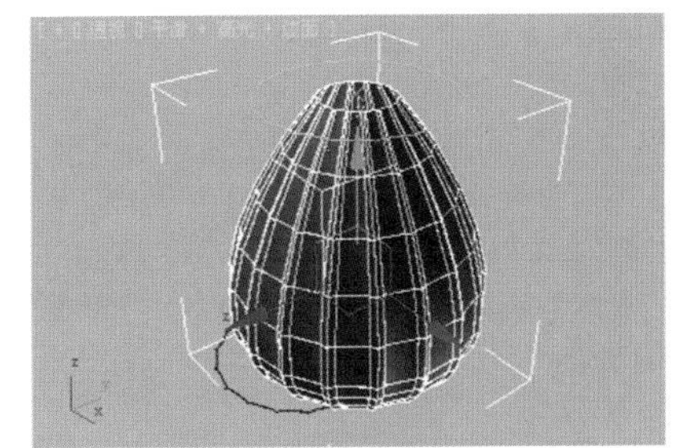

图 2-28　变形后的灯罩造型

下面介绍一下【缩放变形】窗口的各项功能。

【均衡】按钮：激活该按钮，可将 X、Y 轴锁定，使它们的控制状态完全一致。

【显示 X 轴】按钮：激活该按钮，显示 X 轴变形控制线，在【缩放变形】窗口中显示为红色。

【显示 Y 轴】按钮：激活该按钮，显示 Y 轴变形控制线，当【均衡】按钮不被激活时，在【缩放变形】窗口中显示为绿色。

【显示 XY 轴】按钮：激活该按钮，同时显示 X、Y 轴变形控制线，可同时对其进行编辑。

【交换变形曲线】按钮：单击该按钮，可将 X、Y 轴变形控制线进行交换。

【移动控制点】按钮：激活该按钮，可以移动变形控制线上的控制点位置，对于带调节杆的控制点，也可以调整调节杆的位置。按住按钮不放，可以看到其下还有两个按钮：①激活【移动控制点】按钮，只能在水平方向上移动控制点和调节杆的位置；②激活【移动控制点】按钮，只能在垂直方向上移动控制点和调节杆的位置。

【缩放控制点】按钮：激活该按钮，可以垂直移动控制点的位置，但不能调整控制点调节杆的位置。

【插入角点】按钮：激活该按钮，在变形控制线上单击可以创建新的控制点，新控制点的类型为角。按住【插入角点】按钮不放，单击其下的【插入Bezier点】按钮，并在变形控制线上单击，可使创建的新控制点为贝塞尔点。

【删除控制点】按钮：单击该按钮，可以删除当前被选择的控制点。

【重置曲线】按钮：单击该按钮，可以将变形控制线恢复为初始状态。

【平移】按钮：激活该按钮，可以在【缩放变形】窗口中推动变形控制线，观察被遮住的部分。

【最大化显示】按钮：单击该按钮，可以在【缩放变形】窗口中完全显示变形控制线。

【水平方向最大化显示】按钮：单击该按钮，可以在【缩放变形】窗口水平方向上完全显示变形控制线。

【垂直方向最大化显示】按钮：激活该按钮，可以在【缩放变形】窗口垂直方向上完全显示变形控制线。

【水平缩放】按钮：激活该按钮，在【缩放变形】窗口中拖曳鼠标，可以在水平方向上缩放显示变形控制线。

【垂直缩放】按钮：激活该按钮，在【缩放变形】窗口中拖曳鼠标，可以在垂直方向上缩放显示变形控制线。

【缩放】按钮：激活该按钮，在【缩放变形】窗口中拖曳鼠标，可以整体缩放变形控制线的显示效果。

【缩放区域】按钮：激活该按钮，可以在【缩放变形】窗口中框选某一区域将其放大显示。

(9) 单击按钮，在顶视图中绘制线形作为“放样截面”，如图2-29所示。在【前】视图中绘制二维线形作为“放样路径”，如图2-30所示。

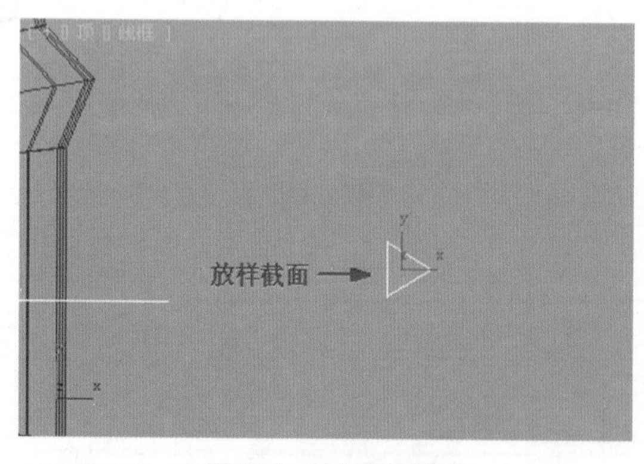

图2-29　绘制截面线形

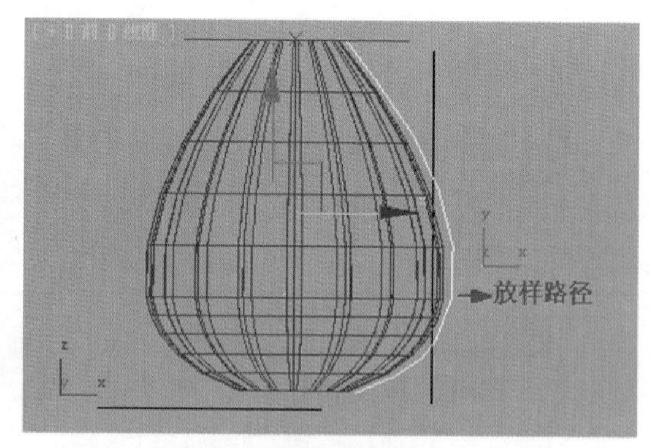

图2-30　绘制路径线形

(10) 在视图中选择放样路径，单击【创建】命令面板中的【标准基本体】下拉列表框，在弹出的下拉列表中选择【复合对象】选项，单击【对象类型】选项下的【放样】按钮。

(11) 在【拾取目标】卷展栏中单击【获取图形】按钮，拾取视图中的“放样截面”线形，放样后的形态如图2-31所示。

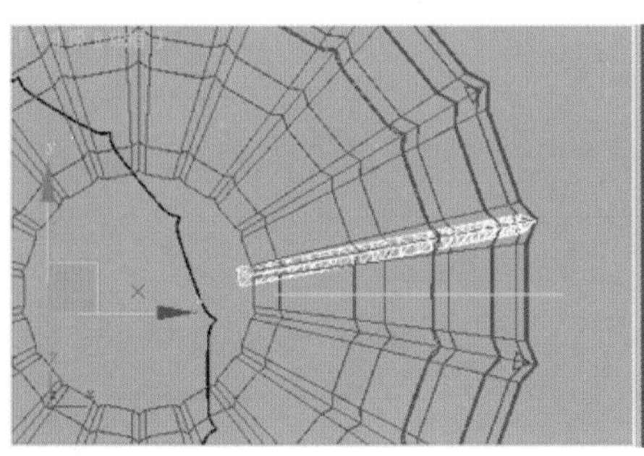
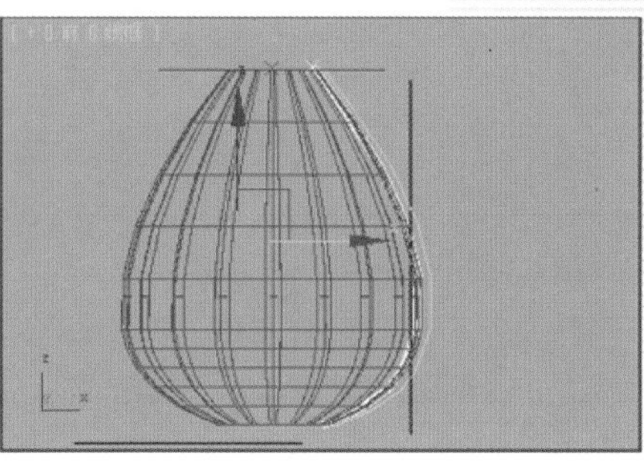

图 2-31　放样后的形态

(12) 激活工具栏中的【角度捕捉切换】按钮，并在其上右击，在弹出的【栅格和捕捉设置】对话框中设置【角度】为 20，如图 2-32 所示。

(13) 在视图中选择放样后的造型，单击工具栏中的【选择并旋转】按钮，在参考坐标系下选择【拾取】按钮，然后拾取放样后的造型，再单击【使用变换坐标中心】按钮，选择变换坐标中心，按住 Shift 键，将上面放样后的造型旋转复制 18 个，效果如图 2-33 所示。

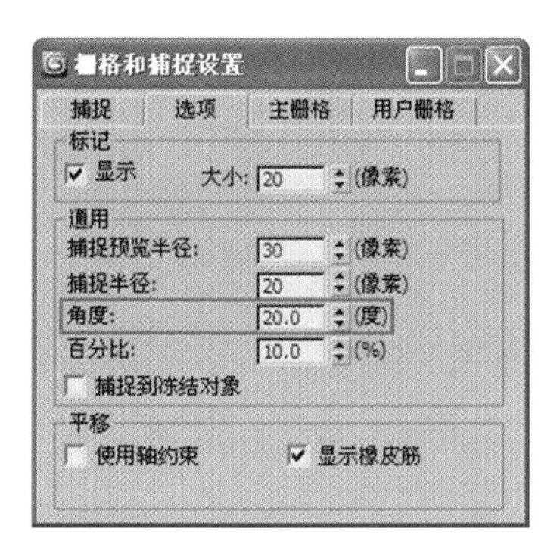

图 2-32　【栅格和捕捉设置】对话框

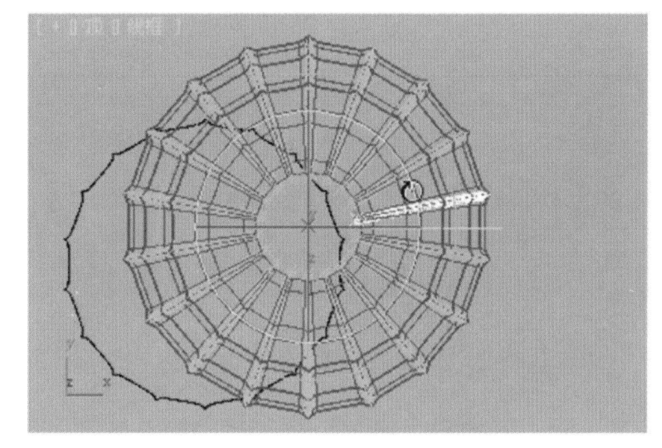

图 2-33　旋转放样后的形态

(14) 单击【线】按钮，在【前】视图中绘制二维线形，如图 2-34 所示。执行修改命令面板中的【车削】命令，在【参数】卷展栏中选择 Y 轴，再单击【最小】按钮，车削后的形态如图 2-35 所示。

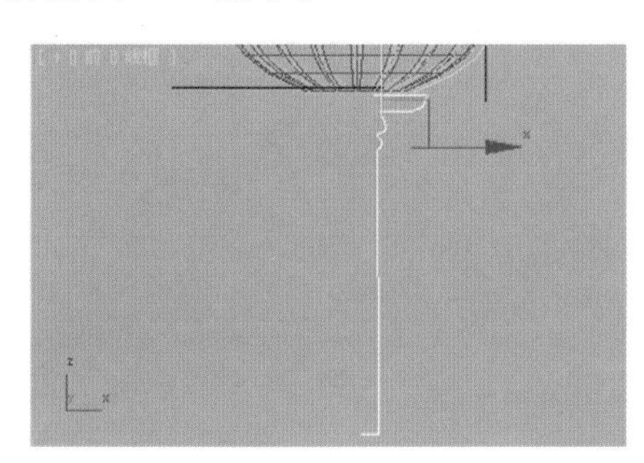

图 2-34　绘制二维线形

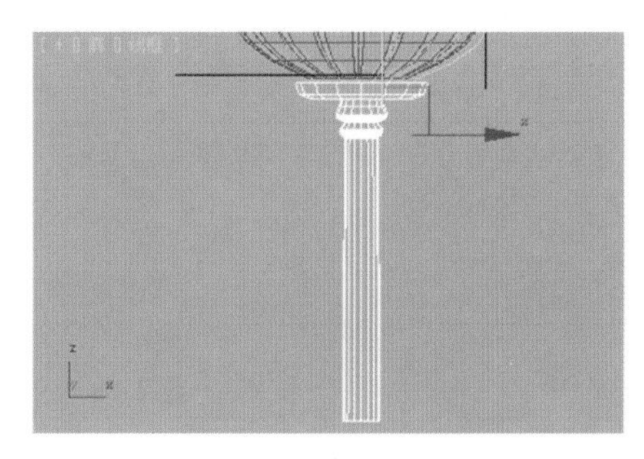

图 2-35　车削后的形态

(15) 单击【矩形】按钮，在【前】视图中绘制【长度】为 9、【宽度】为 224 的矩形，如图 2-36 所示。执行修改命令面板中的【编辑样条线】命令，进入（顶点）子对象层级，调整顶点，如图 2-37 所示。

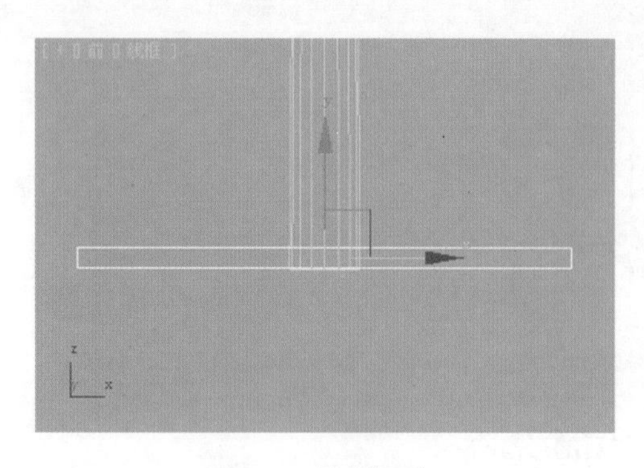
图 2-36　绘制矩形

图 2-37　调整后的线形

(16) 在前视图中选择调整后的线形，进入【样条线】子对象层级，用移动复制的方法将其复制并调整顶点，如图 2-38 所示。

(17) 执行修改命令面板中的【挤出】命令，设置挤出数量为 30，如图 2-39 所示。

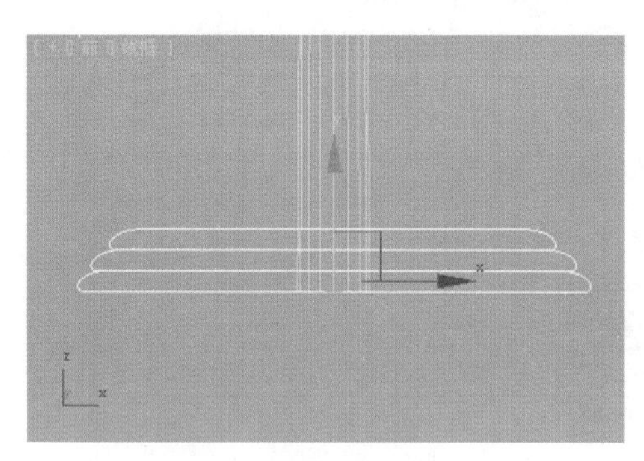
图 2-38　绘制及复制样条线

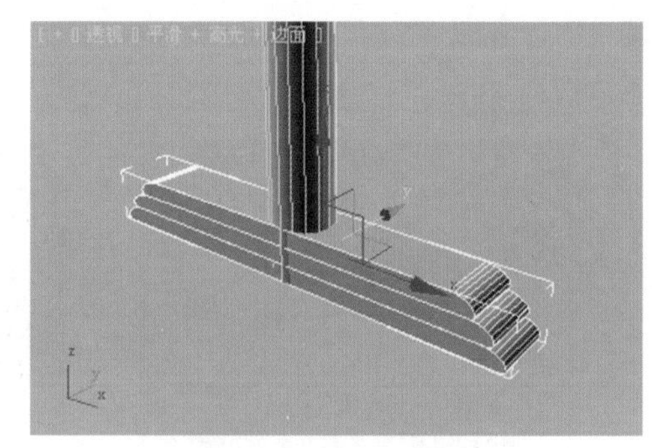
图 2-39　挤出后的形态

(18) 在顶视图中选择步骤 (17) 中挤出的造型，单击按钮，将其旋转复制，调整位置如图 2-40 所示。

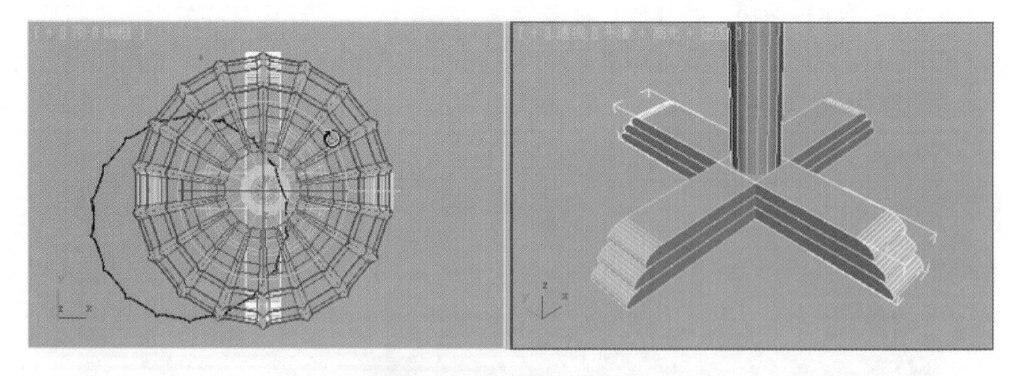
图 2-40　旋转复制后的形态

(19) 单击【线】按钮，在【前】视图中绘制二维线形，执行修改命令面板中的【挤出】命令，设置挤出数量为 6，如图 2-41 所示。

(20) 在【顶】视图中选择步骤 (19) 中挤出的造型，单击工具栏中的按钮，将其旋转复制 3 个，并调整位置，如图 2-42 所示。

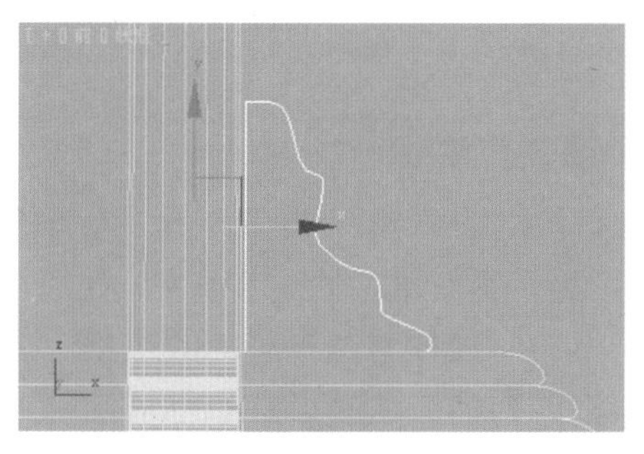

图 2-41　绘制二维线形

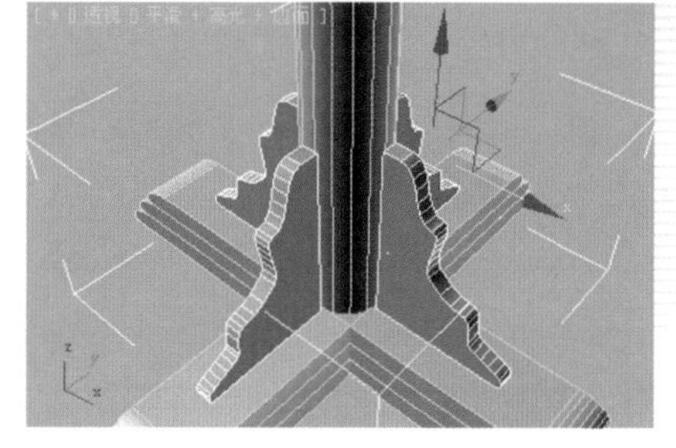

图 2-42　旋转复制后的形态

(21) 按键盘中的 M 键，打开材质编辑器，选择一个空白的示例球，将其命名为“灯罩”，并为其指定 VR 材质。在【基本参数】卷展栏中设置【反射】颜色为灰色，使其产生反射效果，设置【折射】颜色为灰色，使其产生透明效果，然后单击【漫反射】色块右侧的 M 按钮，在弹出的【材质 / 贴图浏览器】对话框中双击【位图】贴图类型，选择本书光盘“单体模型元素”目录下的“dv-37- 布纹 092.jpg”文件，其他参数设置如图 2-43 所示。

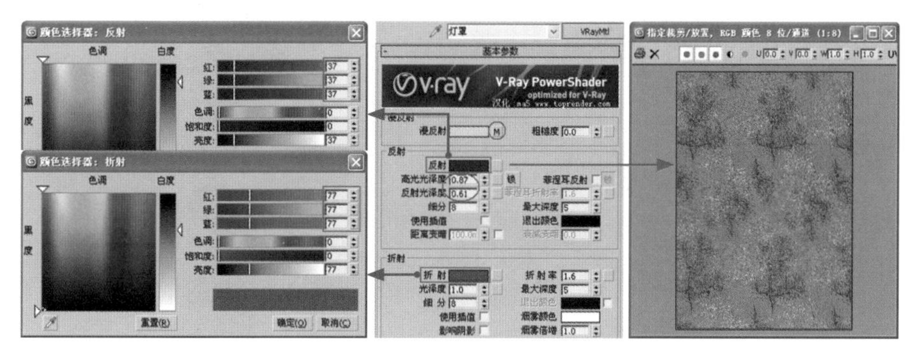

图 2-43　“灯罩”材质参数设置

(22) 在视图中选择“灯罩”，单击按钮，将材质赋予它。

(23) 重新选择一个空白示例球，将其命名为“黑金属”，并为其指定 VR 材质。在【基本参数】卷展栏中设置【漫反射】颜色为黑色，单击【漫反射】色块右侧的 M 按钮，调整反射颜色为灰色 (RGB 值均为 30)，设置【高光光泽度】为 0.75，【反射光泽度】为 0.8。

(24) 在视图中选择“灯杆”，单击按钮，将材质赋予它，效果如图 2-20 所示。

(25) 单击【应用程序】按钮，在弹出的下拉菜单中选择【保存】命令，将文件存储为“欧式台灯 .max”。

你问我答

在一个比较杂乱的场景中，怎样快速选择所需物体？

按键盘中的 H 键，打开【从场景选择】对话框，从对话框中按名称、类型选择所需的物体，如图 2-44 所示。

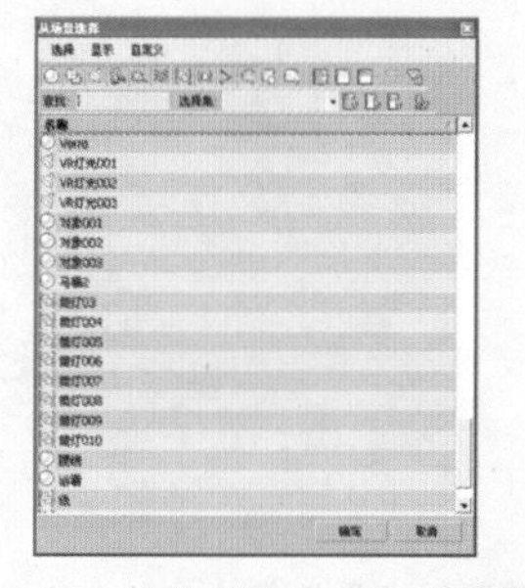

图 2-44　【从场景选择】对话框

2.4 多截面放样——窗帘

窗帘作为居室软装饰的重要组成部分，已不再只具有单纯的调节温度、光线、遮光、防尘等功能，在现代家居环境的美化及环境营造中它发挥着越来越大的作用。想选择一条合适的窗帘为生活空间增色，是需要考虑很多方面的，包括窗帘颜色与空间主体色的搭配、主人个性与窗帘风格的匹配、窗帘材料的环保问题等，可以说窗帘是点缀生活空间不可或缺的选择之一。在使用 3ds Max 制作窗帘时主要使用【多截面放样】命令来完成，效果如图 2-45 所示。

图 2-45　窗帘效果

具体操作步骤如下。

(1) 依次选择菜单栏中的【自定义】|【单位设置】命令，在弹出的【单位设置】对话框中单击【系统单位设置】按钮，设置系统单位为“毫米”。

(2) 单击【线】按钮，在【顶】视图中绘制两条二维线形分别作为“图形 1”和“图形 2”，在【前】视图中绘制一条直线作为放样路径，如图 2-46 所示。

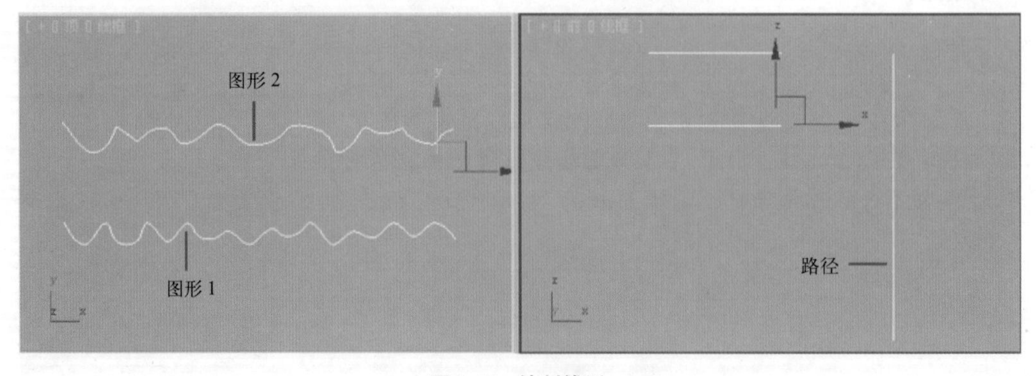

图 2-46　绘制线形

(3) 在视图中选择放样路径，单击【放样】按钮，在【创建方法】卷展栏中单击【获取图形】按钮，然后拾取场景中的放样“图形 1”，再设置【路径】为 10，单击【获取图层】按钮，拾取放样图形 2，放样后的形态如图 2-47 所示。

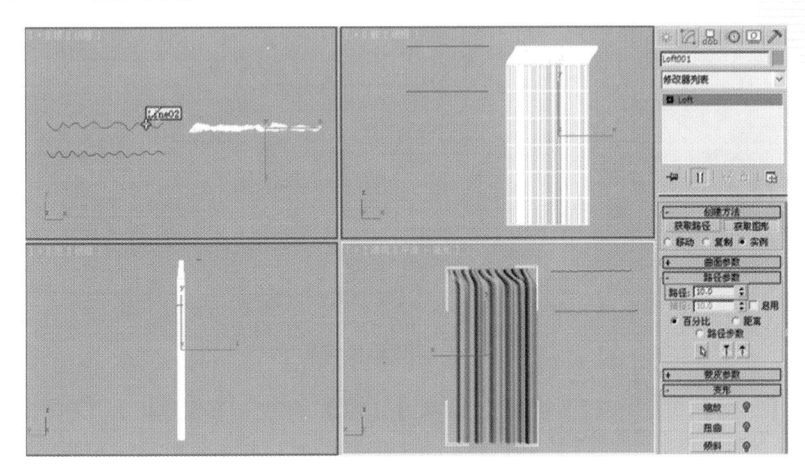

图 2-47　放样后的形态

(4) 在堆栈编辑器中进入【图形】子对象层级，然后在【图形命令】卷展栏中单击【比较】按钮，打开【比较】窗口，单击【拾取图形】按钮，拾取放样的两条截面图形。通过窗口可以观察到图形位置没有对齐，在【前】视图中用移动工具移动“图形 1”的位置，如图 2-48 所示。

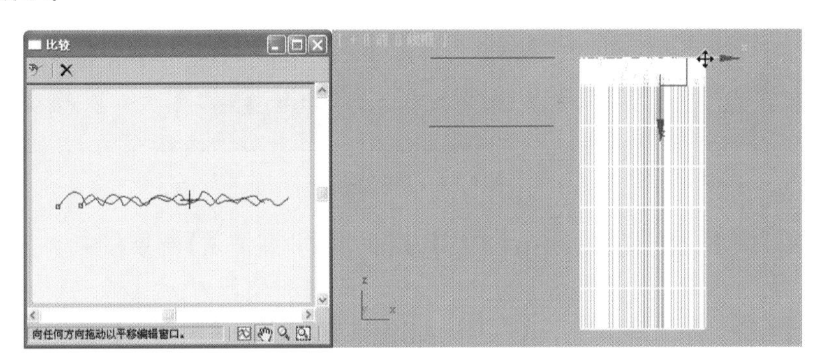

图 2-48　调整截面图形的位置

(5) 关闭子对象层级。单击【变形】卷展栏中的【缩放】按钮，打开【缩放变形】窗口，单击按钮，插入角点并调整角点，如图 2-49 所示。

(6) 变形后的效果如图 2-50 所示。

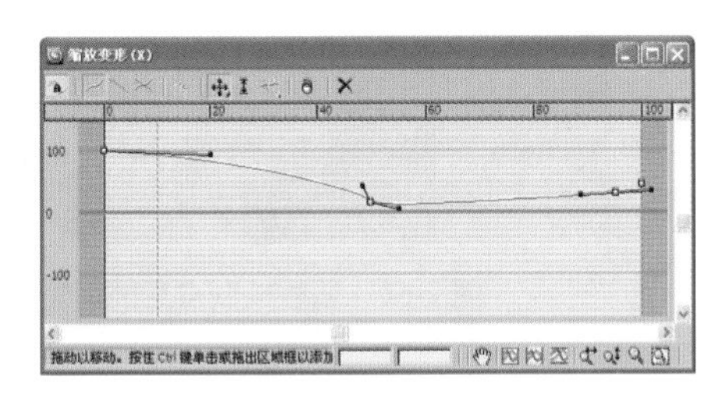

图 2-49　【缩放变形】窗口

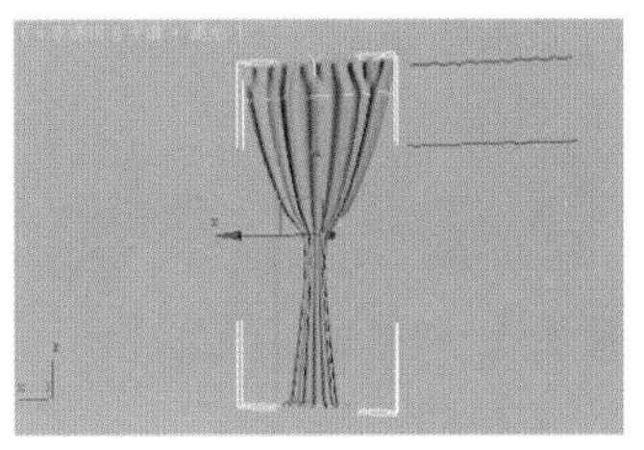

图 2-50　变形后的形态

(7) 再次进入【图形】子对象层级，框选两个截面图形，用移动工具调整其位置，如图 2-51 所示。

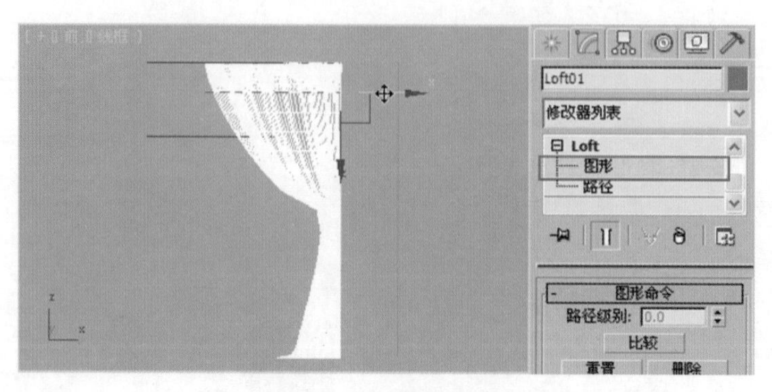

图 2-51　调整截面位置

(8) 单击【椭圆】按钮，在顶视图中绘制【长度】为 6、【宽度】为 37 的椭圆作为“放样路径”，在【前】视图中绘制【长度】为 15、【宽度】为 3 的线形作为放样截面，命名为“图形 1”，如图 2-52 所示。

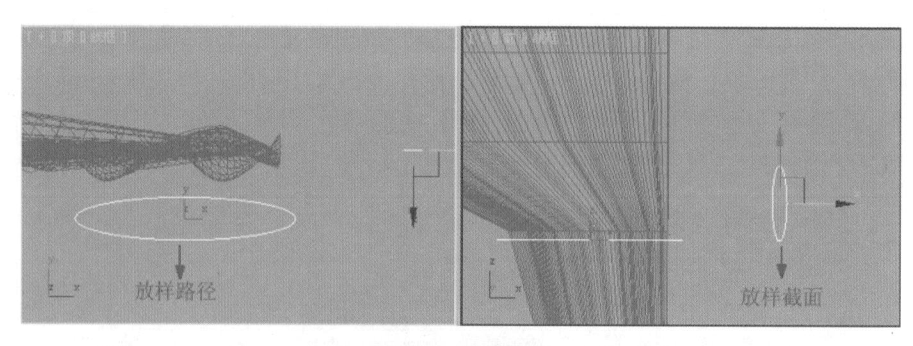

图 2-52　绘制椭圆

(9) 在视图中选择放样路径，单击【放样】按钮，在【创建方法】卷展栏中单击【获取图形】按钮，然后拾取场景中的放样图形 1。放样后的形态如图 2-53 所示。

(10) 再选择修改命令面板中的 FFD3×3×3 命令，进入【控制点】子对象层级，在视图中调整控制点，调整后的形态如图 2-54 所示。

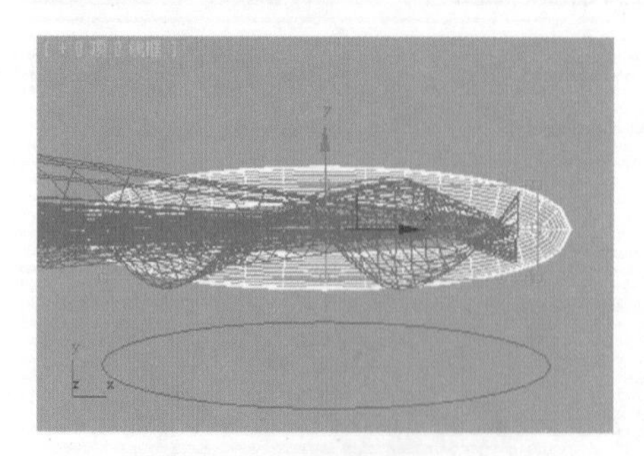

图 2-53　放样后的形态

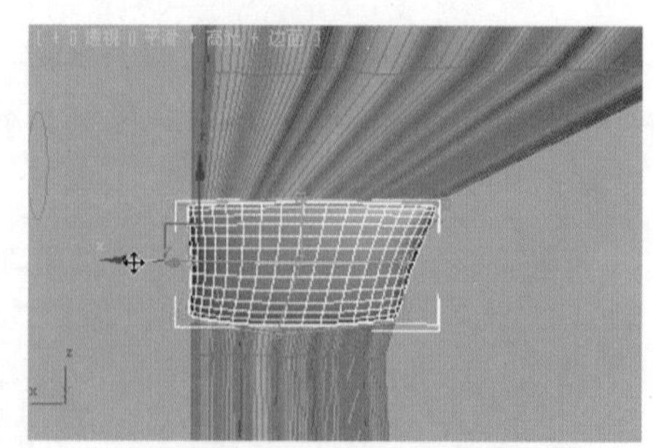

图 2-54　调整控制点后的形态

(11) 在【前】视图中选择放样后的造型，单击工具栏中的【镜像】按钮，在弹出的对话框中选择 X 轴以【实例】的方式镜像复制一组，并调整位置，如图 2-55 所示。

(12) 单击【线】按钮，在顶视图中绘制二维线形，如图 2-56 所示。

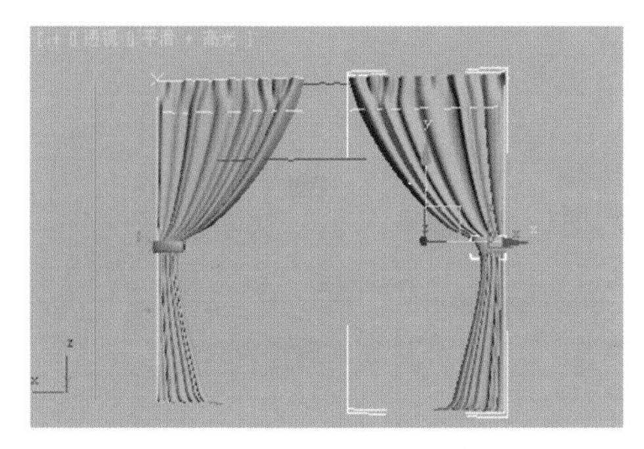

图 2-55　镜像复制后的形态

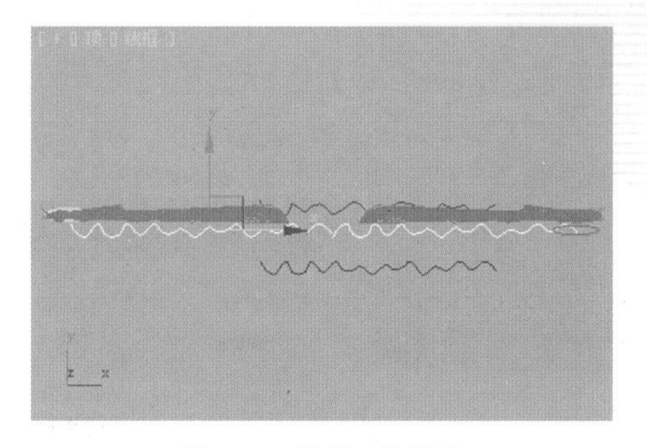

图 2-56　绘制二维线形

(13) 执行修改命令面板中的【挤出】命令，设置挤出数量为 2750，如图 2-57 所示。

(14) 按键盘中的 M 键，打开材质编辑器，选择一个空白的示例球，将其命名为“窗纱”，并为其指定 VR 材质。在【基本参数】卷展栏中单击【漫反射】色块右侧的 M 按钮，设置表面颜色为纯白色，然后单击【折射】色块右侧的 按钮，在弹出的【材质/贴图浏览器】对话框中双击【衰减】贴图类型。在【衰减参数】卷展栏中设置颜色 1、颜色 2，选择【衰减类型】为 Fresnel，如图 2-58 所示。

图 2-57　挤出后的形态

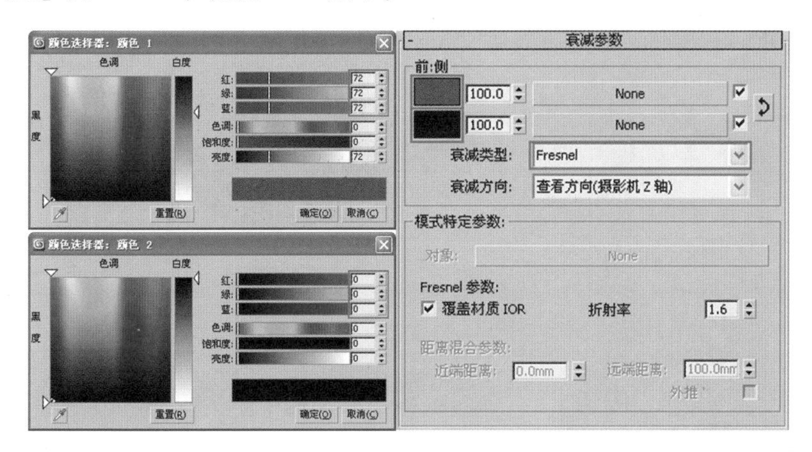

图 2-58　【衰减参数】卷展栏的设置

(15) 单击【转到父对象】按钮，返回顶级，在【贴图】卷展栏中单击【凹凸】微调框右侧的通道按钮，在弹出的【材质/贴图浏览器】对话框中双击【位图】贴图类型。选择本书光盘“单体模型元素”目录下的“AS2_cloth_36_spec.jpg”文件。

(16) 在视图中选择“窗纱”造型，单击按钮，将材质赋予它。

(17) 重新选择一个示例球，将其命名为“窗帘”，并为其指定 VR 材质类型。在【基本参数】卷展栏中单击【漫反射】色块右侧的 M 按钮，在弹出的【材质/贴图浏览器】对话框中双击【位图】贴图类型，打开本书光盘“单体模型元素”目录下的“item0015.jpg”文件。

(18) 单击按钮，返回上一级，单击【反射】色块右侧的M按钮，在弹出的【材质/贴图浏览器】对话框中双击【衰减】贴图类型，如图 2-59 所示。

(19) 在【衰减参数】卷展栏中选择 Fresnel 衰减类型，如图 2-60 所示。

图 2-59 “窗帘”基本材质参数设置

图 2-60 【衰减参数】设置

(20) 在视图中选择“窗帘”造型，单击按钮，将材质赋予它，效果如图 2-45 所示。

(21) 单击【应用程序】按钮，在弹出的下拉菜单中选择【保存】命令，将文件存储为“窗帘 .max”。

你问我答

为什么一根线放样两个截面总是会出现扭曲变形？

主要是节点要前后对应，不能错位，不然就会出现扭曲，如图 2-61 的步骤 3 所示。遇到这类现象可通过图 2-61 的步骤 (4) ~ (7) 所示的提示进行调整。

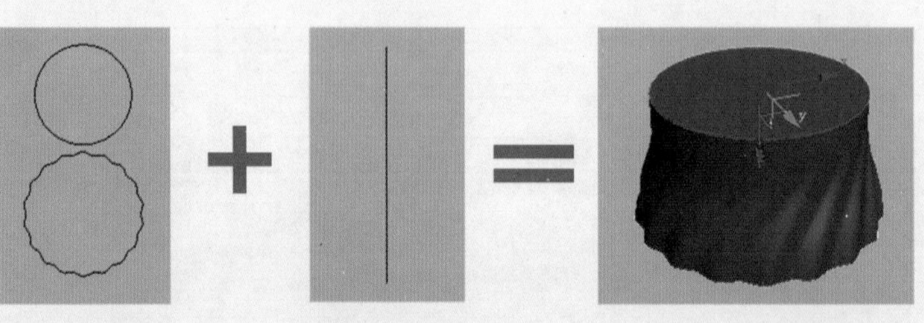

(1) 放样截面　(2) 放样路径　(3) 放样后的效果

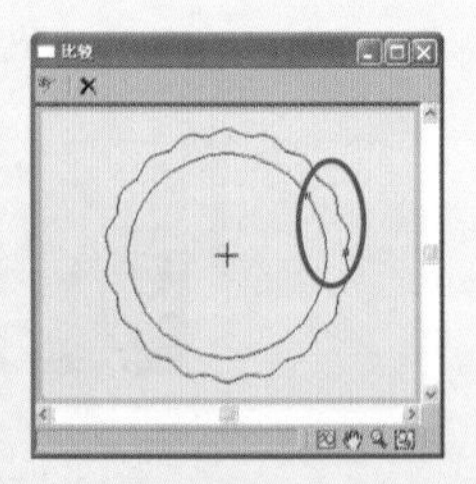

(4) 进入【图形】子对象层级，打开【比较】窗口

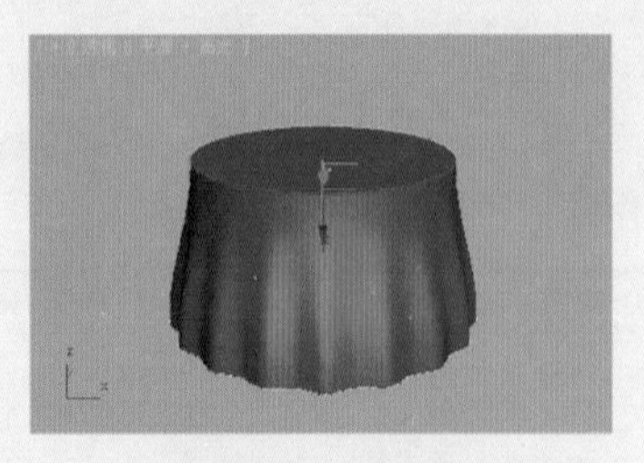

(7) 调整扭曲后的效果

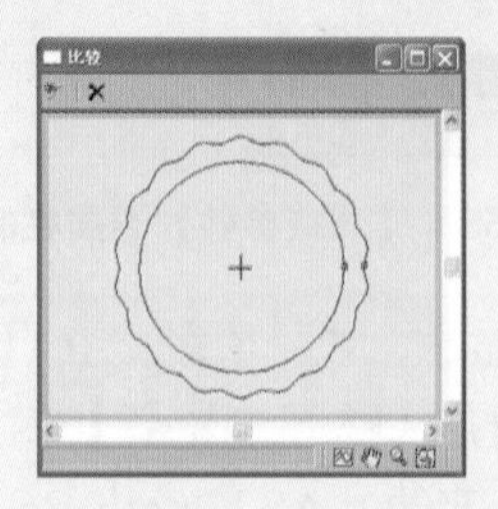

(6) 观察【比较】窗口

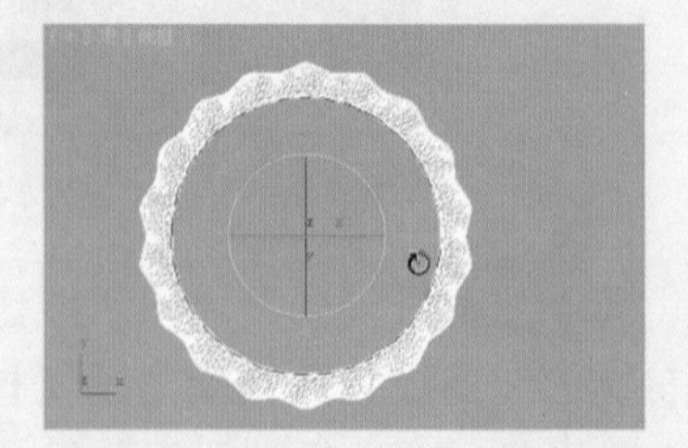

(5) 在视图中使用旋转工具调整截面

图 2-61 放样扭曲变形现象及解决办法

2.5 挤出——衣柜

【挤出】是将线条曲线图形增加厚度，挤压成三维实体的一个命令，其前提是制作的这个造型由上至下的形体必须是一致的。这也是在制作效果图时使用最频繁的命令。在使用 3ds Max 制作衣柜时主要使用【挤出】命令来完成，效果如图 2-62 所示。

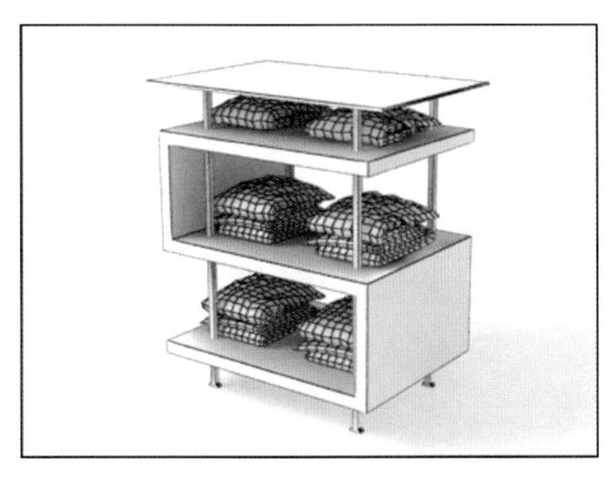

图 2-62　制作的衣柜效果

具体操作步骤如下。

(1) 重新设置系统，将系统单位设置为“毫米”。单击【应用程序】按钮，在弹出的菜单中选择【导入】命令，选择本书光盘“单体模型元素”目录下的“衣柜.dwg”文件，将其导入到场景中。

(2) 单击【线】按钮，在前视图中绘制二维线形，执行修改命令面板中的【挤出】命令，设置挤出数量为 600，如图 2-63 所示。

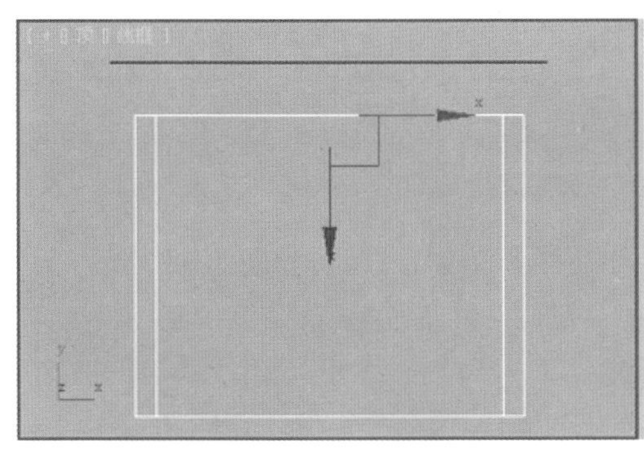
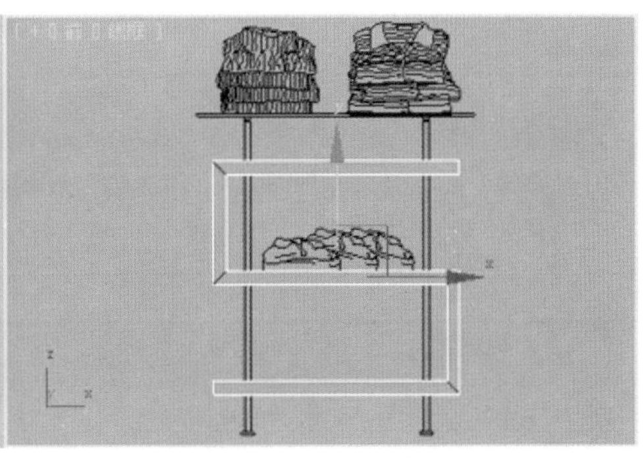

图 2-63　绘制二维线形及挤出后的形态

【挤出】命令是将二维图形挤出为三维物体的修改命令，制作效果图时使用比较频繁。主要参数有【数量】和【分段】，其具体含义如下。

【数量】：设置挤出的深度，数值越大，挤出的厚度越大，图 2-64 所示为设置不同挤出数量产生的效果。

【分段】：设置挤出厚度上的片段划分数，图 2-65 所示为设置不同分段数产生的效果。

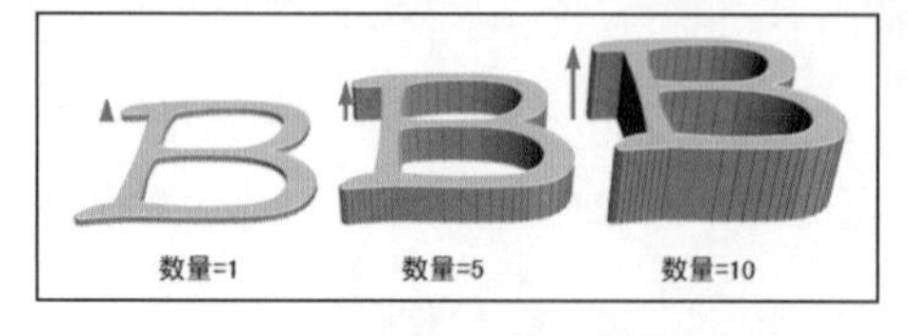

图 2-64　不同挤出数量产生的效果

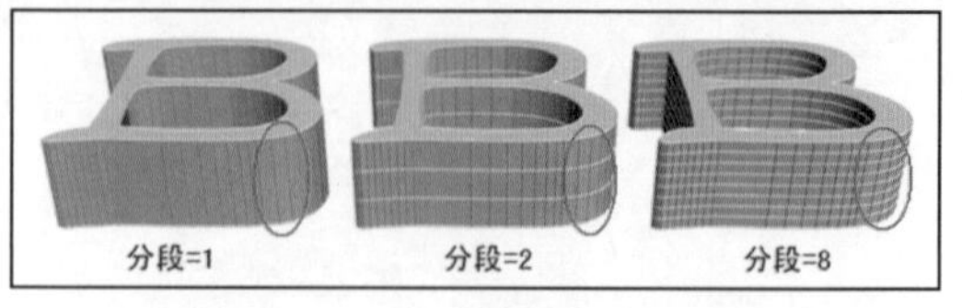

图 2-65　不同分段数产生的效果

(3) 用同样的方法，在【前】视图中绘制二维线形，然后再选择修改命令面板中的【挤出】命令，设置挤出数量为 20mm，如图 2-66 所示。

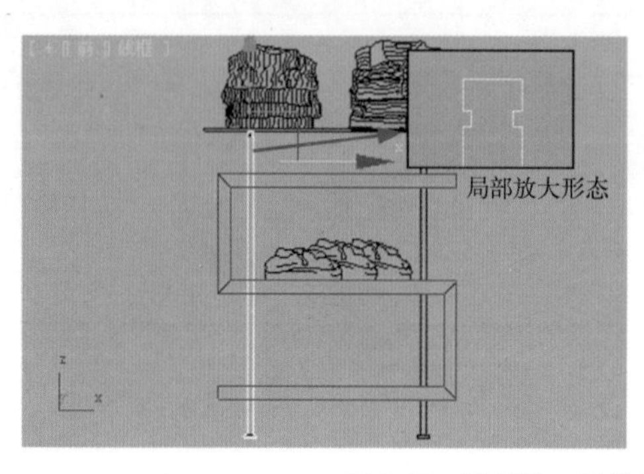

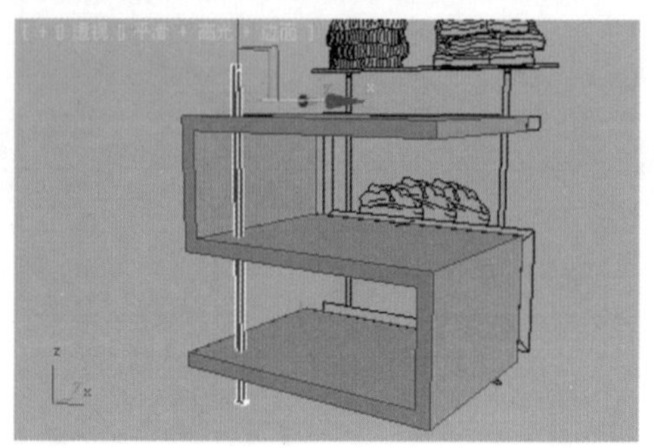

图 2-66　绘制的二维线形及挤出后的形态（1）

(4) 在【顶】视图中选择上面挤出的线形，用移动复制的方法将其复制 3 个，调整位置如图 2-67 所示。

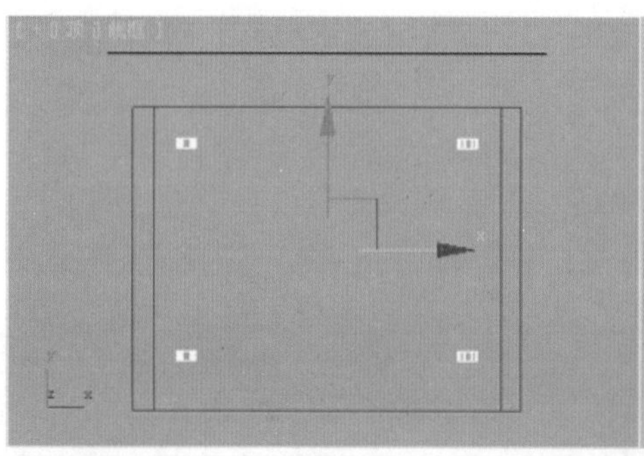

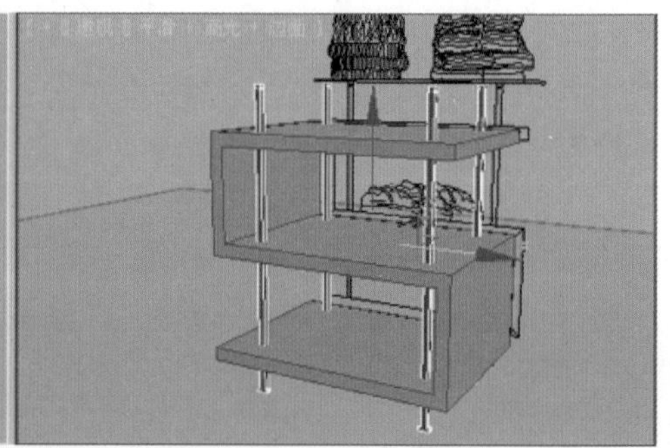

图 2-67　复制后的形态、位置

(5) 在【前】视图中绘制二维线形，并为绘制的线形挤出 600，如图 2-68 所示。

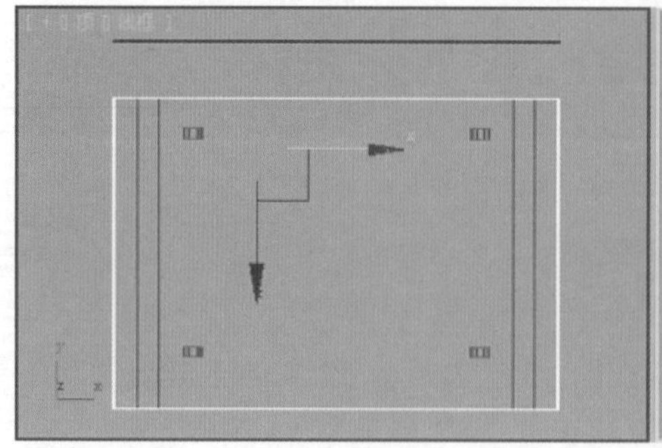

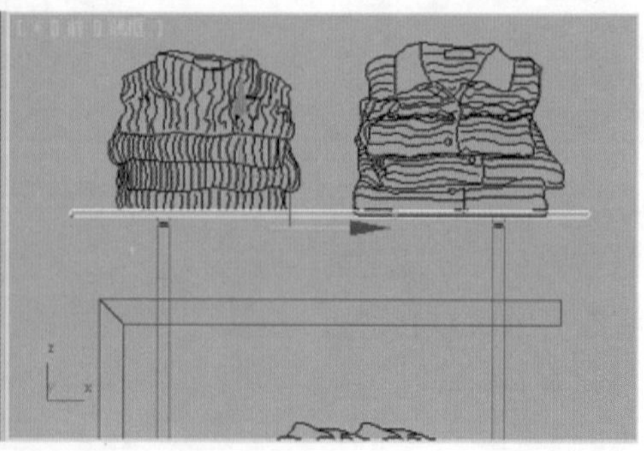

图 2-68　绘制的二维形态及挤出后的形态（2）

(6) 渲染透视图，观察其效果，如图 2-69 所示。

图 2-69　渲染后的效果

(7) 按键盘中的 M 键，打开材质编辑器，选择一个空白的示例球将其命名为"枕头"，并为其指定 VR 材质。在【基本参数】卷展栏中单击【漫反射】色块右侧的■按钮，在弹出的【材质 / 贴图浏览器】对话框中双击【位图】贴图类型，选择本书光盘"单体模型元素"目录下的"MC027.jpg"文件。

(8) 单击按钮，返回上一级，单击【反射】色块右侧的■按钮，在弹出的【材质 / 贴图浏览器】对话框中双击【衰减】贴图类型。然后在【衰减参数】卷展栏中设置颜色 2 为蓝色 (RGB：174、215、225)，选择【衰减类型】为 Fresnel。

(9) 在视图中选择"衣柜"造型，单击按钮，将材质赋予它。

(10) 再选择一个空白的示例球将其命名为"衣柜玻璃"，并为其指定 VRayMtl 材质。在【基本参数】卷展栏中单击【漫反射】色块，调整颜色为蓝绿色，再设置【反射】颜色为灰色，使其产生反射效果，调整【折射】颜色为灰色，使其略产生透明效果，如图 2-70 所示。

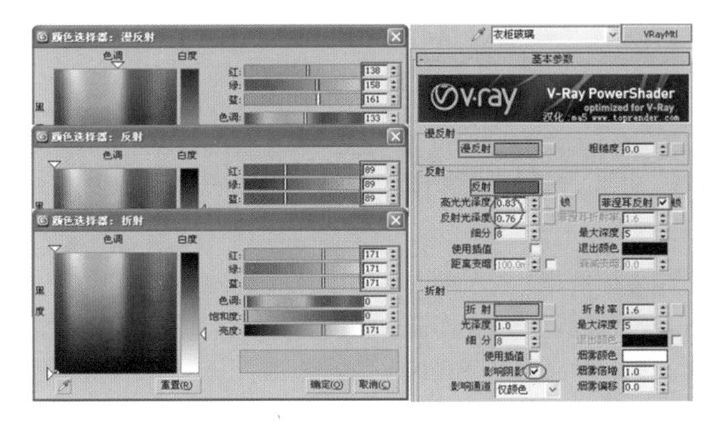

图 2-70　"衣柜玻璃"材质参数设置

(11) 在视图中选择"衣柜玻璃"造型，单击按钮，将材质赋予它，效果如图 2-62 所示。

(12) 单击【应用程序】按钮，在弹出的下拉菜单中选择【保存】命令，将文件存储为"衣柜 .max"。

你问我答

为什么使用【挤出】命令后不显示实体？如图 2-71 所示。

【挤出】命令可以将一个样条曲线图形增加厚度，挤压成三维实体，是一个常用的建模方法，也是一个物体转化模块，可以进行面片、网格物体、NURBS 物体三类模型的输出。如果执行该命令后出现图 2-71 所示的现象，就要看该二维图形是否闭合。如果没有真正焊接上就会出现这样的空心效果，这是因为要把所有的点都焊接好才可以挤出实体，修正后的效果如图 2-72 所示。焊接的快捷方法：选择要焊接的两个顶点，在创建命令面板中单击【几何体】按钮下的【熔合】按钮，再单击【焊接】按钮，即可快速焊接。

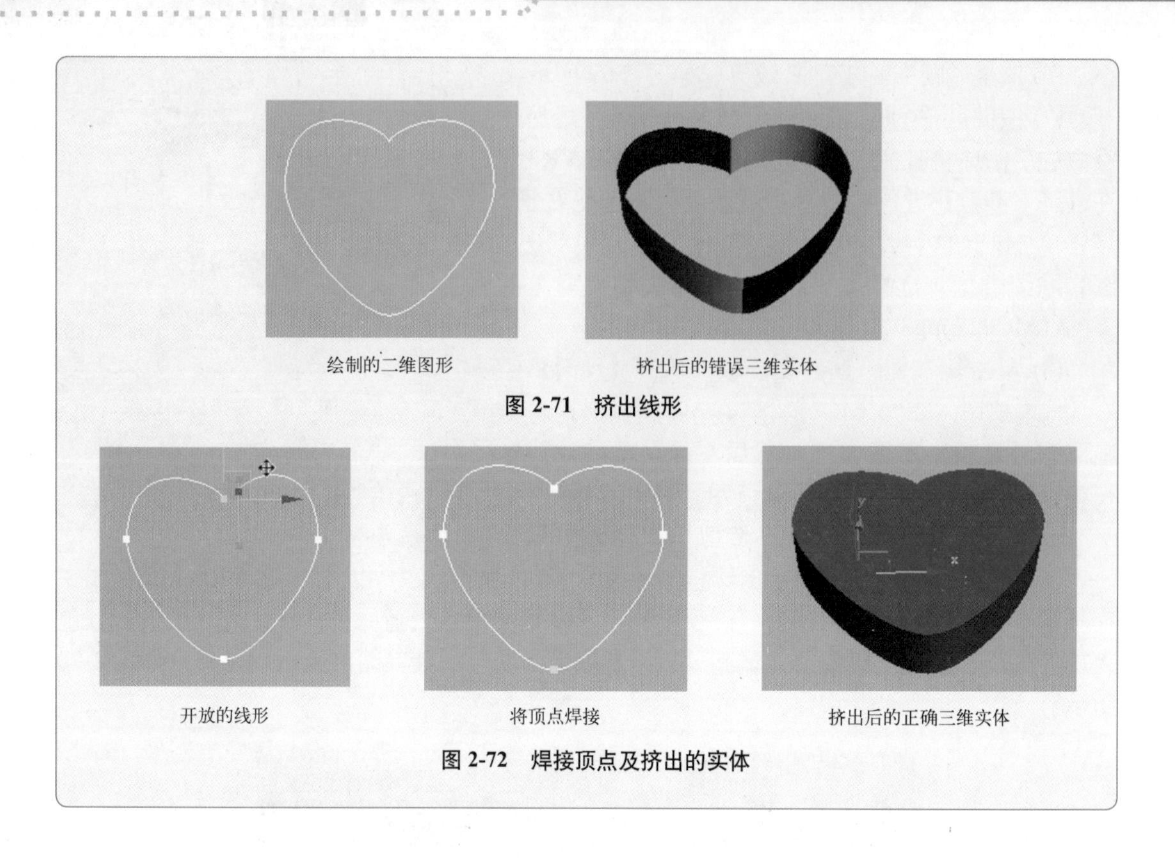

图 2-71　挤出线形

图 2-72　焊接顶点及挤出的实体

2.6　倒角剖面——角线

装饰角线不仅是室内造型设计时使用的重要材料，同时也是非常实用的功能性材料。角线可作为装饰细部制作的收口、封闭门、窗框套内部结构。角线的背面可以走线，节省了线路改造的工时费用。角线同时在室内起到色彩过渡和协调的作用，可利用角线将两个相邻面的颜色差别和谐地搭配起来。装修后可根据室内不同空间线型的变化，暗示出居室的功能，并能通过角线的安装弥补室内界面土建施工的质量缺陷等。在使用 3ds Max 制作角线时主要使用【倒角剖面】、FFD 命令来完成，效果如图 2-73 所示。

图 2-73　倒角线效果

具体操作步骤如下。

(1) 依次选择菜单栏中的【自定义】|【单位设置】命令，在弹出的【单位设置】对话框中单击【系统单位设置】按钮，设置系统单位为“毫米”。

(2) 单击【线】按钮，在【左】视图中绘制二维线形作为"倒角剖面"，如图 2-74 所示。在【前】视图中绘制直线作为"倒角路径"，如图 2-75 所示。

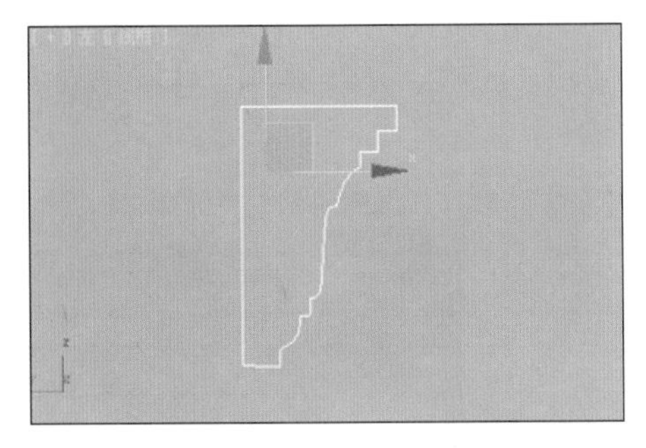

图 2-74　绘制倒角剖面线形

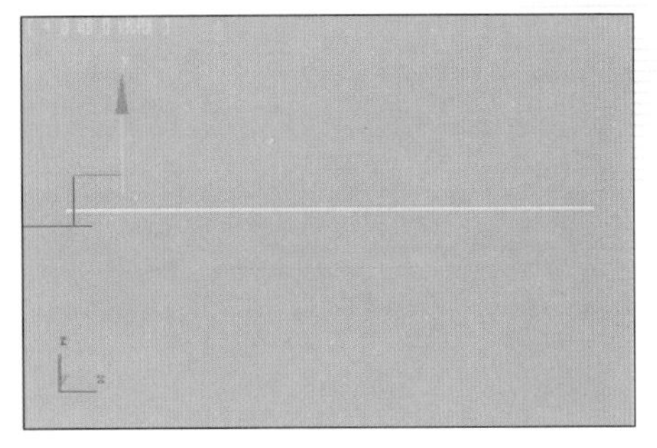

图 2-75　绘制倒角路径线形

(3) 在视图中选择倒角路径，单击 按钮，在修改命令面板中选择【倒角剖面】命令，然后在【参数】卷展栏中单击【拾取剖面】按钮，拾取场景中的倒角剖面，效果如图 2-76 所示。

图 2-76　拾取场景中的倒角剖面（1）

(4) 在视图中绘制二维线形作为"倒角剖面 2"，然后在视图中选择倒角路径，单击 按钮，在修改命令面板中选择【倒角剖面】命令，然后在【参数】卷展栏中单击【拾取剖面】按钮，拾取倒角剖面 2，效果如图 2-77 所示。

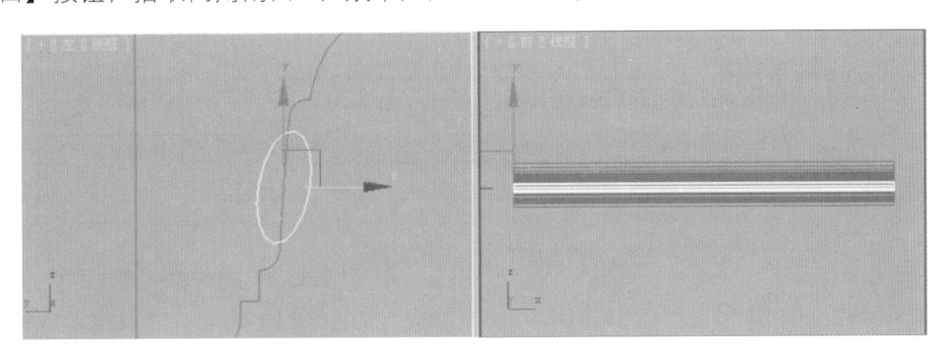

图 2-77　拾取场景中的倒角剖面（2）

(5) 单击创建命令面板中的【几何体】按钮，在【标准基本体】下拉列表中选择【扩展基本体】选项。

(6) 在【对象类型】下单击【切角圆柱体】按钮，在【左】视图中创建【半径】为 2、【高度】为 5、【圆角】为 0.3、【边数】为 12、【切片起始位置】为 90、【切片结束位置】为 −90 的切角圆柱体，如图 2-78 所示。

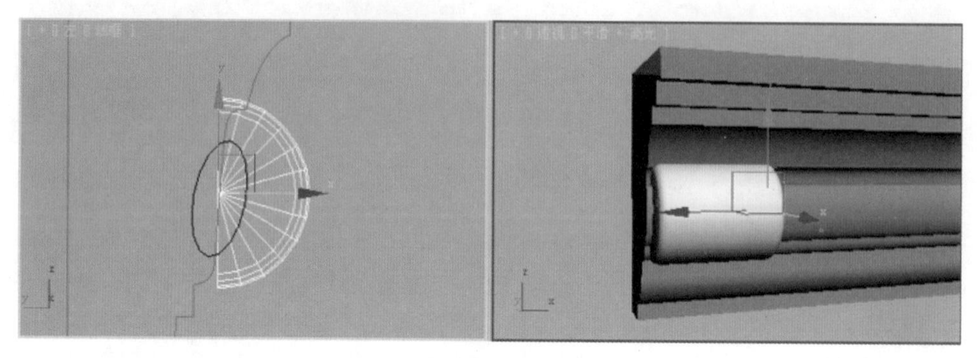

图 2-78　创建切角圆柱体

(7) 选择修改命令面板中的 FFD3 × 3 × 3 命令，进入【控制点】子对象层级，调整控制点，效果如图 2-79 所示。

图 2-79　调整控制点后的效果

(8) 在视图中选择步骤 (7) 中变形后的造型，用移动复制的方法将其复制并调整位置，如图 2-80 所示。

图 2-80　复制后的形态

(9) 按键盘中的 M 键，打开材质编辑器，选择一个空白的示例球并为其指定 VRayMtl 材质。在【基本参数】卷展栏中设置表面颜色为白色，然后在视图中选择角线造型，单击

按钮，将材质赋予它，效果如图 2-81 所示。

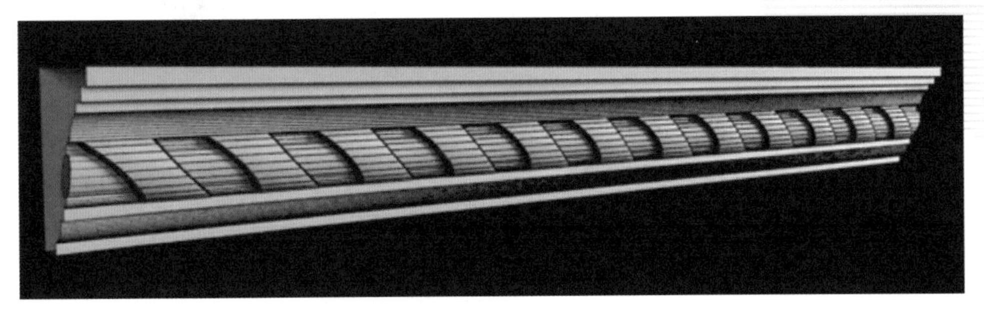

图 2-81　渲染线框材质后的效果

(10) 单击【应用程序】按钮，在弹出的下拉菜单中选择【保存】命令，将文件保存为"角线 .max"。

你问我答

二维线形中的【轮廓】与【倒角轮廓】命令的区别是什么？

【轮廓】主要用来创建立体造型，可应用于所有二维线形；而【倒角轮廓】命令至少需要两个独立的二维图形（即路径和截面），如图 2-82 所示。

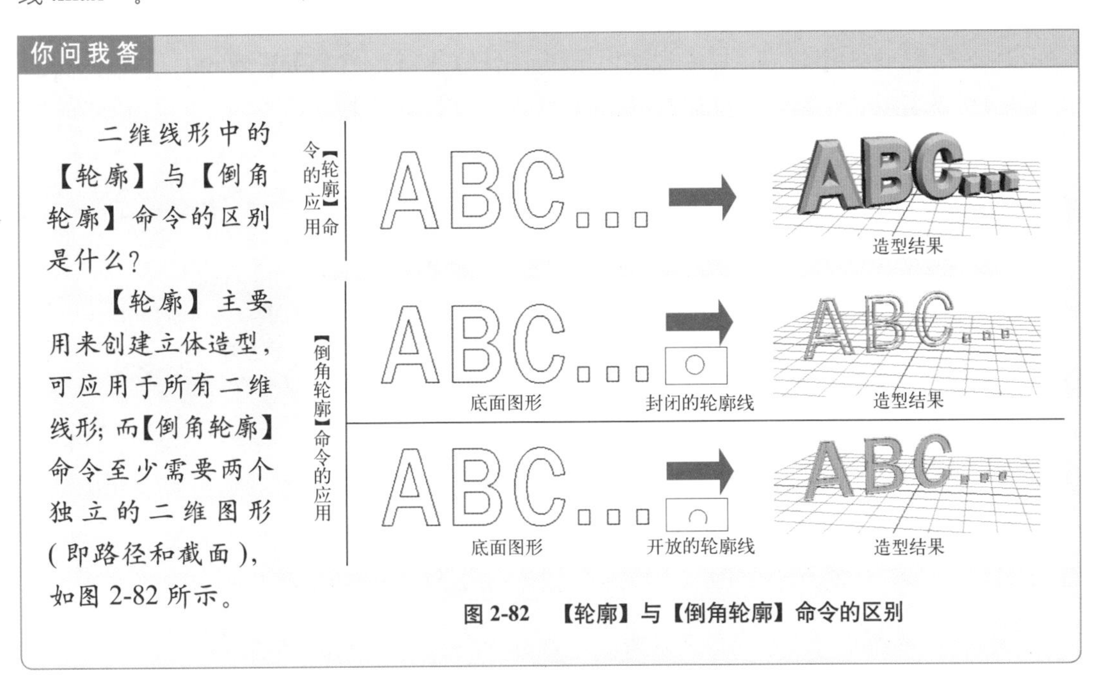

图 2-82　【轮廓】与【倒角轮廓】命令的区别

2.7　编辑多边形——生活用品

多边形建模的优势非常明显，首先它的操作感非常好，3ds Max 为我们提供了许多高效的工具，良好的操作感使初学者极易上手，并且可以一边做，一边修改；其次可以对模型的网格密度进行较好的控制，对细节少的地方少细分一些，对细节多的地方多细分一些，使最终模型的网格分布稀疏得当，后期还能比较及时地对不太合适的网格分布进行纠正。使用【编辑多边形】命令制作的牙膏效果如图 2-83 所示。

图 2-83　牙膏效果

具体操作步骤如下。

(1) 重新设置系统，将系统单位设置为“毫米”。

(2) 单击【圆柱体】按钮，在左视图中创建【半径】为 50、【高度】为 300、【高度分段】和【端面分段】均为 1、【边数】为 18 的圆柱体，如图 2-84 所示。

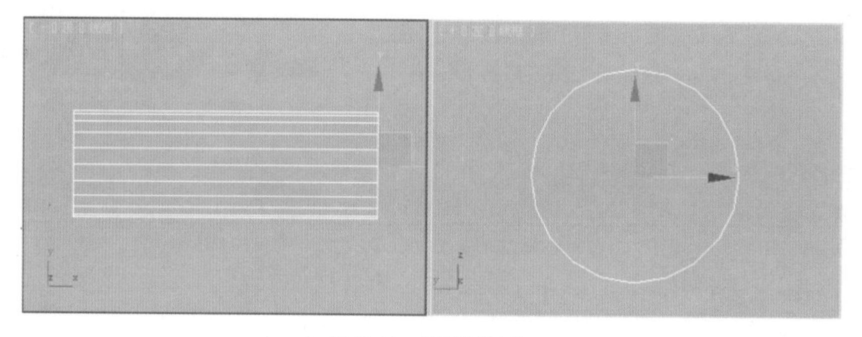

图 2-84　创建圆柱体

(3) 选择修改命令面板中的【编辑多边形】命令，按键盘中的 1 键，单击工具栏中的按钮，在前视图中将牙膏的后面缩放，再将其在左视图中缩放进而拉扁，如图 2-85 所示。

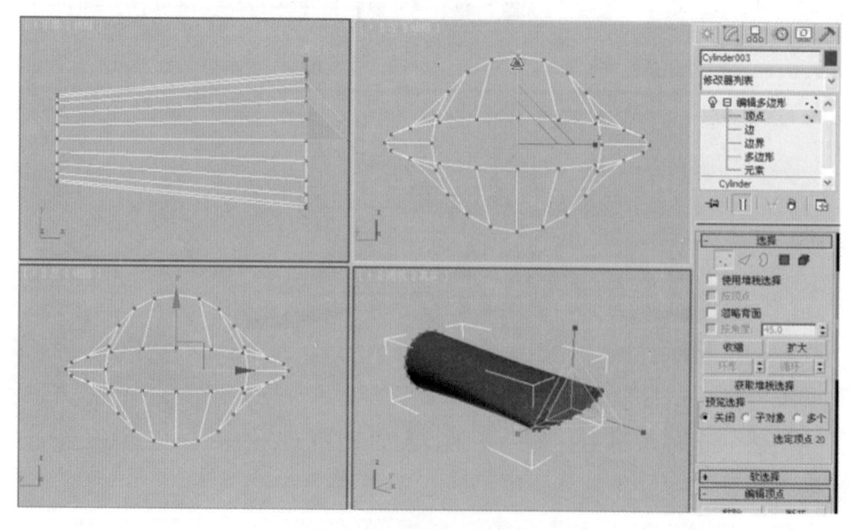

图 2-85　缩放后的形态

(4) 按键盘中的 4 键，进入【多边形】子对象层级，再选择牙膏的前、后面，按 Delete 键将其删除，如图 2-86 所示。

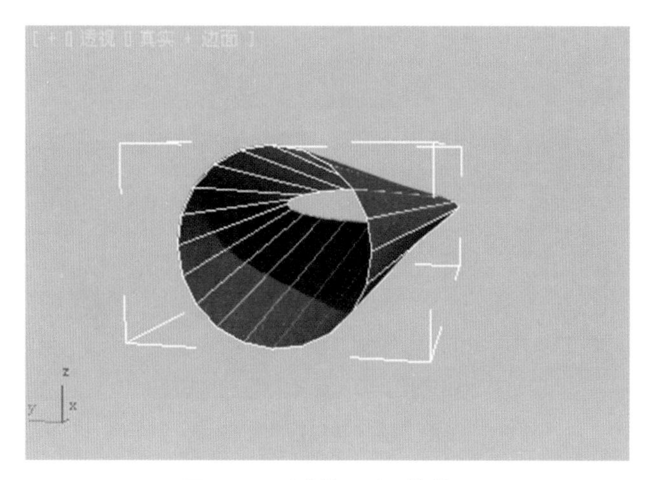

图 2-86　删除前、后面的效果

(5) 单击【长方体】按钮，在【顶】视图中创建【长度】为 170、【宽度】为 10、【高度】为 3 的长方体，如图 2-87 所示。

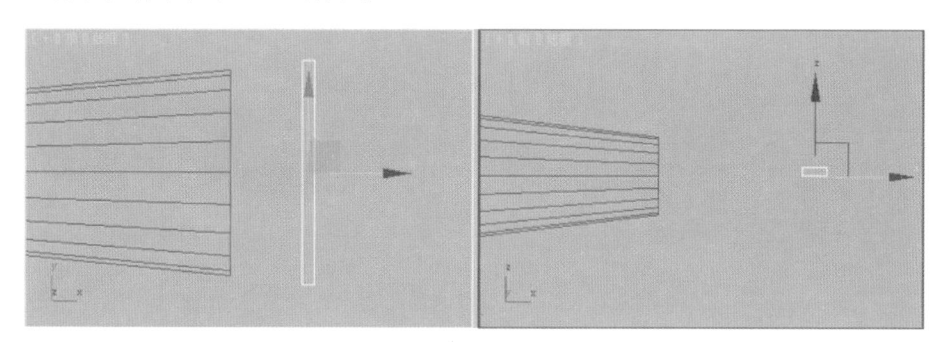

图 2-87　创建长方体

(6) 再将长方体转换为可编辑多边形，按键盘中的 4 键，进入【多边形】子对象层级，选择长方体靠近牙膏后面的面，按 Delete 键将其删除，如图 2-88 所示。

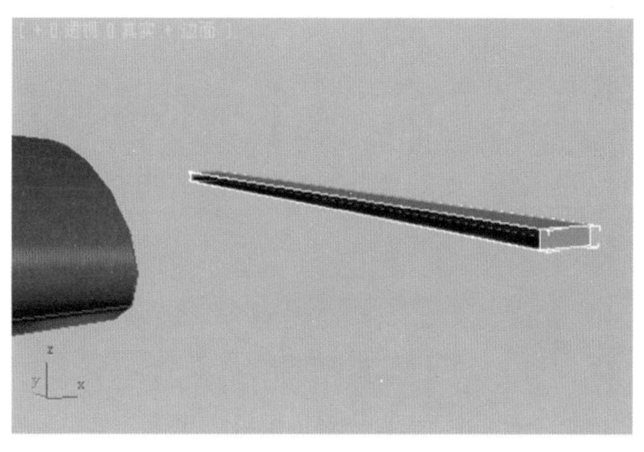

图 2-88　删除面的效果

(7) 在创建命令面板中单击○按钮，在【标准基本体】选项窗口类下单击【复合对象】按钮。

(8) 在【对象类型】卷展栏中单击【链接】按钮，再单击【拾取操作对象】卷展栏中的【拾取操作对象】按钮，在视图中拾取创建的长方体，连接后的形态如图 2-89 所示。

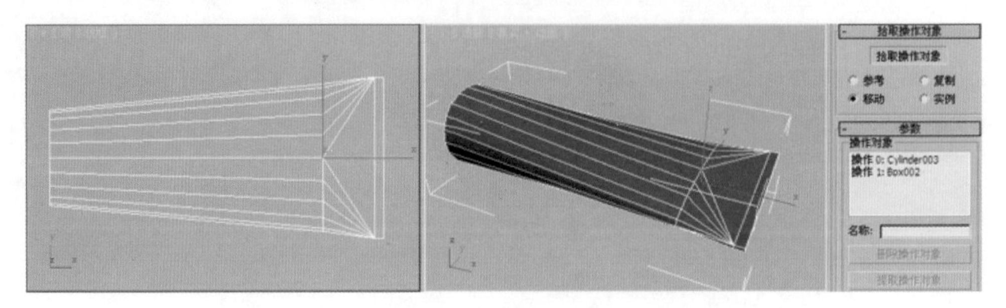

图 2-89　连接后的形态

(9) 选择修改命令面板中的【编辑多边形】命令，将其转化为可编辑多边形。

(10) 按键盘中的 3 键，进入【边界】子对象层级，选择圆柱体的前端，按住键盘中的 Shift 键向外拉，如图 2-90 所示。再使用缩放工具将其向内缩放，如图 2-91 所示。

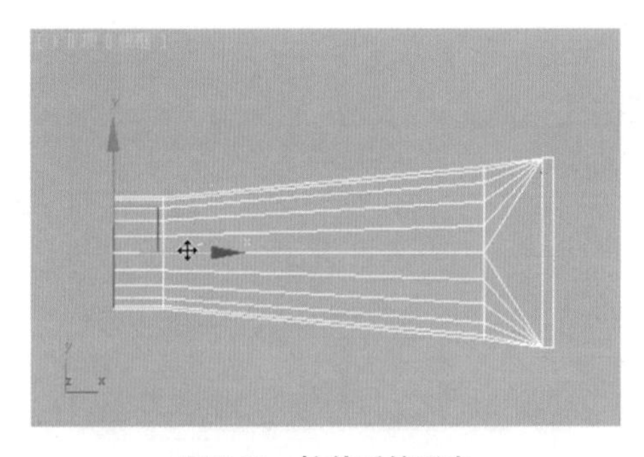

图 2-90　拉伸后的形态

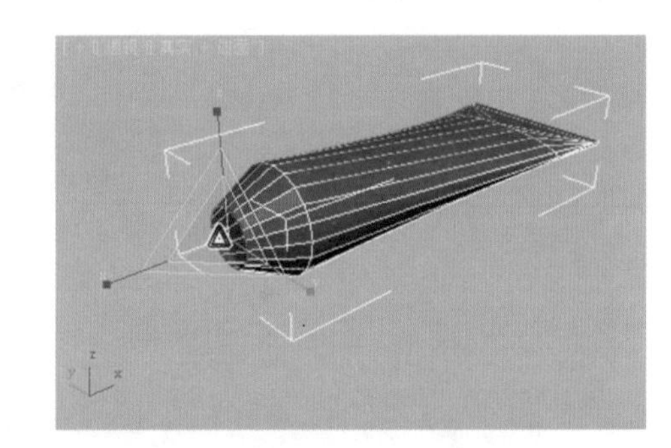

图 2-91　缩放后的形态

(11) 按住键盘中的 Shift 键不放，继续向外拉，再单击【编辑边界】卷展栏中的【封口】按钮，其效果如图 2-92 所示。

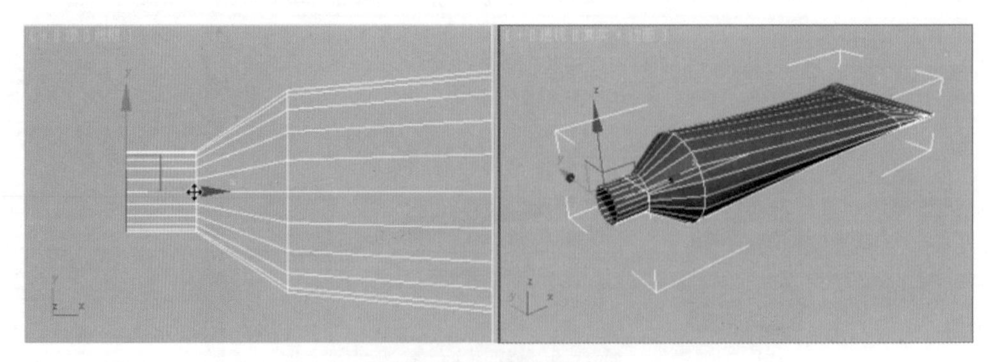

图 2-92　继续拉伸后的形态

(12) 按键盘中的 1 键，进入【顶点】子对象层级，单击工具栏中的□按钮，在【左】视图中将其缩放，如图 2-93 所示。

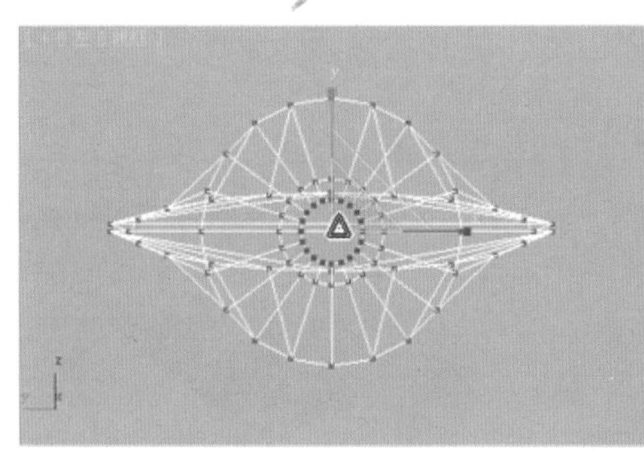
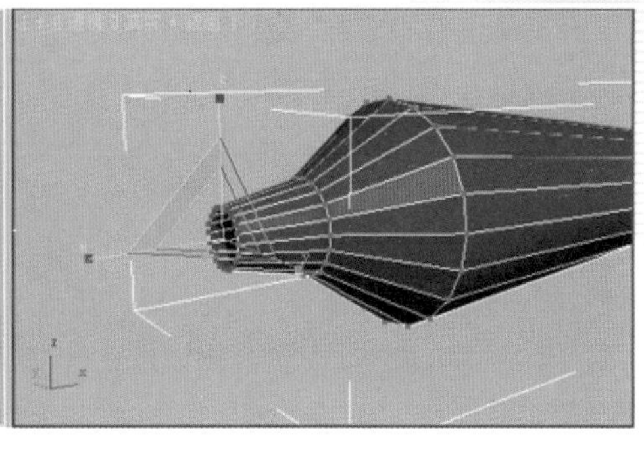

图 2-93　继续缩放后的效果

(13) 在视图中选择如图 2-94 所示的硬边，单击【编辑边界】卷展栏中【切角边】选项右侧的□按钮，在弹出的对话框中设置【切角量】为 1.2。

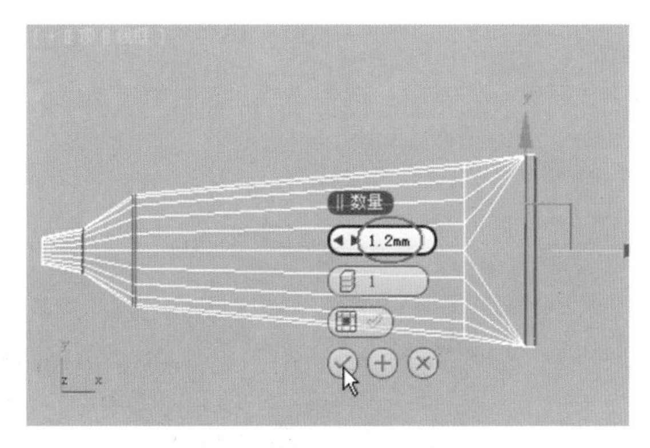

图 2-94　设置切角量后的效果

(14) 在视图中选择牙膏体，并选择修改命令面板中的【网格平滑】命令，其参数采用默认值即可。

(15) 单击【星形】按钮，在左视图中创建一个【半径 1】为 21、【半径 2】为 23、【点】为 80、【圆角半径 2】为 0.74 的星形。选择修改命令面板中的【挤出】命令，设置挤出【数量】为 40，如图 2-95 所示。

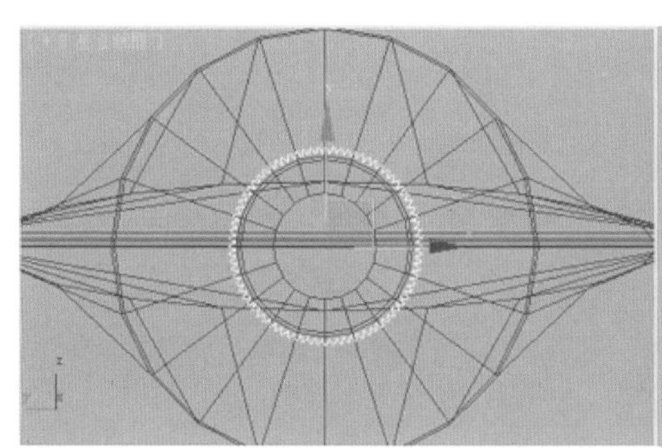

图 2-95　挤出后的形态

(16) 选择修改命令面板中的【编辑多边形】命令，将其转化为可编辑多边形。

(17) 按键盘中的 4 键，进入【多边形】子对象层级，删除两边的面。

(18) 按键盘中的 3 键，进入【边界】子对象层级，选择圆柱体的前端，按住键盘中的 Shift 键向内拉，再使用缩放工具将其向内缩放，如图 2-96 所示。

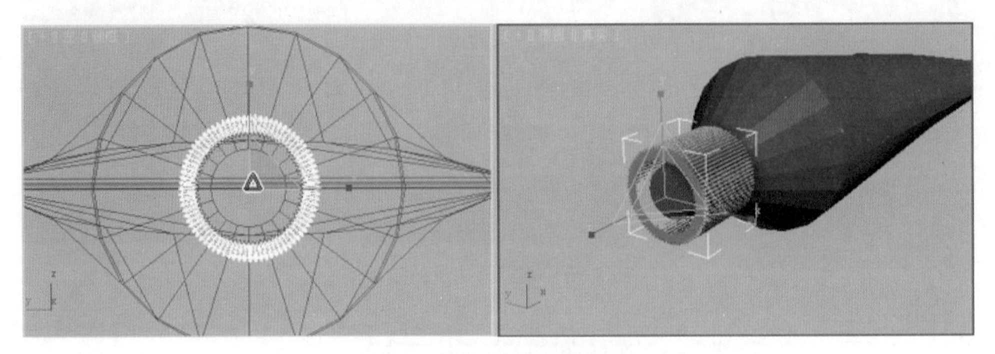

图 2-96　将边界缩放后的形态

(19) 按住键盘中的 Shift 键不放，继续向外拉，再单击【编辑边界】卷展栏中的【封口】按钮，将其封口，其效果如图 2-97 所示。

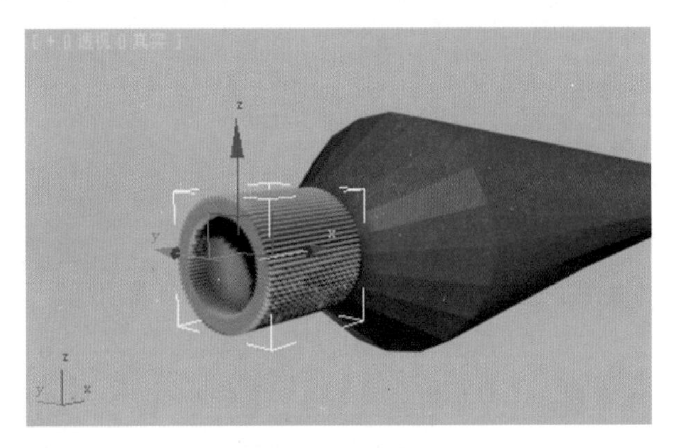

图 2-97　封口效果

(20) 按键盘中的 1 键，进入【顶点】子对象层级，单击工具栏中的按钮，在【左】视图中将其向内缩放，其形态如图 2-98 所示。

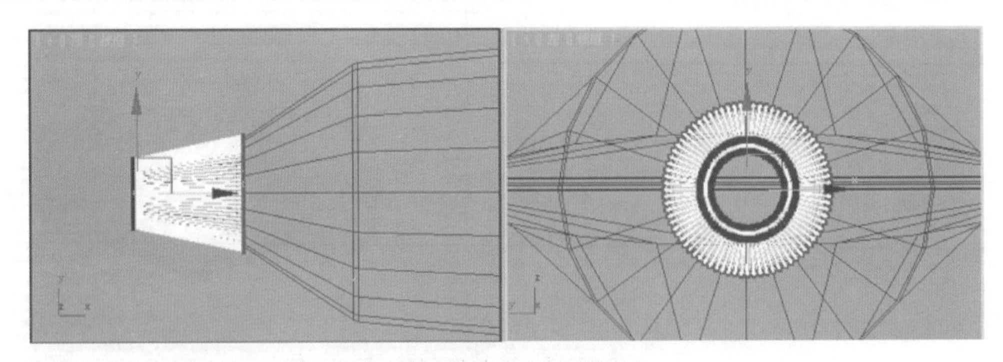

图 2-98　将顶点缩放后的形态

(21) 按键盘中的 M 键，打开材质编辑器，选择一个空白的示例球，将其命名为“多维”。单击名称下拉列表框右侧的 Standard 按钮，在弹出的【材质 / 贴图浏览器】对话框中选择【多维 / 子对象】材质。

(22) 在【多维 / 子对象】卷展栏中单击 ID1 右侧的通道按钮，进入标准材质。再单击 Standard 按钮，选择 VR 材质类型。在【基本参数】卷展栏中单击【漫反射】右侧的按钮，在弹出的【材质 / 贴图浏览器】对话框中双击【位图】贴图类型，打开本书光盘“单体模型元素”目录下的“牙膏 .jpg”文件，并设置【反射】的颜色，如图 2-99 所示。

图 2-99 【基本参数】卷展栏的设置

(23) 返回上一级，单击 ID2 右侧的通道按钮，进入标准材质。再单击 Standard 按钮，选择 VRayMtl 材质类型。在【基本参数】卷展栏中设置表面颜色为黄色 (RGB 值为 252、229、188)。

(24) 在视图中选择牙膏体，单击按钮，将调配好的材质赋予它。选择修改命令面板中的【UVW 贴图】命令，在【参数】卷展栏中设置参数，如图 2-100 所示。

(25) 再选择一个空白的示例球，在【Blinn 基本参数】卷展栏中设置【环境光】、【漫反射】的 RGB 值均为 253、253、253。

(26) 在视图中选择牙膏盖，单击按钮，将调配好的材质赋予它。

(27) 单击【应用程序】按钮，在弹出的下拉菜单中选择【保存】命令，将场景文件存储为“牙膏 .max”文件。

图 2-100 【参数】卷展栏的设置

2.8 面片——制作双人床

【编辑网格】是一个针对三维对象操作的修改命令，同时也是一个修改功能非常强大的命令。其最大优势是可以创建个性化模型，并辅助以其他修改工具，适合创建表面复杂而无须精确建模的场景对象。本例使用编辑网格制作的双人床效果如图 2-101 所示。

图 2-101　双人床效果

具体操作步骤如下。

(1) 重新设置系统，设置系统单位为“毫米”。

(2) 单击【平面】按钮，在顶视图中创建【长度】为 2500、【宽度】为 2200、【长度分段】为 20、【宽度分段】为 20 的平面，如图 2-102 所示。

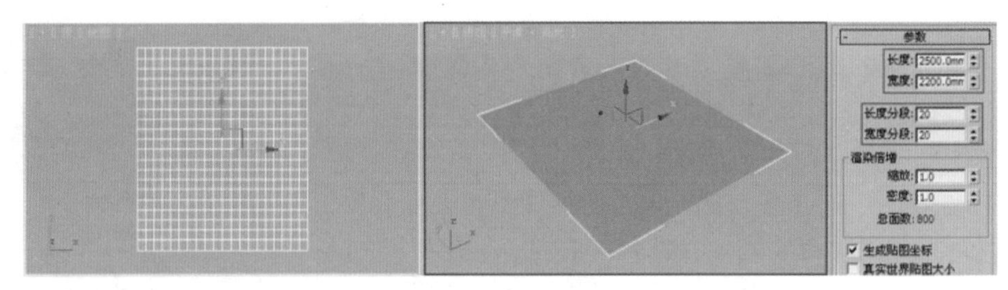

图 2-102　创建平面

(3) 选择修改命令面板中的【编辑网格】命令，进入【顶点】子对象层级，打开【软选择】卷展栏，选中【使用软选择】复选框，设置【衰减】参数为 300，然后选择如图 2-103 所示的顶点。

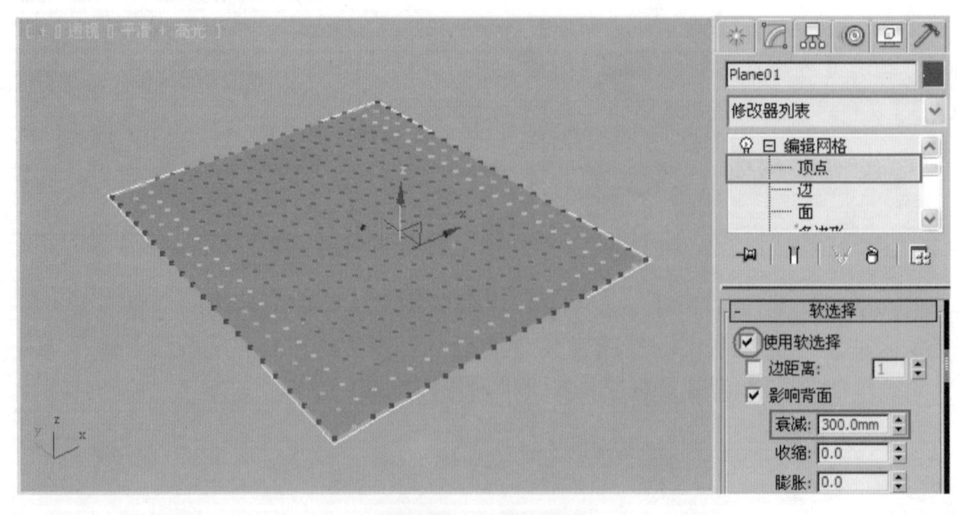

图 2-103　设置衰减值

(4) 单击工具栏中的按钮，并在其上右击，在弹出的【移动变换输入】对话框中输入 Y 值为 −600，其形态如图 2-104 所示。

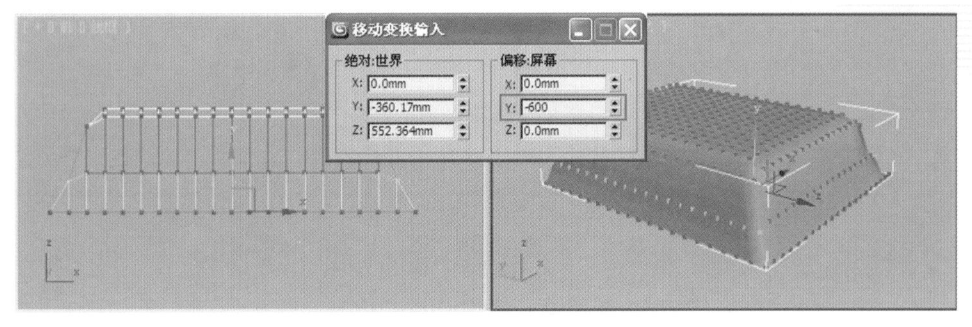

图 2-104　设置【移动变换输入】对话框

(5) 在【顶】视图中间隔地选择顶点，然后在【左】视图中将其向上略微移动，制作褶皱效果如图 2-105 所示。

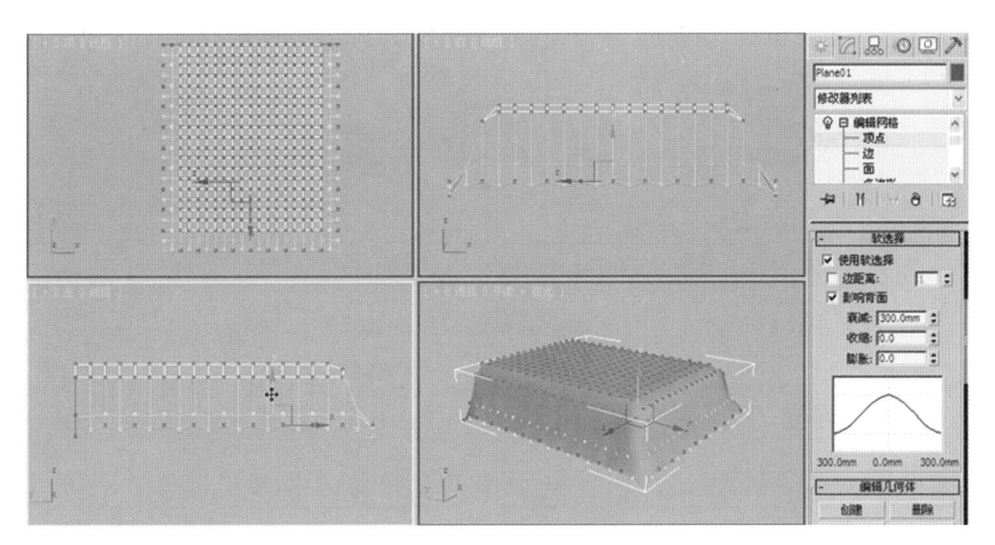

图 2-105　制作褶皱效果

(6) 单击【线】按钮，在【前】视图中绘制二维线形作为“放样路径”，在【左】视图中绘制【长度】为 45、【宽度】为 537 的椭圆形作为“放样截面”，如图 2-106 所示。

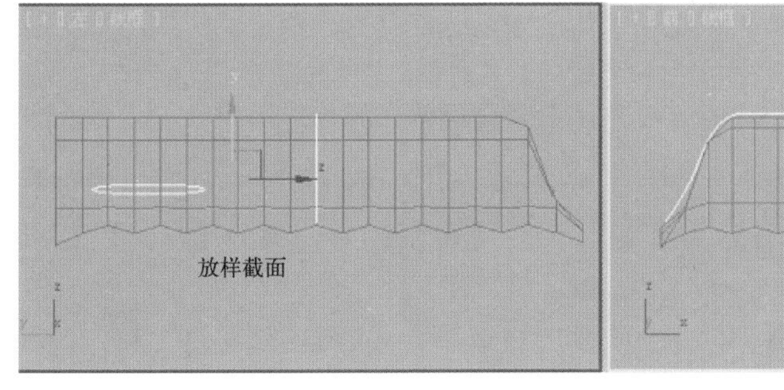

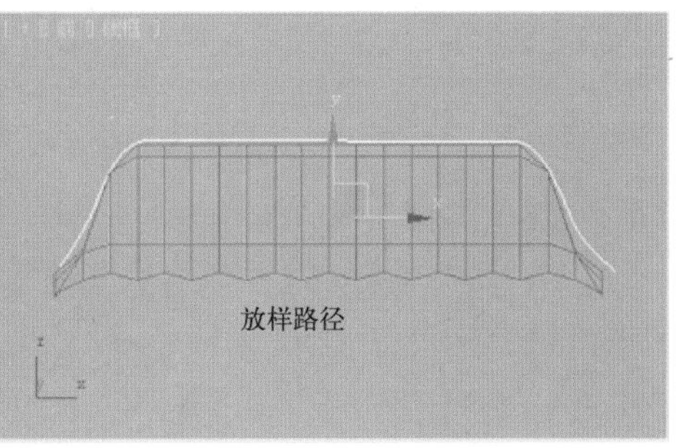

图 2-106　绘制线形

(7) 在视图中选择放样路径，单击【放样】按钮，在【创建方法】卷展栏中单击【获取图形】按钮，拾取放样截面，放样后的形态如图 2-107 所示。

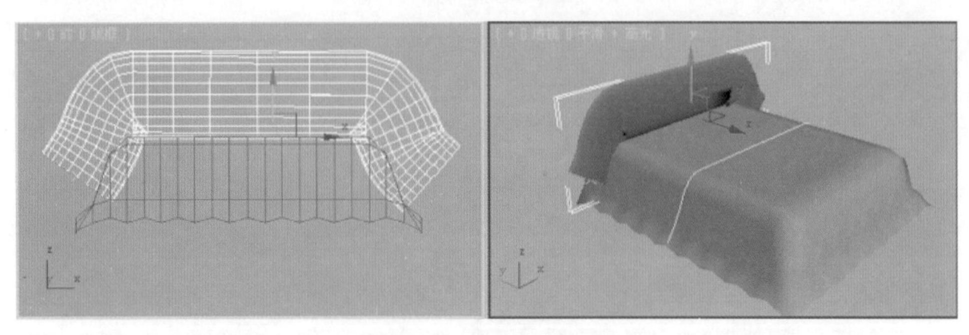

图 2-107　放样后的形态

(8) 在堆栈编辑器中进入【图形】子对象层级，单击按钮，在【左】视图中调整图形，其形态如图 2-108 所示。

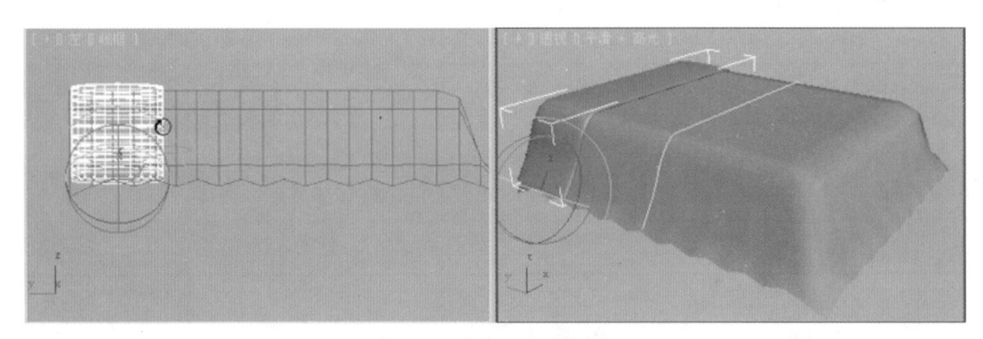

图 2-108　调整图形后的形态

(9) 单击【长方体】按钮，在【顶】视图中创建【长度】为 100、【宽度】为 2200、【高度】为 100 的长方体，然后在【前】视图中将其复制 10 个，调整位置如图 2-109 所示。

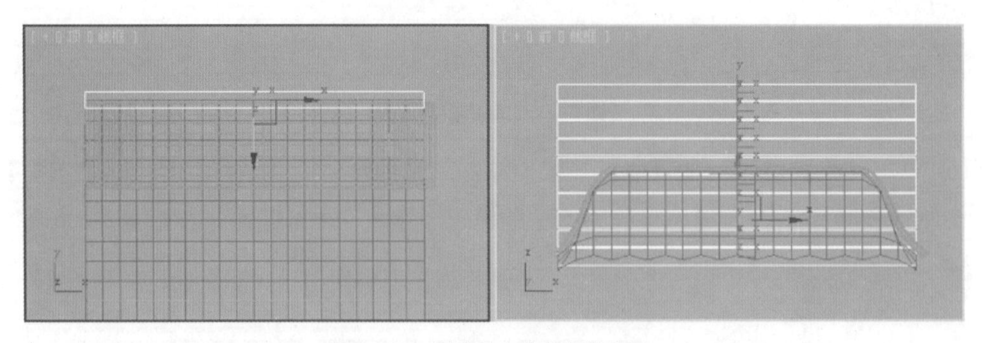

图 2-109　创建长方体并调整位置

(10) 在【左】视图中选择创建及复制的所有长方体，选择修改命令面板中的【弯曲】命令，在【参数】卷展栏中设置【弯曲轴】为 Z 轴，弯曲【角度】为 −20；【方向】为 90，其效果如图 2-110 所示。

(11) 单击【应用程序】按钮，在弹出的下拉菜单中依次选择【导入】|【合并】命令，将本书光盘"线架"目录下的"15.max"抱枕文件合并到场景中，调整位置如图 2-111 所示。

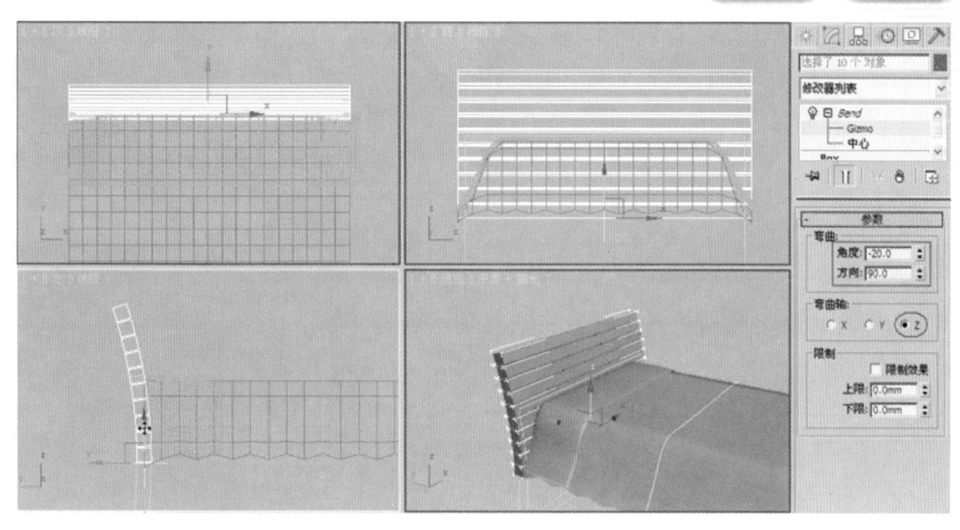

图 2-110　弯曲的效果

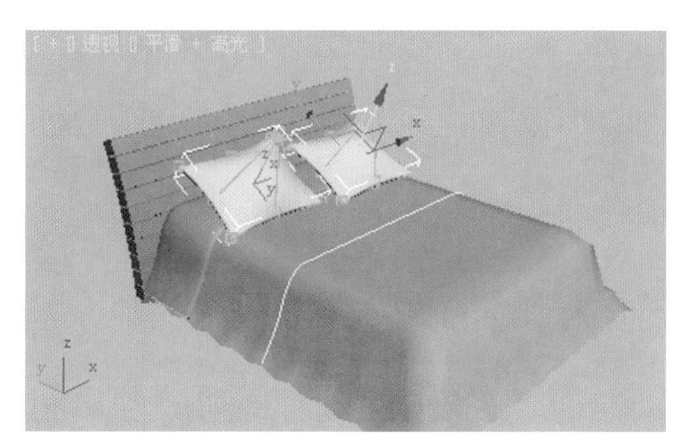

图 2-111　合并抱枕造型并调整位置

(12) 按键盘中的 M 键，打开【材质编辑器】对话框，选择一个空白的示例球，将其命名为“床罩布纹”。在【明暗器基本参数】卷展栏中单击【漫反射】色块右侧的按钮，在弹出的【材质 / 贴图浏览器】对话框中双击【衰减】贴图类型。

(13) 在【衰减参数】卷展栏中单击颜色 1 右侧的通道按钮，在弹出的【材质 / 贴图浏览器】对话框中双击【位图】贴图类型。选择本书光盘“单体模型元素”目录下的“无标题 df.jpg”文件。

(14) 在视图中选择床罩造型，单击按钮，将材质赋予它。

(15) 再选择一个空白的示例球，将其命名为“枕头”并为其指定 VR 材质。在【基本参数】卷展栏中单击【漫反射】右侧的按钮，在弹出的【材质 / 贴图浏览器】对话框中双击【位图】贴图类型，选择本书光盘“单体模型元素”目录下的“无标题 df.jpg”文件。

(16) 在【贴图】卷展栏中将【漫反射】通道中的贴图文件拖动复制到【凹凸】通道中，并设置【凹凸】数量为 200。

(17) 在视图中选择“枕头”造型，单击按钮，将材质赋予它。

(18) 继续选择一个空白的示例球，将其命名为“木纹”并为其指定 VR 材质。在

【基本参数】卷展栏中单击【漫反射】色块右侧的■按钮，在弹出的【材质/贴图浏览器】对话框中双击【位图】贴图类型，选择本书光盘“单体模型元素”目录下的“无标题df.bmp”文件。在视图中选择床头造型，单击按钮，将材质赋予它，效果如图2-101所示。

(19) 单击【应用程序】按钮，在弹出的下拉菜单中选择【保存】命令，将场景文件存储为“双人床A.max”文件。

你问我答

【编辑网格】与【编辑多边形】命令的区别在哪里?

运用【编辑多边形】命令时物体是一种网格物体，它在功能及使用上几乎与运用【编辑网格】命令时的物体是一致的。不同的是，后者是由三角面构成的框架结构，而前者既可以是三角网格模型，也可以是四边或更多。

2.9 本章小结

本章主要讲解了6种建模方法，主要有弯曲、放样、多截面放样、挤出、倒角剖面、编辑多边形、编辑网格等。通过以上讲解的建模方法，让我们明白效果图的制作方法有多种，只要大家在掌握命令的同时能灵活运用，那么看上去再复杂的造型也会变得轻而易举。

第3章

卫生间效果表现

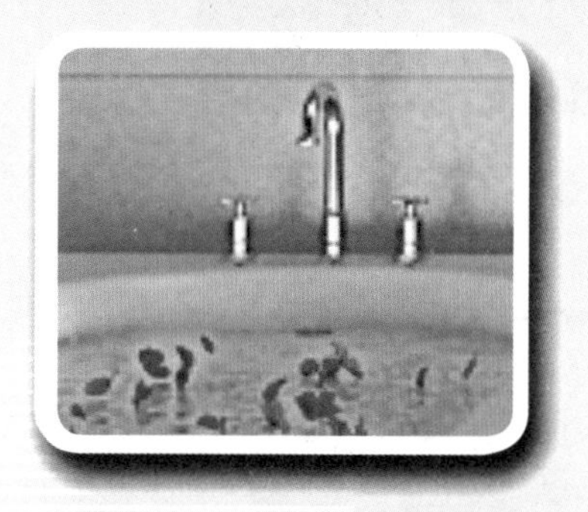

通过卫生间空间表现，详细讲解设计分析、创建建模、设置材质、设置灯光、设置渲染、后期处理等完整的效果图制作流程。

3.1 卫生间空间简介

现代生活中卫生间不仅是方便、洗漱的地方，也是调剂身心、放松心情的场所。因此，卫生间的设计基本上以方便、安全、易于清洗及美观得体为主。在空间布置上，不管是设备、材料，还是色彩、灯光等设计方面，都不应忽视，使之发挥最佳效果。

卫生间是一个简单、现代的空间，业主要求在设计时要确保光洁和明亮，色彩要轻柔并且雅致。在装饰用材上还采用地砖、大理石等来诠释空间极简、现代的结构美与时尚特性，场景的整体效果如图 3-1 所示。图 3-2 所示为卫生间模型的线框效果。

图 3-1　卫生间效果

图 3-2　卫生间模型线框效果

3.2　快速创建卫生间模型

在制作模型过程中，为了更快、更精确地完成模型，先导入 CAD 图纸，然后使用【基本体】、【编辑多边形】及【挤出】等命令来完成。

具体操作步骤如下。

(1) 依次选择菜单栏中的【自定义】|【单位设置】命令，在弹出的【单位设置】对话框中单击【系统单位设置】按钮，设置系统单位为“毫米”。

(2) 单击【应用程序】按钮，在弹出的下拉菜单中选择【导入】命令，选择本书光盘“卫生间”目录下的“卫生间图纸 .dwg”文件，导入后的形态如图 3-3 所示。

(3) 单击【长方体】按钮，在顶视图创建【长度】为 2060、【宽度】为 3380、【高度】为 2800 的长方体，如图 3-4 所示。

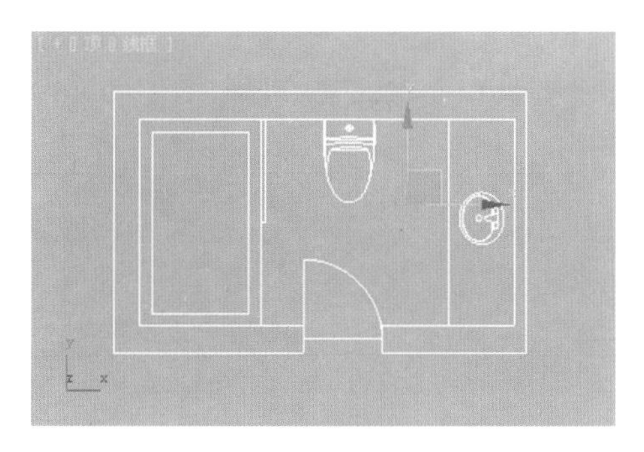

图 3-3　导入图纸

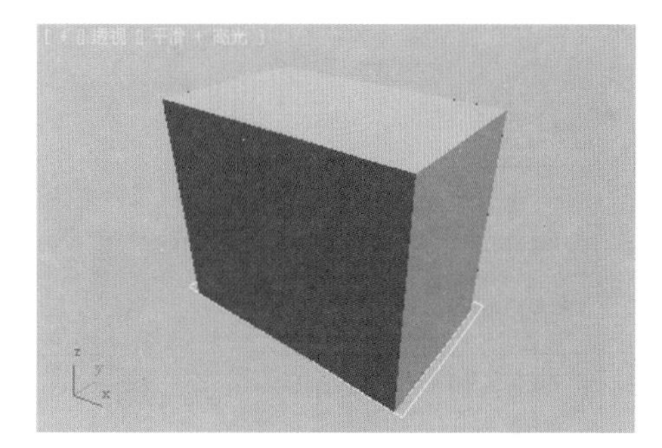

图 3-4　创建长方体

(4) 在视图中选择创建的长方体，选择修改命令面板中的【编辑多边形】命令，进入【元素】子对象层级，在【编辑元素】子对象层级中单击【翻转】按钮，将其翻转法线，在视图中右击，在弹出的快捷菜单中选择【对象属性】命令，打开【对象属性】对话框，如图 3-5 所示选中【背面消隐】复选框，效果如图 3-6 所示。

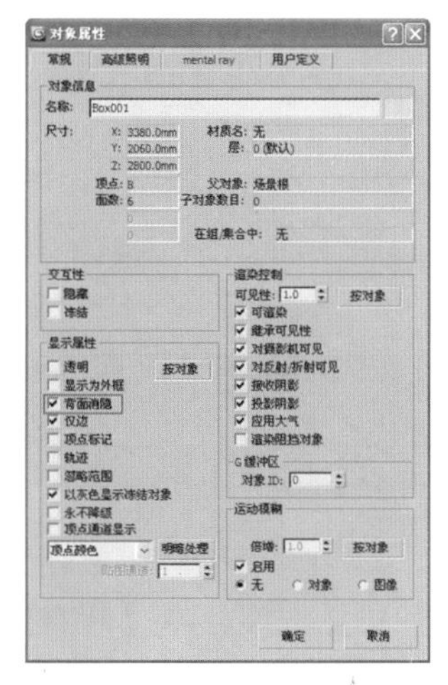

图 3-5　【对象属性】对话框

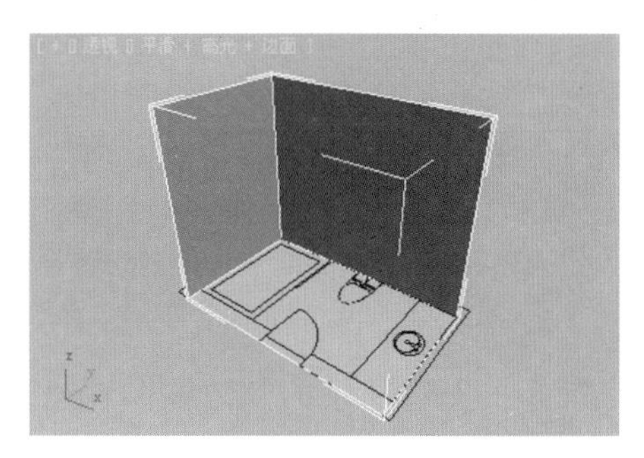

图 3-6　选中【背面消隐】复选框后的效果

(5) 进入【边】子对象层级，在前视图的【编辑几何体】卷展栏中选中【分割】复选框，在【选择并移动】按钮上右击，弹出【移动变换输入】对话框，在【偏移：屏幕】选项组中设置 Y 为 900，然后单击【切片平面】和【切片】按钮，如图 3-7 所示。

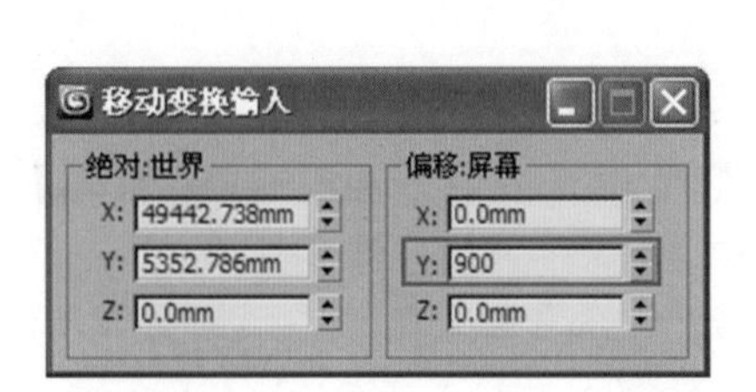

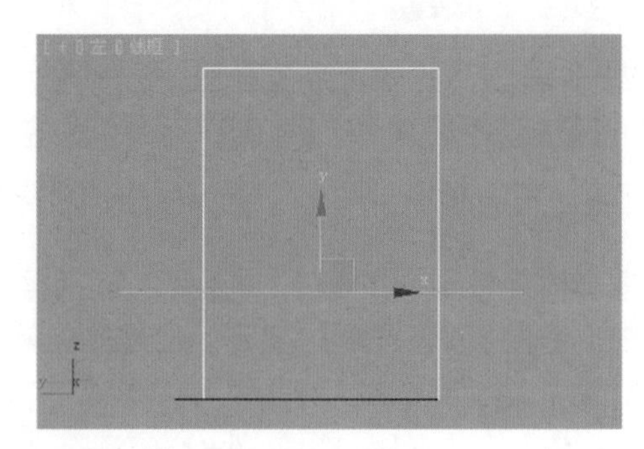

图 3-7　切割多边形(1)

(6) 继续将切割线沿 y 轴向上移动 600，然后单击【切片平面】和【切片】按钮，切割边的形态如图 3-8 所示。

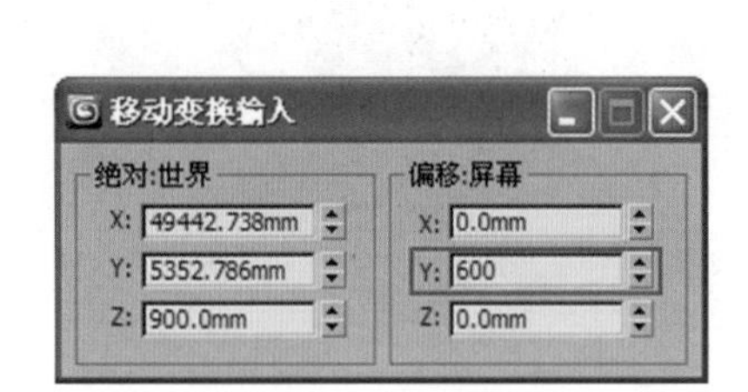

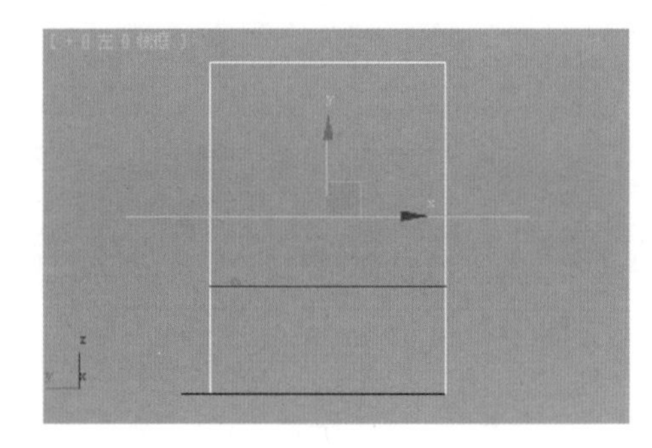

图 3-8　切割多边形(2)

(7) 进入【多边形】子对象层级，选择如图 3-9 所示的多边形，单击【编辑几何体】卷展栏中【分离】按钮右侧的■按钮，将选择的多边形分离。

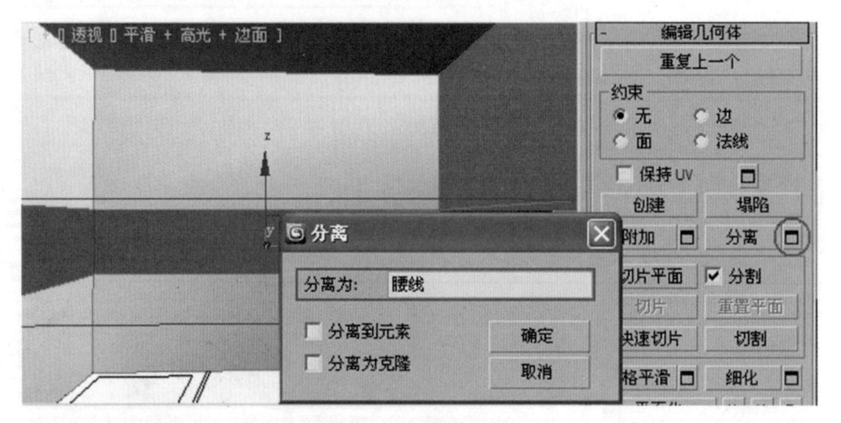

图 3-9　分离多边形

(8) 再选择如图 3-10 所示的多边形，单击【编辑几何体】卷展栏中【分离】按钮右侧的■按钮，将选择的多边形分离为“地面”。

图 3-10　分离多边形为“地面”

(9) 单击【矩形】按钮，在【顶】视图中绘制【长度】为 1830、【宽度】为 1695 的矩形，单击按钮，选择修改命令面板中的【编辑样条线】命令，然后进入【样条线】子对象层级，选择样条线，设置轮廓值为 100。执行修改命令面板中的【挤出】命令，设置挤出【数量】为 1，如图 3-11 所示。

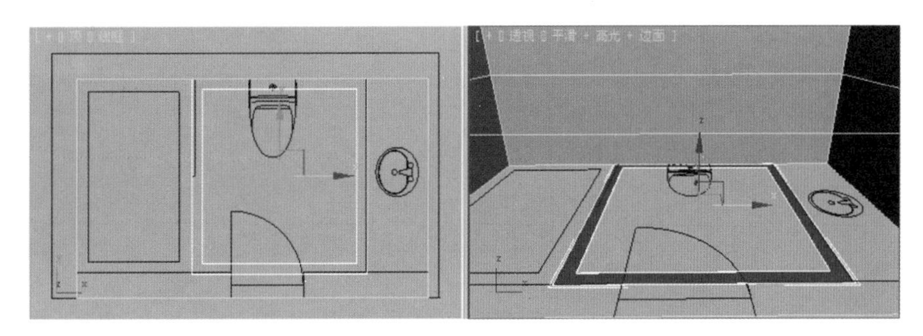

图 3-11　绘制线形及挤出后的形态（1）

(10) 在【顶】视图中绘制【长度】为 1631、【宽度】为 1495 的矩形，单击按钮，选择修改命令面板中的【编辑样条线】命令，然后进入【样条线】子对象层级，选择样条线，设置轮廓值为 40。执行修改命令面板中的【挤出】命令，设置挤出【数量】为 1，如图 3-12 所示。

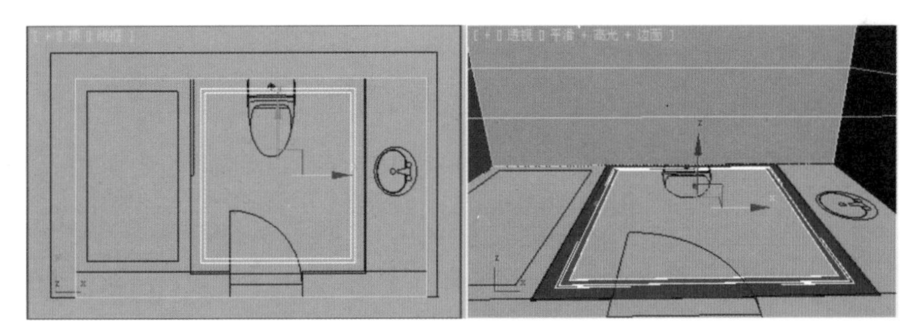

图 3-12　绘制线形及挤出后的形态（2）

(11) 在【顶】视图中绘制【长度】为 1551、【宽度】为 1415 的矩形，执行修改命令面板中的【挤出】命令，设置挤出【数量】为 1，如图 3-13 所示。

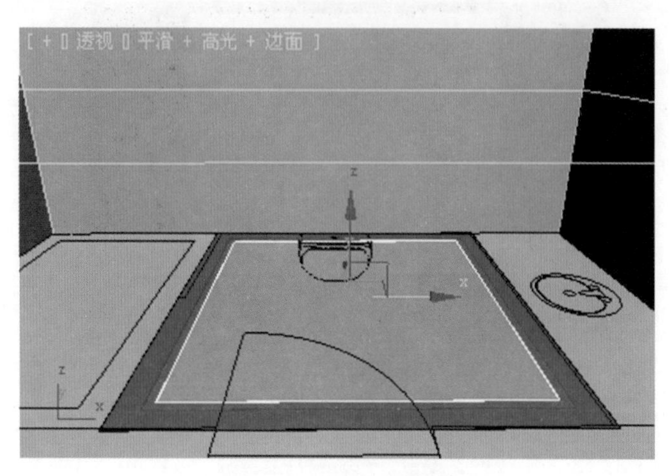

图 3-13 挤出后的形态

(12) 继续在【顶】视图中创建【长度】为 1820、【宽度】为 3210 的矩形，将其转换为【编辑样条线】，进入【样条线】子对象层级，选择线形，在【几何体】卷展栏中设置轮廓值为 300，然后执行【挤出】命令，设置挤出【数量】为 200，调整位置如图 3-14 所示。

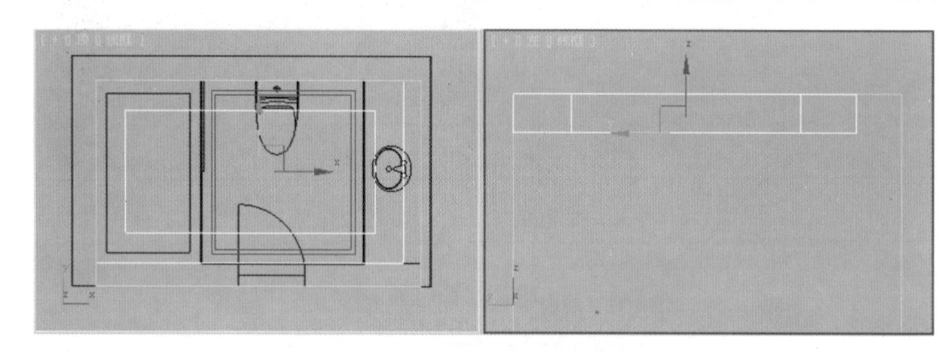

图 3-14 绘制矩形及挤出后的形态

(13) 单击【矩形】按钮，在【顶】视图中绘制【长度】为 1145、【宽度】为 2530 的矩形作为“放样路径”，在左视图中绘制二维线形作为“放样截面”，如图 3-15 所示。

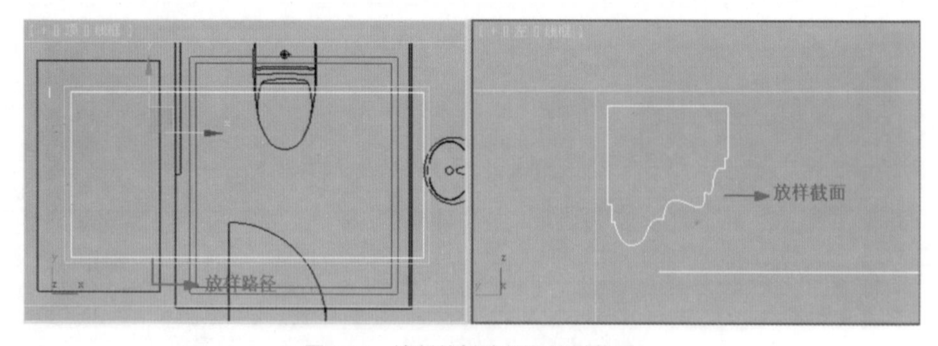

图 3-15 绘制放样路径和放样截面

(14) 在视图中选择放样路径，切换至创建命令面板，在【标准基本体】下拉列表中选择【复合对象】选项，然后选择“放样路径”线形，单击【对象类型】中的【放样】按钮。

(15) 在【拾取目标】卷展栏中单击【获取图形】按钮，拾取视图中的"放样截面"线形，放样后的形态如图 3-16 所示。

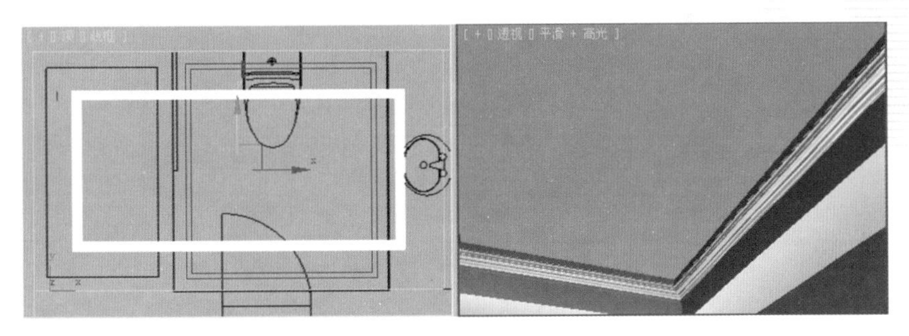

图 3-16　放样后的形态

(16) 单击【应用程序】按钮，在弹出的下拉菜单中依次选择【导入】|【合并】命令，在打开的【合并文件】对话框中选择本书光盘"卫生间"目录下的"卫生间洁具.max"文件，调整位置如图 3-17 所示。

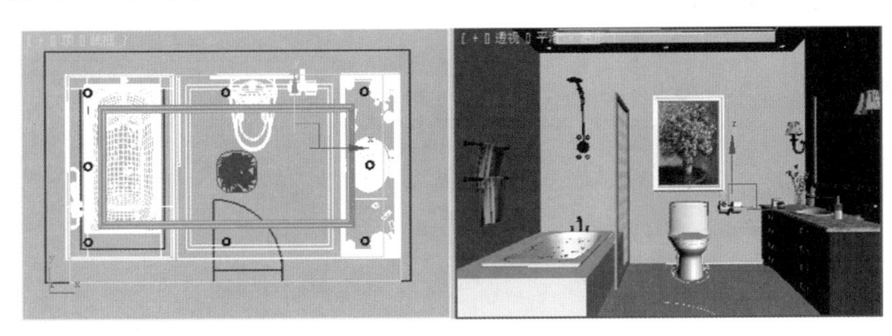

图 3-17　合并模型

提　示

在效果图制作中，为了简化其过程，我们对某些构件直接调用现有的线架，这也是一种提高效果图制作效率的好方法。读者可以根据需要对这些造型进行缩放、旋转等处理，以便使其与场景中的物体相适配。

你问我答

当导入带 VRay 材质的模型后，为什么处理的次数增加了？

导入带 VRay 材质的模型后会比以前增加了几次渲染预处理，这是因为导入的模型中材质的折射和反射选项中的最大比率和最小比率被更改了，默认的是 −1;−1，而导入的材质的数值可能是 −3;0，这样就增加了 3 次预处理。

(17) 单击创建命令面板中的【摄影机】按钮，再单击【目标】按钮，在【顶】视图中创建目标摄影机，将透视图处于当前视图，按键盘中的C键，将透视图转换为摄影机视图，在【参数】卷展栏中设置【镜头】为 28、【视野】为 65.47，确定摄影机的视野范围，调整参数及摄影机的位置，如图 3-18 所示。

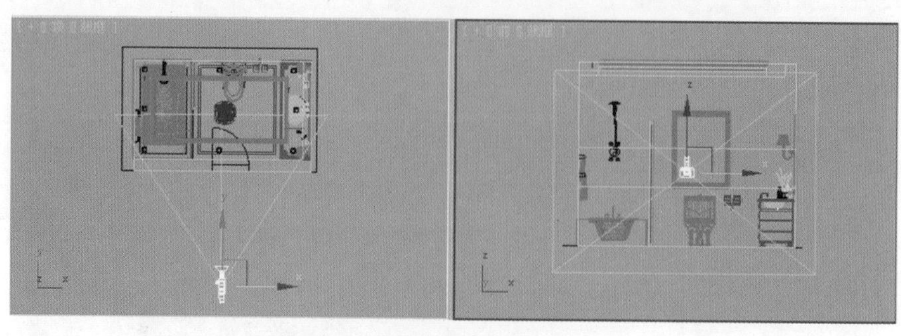

图 3-18　设置摄影机参数及位置

(18) 这时渲染摄影机视图，场景会一片黑，如图 3-19 所示。

(19) 选择【摄影机】，在【参数】卷展栏中选中【手动剪切】复选框，设置【近距剪切】为 2213、【远距剪切】为 5006，如图 3-20 所示。

图 3-19　渲染效果

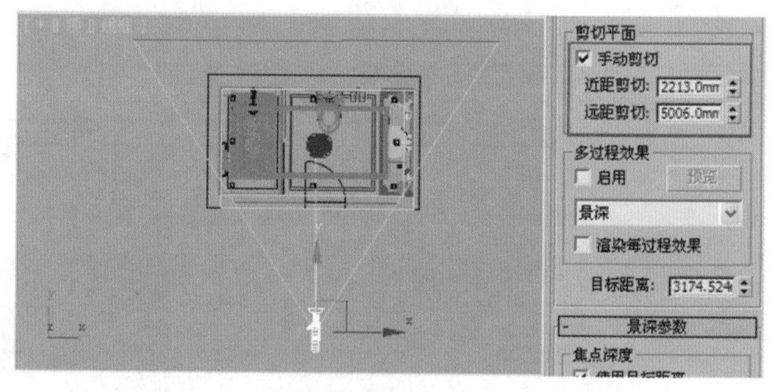

图 3-20　设置【剪切平面】选项组

(20) 单击按钮，再次渲染摄影机视图，效果如图 3-21 所示。

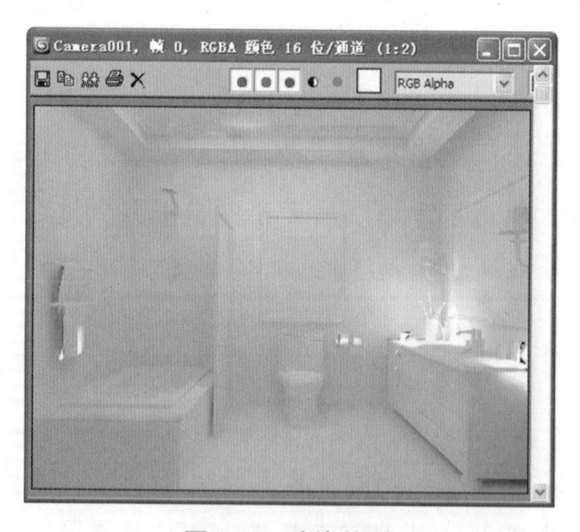

图 3-21　渲染效果

3.3　初步设置测试渲染参数

在进行测试渲染草图时，尽量将设置降低，以加快渲染速度，这也是 VRay 渲染图的基本要领。

具体操作步骤如下。

(1) 按键盘中的 F10 键，打开【渲染设置：默认扫描线渲染器】对话框。将渲染尺寸设置为较小的尺寸 500×375。在【指定渲染器】卷展栏中指定 V-Ray Adv 2.00.03 渲染器，如图 3-22 所示。

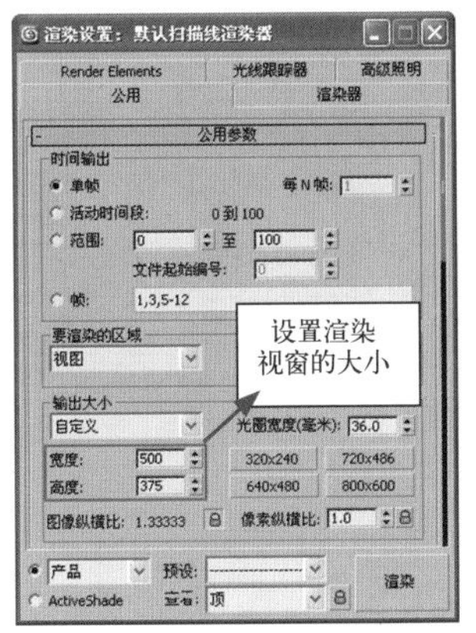

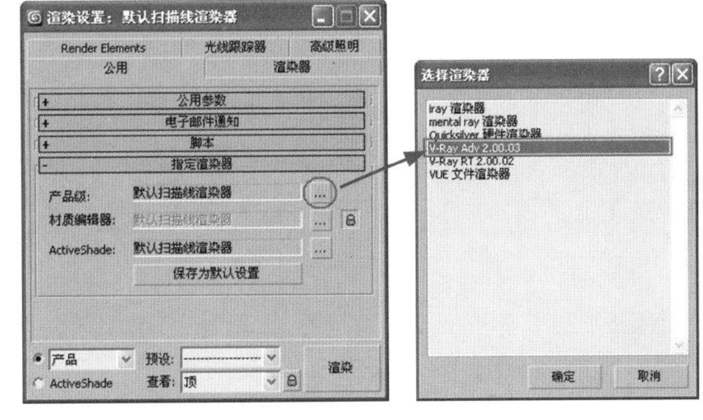

图 3-22　设置渲染尺寸及指定渲染器

(2) 切换至【VR_ 基项】选项卡，在【V-Ray:: 帧缓存】卷展栏中开启 VRay 帧缓存渲染窗口，关闭默认灯光，然后在【V-Ray:: 颜色映射】卷展栏中选择【VR_ 指数】曝光方式，其他参数设置如图 3-23 所示。

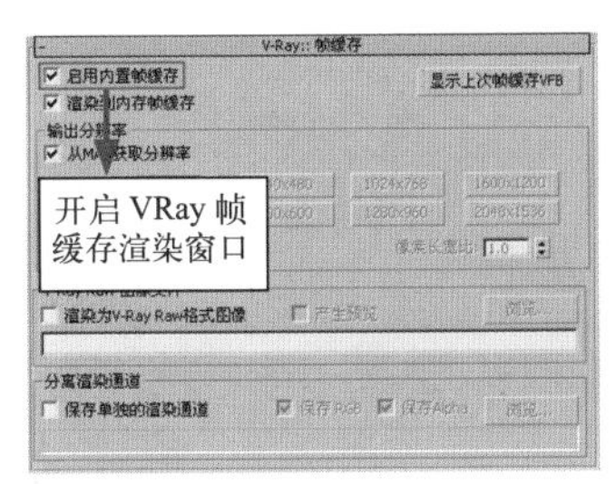

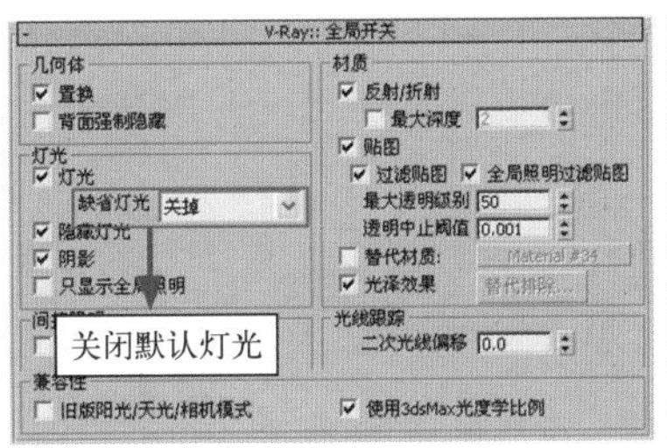

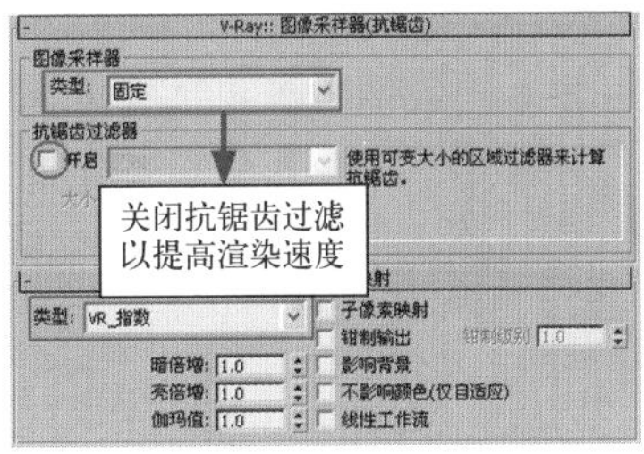

图 3-23　【VR_ 基项】选项卡参数设置

注　意

固定比率采样器是 VRay 渲染器中最简单的采样器，对每一个像素使用一个固定数量的样本。它只有一个参数【细分】，这个值用来确定每一个像素使用的样本数量。当取值为 1 时，表示在每一个像素的中心使用一个样本。当取值大于 1 时，将按照低差异的蒙特卡罗序列来产生样本。

(3) 切换至【VR_ 间接照明】选项卡，在【V-Ray:: 间接照明 (全局照明)】卷展栏中打开全局光，设置【二次反弹】选项组中的【全局光引擎】为【灯光缓存】，在【V-Ray:: 灯光缓存】卷展栏中设置【细分】值为 200，通过降低灯光缓存的渲染品质来达到节约渲染时间的目的，在【V-Ray:: 发光贴图】卷展栏中设置【当前预置】为【非常低】，如图 3-24 所示。

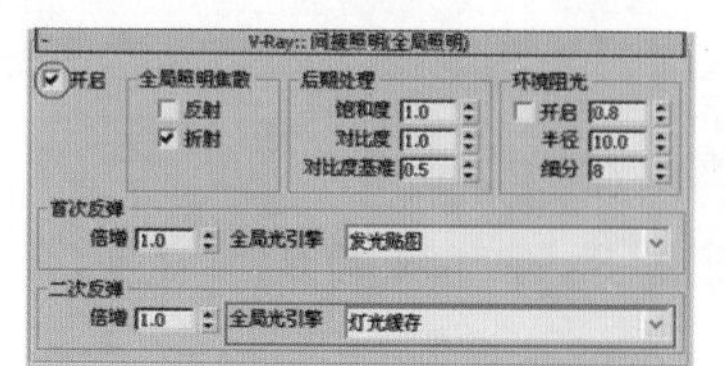

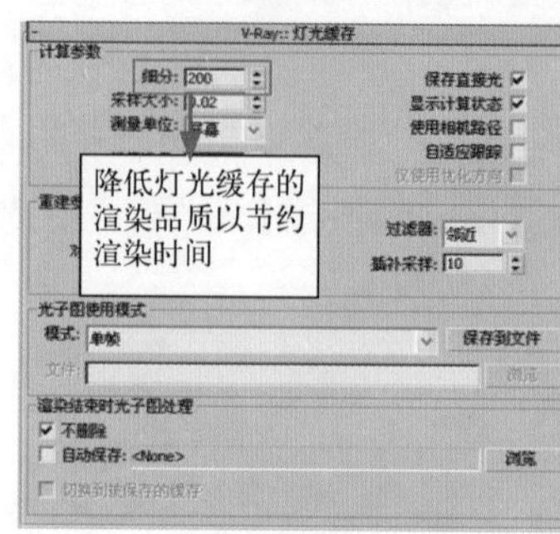

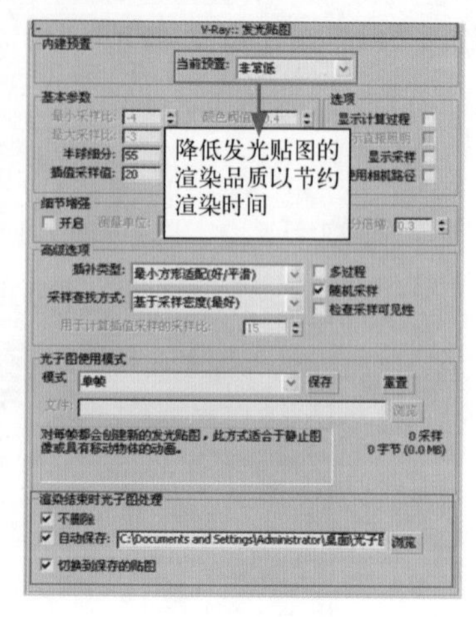

图 3-24 【VR_ 间接照明】选项卡参数设置

说 明

初步设置测试渲染参数是根据自己的经验和计算机本身的硬件配制得到一个相对低的渲染设置，仅供读者参考，也可以自己尝试一些其他的参数设置。VRay 是一个非常强大的渲染插件，它的交互式渲染必须依赖于 3ds Max 三维工作平台来运行。VRay 的全局光照系统、VRay 渲染器、VRay 材质摄影机都是按照真实世界的光学原理和材质属性设计的。对比 3ds Max 自带的模拟灯光和线性渲染器，在空间表现上 VRay 要优秀许多。用 VRay 表现室外或室内阳光效果时，可以很容易地得到精美的效果。了解空间表现所涉及的基本光学原理，有助于在学习 VRay 渲染器的过程中深入理解、融会贯通、快速提高软件的应用水平。

3.4 创建空间基本光效

在摄影构图中，光影是重要的构图因素之一，可以起到渲染气氛、烘托主题、均衡画面、表现画面空间感的作用，本案例中的照明布置应围绕两个功能展开，即实用性与装饰性。

3.4.1 创建场景主光源

具体操作步骤如下。

(1) 按键盘中的M键，打开【材质编辑器】对话框。选择一个空白的示例球，单击 Standard 按钮，在弹出的【材质/贴图浏览器】对话框中选择 VRayMtl 材质，将其命名为“替代材质”，并设置【漫反射】颜色如图 3-25 所示。

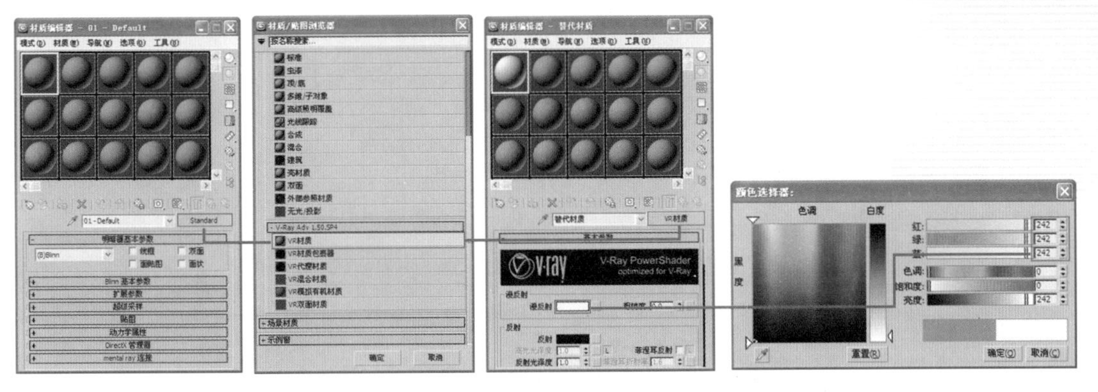

图 3-25　设置替代材质

(2) 按F10键，打开【渲染设置】对话框，切换至【渲染器】选项卡，在【V-Ray:: 全局开关】卷展栏中选中【覆盖材质】复选框，然后进入【材质编辑器】对话框中，将“替代材质”中的材质类型拖放到【覆盖材质】复选框右侧的None贴图通道上，并以【实例】方式进行关联复制，如图3-26所示。

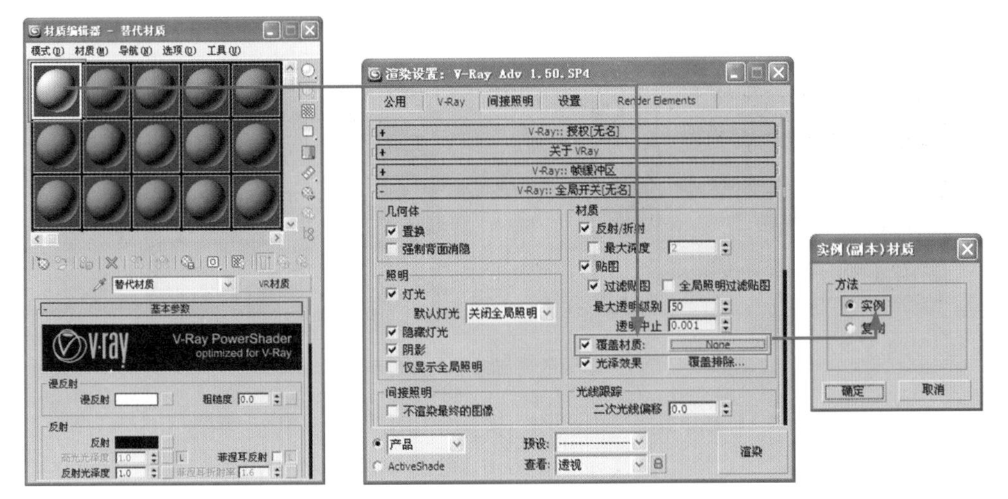

图 3-26　以【实例】方式复制“替代材质”

(3) 设置主光源。单击创建命令面板中的按钮，选择【标准】选项，并单击【目标平行光】按钮，在【顶】视图中创建目标平行光，调整灯光位置如图3-27所示。

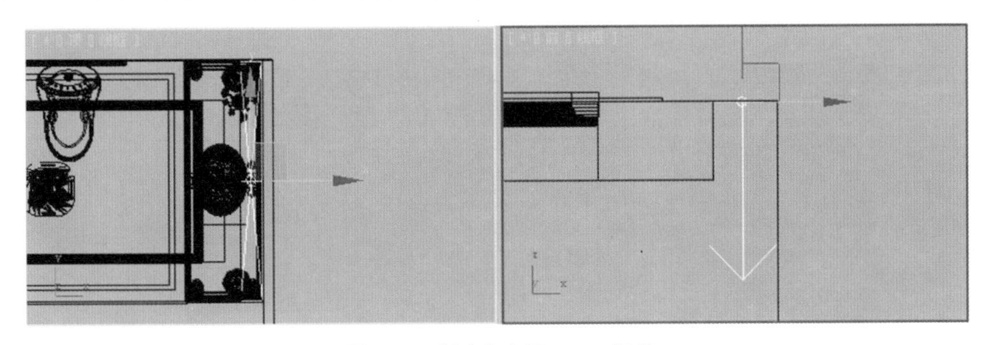

图 3-27　创建主光源 VRay 灯光

(4) 单击按钮，在【常规参数】卷展栏中选中【阴影】选项组中的【启用】复选框，选择 VRayShadow 选项。设置灯光【颜色】为暖色，【倍增值】为 12，其他参数设置如图 3-28 所示。

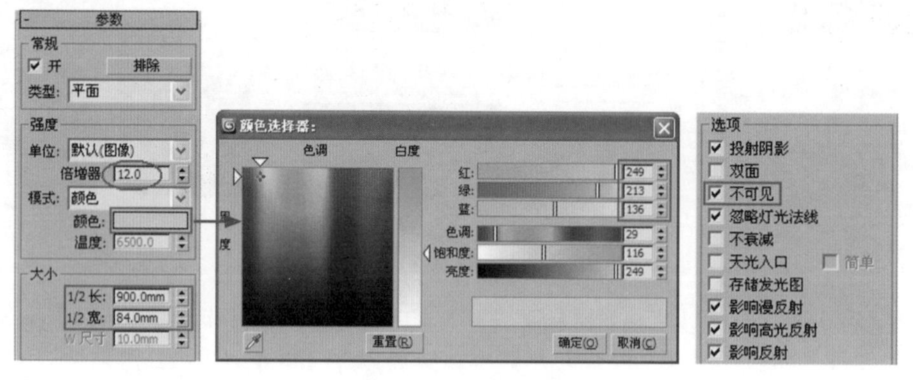

图 3-28　灯光参数设置

(5) 单击【自由灯光】按钮，在顶视图壁灯的位置创建自由点光源，然后用移动复制的方法将其以【实例】方式复制一盏，调整位置如图 3-29 所示。

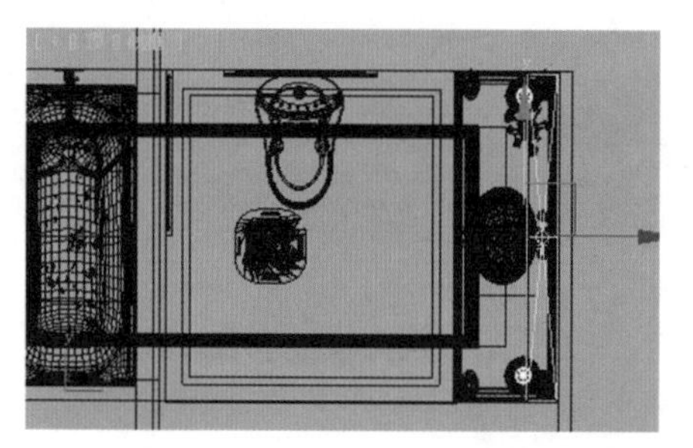

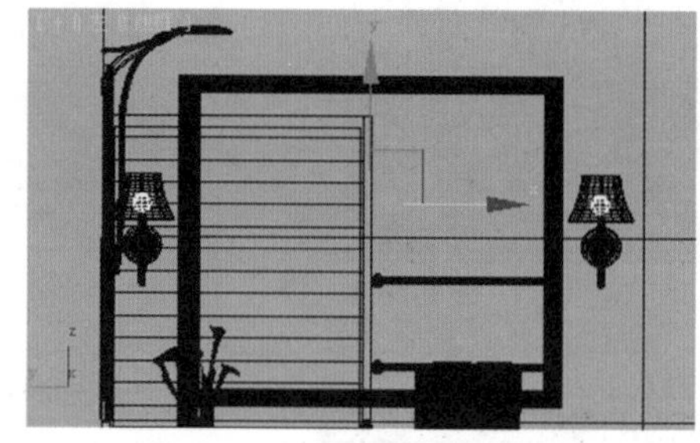

图 3-29　创建自由灯光并复制

(6) 单击按钮，在【常规参数】卷展栏中选中【阴影】选项组中的【启用】复选框，选择【VRay 阴影】投影类型，在【强度 / 颜色 / 衰减】卷展栏中设置强度值为 800，其他参数设置如图 3-30 所示。

图 3-30　灯光参数设置

(7) 单击 按钮渲染视图，效果如图 3-31 所示。如果将 VRayShadows Params 中的参数采用默认值，阴影则会非常生硬，如图 3-32 所示。所以建议用户根据场景来调整 U、V、W 的值，使效果更加逼真。

图 3-31　渲染效果(1)

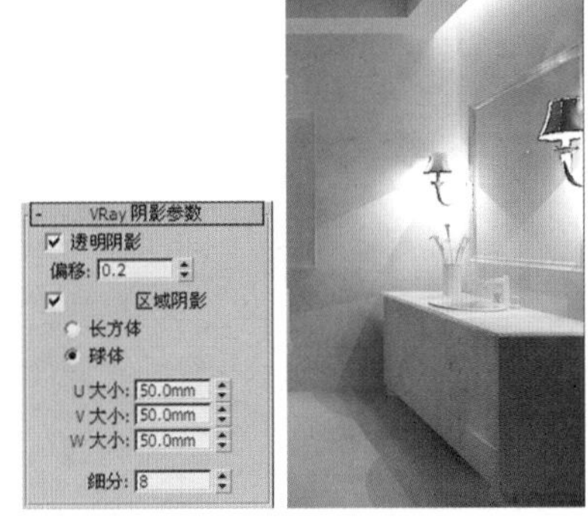

图 3-32　渲染效果(2)

说　明

阴影参数下的 U、V、W 值可以根据影子的距离，从外围开始柔和地散播开来。

(8) 单击【VR 灯光】按钮，在【顶】视图中创建 VRay 灯光，调整位置如图 3-33 所示。

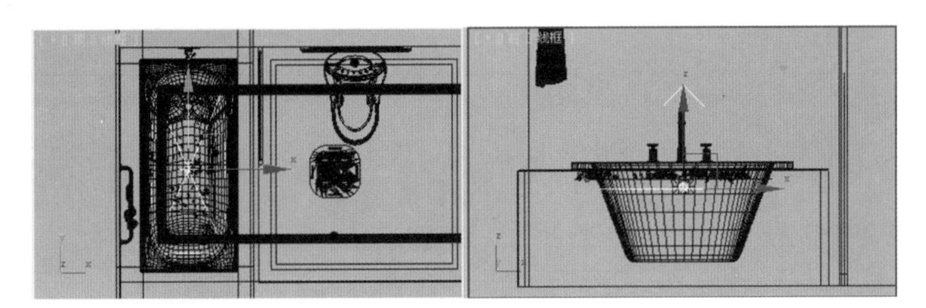

图 3-33　创建浴盆中的 VRay 灯光

(9) 单击 按钮，在【参数】卷展栏中设置灯光【倍增器】值为 6，灯光【颜色】为冷色，其他参数设置如图 3-34 所示。

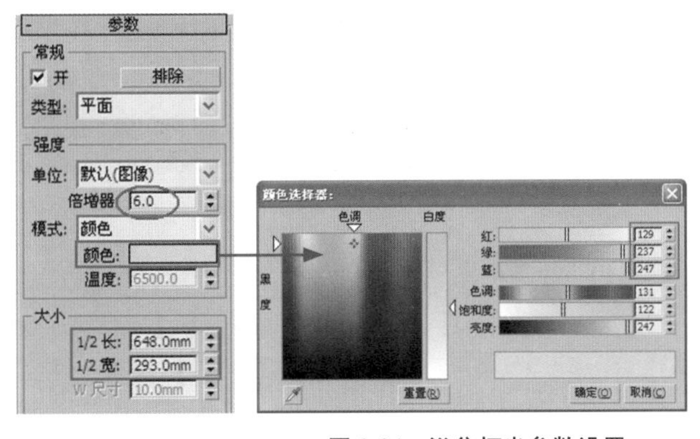

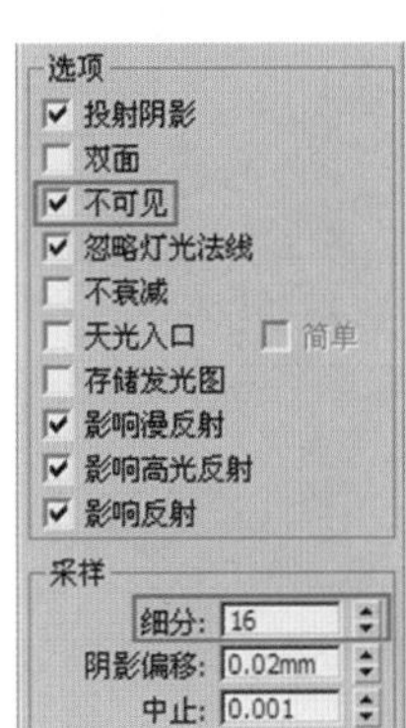

图 3-34　浴盆灯光参数设置

3.4.2 创建辅助光源

具体操作步骤如下。

(1) 单击【VR_ 光源】按钮，在【顶】视图中创建天花的 VR 光源，调整灯光位置如图 3-35 所示。

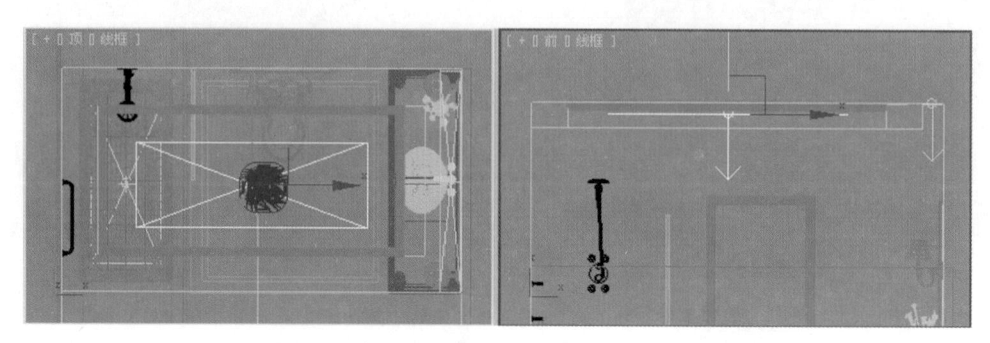

图 3-35 创建 VR 光源

(2) 单击按钮，在【参数】卷展栏中设置天花的灯光【倍增器】值为 6，其他参数设置如图 3-36 所示。

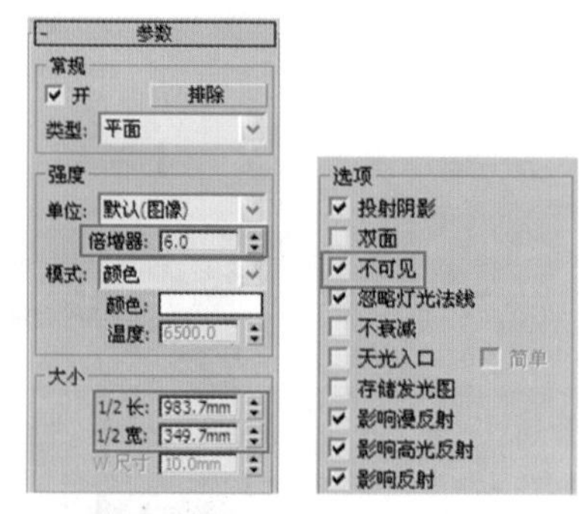

图 3-36 灯光的参数设置

(3) 单击创建命令面板中的【灯光】按钮，在【光度学】选项下单击【自由灯光】按钮，在【顶】视图中筒灯的位置创建灯光，再用移动复制的方法以【实例】方式复制 5 盏，调整位置如图 3-37 所示。

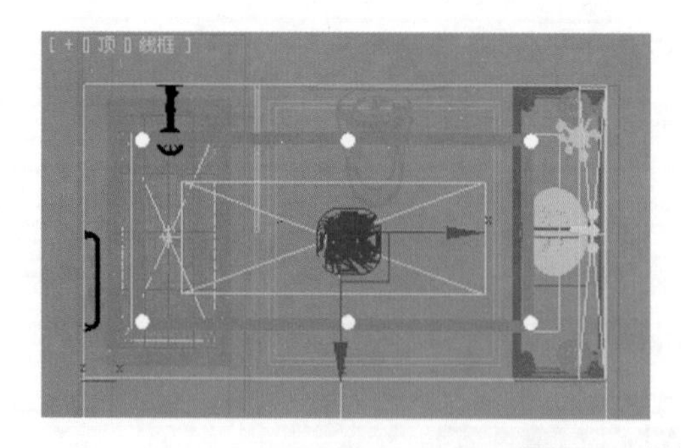

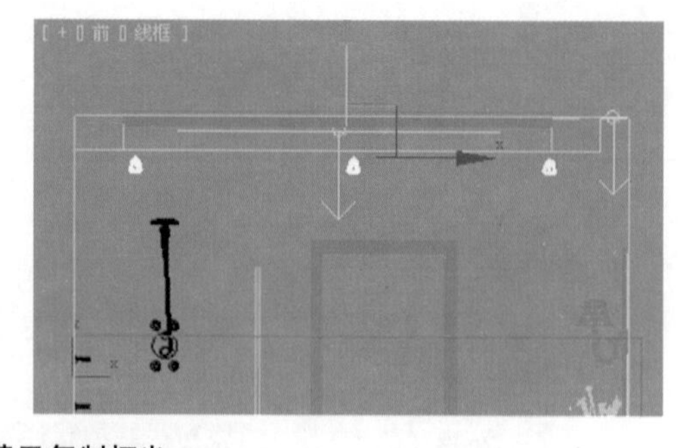

图 3-37 创建及复制灯光

(4) 单击按钮，在【常规参数】卷展栏中选中【阴影】选项组中的【启用】复选框，选择 VRayShadow 选项，在【灯光分布 (类型)】下拉列表框中选择【光度学 Web】选项，然后，在【分布 (光度学 Web)】卷展栏中单击【选择光度学文件】按钮，打开【打开光域网 Web 文件】对话框，选择本书光盘“卫生间”目录下的“筒灯 .IES”文件，再设置灯光强度为 800，其他参数设置如图 3-38 所示。

图 3-38　光度学灯光参数设置

(5) 渲染摄影机视图，最终效果如图 3-39 所示。

图 3-39　渲染后的效果

你问我答

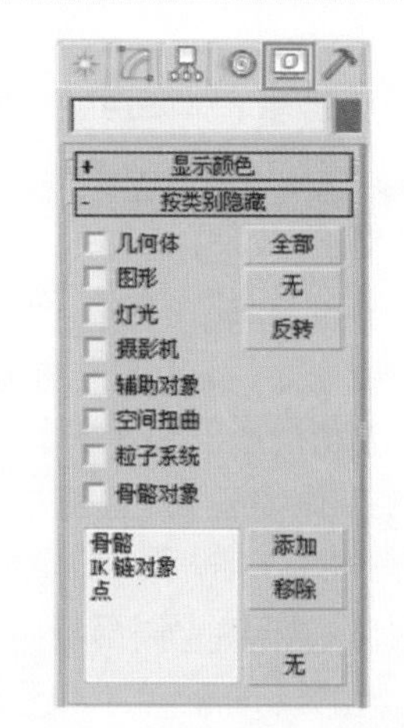

图 3-40　【按类别隐藏】卷展栏

为了使选择操作更快捷，怎样隐藏场景灯光、摄影机？

在复杂的场景中，选择模型会比较麻烦，这时，用户可以在命令面板中单击【显示】按钮，在【按类别隐藏】卷展栏中选择要隐藏的对象，如图 3-40 所示。

操作时的一些快捷键如下。

隐藏 / 显示几何体：Shift+G。

隐藏 / 显示图形：Shift+S。

隐藏 / 显示图形：Shift+L。

隐藏 / 显示摄影机：Shift+C。

3.5 调整空间纹理材质

卫生间在材质上要求地面要注意防水、防滑；顶部防潮、防遮掩；洁具追求合理、合适；采光要明亮，并在绿化上增添生机即可。

3.5.1 设置墙砖材质

具体操作步骤如下。

(1) 在设置材质前，首先要取消前面对场景材质物体的材质替换状态。按F10键，打开【渲染设置：V-Ray Adv. 2.00.03】对话框，在【V-Ray:: 全局开关】卷展栏中取消选中【覆盖材质】复选框，如图 3-41 所示。

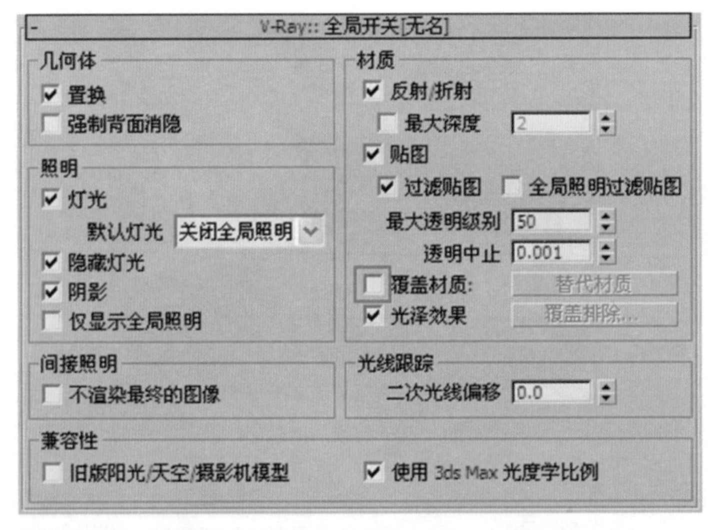

图 3-41 【V-Ray:: 全局开关】卷展栏

(2) 设置“白色乳胶漆”材质。选择一个空白的示例球，将其命名为“白色乳胶漆”并为其指定 VRayMtl 材质。在【基本参数】卷展栏中设置【漫反射】色块为白色 (RGB：218、218、218)。

(3) 在视图中选择“顶面”、“吊顶”、“角线”造型，单击按钮，将材质赋予它们。

(4) 设置“砖墙”材质。选择一个空白的示例球，将其命名为“砖墙”并为其指定 VRayMtl 材质。在【基本参数】卷展栏中单击【漫反射】色块右侧的按钮，在弹出的【材质/贴图浏览器】对话框中双击【平铺】贴图类型，设置反射颜色为灰色，使其产生反射效果，如图 3-42(a) 所示。

(5) 在平铺控制面板中，进入【高级控制】卷展栏，设置【平铺设置】选项组和【砖缝设置】选项组的纹理颜色，如图 3-42(b) 所示。

(6) 在视图中选择“墙面”造型，单击按钮，将材质赋予它们。

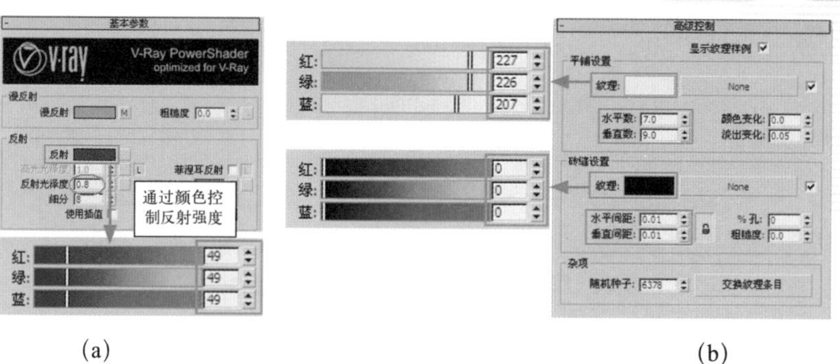

(a)　　　　　　　　　　(b)

图 3-42　“砖墙”材质参数设置

技　巧

漫反射反射的是物体的表面颜色。单击【漫反射】选项右侧的色块，可以调整它自身的颜色，单击其右侧的按钮可以选择不同的贴图类型。

(7) 设置“马赛克”材质。选择一个空白的示例球，将其命名为“马赛克”并为其指定 VRayMtl 材质。在【基本参数】卷展栏中单击【漫反射】色块右侧的按钮，在弹出的【材质 / 贴图浏览器】对话框中选择【位图】贴图类型。选择本书光盘“卫生间”目录下的“20098110950095071.jpg”文件。

(8) 返回【基本参数】卷展栏，调整【反射光泽度】值为 0.86，再单击【反射】色块右侧的按钮，选择【衰减】贴图类型，在【衰减参数】卷展栏中设置【前 : 侧】选项组中的颜色，如图 3-43 所示。

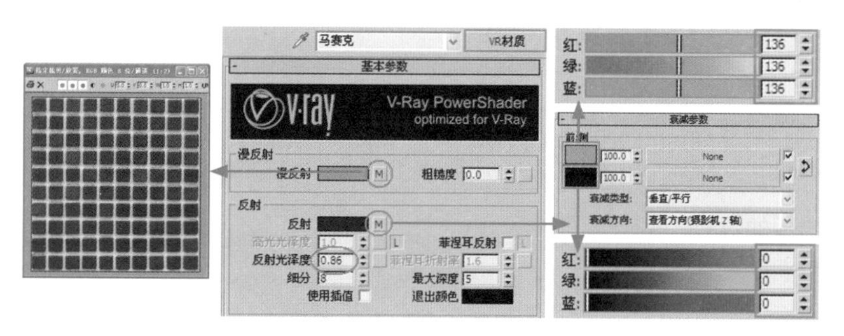

图 3-43　“马赛克”材质参数设置

(9) 在视图中选择所有“马赛克墙体”造型，单击按钮，将材质赋予它们。再选择修改命令面板中的【UVW 贴图】命令，在【参数】卷展栏中选中【长方体】单选按钮，设置参数如图 3-44 所示。

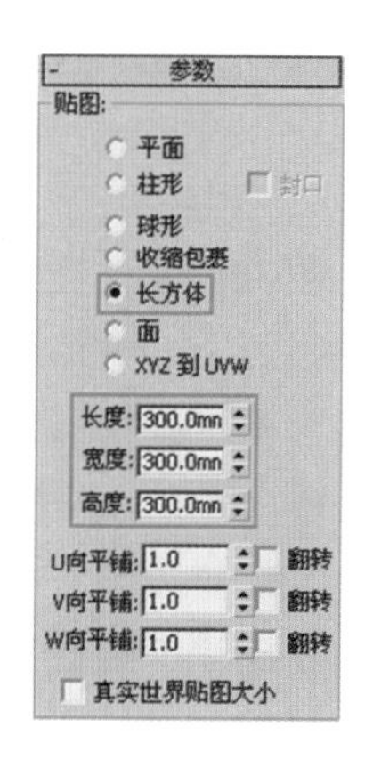

图 3-44　设置【参数】卷展栏

3.5.2 设置地砖材质

具体操作步骤如下。

(1) 设置“地砖”材质。选择一个空白的示例球，将其命名为“石材地面”并为其指定VRayMtl材质。在【基本参数】卷展栏中单击【漫反射】色块右侧的■按钮，在弹出的【材质/贴图浏览器】对话框中选择【位图】贴图类型。选择本书光盘“卫生间”目录下的“01.jpg”文件。

(2) 返回【基本参数】卷展栏，调整【高光光泽度】值为0.56、【反射光泽度】值为0.95，如图3-45所示。

图3-45 “地砖”材质参数设置

(3) 在视图中选择“角线”、“方形立柱底座”造型，单击■按钮，将材质赋予它们。

为场景造型赋予材质需要注意的事项

1. 为材质命名

在3ds Max中为材质命名可以减少查询模型材质属性的时间。

2. 调整合理的纹理

贴图坐标是用来指定几何体上贴图的位置、方向以及大小。坐标通常以U、V和W指定。其中U是水平方向；V是垂直维度；W是可选的第三维度，表示深度。如果将贴图材质应用到没有贴图坐标的对象上，“渲染器”就会指定默认的贴图坐标。这样就会产生坐标或纹理的错误。在这种情况下，一般需要先将纹理调整正确后再进行渲染。

在3ds Max中，贴图坐标分为两类，一类是内置贴图坐标，这是一个三维造型自带的贴图坐标，如方体的内置贴图坐标就是在各个平面上平铺一幅完整的贴图；另一类是外置贴图坐标，是指【UVW贴图】修改命令。

1) 内置贴图坐标

内置的贴图坐标比较容易理解，在创建对象的过程中它可以直接创建贴图坐标，在【坐标】卷展栏中通过“U平铺”和“V平铺”参数的调整来处理，如图3-46所示。

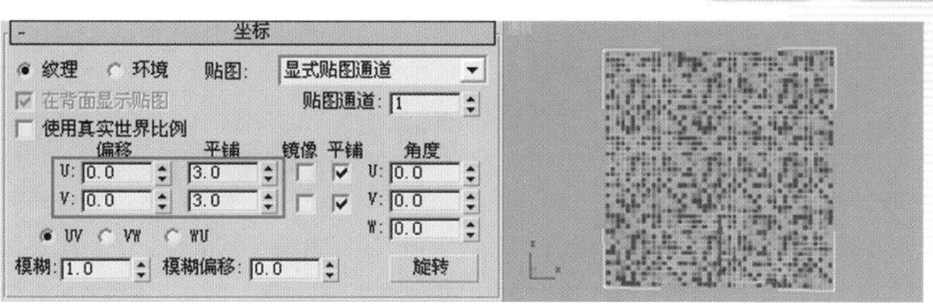

图 3-46　创建对象时建立的贴图坐标

2) 外置贴图坐标

当造型对材质的纹理有特殊要求时，可以给造型指定修改命令面板中的【贴图坐标】修改器，从而可以选择贴图投影方式，设置投影大小、平铺等。另外，还可以进入 Gizmo 层级进行移动、旋转、缩放等操作，如图 3-47 所示。

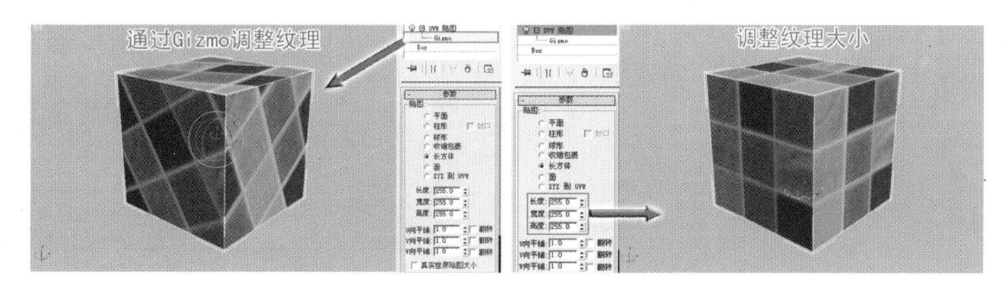

图 3-47　【贴图坐标】的参数面板及设置

另外一个外置贴图坐标命令是【贴图缩放器】。它能保持物体的贴图坐标在整个空间中恒定不变，不受物体本身形态变化的影响。这个工具最早是专用于建筑造型的，可以保证所有建筑物的砖贴图比例相同，不会因纹理的增高、降低而改变。

下面我们来了解一下它的参数设置，如图 3-48 所示。

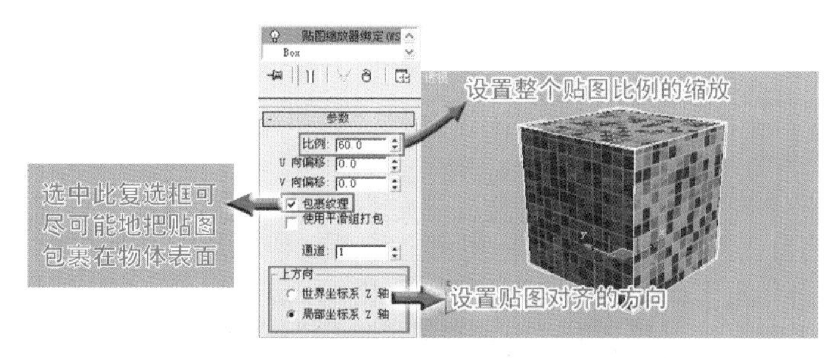

图 3-48　【贴图缩放器】参数设置

你问我答

为什么天花会有一块黑、一块黄的感觉？

当【V-Ray:: 发光贴图】卷展栏中【当前预置】参数设置得太低时，就会出现如图 3-49 所示的现象。

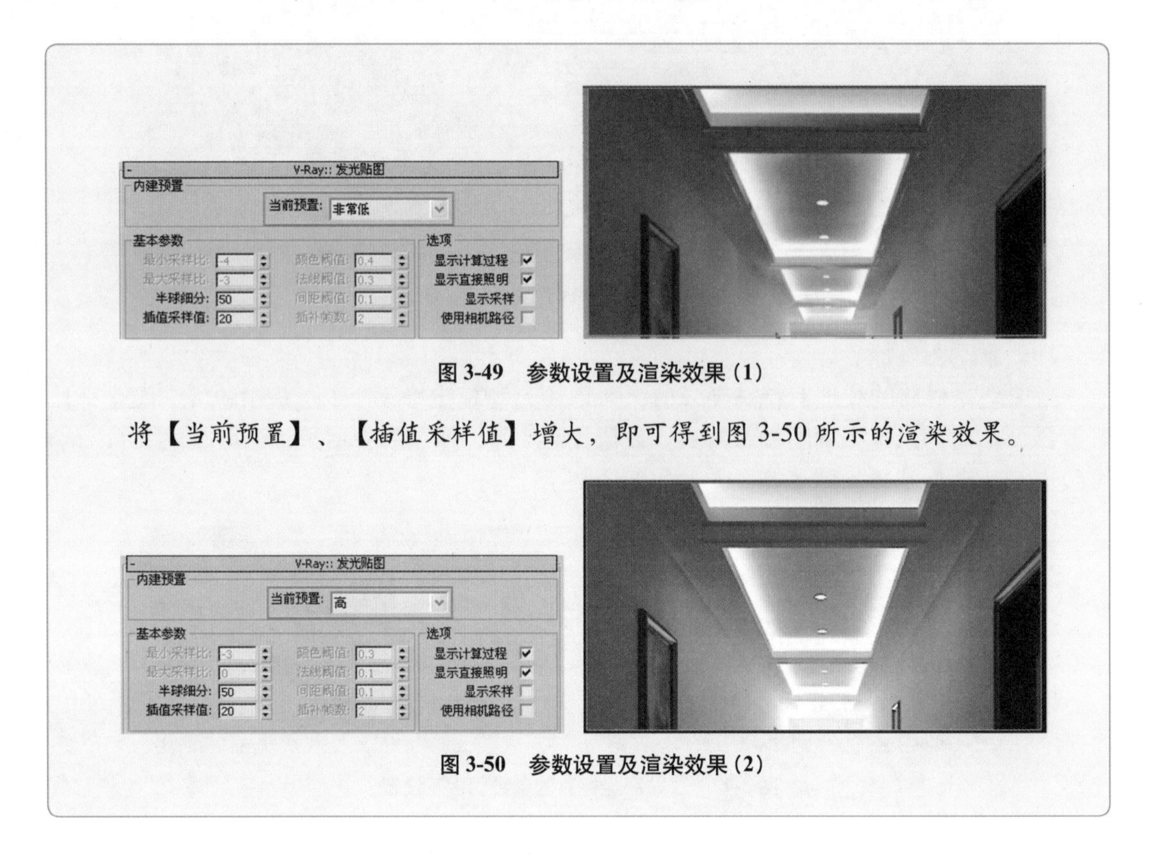

图 3-49　参数设置及渲染效果（1）

将【当前预置】、【插值采样值】增大，即可得到图 3-50 所示的渲染效果。

图 3-50　参数设置及渲染效果（2）

3.5.3　设置瓷器材质

选择一个空白的示例球，将其命名为“瓷器”并为其指定 VRayMtl 材质。在【基本参数】卷展栏中将【漫反射】颜色调整为白色，【反射】颜色调整为灰色，使其产生反射效果，其他参数的设置如图 3-51 所示。

在视图中选择“坐便器”造型，单击按钮，将“瓷器”材质赋予它，效果如图 3-52 所示。

图 3-51　“瓷器”材质参数设置

图 3-52　赋予材质后的效果

3.5.4　设置镜子、镜框材质

具体操作步骤如下。

(1) 设置“镜子”材质。选择一个空白的示例球，将其命名为“镜子”并为其指定 VRayMtl 材质。在【基本参数】卷展栏中将【漫反射】颜色调整为纯黑色，【反射】颜色调整为灰色，使其产生反射效果，其他参数的设置如图 3-53 所示。

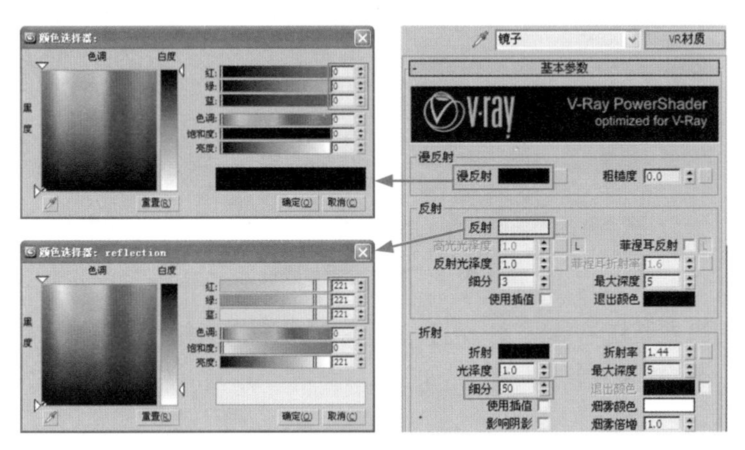

图 3-53　“镜子”材质参数设置

(2) 在视图中选择“镜面”造型，单击按钮，将材质赋予它。

(3) 设置“镜框”材质。选择一个空白的示例球，将其命名为“镜框”。在【Blinn 基本参数】卷展栏中设置【漫反射】颜色为黄色，调整【高光级别】、【光泽度】微调框参数，如图 3-54 所示。

(4) 在【贴图】卷展栏中单击【反射】选项右侧的通道按钮，在弹出的【材质 / 贴图浏览器】中选择【VR 贴图】类型，再设置反射【数量】为 15，如图 3-55 所示。

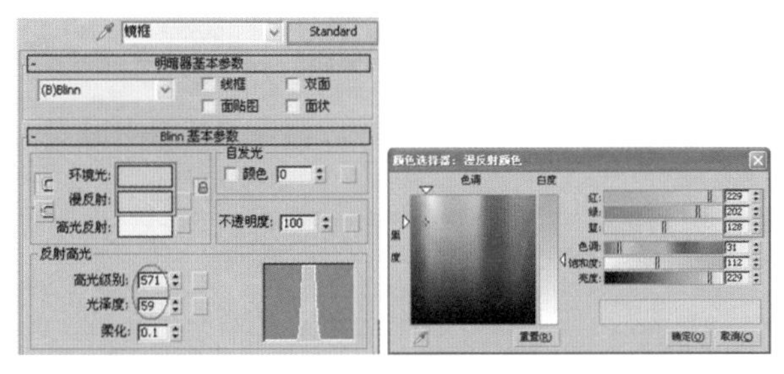

图 3-54　“镜框”材质参数设置

贴图	数量	贴图类型
环境光颜色	100	None
漫反射颜色	100	None
高光颜色	100	None
高光级别	100	None
光泽度	100	None
自发光	100	None
不透明度	100	None
过滤色	100	None
凹凸	30	None
✓ 反射	15	Map #57（VR_贴图）
折射	100	None
置换	100	None

图 3-55　【贴图】卷展栏

(5) 在视图中选择“镜框”造型，单击按钮，将材质赋予它。

3.5.5　设置水材质

具体操作步骤如下。

(1) 设置“水”材质。选择一个空白的示例球，将其命名为“水”并为其指定 VRayMtl 材质。

在【基本参数】卷展栏中将【反射】颜色调整为灰色，【折射】颜色调整为白色，使其完全透明。其他参数的设置如图 3-56 所示。

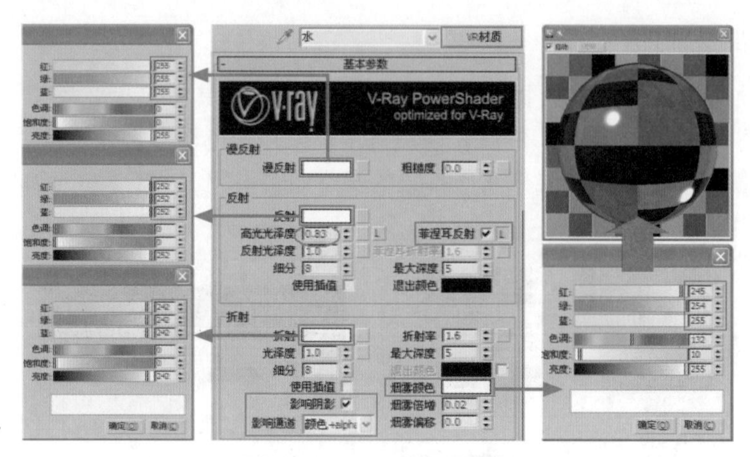

图 3-56 “水”材质参数设置

(2) 在【贴图】卷展栏中单击【凹凸】选项右侧的通道按钮，在弹出的【材质/贴图浏览器】对话框中选择【噪波】贴图，然后在【噪波参数】卷展栏中设置【大小】微调框为 30。其他参数的设置如图 3-57 所示。

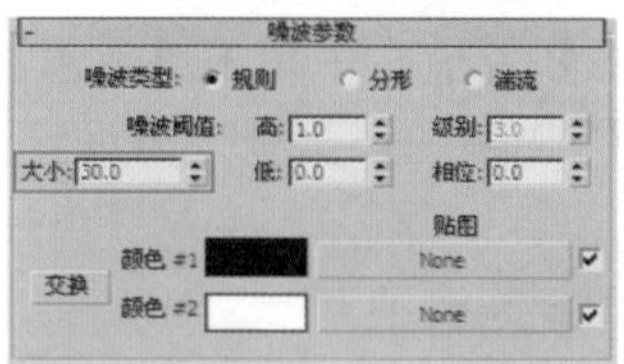

图 3-57 【噪波参数】卷展栏设置

(3) 在视图中选择“水”造型，单击按钮，将材质赋予它。

你问我答

为什么做好的模型再打开时，之前赋予的贴图不见了？

这是因为贴图的路径改变了，在操作中时常会出现这种问题，解决这种问题的方法有好几种。首先在渲染开始时会弹出一个缺少贴图的对话框，只要按照现有的路径将贴图恢复一次即可。其次，可能原有贴图文件被移动了位置，将贴图移回原有的路径即可。最后就是看看所用到的贴图材质是否还在电脑上，有可能它已经被删除了，或许是贴图直接调用了光盘中的材质，如果是这样，那么在将光盘取出后所赋予的材质也就没有了。

你问我答

什么是菲涅耳反射？

1．菲涅耳现象

法国物理学家菲涅耳设计和进行了著名的双面镜干涉和圆孔衍射实验，并测定了光的波长，明确指出光和声的波动性是产生衍射和干涉现象的原因。

菲涅耳还用不同的波长解释了光的不同颜色现象。在自然界中物质表面光的反射和折射都遵循光的衍射原理，只不过强弱不同而已。如图 3-58 所示，离摄像机近而离入射光线远的地方，海水清彻；反之，离摄像机远而离入射光线近的地方，海水模糊。

图 3-58　菲涅耳现象

2．菲涅耳原理

将复杂的菲涅耳反射原理用现实世界的现象来解释就是：光的反射或折射强度和光的入射角成反比。光线入射角小时材质纹理反射和折射就显得清晰，如图 3-59 所示。当光线从一个方向照射到一个光滑的材质表面时，材质纹理显示效果最清晰的是在和入射光角度成 90° 的地方，而不是在法线附近。

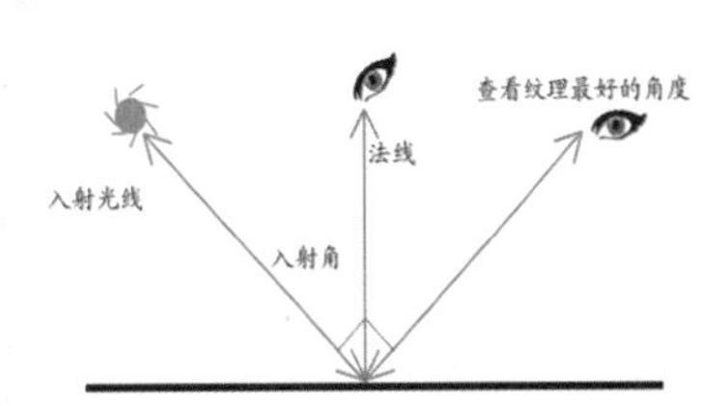

图 3-59　菲涅耳原理

3.5.6　设置不锈钢、毛巾材质

具体操作步骤如下。

(1) 设置“不锈钢”材质。选择一个空白的示例球，将其命名为“磨亮不锈钢”并为其指定 VRayMtl 材质。在【基本参数】卷展栏中设置【漫反射】颜色为灰色，单击【反射】选项右侧的按钮，在弹出的【材质 / 贴图浏览器】对话框中选择【衰减】贴图类型。其他参数设置如图 3-60 所示。

(2) 在视图中选择“吊灯架”、“扶手栏杆”、“旋转门框”、“座椅杆”及所有“固定钢架”造型，单击按钮，将材质赋予它们。

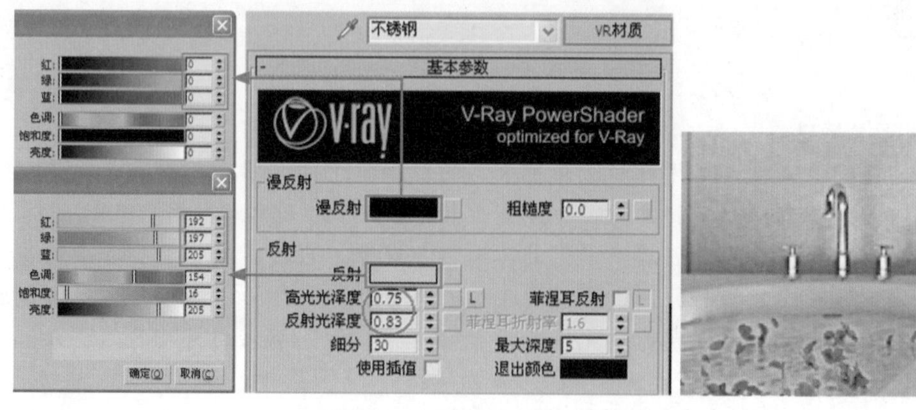

图 3-60 “不锈钢”材质参数设置

(3) 设置“毛巾”材质。重新选择一个空白的示例球，将其命名为“毛巾”并为其指定 VRayMtl 材质。

(4) 打开【贴图】卷展栏，单击【漫反射】通道右侧的按钮，在弹出的【材质/贴图浏览器】对话框中双击【位图】贴图类型，选择本书光盘“素材”目录下的“Arch30_033_diffuse.jpg”文件，再单击按钮，返回上一级，在【贴图】卷展栏中将【漫反射】选项中的贴图文件拖动复制到【置换】通道中，设置置换数量为 10，如图 3-61 所示。

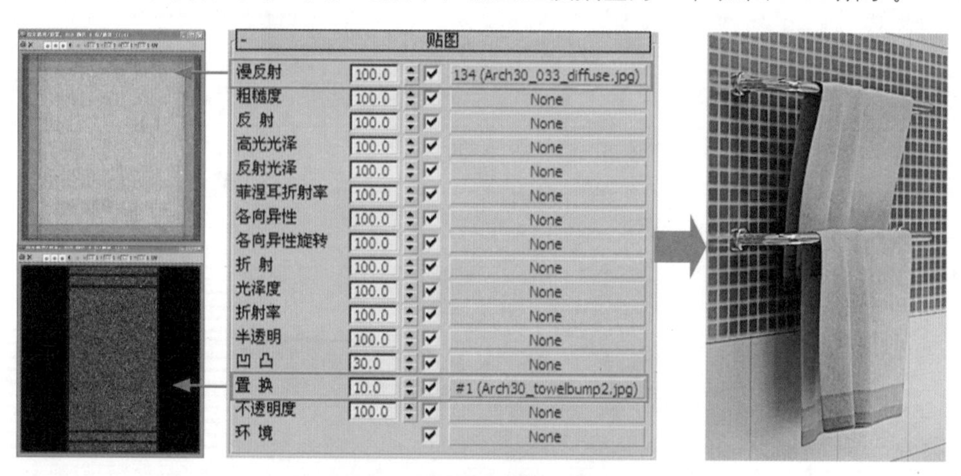

图 3-61 设置【贴图】卷展栏

(5) 在视图中选择“毛巾”造型，单击按钮，将材质赋予它们。

3.5.7 设置玻璃花瓶材质

具体操作步骤如下。

(1) 设置“玻璃花瓶”材质。选择一个空白的示例球，将其命名为“玻璃花瓶”材质。单击命名窗口右侧的按钮，在弹出的【材质/贴图浏览器】中选择【多维/子对象】材质类型，弹出【替换材质】对话框，选中【丢弃旧材质】单选按钮，然后进入【多维/子对象基本材质】卷展栏，单击【设置数量】按钮，设置【材质数量】为 4，如图 3-62 所示。

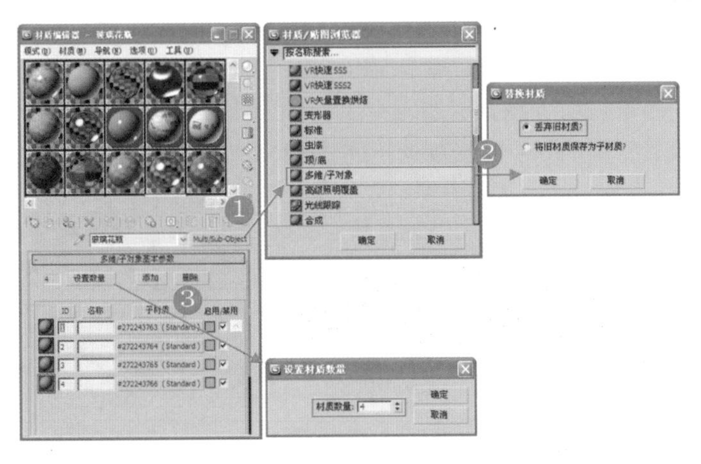

图 3-62 “玻璃花瓶”材质参数设置

(2) 设置“花叶”材质。单击 ID1 右侧的按钮，进入标准材质。单击命名窗口右侧的 Standard 按钮，指定 VRayMtl 材质。

(3) 在【基本参数】卷展栏中单击【漫反射】色块右侧的 按钮，为其指定本书光盘“卫生间”目录下的“Arch31_065_flower_1.jpg”文件，如图 3-63 所示。

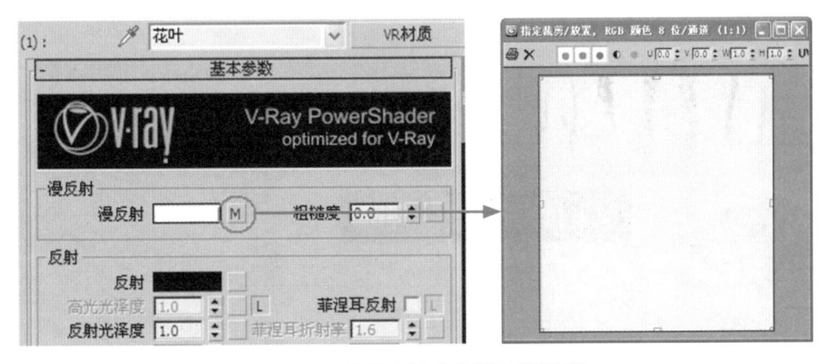

图 3-63 设置【基本参数】卷展栏

(4) 设置“花枝”材质。单击 按钮，返回到【材质编辑器】对话框，单击 ID2 右侧的按钮，进入标准材质。单击 Standard 按钮，指定 VRayMtl 材质。打开【贴图】卷展栏，单击【漫反射】色块右侧的通道按钮，在弹出的【材质/贴图浏览器】对话框中选择【位图】贴图类型，为其指定本书光盘“卫生间”目录下的“arum tige.tif”文件，然后再将【漫反射】通道中的贴图文件拖动复制到【凹凸】通道中，如图 3-64 所示。

图 3-64 复制贴图文件

(5) 设置“花蕊”材质。单击按钮，返回到【材质编辑器】对话框，单击 ID3 右侧的按钮，进入标准材质。单击 Standard 按钮，指定 VRayMtl 材质。打开【贴图】卷展栏，单击【漫反射】色块右侧的通道按钮，在弹出的【材质 / 贴图浏览器】对话框中选择【位图】贴图类型，为其指定本书光盘“卫生间”目录下的“cotoneaster.tif”文件，如图 3-65 所示。

图 3-65 指定贴图文件

(6) 设置“水”材质。单击按钮，返回到【材质编辑器】对话框，单击 ID4 右侧的按钮，进入标准材质。单击 Standard 按钮，指定 VRayMtl 材质。在【基本参数】卷展栏中设置【漫反射】颜色为浅蓝色，调整【反射】颜色为灰白色，使其产生反射、设置【折射】颜色为白色，使其产生透明效果，其他参数设置如图 3-66 所示。

(7) 选择相应造型，将以上材质分别赋予它们，效果如图 3-67 所示。

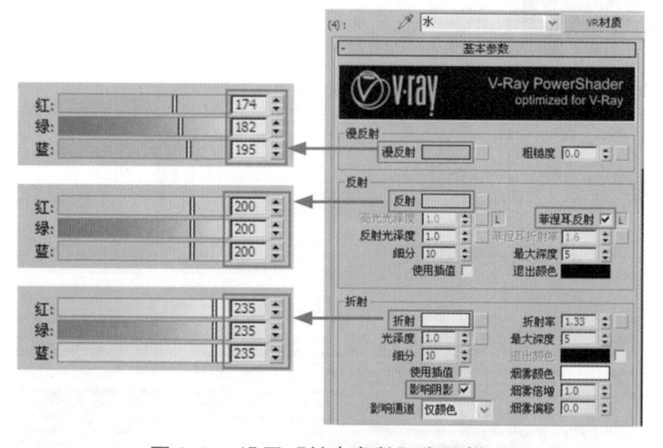

图 3-66 设置【基本参数】卷展栏

图 3-67 赋予材质后的效果

你问我答

材质示例球不够用怎么办？

材质示例球用完后，可单击工具行中的按钮，在弹出的【重置材质 / 贴图参数】对话框中选中【仅影响编辑器示例窗中的材质 / 贴图】单选按钮，如图 3-68 所示。确定操作后再进行新的材质编辑即可。如果再想编辑原材质，可单击工具行中的按钮，用吸管吸出来，再进行调整。

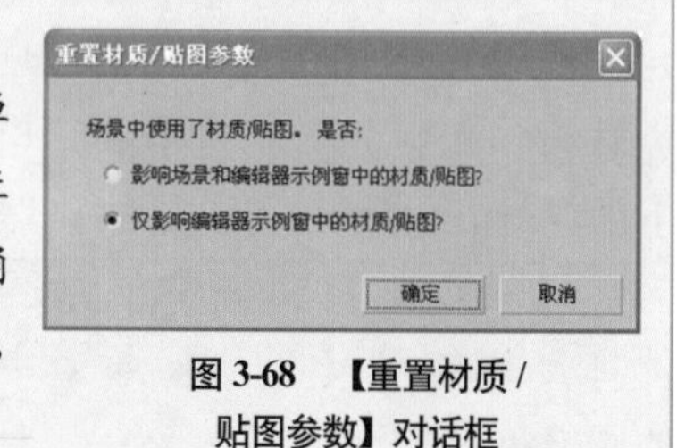

图 3-68 【重置材质 / 贴图参数】对话框

你问我答

使用材质贴图时，实际场景里没有显示纹理怎么办？

当用户已经为造型赋予材质贴图，但实际场景中并没有显示纹理时，有两个方法可以解决：①在材质工具行中单击按钮（在视口中显示明暗处理材质），使其在视口中显示；②如果模型没有贴图坐标，也会出现不显示的情况，一般显示为全黑。这时需要用户为其加上贴图坐标。

你问我答

VRay的反射强度是通过黑白亮度的调节进行设置的，设置的颜色越白，反射强度越大，如图3-69所示。

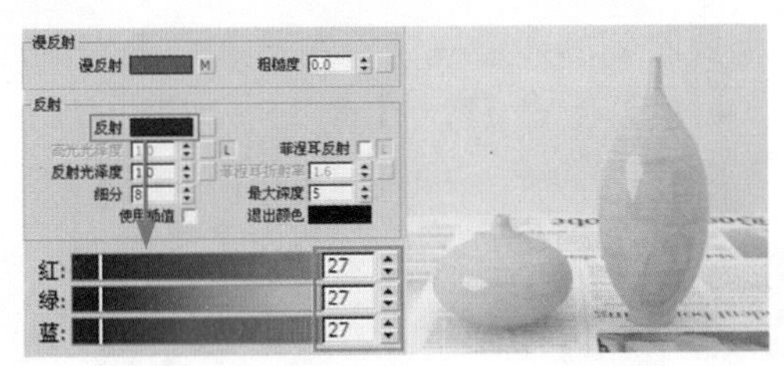

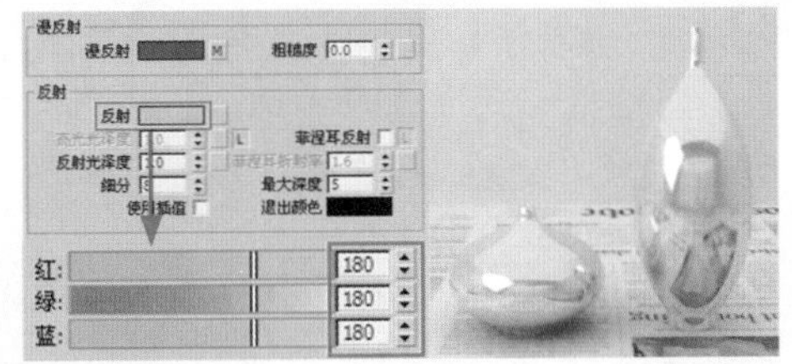

图3-69　反射颜色控制反射强度的例子

在【反射】选项组中，【反射光泽度】的数值最大为1，这时为完全反射。【反射光泽度】值越小模糊感越强，如图3-70所示。

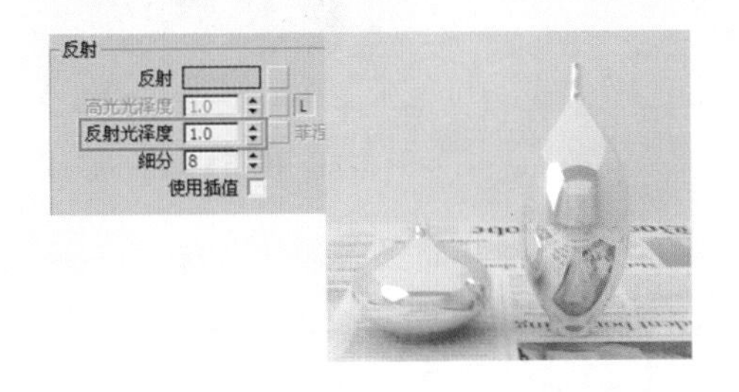

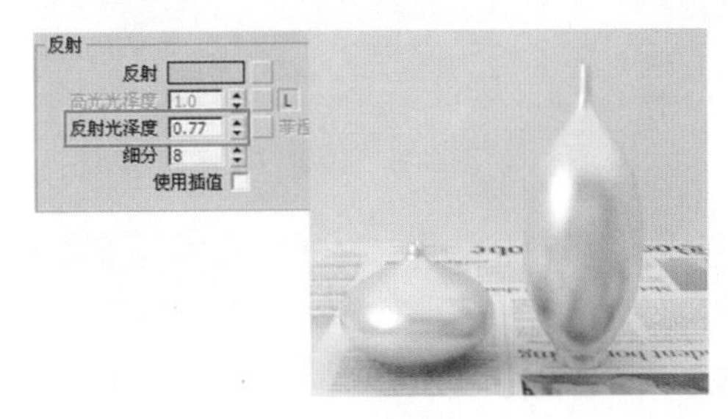

图3-70　反射光泽度控制模糊感的例子

3.5.8　其他材质

具体操作步骤如下。

(1) 设置“装饰画”材质。选择一个空白的示例球，将其命名为“装饰画”材质。在【Blinn基本参数】卷展栏中单击【漫反射】色块右侧的按钮，在弹出的【材质/贴图浏览器】对话框中双击【位图】贴图类型，选择本书光盘“卫生间”目录下的“20081402152205_2.jpg”文件。

(2) 在视图中选择“装饰画”造型，单击按钮，将材质赋予它。

(3) 设置“画框”材质。选择一个空白的示例球，将其命名为“画框”材质。在【Blinn基本参数】卷展栏中单击【漫反射】色块右侧的色框，设置表面颜色，再设置【高光级别】和【光泽度】参数，如图 3-71 所示。

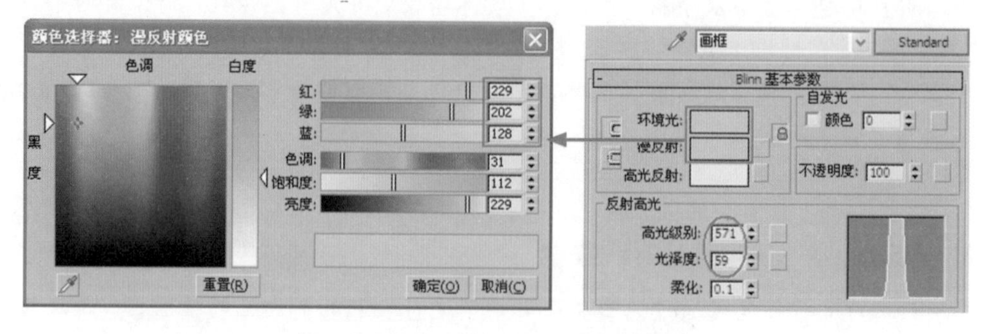

图 3-71 设置【Blinn 基本参数】卷展栏

(4) 打开【贴图】卷展栏，单击【反射】色块右侧的通道按钮，在弹出的【材质 / 贴图浏览器】对话框中选择【VR_ 贴图】贴图类型，再设置反射【数量】为 15，如图 3-72 所示。

(5) 在视图中选择“装饰画”造型，将材质赋予它。赋予材质后的装饰画效果如图 3-73 所示。

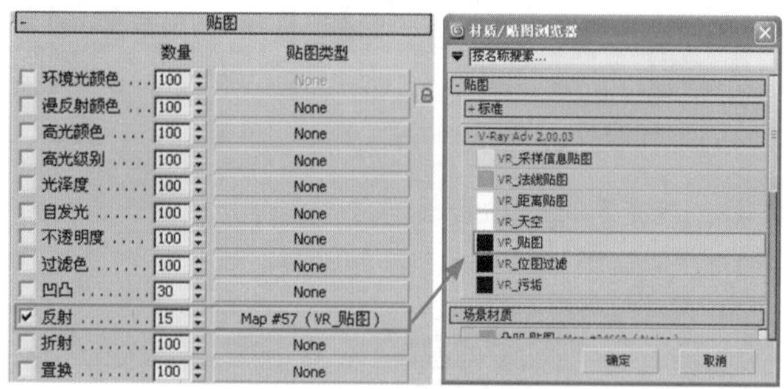

图 3-72 设置【贴图】卷展栏

图 3-73 赋予材质后的效果

(6) 设置“化妆品”材质。选择一个空白的示例球，将其命名为“化妆品”并为其指定 VRayMtl 材质。在【基本参数】卷展栏中设置【漫反射】颜色为灰色，单击【漫反射】色块右侧的按钮，在弹出的【材质 / 贴图浏览器】对话框中选择【位图】贴图类型。选择本书光盘“卫生间”目录下的“化妆品 .jpg”文件，如图 3-74 所示。

(7) 在视图中选择“化妆品”造型，将材质赋予它，效果如图 3-75 所示。

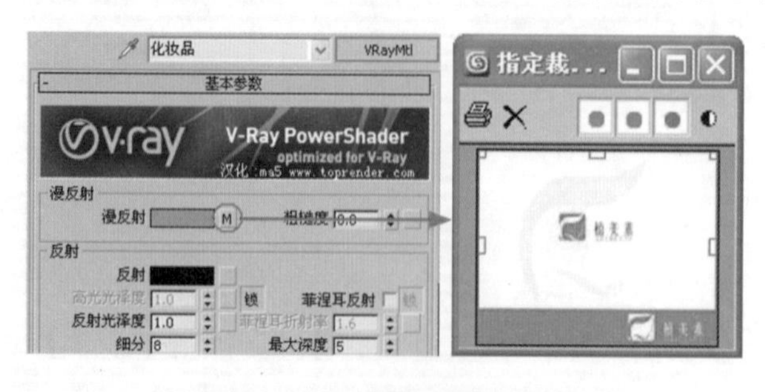

图 3-74 设置【基本参数】卷展栏

图 3-75 赋予材质后的效果

(8) 设置“洗手盆”材质。选择一个空白的示例球，将其命名为“洗手盆”并为其指

定 VRayMtl 材质。在【基本参数】卷展栏中设置【漫反射】颜色为灰色，其他参数设置如图 3-76 所示。

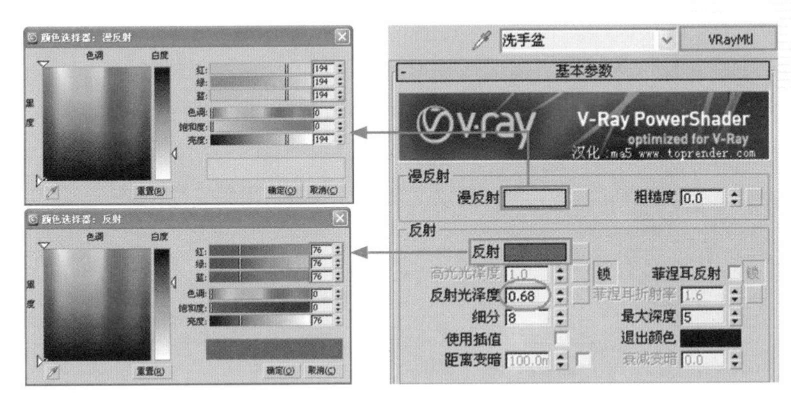

图 3-76 “洗手盆”材质参数设置

(9) 在视图中选择“洗手盆”造型，将材质赋予它。

3.6 最终场景渲染品质及后期处理

后期处理是整个效果图制作过程中很重要的部分，但其操作简单、工作量小，但其作用却非常重要。它是一份需要精雕细琢的工作，做得好可以得到画龙点睛的表现效果。

3.6.1 渲染场景参数设置

具体操作步骤如下。

(1) 打开【渲染场景】对话框。在 V-Ray 选项卡中打开【V-Ray:: 图像采样器 (反锯齿)】卷展栏，设置【图像采样器】类型为【自适应细分】、【抗锯齿过滤器】为 Catmull-Rom，如图 3-77 所示。

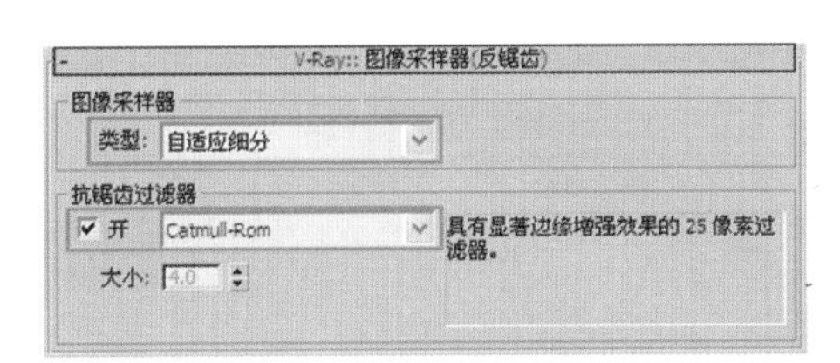

图 3-77 设置【V-Ray:: 图像采样器 (反锯齿)】卷展栏

说 明

在 VRay 渲染器中，图像采样器是通过一种算法来进行采样和过滤，并产生最终的像素数组来完成图像的渲染。VRay 渲染器提供了几种不同的采样算法，尽管会增加渲染时间，但是所有的采样器都支持 3ds Max 标准的抗锯齿过滤算法。在最终渲染时一般采用【自适应细分】或【自适应确定性蒙特卡罗】。

(2) 切换至【VR_间接照明】选项卡，在【V-Ray:: 发光贴图】卷展栏中设置【当前预置】为【中】，选中【在渲染结束后】选项组中的【自动保存】、【切换到保存的贴图】复选框，再单击【浏览】按钮，将光子图保存到相应的目录下，然后在【V-Ray:: 灯光缓存】卷展栏中设置【细分】值为 300，如图 3-78 所示。

(3) 渲染完成后，系统自动弹出【加载发光图】对话框，然后加载前面保存的光子图，如图 3-79 所示。

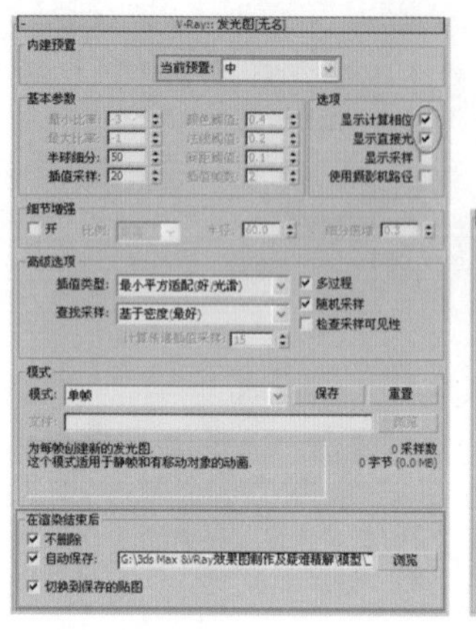

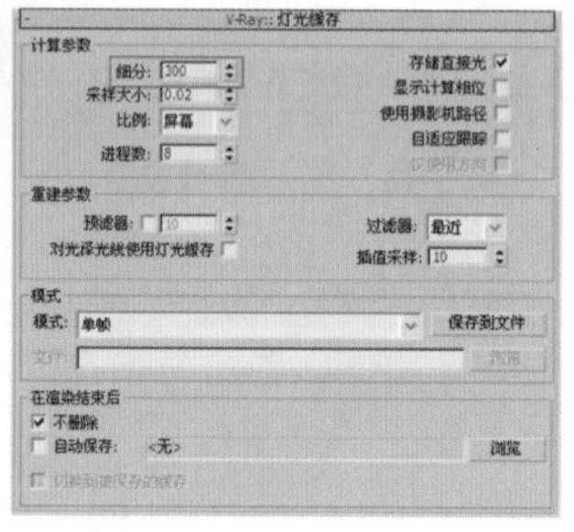

图 3-78 【VR_间接照明】选项卡参数设置

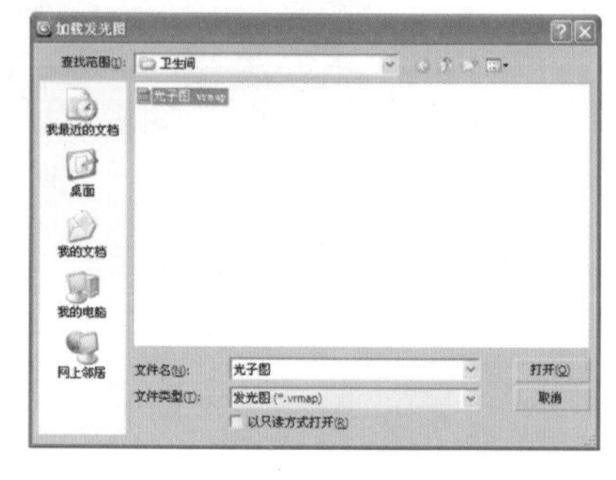

图 3-79 加载光子图

说 明

当选中【切换到保存的贴图】复选框时，在渲染结束后，【在渲染结束后】选项组的选项将自动弹出【加载发光图】对话框，选择保存的光子图。当进行再次渲染时，VRay 渲染器将直接调用保存的发光贴图文件，从而节省了很多时间。

(4) 切换到【公用】选项卡，设置渲染输出的图像大小为 1800×1350，如图 3-80 所示。

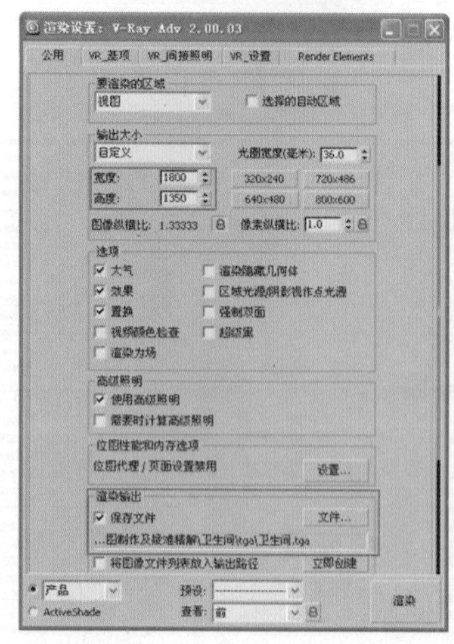

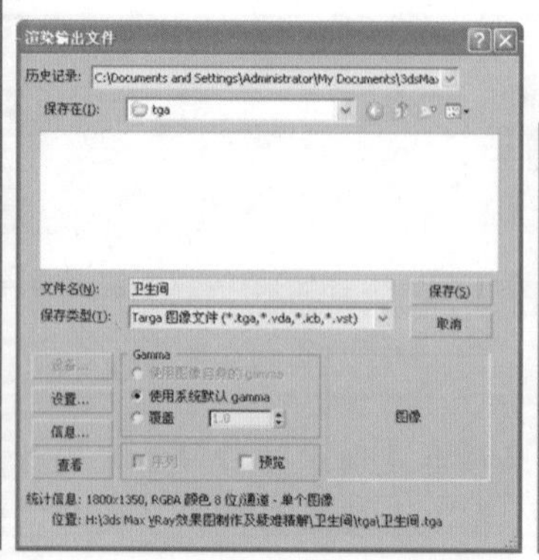

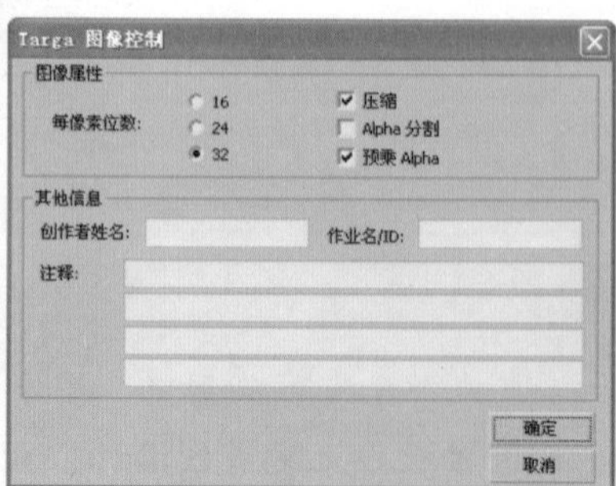

图 3-80 设置渲染输出

(5) 单击工具栏中的按钮，渲染摄影机视图，渲染后的效果如图 3-81 所示。

图 3-81　渲染后的效果

你问我答

如何通过渲染选项控制色溢?

可通过【V-Ray:: 间接照明(全局照明)】卷展栏中的【饱和度】数值进行控制，通常将数值调至 0.5 ~ 0.9 即可较好地解决色溢问题，如图 3-82 所示。

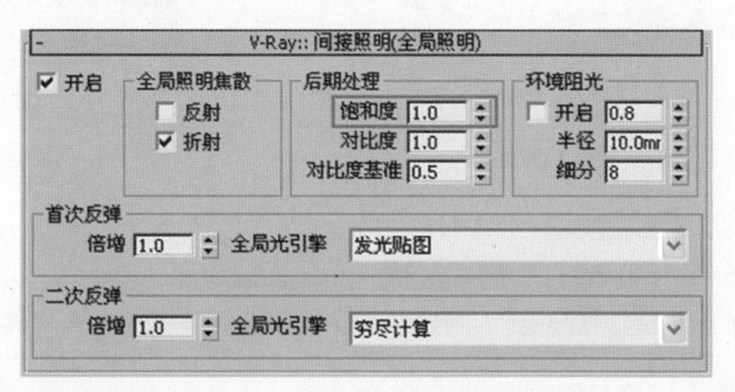

图 3-82　【V-Ray:: 间接照明(全局照明)】卷展栏

你问我答

最终渲染时应该如何选择抗锯齿采样器?

渲染时一般选择 Catmull-Rom 或 Mitchell-Netravali。其中，Catmull-Rom 是具有显著边缘增强效果的 25 像素过滤器。Mitchell-Netravali 是两个参数过滤器，即在模糊与圆环化和各向异性之间交替使用。

3.6.2 渲染图像的后期处理

色彩是人们处在室内环境中时最为重要的视觉感受，同时也是室内设计中最为生动、活跃的因素，往往给人们留下室内环境的第一印象。

在对家居空间进行后期处理之前，应根据主体构思确定一个室内环境的主色调。例如，作为会客、娱乐的场所，客厅多设置为中性色调，卧室作为私密性很强的空间，更多地强调个人偏好，一般设置为紫色或暖色调，突出温馨、舒适的感觉。总之，要根据风格、用途来强调效果图的功能特点。

下面，我们来学习本案例卫生间图像的后期处理技法。

(1) 启动 Photoshop 软件，依次选择菜单栏中的【文件】|【打开】命令，打开本书光盘"卫生间"目录下的"卫生间 .tga"文件。

(2) 打开图层面板，双击背景图层，将其转换为"图层 0"，如图 3-83 所示。再按住"背景"图层并拖曳至【创建新图层】按钮上，将背景层复制一层。

(3) 按键盘中的 Ctrl+M 快捷键，打开【曲线】对话框，调整曲线，如图 3-84 所示。

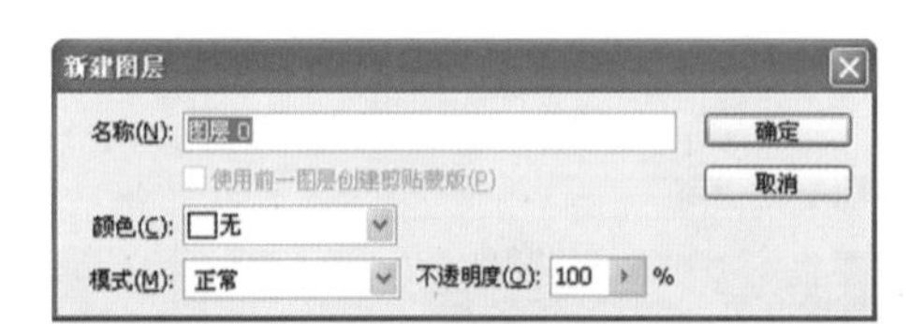

图 3-83 【新建图层】对话框

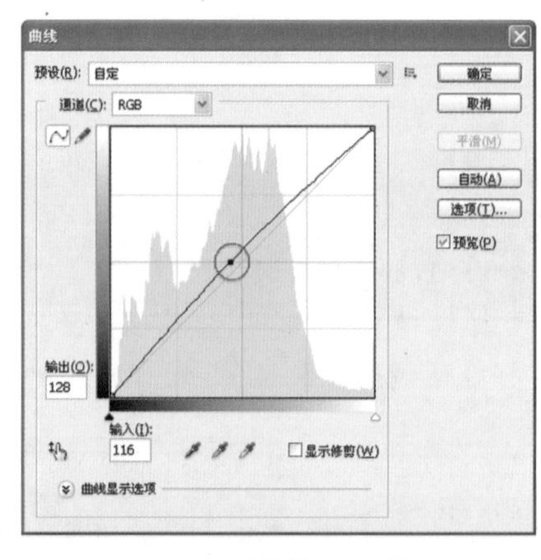

图 3-84 【曲线】对话框

(4) 单击工具箱中的【画笔工具】按钮，在属性工具栏中单击【画笔预设】选取器，选择【交叉排线 4】，设置【大小】为 48px，设置前景色为白色，然后在筒灯发光处单击，调整大小、位置，效果如图 3-85 所示。

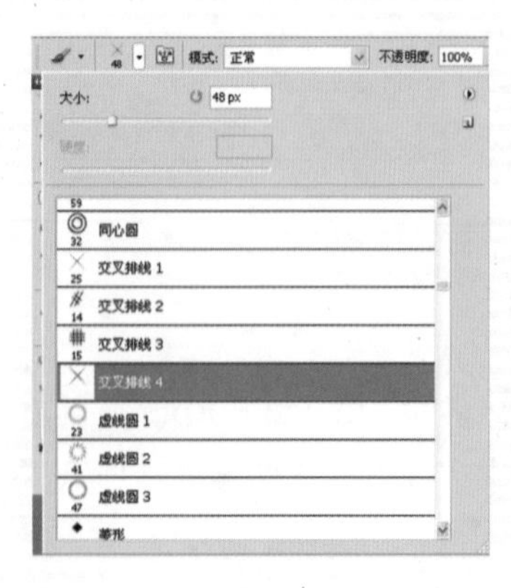

图 3-85 设置筒灯发光

(5) 按快捷键 Ctrl+Alt+Shift+E，拼合新建可见图层。选择菜单栏中的【滤镜】|【其他】|【高反差保留】命令。

(6) 在弹出的【高反差保留】对话框中设置【半径】为 2.0，如图 3-86 所示。

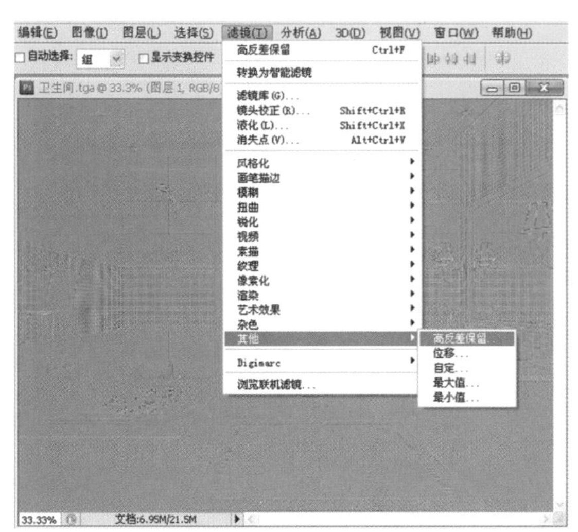
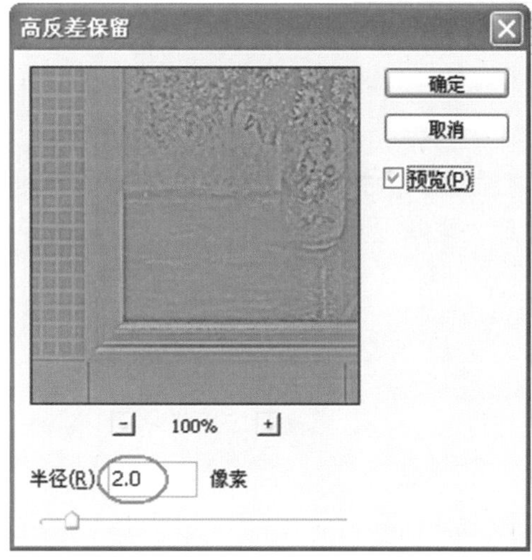

图 3-86 【高反差保留】对话框

(7) 执行确定操作后，在图层面板中设置图层的混合模式为【叠加】方式，处理后的最终效果如图 3-87 所示。

图 3-87 处理后的最终效果

3.7 本 章 小 结

本章主要讲解了卫生间空间表现技术。通过学习，首先要掌握在设计上要追求功能与形式的完美统一、简洁明快的设计风格。一幅好的作品，是在视觉效果上给人以最大的冲击，那么光照关系就是最重要的方面，其次就是材质之间的对比，这也是我们常说的暗调。希望大家掌握其应用技法。

第4章

卧室效果表现

卧室是人们休息的主要处所，卧室布置得好坏，直接影响到人们的生活、工作和学习，所以卧室也是家庭装修的设计重点之一。卧室在设计时首先要注重实用，其次才是装饰。本章重点讲解卧室日、夜景材质以及灯光的处理技巧。

4.1 卧室空间简介

卧室的设计方案有很多，其设计最重要的效果是舒适和安静。一个好的设计空间能给人带来意想不到的效果。在设计卧室时应重点考虑舒适和温馨的效果，尽量营造出一种轻松浪漫的氛围，保证在卧室中休息的质量和整体生活的质量。

本案例的卧室效果如图 4-1 所示。

图 4-1 卧室日景效果表现

图 4-2 所示为卧室模型的线框效果。

图 4-2 卧室日景线框效果

4.2　卧室测试渲染参数

具体操作步骤如下。

(1) 打开本书光盘中"卧室"目录下的"卧室.max"场景文件，如图4-3所示。可以看到这是一个已经创建好模型的办公室场景。

图4-3　打开的场景文件

(2) 单击或按钮，在【对象类型】卷展栏中单击【目标】按钮，然后在【顶】视图中创建目标摄影机式，在【参数】卷展栏中设置【镜头】为24、【视野】为73.74，调整摄影机角度，如图4-4所示。

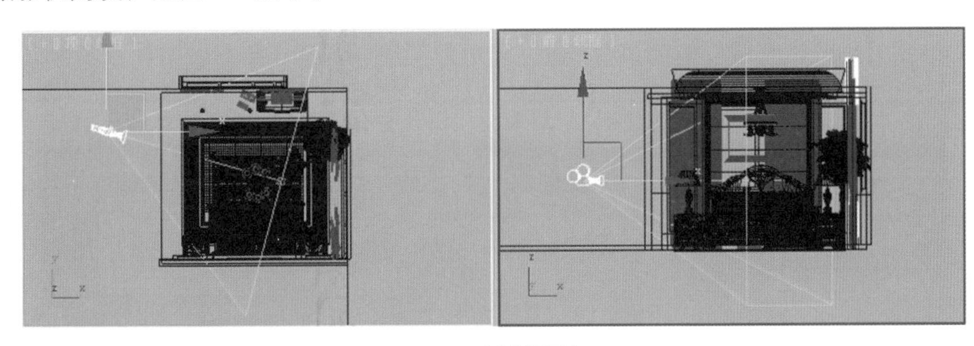

图4-4　创建摄影机

(3) 按键盘中的F10键，打开【渲染设置：默认扫描线渲染器】对话框，在【公用参数】卷展栏中将渲染尺寸设置为较小的尺寸500×375。在【公用】选项卡的【指定渲染器】卷展栏中单击【产品级】选项右侧的按钮，在弹出的【选择渲染器】对话框中选择安装好的V-Ray Adv 2.00.03渲染器，如图4-5所示。

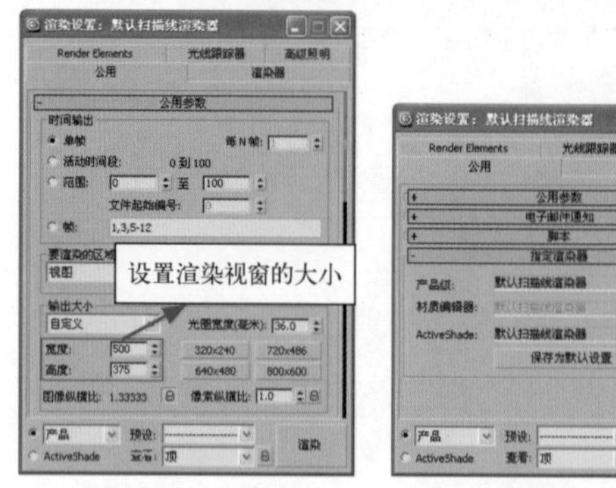

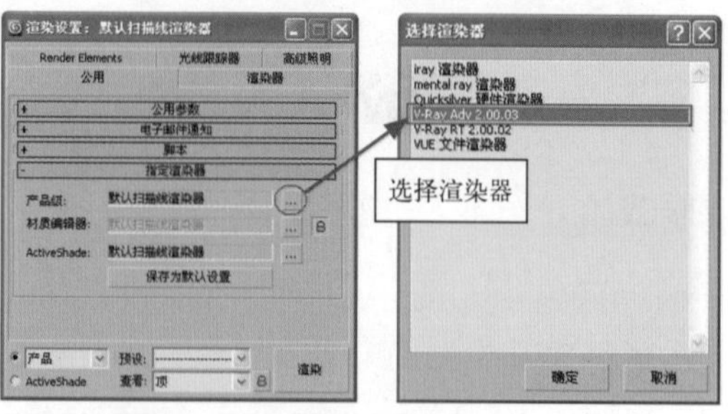

图 4-5　设置渲染尺寸及指定渲染器

(4) 切换至【VR_基项】选项卡，在【V-Ray:: 帧缓存】卷展栏中开启 Vray 帧缓存渲染窗口，在【V-Ray:: 全局开关】卷展栏中关闭默认灯光，如图 4-6 所示。

(5) 打开【V-Ray:: 图像采样器 (抗锯齿)】卷展栏，设置【图像采样器】类型为【固定】，关闭抗锯齿过滤器，然后在【V-Ray:: 颜色映射】卷展栏中选择【VR_ 指数】曝光方式，参数设置如图 4-7 所示。

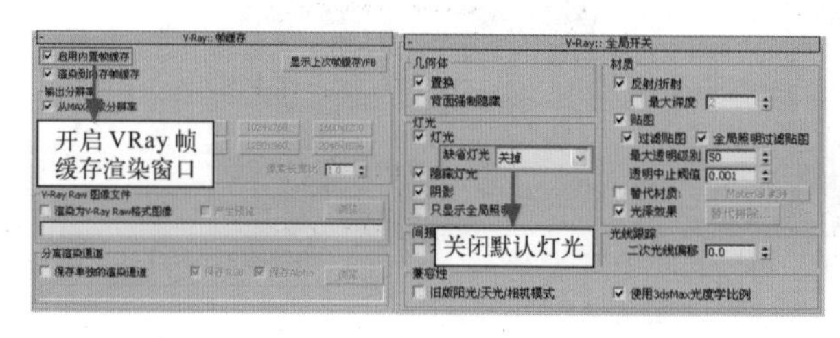

图 4-6　【VR_ 基项】选项卡参数设置

图 4-7　【V-Ray:: 图像采样器 (抗锯齿)】和【V-Ray:: 颜色映射】卷展栏参数设置

(6) 切换至【VR_ 间接照明】选项卡，在【V-Ray:: 间接照明 (全局照明)】卷展栏中打开全局光，设置【二次反弹】全局光引擎为【灯光缓存】，在【V-Ray:: 灯光缓存】卷展栏中设置【细分】卷展栏值为 200，通过降低灯光缓存的渲染品质以节约渲染时间，在【V-Ray:: 发光贴图】卷展栏中设置【当前预置】为【非常低】，如图 4-8 所示。

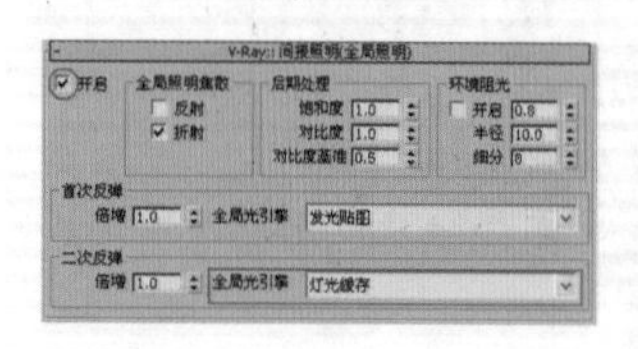

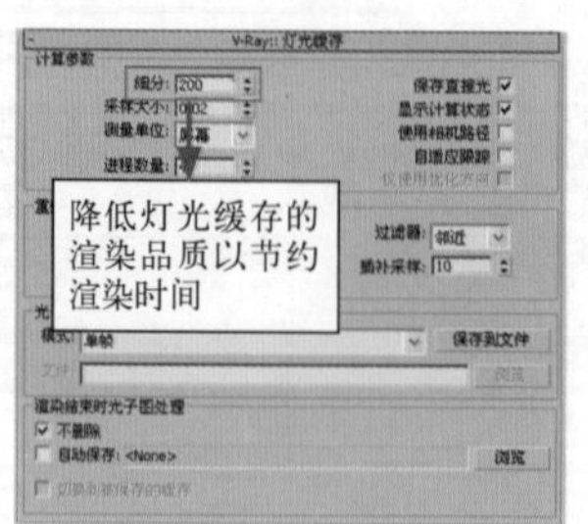

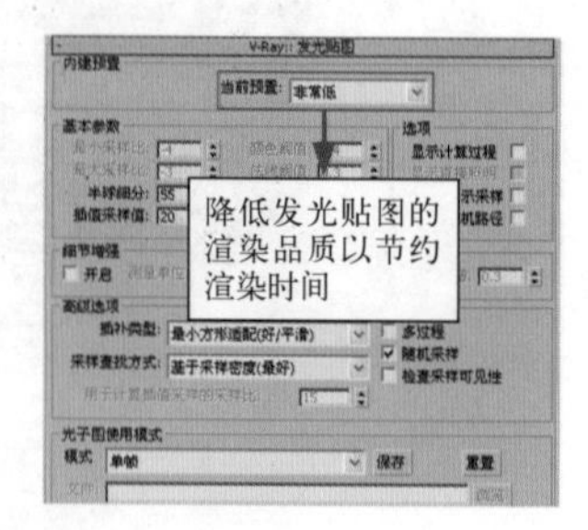

图 4-8　【VR_ 间接照明】选项卡参数设置

你问我答

渲染时为什么会出现一些小白点（见图 4-9）？

检查是否选中了【V-Ray:: 发光贴图】卷展栏中的【显示采样】复选框，如图 4-10 所示。

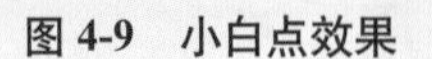

图 4-9　小白点效果

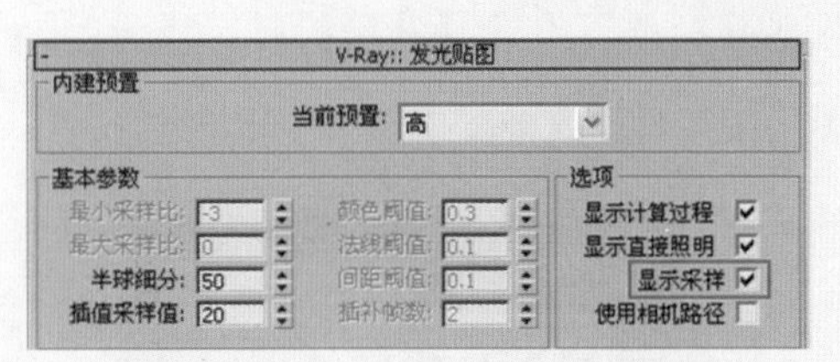

图 4-10　选中【显示采样】复选框

4.3　调整空间纹理材质

在进行卧室装修时，都需要确定一个主色调，在与整体家装搭配的同时宜多用暖色调，色彩种类不要太多。总之，在卧室装修过程中，颜色的选择上要以有利于睡眠为原则，根据个人喜好，科学用色，营造和谐的卧室环境。

4.3.1　设置主体材质

在赋予材质之前应先将隐藏的玻璃设置为显示。为了使室外的光线穿透进来，这里应首先对窗户玻璃材质进行设置。玻璃是空间表现中经常用到的一类材质，它的设置是基于真实物理现象的，因此大家一定要注意一下色彩知识。玻璃的种类也很多，如清玻璃、磨砂玻璃、冰纹玻璃等。在效果图表现中，由于玻璃材质种类不同，其表现方法也不大相同。

具体操作步骤如下。

(1) 设置“窗玻璃”材质。选择一个空白的示例球，将其命名为“窗玻璃”并为其指定 VRayMtl 材质。在【基本参数】卷展栏中设置【漫反射】为蓝白色，调整【反射】颜色为灰色，使其产生反射效果，设置【折射】颜色为白色，使其产生透明效果，其他参数设置如图 4-11 所示。

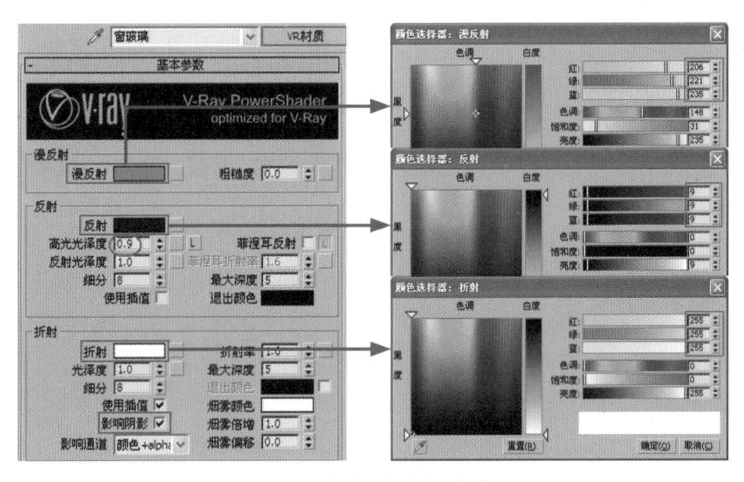

图 4-11　“窗玻璃”材质参数设置

(2) 在视图中选择“窗玻璃”造型，将材质赋予它们。

(3) 设置“乳胶漆”材质。选择一个空白的示例球，将其命名为“乳胶漆”并为其指定 VRayMtl 材质。设置【漫反射】颜色为白色，如图 4-12 所示。

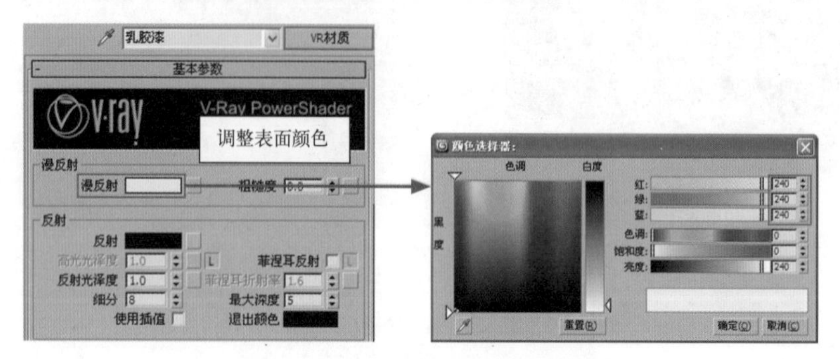

图 4-12　“乳胶漆”材质参数设置

(4) 在视图中选择“顶”造型，单击按钮，将材质赋予它们。

(5) 设置“壁纸”材质。在材质编辑器对话框中选择一个空白的示例球并命名为“壁纸”，将其设置为 VRayMtl 材质，在【基本参数】卷展栏中单击【漫反射】右侧的按钮，在弹出的【材质 / 贴图浏览器】对话框中双击【位图】贴图类型，选择本书光盘“卧室”目录下的“fabric17.jpg”文件，如图 4-13 所示。

(6) 在视图中选择“墙体”造型，单击按钮，将材质赋予造型。再选择【修改】命令面板中的【UVW 贴图】命令，在【参数】卷展栏中选择【长方体】贴图类型，设置【长度】、【宽度】、【高度】均为 1000，如图 4-14 所示。

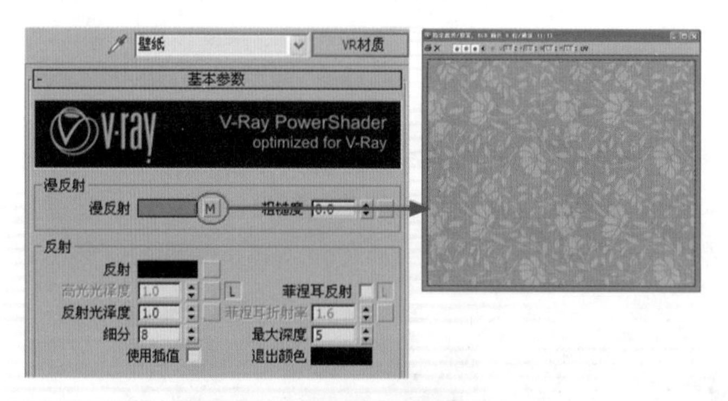

图 4-13　“壁纸”材质参数设置

图 4-14　【参数】卷展栏

你问我答

使用材质贴图时，实际场景中没有显示纹理怎么办?

当用户已经为造型赋予材质贴图，但实际场景中并没有显示纹理时，有两个方法可以解决该问题：①在材质工具行中单击【在视口中显示明暗处理材质】按钮，使其在视口中显示；②如果模型没有贴图坐标，则也会出现不显示纹理的情况(一般显示为全黑)。这时需要用户为其加上贴图坐标。

(7) 设置“地板”材质。选择一个空白的示例球，将其命名为“地板”并为其指定VRayMtl材质。在【基本参数】卷展栏中单击【漫反射】右侧的■按钮，在弹出的对话框中双击【位图】贴图类型，选择本书光盘“卧室”目录下的“PUQS37261_1.jpg”文件。

(8) 单击按钮，返回上一级，单击【反射】右侧的按钮，在弹出的【材质/贴图浏览器】对话框中双击【衰减】贴图类型，其他参数设置如图4-15所示。

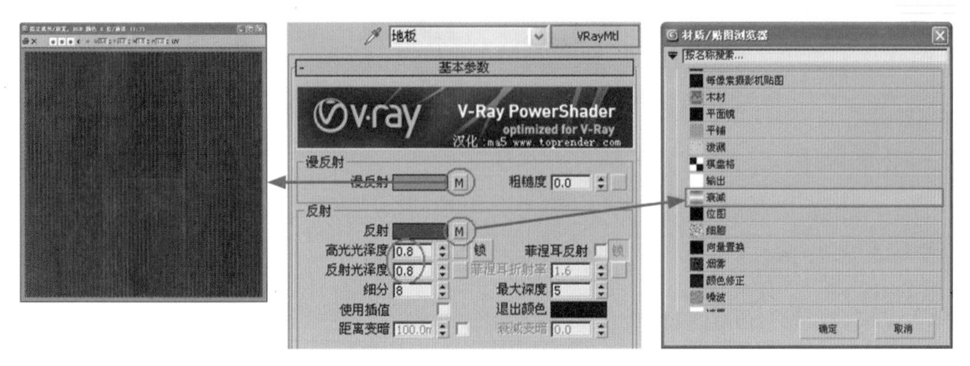

图4-15 “地板”材质参数设置

(9) 在【衰减参数】卷展栏中设置【前:侧】颜色，设置【衰减类型】为Fresnel，如图4-16所示。

(10) 单击按钮，返回上一级，打开【贴图】卷展栏。将【反射光泽】通道中的贴图文件以关联的方式拖动复制到【凹凸】通道中，如图4-17所示。

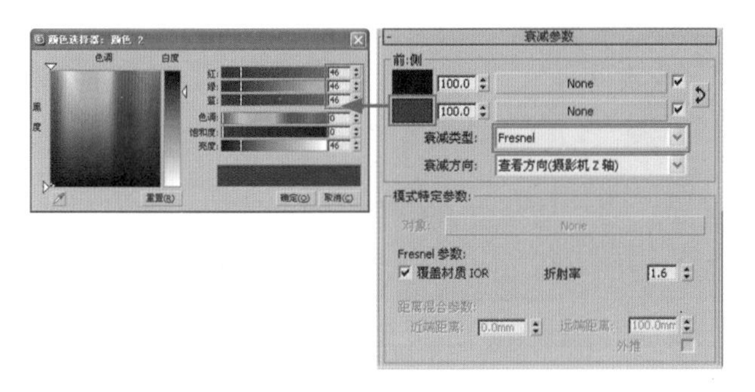

图4-16 【衰减参数】卷展栏

图4-17 【贴图】卷展栏

(11) 在视图中选择“地板”、“踢脚线”造型，单击按钮，将材质赋予它们。再选择修改命令面板中的【UVW贴图】命令，在【参数】卷展栏中选择【长方体】贴图类型，设置【长度】为1000、【宽度】为600、【高度】为1000，如图4-18所示。

(12) 设置“镜子”材质。选择一个空白的示例球，将其命名为“镜子”并为其指定VRayMtl材质。在【基本参数】卷展栏中单击【漫反射】右侧的色钮，设置表面颜色，设置【反射】颜色为灰色，使其产生反射效果，参数设置如图4-19所示。

图4-18 【参数】卷展栏

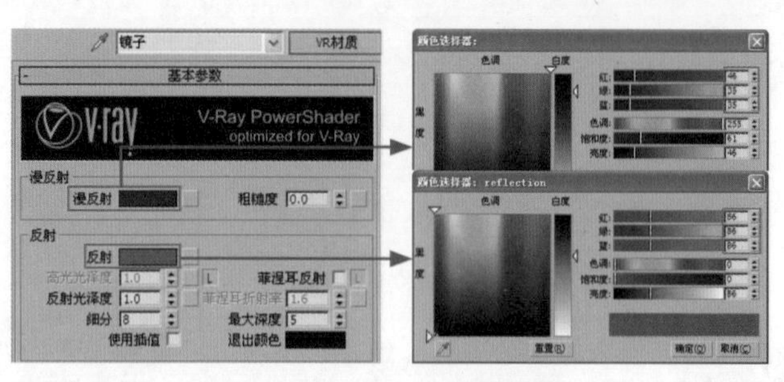

图 4-19 “镜子”材质参数设置

4.3.2 设置家居装饰材质

具体操作步骤如下。

(1) 设置“窗帘”材质。选择一个空白的示例球，将其命名为“窗帘”并为其指定 VRayMtl 材质。在【基本参数】卷展栏中单击【漫反射】右侧的按钮，在弹出的对话框中双击【衰减】贴图类型。

(2) 在【衰减参数】卷展栏中单击【前 : 侧】通道按钮，在弹出的【材质 / 贴图浏览器】对话框中双击【位图】贴图类型，选择本书光盘“卧室”目录下的“条形壁纸 078ff.jpg”文件，在【坐标】卷展栏中设置参数，如图 4-20 所示。

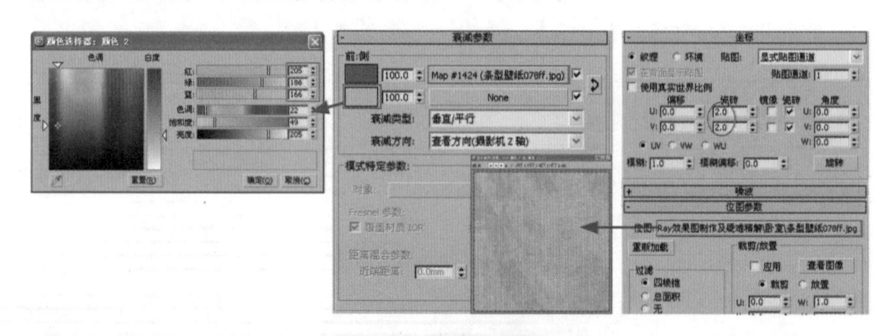

图 4-20 衰减参数设置

(3) 单击按钮，返回顶级，打开【贴图】卷展栏。单击【凹凸】微调框右侧的通道按钮，在弹出的【材质 / 贴图浏览器】对话框中双击【位图】贴图类型，选择本书光盘“卧室”目录下的“mat02b.jpg”文件，在【坐标】参数卷展栏中设置参数，再返回上一级，设置【凹凸】数量为 60，如图 4-21 所示。

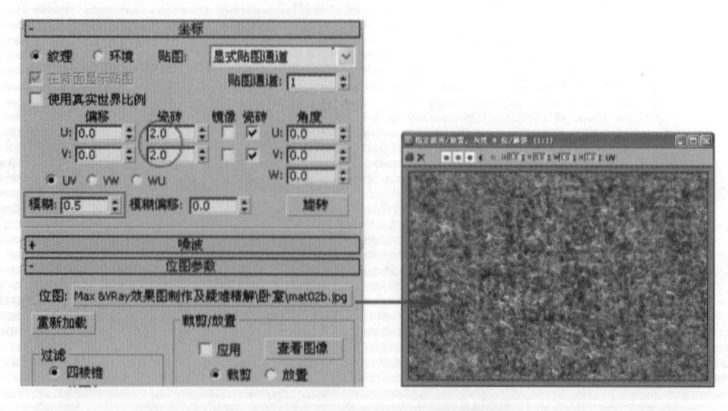

图 4-21 【坐标】卷展栏

(4) 在视图中选择“窗帘”造型，单击按钮，将材质赋予它们。再选择修改命令面板中的【UVW 贴图】命令，在【参数】卷展栏中选择【长方体】贴图类型，设置【长度】、【宽度】、【高度】均为 400，如图 4-22 所示。

(5) 设置“窗纱”材质。选择一个空白的示例球，将其命名为“窗纱”并为其指定 VRayMtl 材质。在【基本参数】卷展栏中单击【漫反射】右侧的按钮，在弹出的【材质/贴图浏览器】对话框中双击【输出】贴图类型，设置参数如图 4-23 所示。

(6) 单击按钮，返回顶级，在【贴图】卷展栏中单击【折射】微调框右侧的通道按钮，在弹出的【材质 / 贴图浏览器】对话框中双击【衰减】贴图类型，如图 4-24 所示。

图 4-22 【参数】卷展栏

图 4-23 【输出】卷展栏

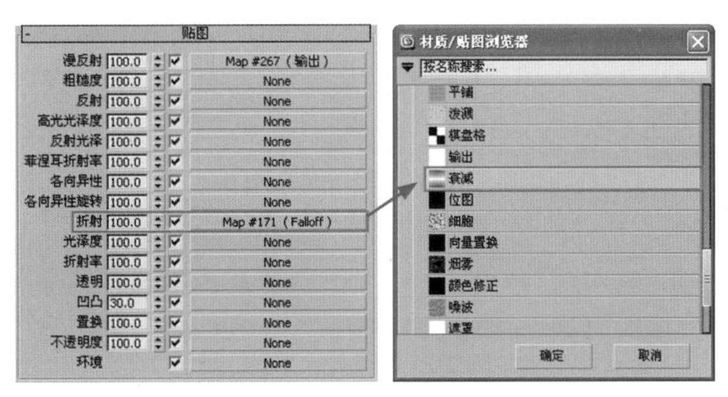

图 4-24 【贴图】卷展栏

(7) 在【衰减参数】卷展栏中设置参数，如图 4-25 所示。在视图中选择“窗纱”造型，单击按钮，将材质赋予它们，效果如图 4-26 所示。

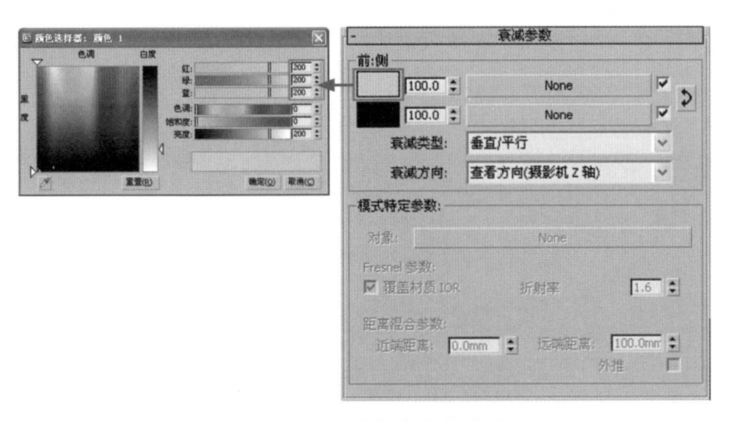

图 4-25 【衰减参数】卷展栏设置

图 4-26 窗帘、窗纱效果

(8) 设置“块毯”材质。选择一个空白的示例球，将其命名为“块毯”并为其指定 VRayMtl 材质。在【基本参数】卷展栏中单击【漫反射】右侧的按钮，在弹出的【材质 / 贴图浏览器】对话框中双击【位图】贴图类型，选择本书光盘“卧室”目录中的“方毯 -017eee.jpg”文件，如图 4-27 所示。

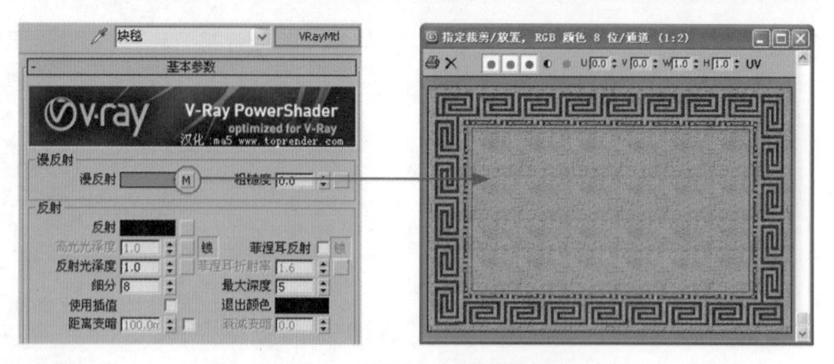

图 4-27　“块毯”材质参数设置

(9) 在视图中选择“块毯”造型，单击按钮，将材质赋予它们。

(10) 设置“木纹”材质。选择一个空白的示例球，将其命名为“木纹”并为其指定VRayMtl 材质。在【基本参数】卷展栏中单击【漫反射】右侧的按钮，在弹出的【材质/贴图浏览器】对话框中双击【位图】贴图类型，选择本书光盘“卧室”目录中的“A-A-006.jpg”文件，单击按钮，返回上一级，设置【反射】颜色，使其产生反射效果，参数设置如图 4-28 所示。

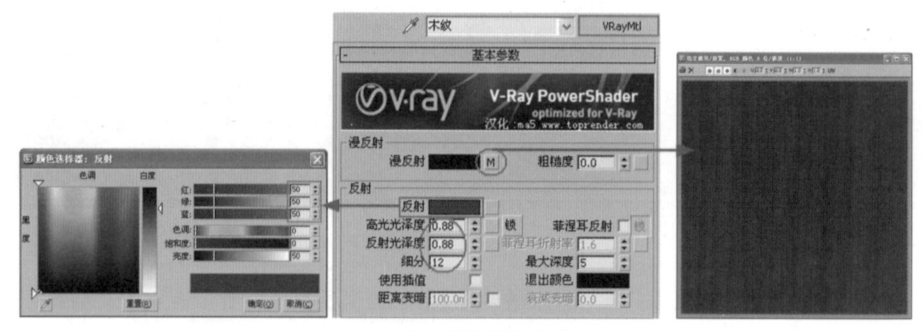

图 4-28　“木纹”材质参数设置

(11) 在视图中选择“低柜”、“床架”、“床头木纹”、“床头柜”造型，单击按钮，将材质赋予它们。

(12) 设置“床罩布纹”材质。在【明暗器基本参数】卷展栏中选择 (O)Oren-Nayar-Blinn 属性，在【Oren-Nayar-Blinn 基本参数】卷展栏中单击【漫反射】色块右侧的按钮，在弹出的【材质/贴图浏览器】对话框中双击【位图】贴图类型，选择本书光盘“卧室”目录中的“200604181236.jpg”文件，其他参数设置如图 4-29 所示。

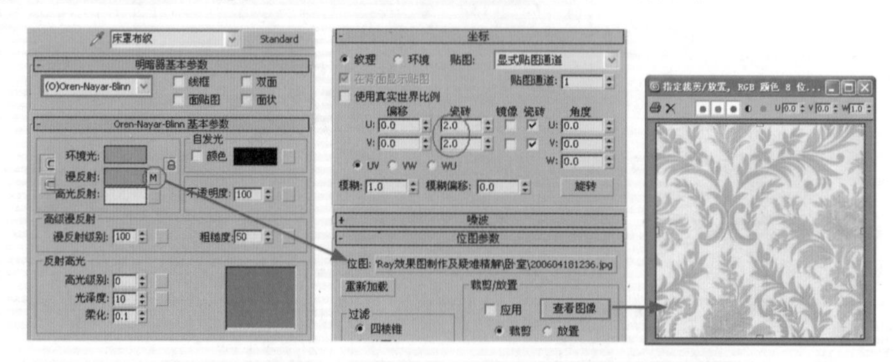

图 4-29　【Oren-Nayar-Blinn 基本参数】卷展栏参数设置

(13) 单击按钮，返回顶级，打开【贴图】卷展栏。单击【自发光】右侧的通道按钮，选择【遮罩】贴图类型。在【遮罩参数】卷展栏中单击【贴图】右侧的通道按钮，在弹出的【材质 / 贴图浏览器】对话框中双击【衰减】贴图类型，在【衰减参数】卷展栏中设置参数，单击按钮，返回上一级，将【贴图】通道中的贴图文件拖动复制到【遮罩】通道中，参数设置如图 4-30 所示。

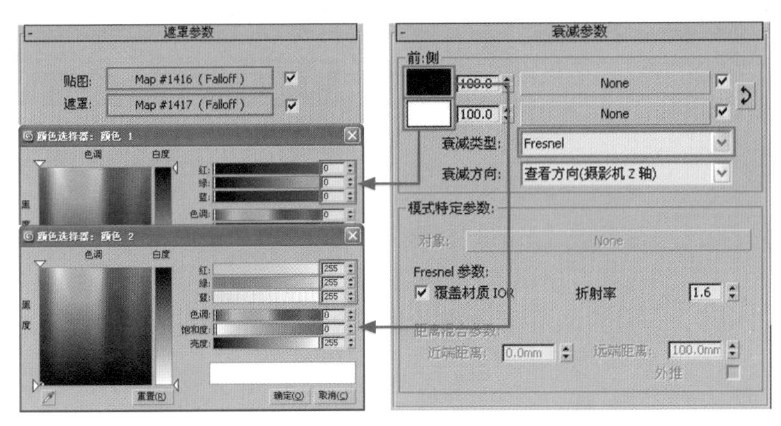

图 4-30 【遮罩参数】、【衰减参数】卷展栏设置

(14) 单击按钮，返回顶级，单击【凹凸】右侧的通道按钮，在弹出的【材质 / 贴图浏览器】对话框中双击【贴图】贴图类型，选择本书光盘"卧室"目录下的"mat02b.jpg"文件，其他参数设置如图 4-31 所示。

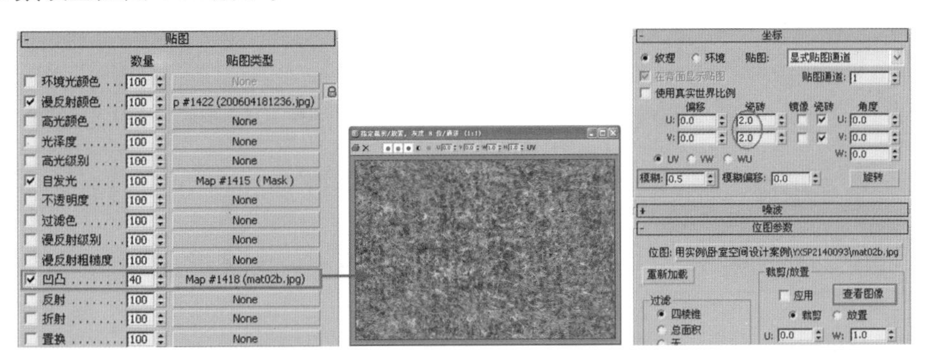

图 4-31 【贴图】、【坐标】卷展栏参数设置

(15) 在视图中选择"床罩"造型，单击按钮，将材质赋予它们。再选择修改命令面板中的【UVW 贴图】命令，在【参数】卷展栏中选择【长方体】贴图类型，设置【长度】、【宽度】、【高度】均为 300，如图 4-32 所示。

图 4-32 【参数】卷展栏

(16) 设置"抱枕布纹"材质。选择一个空白的示例球，将其命名为"抱枕布纹"并为其指定 VRayMtl 材质。在【基本参数】卷展栏中单击【漫反射】右侧的按钮，在弹出的【材质 / 贴图浏览器】对话框中双击【衰减】贴图类型。

(17) 在【衰减参数】卷展栏中单击【前 : 侧】选项组中的通道按钮，在弹出的【材质 / 贴图浏览器】对话框中双击【位图】

贴图类型，选择本书光盘“卧室”目录下的“沙发方型 009.jpg”文件，如图 4-33 所示。

图 4-33　“抱枕布纹”材质参数设置

(18) 单击【转到父对象】按钮，返回顶级，单击【凹凸】右侧的通道按钮，在弹出的【材质/贴图浏览器】对话框中双击【贴图】贴图类型，选择本书光盘“卧室”目录下的“mat02b.jpg”文件，在【坐标】卷展栏中设置【模糊】值为 0.2，其他参数设置如图 4-34 所示。

(19) 在视图中选择“抱枕”造型，单击按钮，将材质赋予选择的造型，效果如图 4-35 所示。

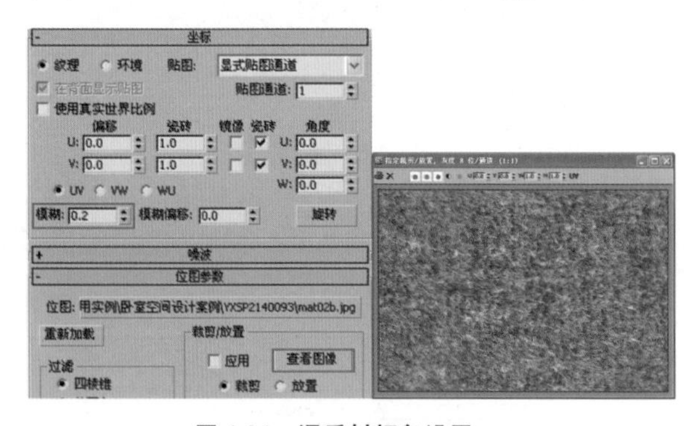

图 4-34　漫反射颜色设置

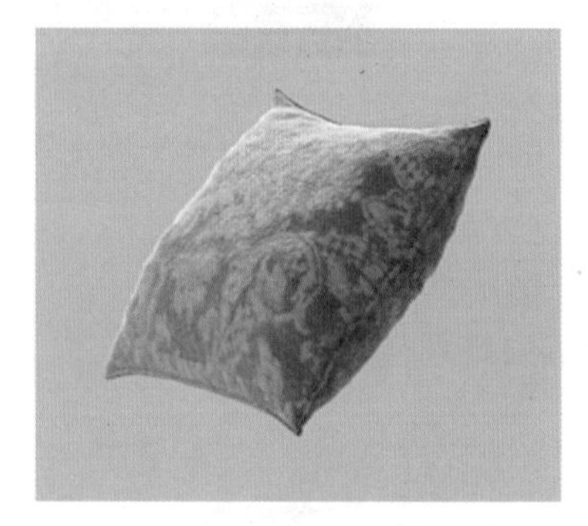

图 4-35　抱枕赋予材质后的效果

(20) “被子布纹”材质的设置方法与上面抱枕材质的设置方法基本相同。

(21) 设置“软包”材质。选择一个空白的示例球，将其命名为“软包”并为其指定 VRayMtl 材质。在【基本参数】卷展栏中单击【漫反射】色块，调整【反射】颜色为黄色，使其产生反射效果，其他参数设置如图 4-36 所示。

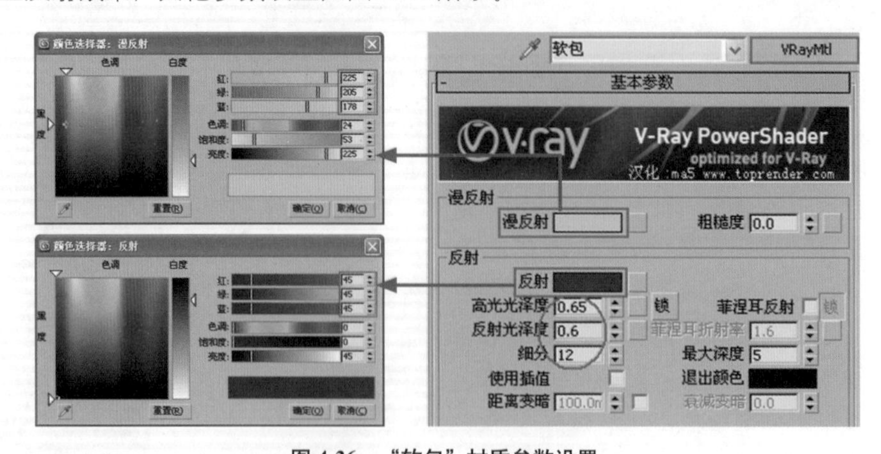

图 4-36　“软包”材质参数设置

(22) 在视图中选择“床头软包”造型，单击按钮，将材质赋予选择的造型。

(23) 设置“丝绸抱枕”材质。选择一个空白的示例球，将其命名为“丝绸抱枕”并为其指定 VRayMtl 材质。在【基本参数】卷展栏中单击【漫反射】色块，调整表面颜色，再单击【反射】色块，调整反射颜色，使其产生反射效果，降低高光光泽度、反射光泽度值，如图 4-37 所示。

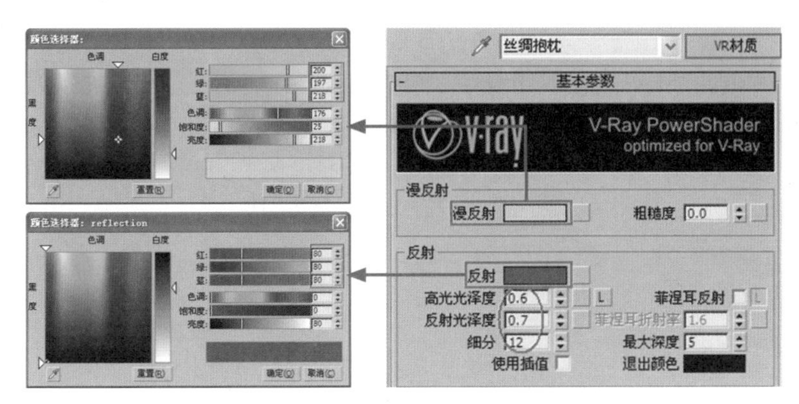

图 4-37 “丝绸抱枕”材质参数设置

(24) 在视图中选择“抱枕 2”造型，单击按钮，将材质赋予选择的造型。

(25) 设置“灯架”材质。选择一个空白的示例球，将其命名为“灯架”并为其指定 VRayMtl 材质。在【基本参数】卷展栏中单击【漫反射】色块，调整表面颜色，再单击【反射】色块，调整反射颜色，使其产生反射效果，降低高光光泽度、反射光泽度值，如图 4-38 所示。

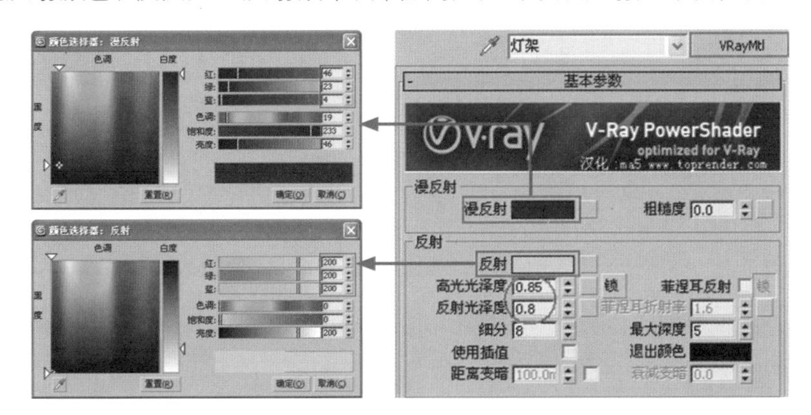

图 4-38 “灯架”材质参数设置

(26) 在视图中选择“吊灯灯架”造型，单击按钮，将材质赋给选择的造型。

(27) 设置“灯罩”材质。选择一个空白的示例球，将其命名为“灯罩”并为其指定 VRayMtl 材质。在【基本参数】卷展栏中单击【漫反射】色块右侧的按钮，在弹出的【材质 / 贴图浏览器】对话框中双击【位图】贴图类型，选择本书光盘“卧室”目录中的“dv-37-布纹 092.jpg”文件。

(28) 单击按钮，返回上一级，单击【反射】色块，设置反射颜色，使其产生反射效果，降低高光光泽度和反射光泽度参数，再单击【折射】色块，调整折射颜色，使其产生透明效果，参数设置如图 4-39 所示。

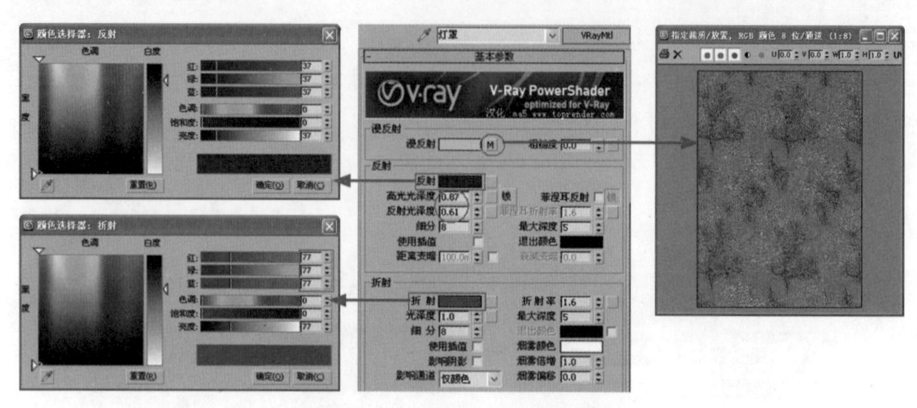

图 4-39　“灯罩”基本参数设置

(29) 单击按钮，返回顶级，在【贴图】卷展栏中将【漫反射】通道中的贴图文件拖动复制到【高光光泽度】通道中，如图 4-40 所示。在视图中将材质赋予吊灯灯罩，赋予材质后的效果如图 4-41 所示。

贴图			
漫反射	100.0	✓	Map #312 (dv-37-布纹092.jpg)
粗糙度	100.0	✓	None
反射	100.0	✓	None
高光光泽度	100.0	✓	Map #312 (dv-37-布纹092.jpg)
反射光泽	100.0	✓	None
菲涅耳折射率	100.0	✓	None
各向异性	100.0	✓	None
各向异性旋转	100.0	✓	None
折射	100.0	✓	None
光泽度	100.0	✓	None
折射率	100.0	✓	None
透明	100.0	✓	None
凹凸	30.0	✓	None
置换	100.0	✓	None
不透明度	100.0	✓	None
环境		✓	None

图 4-40　【贴图】卷展栏

图 4-41　吊灯赋予材质后的效果

(30) 设置“黄金属”材质。选择一个空白的示例球，将其命名为“黄金属”并为其指定 VRayMtl 材质。在【基本参数】卷展栏中单击【漫反射】色块，调整表面颜色，再单击【反射】色块，调整反射颜色，使其产生反射效果，降低高光光泽度、反射光泽度值，如图 4-42 所示。

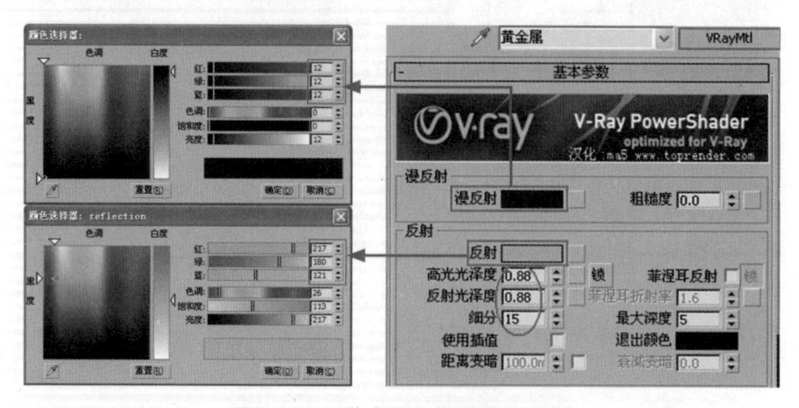

图 4-42　“黄金属”材质参数设置

(31) 在视图中选择“吊灯灯架”造型，单击按钮，将材质赋予选择的造型。

(32) 设置“台灯灯罩”材质。选择一个空白的示例球，将其命名为“台灯灯罩”并为

其指定 VRayMtl 材质。在【基本参数】卷展栏中单击【漫反射】色块，设置表面颜色为白色，调整反射颜色为灰色，使其产生反射效果，调整折射颜色为灰色，使其产生透明效果，如图 4-43 所示。

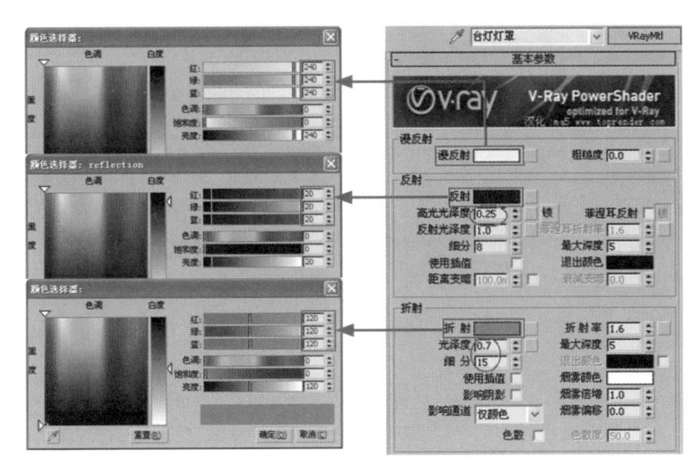

图 4-43 “台灯灯罩”材质参数设置

(33) 在视图中选择“台灯灯罩”造型，单击按钮，将材质赋给选择的造型。

4.3.3 设置其他材质

具体操作步骤如下。

(1) 设置“瓷器”材质。选择一个空白的示例球，将其命名为“瓷器”并为其指定 VRayMtl 材质。在【基本参数】卷展栏中单击【漫反射】色块，调整反射颜色为白色，使其产生反射效果，其他参数设置如图 4-44 所示。

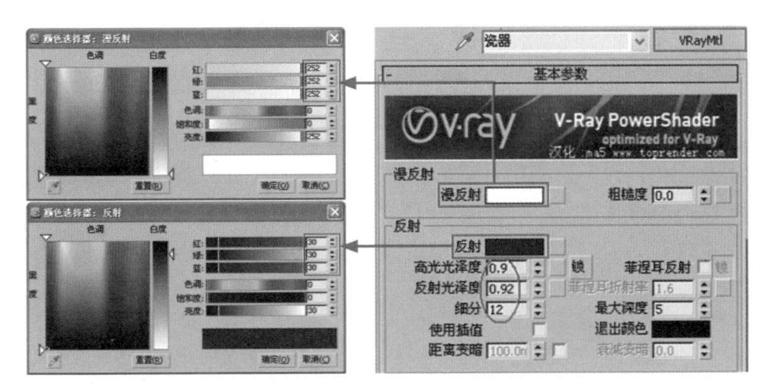

图 4-44 “瓷器”材质参数设置

(2) 在视图中选择“花盆”造型，单击按钮，将材质赋予选择的造型。

(3) 设置“玻璃瓶”材质。选择一个空白的示例球，将其命名为“玻璃瓶”并为其指定 VRayMtl 材质。在【基本参数】卷展栏中设置【漫反射】为白色，调整反射颜色为白色，使其产生反射效果，设置折射颜色为白色，使其产生透明效果，其他参数设置如图 4-45 所示。

(4) 在视图中选择“玻璃瓶”造型，单击按钮，将材质赋予选择的造型。赋予材质

后的效果如图 4-46 所示。

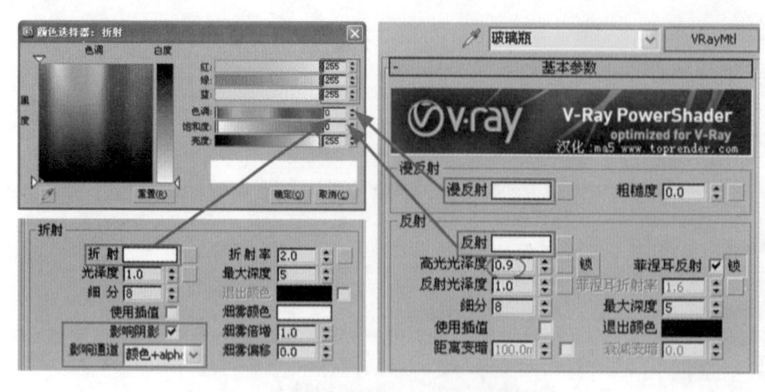

图 4-45 “玻璃瓶”材质参数设置

图 4-46 赋予材质后的效果

(5) 设置“纸”材质。选择一个空白的示例球，将其命名为“纸”并为其指定 VRayMtl 材质。在【基本参数】卷展栏中单击【漫反射】色块右侧的按钮，在弹出的【材质 / 贴图浏览器】对话框中双击【贴图】贴图类型，选择本书光盘“卧室”目录下的“0-carpet.jpg”文件，其他参数设置如图 4-47 所示。

(6) 在视图中选择“纸袋”造型，单击按钮，将材质赋予它们，效果如图 4-48 所示。

图 4-47 “纸”材质参数设置

图 4-48 赋予材质后的纸袋效果

(7) 设置“树干”材质。选择一个空白的示例球，将其命名为“树干”并为其指定 VRayMtl 材质。在【基本参数】卷展栏中单击【漫反射】色块右侧的按钮，在弹出的【材质 / 贴图浏览器】对话框中双击【位图】贴图类型，选择本书光盘“卧室”目录中的“ZS-008.jpg”文件，然后在【坐标】卷展栏中设置 U、V 参数，如图 4-49 所示。

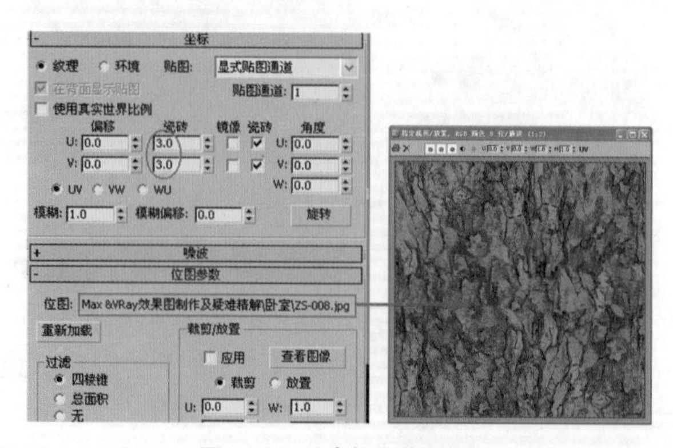

图 4-49 【坐标】卷展栏

(8) 单击按钮，返回顶级，在【贴图】卷展栏中将【漫反射】通道中的贴图文件拖动复制到【凹凸】通道中。进入【坐标】卷展栏，设置U、V参数，在【位图参数】卷展栏中单击【位图】通道按钮，选择本书光盘“卧室”目录中的“41_039_bark.jpg”文件，如图4-50所示。

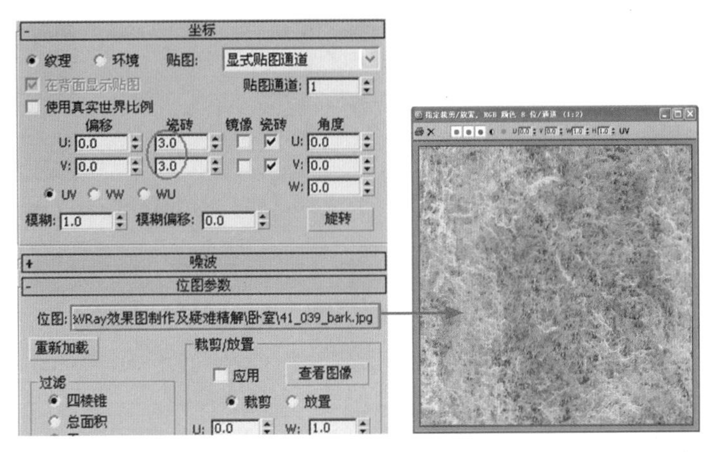

图 4-50 【位图参数】卷展栏

(9) 在视图中选择“植物树干”造型，单击按钮，将材质赋予选择的造型。

(10) 设置“树叶”材质。选择一个空白的示例球，将其命名为“树叶”并为其指定VRayMtl材质。在【基本参数】卷展栏中单击【漫反射】右侧的按钮，在弹出的【材质/贴图浏览器】对话框中双击【位图】贴图类型，选择本书光盘“卧室”目录中的“Arch41_043_leaf.jpg”文件，单击按钮，返回上一级，设置反射颜色，使其产生反射效果，参数设置如图4-51所示。

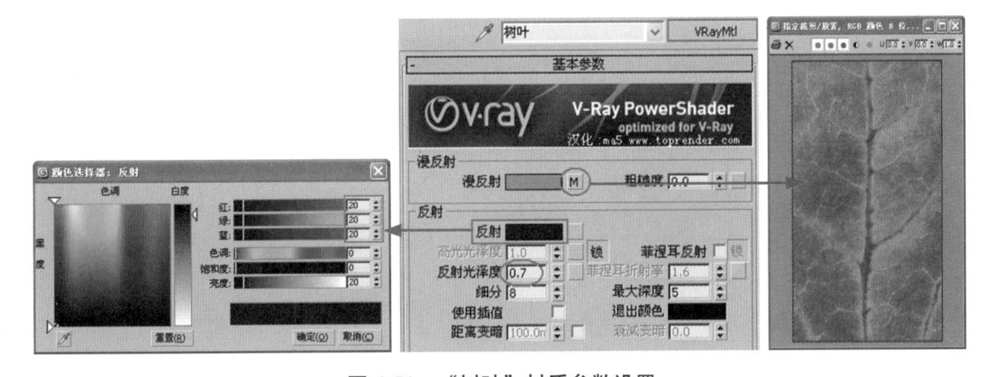

图 4-51 “树叶”材质参数设置

(11) 单击按钮，返回顶级，单击【折射】通道按钮，在弹出的【材质/贴图浏览器】对话框中双击【贴图】贴图类型，选择本书光盘“卧室”目录下的“41_039_leaf_refract.jpg”文件，设置折射数量为20。再将【折射】通道中的贴图文件拖动复制到【凹凸】通道中，设置凹凸数量为150，如图4-52所示。

(12) 在视图中选择“树叶”造型，单击按钮，将材质赋予选择的造型。赋予材质后的效果如图4-53所示。

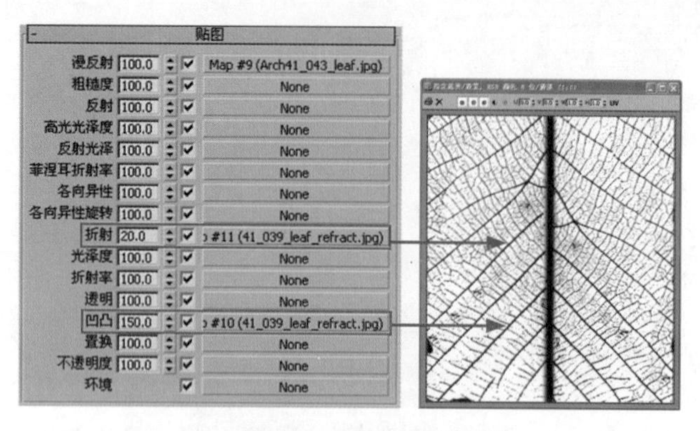

图 4-52 【贴图】卷展栏

图 4-53 赋予材质后的效果

(13) 设置“画框”材质。选择一个空白的示例球，将其命名为“画框”并为其指定 VRayMtl 材质。在【基本参数】卷展栏中单击【漫反射】色块，调整表面颜色。再单击【反射】色块，调整反射颜色为白色，使其产生反射效果，其他参数设置如图 4-54 所示。

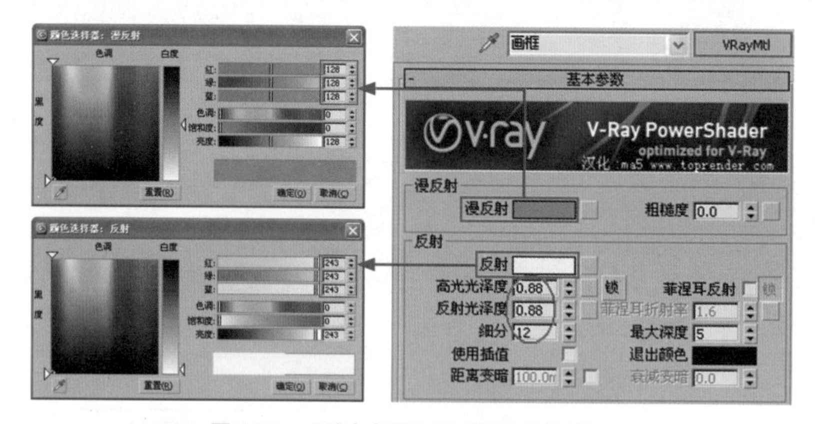

图 4-54 【基本参数】卷展栏的参数设置

(14) 在视图中选择“装饰画框”造型，单击按钮，将材质赋予选择的造型。

(15)“装饰画”材质。选择一个空白的示例球，将其命名为“装饰画”。在【Blinn 基本参数】卷展栏中单击【漫反射】色块右侧的按钮，在弹出的【材质 / 贴图浏览器】对话框中双击【位图】贴图类型，选择本书光盘“卧室”目录中的“未标题 -1 拷贝 .jpg”文件，如图 4-55 所示。

(16) 在视图中选择装饰画造型，单击按钮，将材质赋予它，效果如图 4-56 所示。

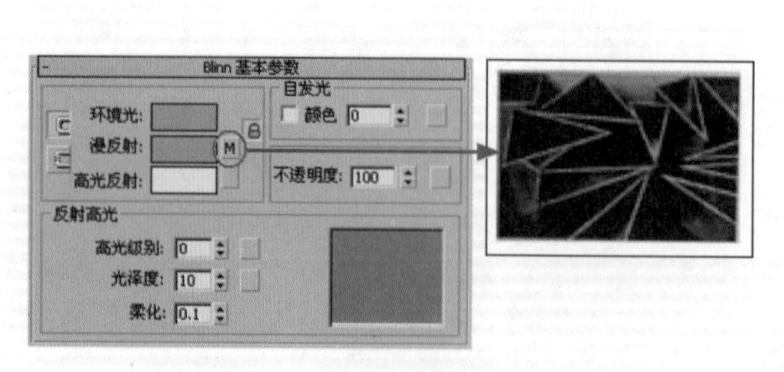

图 4-55 【Blinn 基本参数】卷展栏

图 4-56 装饰画赋予材质后的效果

(17) 设置“环境”材质。选择一个空白的示例球，将其命名为“环境”。单击命名窗口右侧的【Standard】按钮，在弹出的【材质/贴图浏览器】对话框中选择【VR发光材质】材质类型。

(18) 在【参数】卷展栏中单击【颜色】色块右侧的通道按钮，在弹出的【材质/贴图浏览器】对话框中双击【贴图】贴图类型，选择本书光盘“卧室”目录下的“interiors_08_01_City.jpg”文件，其他参数设置如图4-57所示。

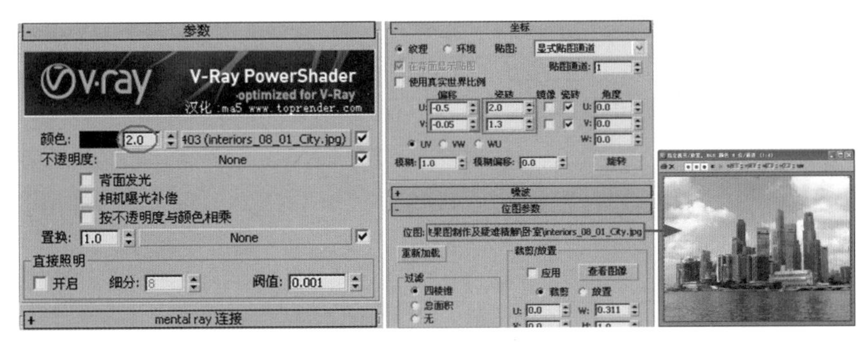

图4-57 “环境”材质参数设置

(19) 在视图中选择“环境”造型，单击按钮，将材质赋予它。再选择修改命令面板中的【UVW贴图】命令，在【参数】卷展栏中选择【柱形】贴图类型，设置【长度】为6000、【宽度】为6000、【高度】为3000，如图4-58所示。

图4-58 【参数】卷展栏

你问我答

哪些（因素）参数影响场景的亮度？

(1) 场景中大面积材质的色调、亮度。浅色色调与高的亮度值能使场景变亮。

(2) 场景中灯光亮度的大小。很显然高的灯光亮度值能使场景更亮。

(3) 曝光方式的选择。不同的曝光方式采用不同的方式对场景的亮调与暗调进行处理，因此会影响最终所得到的场景的亮度。

(4) 倍增参数值。此数值是影响场景亮度的主要参数之一。

(5) 一、二次反弹倍增值。光线反弹的数值也是影响场景亮度的主要参数之一，高的数值通常使场景更明亮。

4.4 创建卧室日光效果

卧室的灯光照明以温馨和暖黄色为基调，床头上方可嵌筒灯或壁灯，也可在装饰柜中嵌筒灯，使室内更具浪漫舒适的氛围。

具体操作步骤如下。

(1) 设置主光源。单击创建命令面板中的按钮，在【标准】选项中单击【VR_太阳】按钮，在顶视图中创建 VR 太阳光，调整灯光位置如图 4-59 所示。

图 4-59 创建 VR 太阳光

(2) 在弹出的【VRay 太阳】对话框中会提示“你想自动添加一张 VR 天空环境贴图吗？”，单击【是】按钮，如图 4-60 所示。

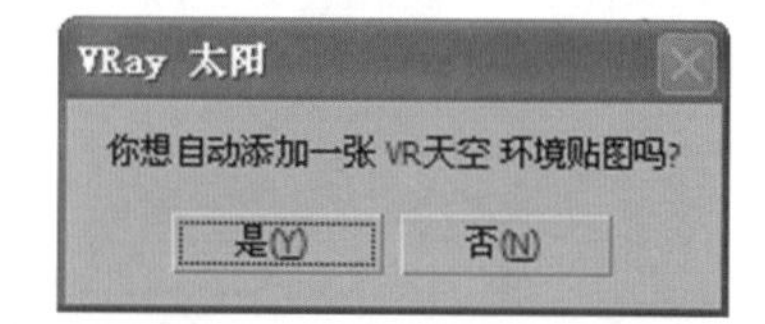

图 4-60 【VRay 太阳】对话框

(3) 单击按钮，在【VR_太阳参数】卷展栏中设置灯光【强度倍增】值为 0.05，【光子发射半径】为 429.5，如图 4-61 所示。

(4) 单击按钮，渲染摄影机视图，效果如图 4-62 所示。

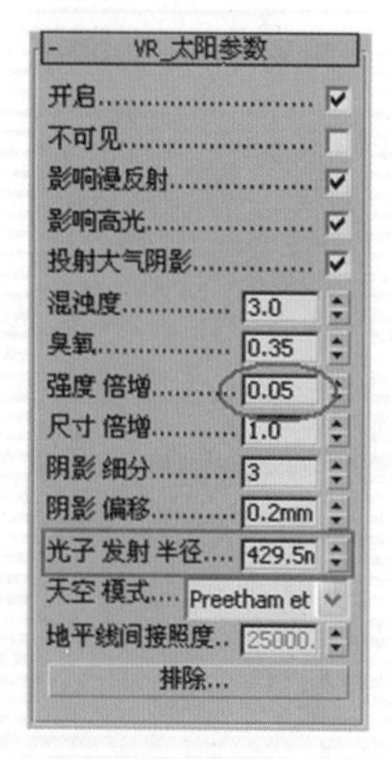

图 4-61 【VR_太阳参数】卷展栏设置

图 4-62 渲染后的效果

(5) 单击【VR_光源】按钮，在左视图窗口的位置创建 VR 光源，调整位置如图 4-63 所示。

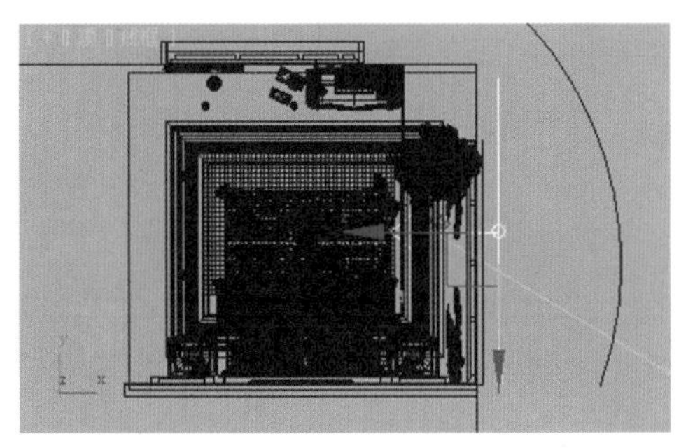
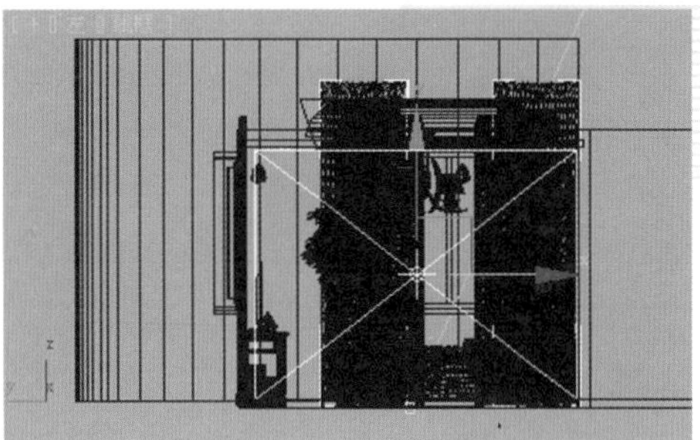

图 4-63　创建 VR 光源

(6) 单击按钮，在【参数】卷展栏中设置灯光【倍增器】值为 8，调整灯光颜色为蓝色，其他参数设置如图 4-64 所示。

(7) 单击按钮，激活该按钮后在其上右击，在弹出的【栅格和捕捉设置】对话框中设置【角度】值为 45，单击按钮，在顶视图中将灯光旋转复制一盏，调整灯光位置，如图 4-65 所示。

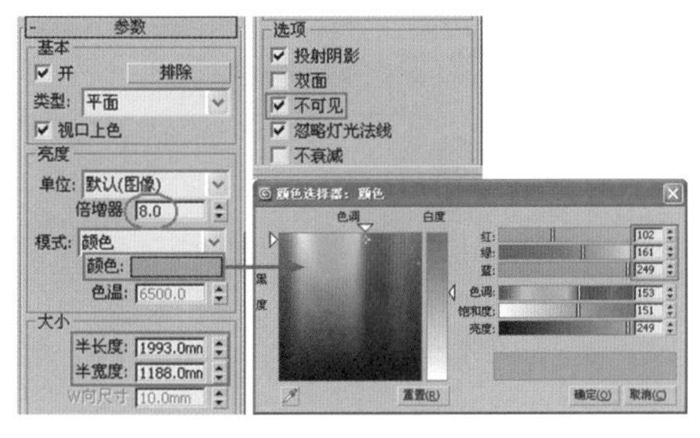

图 4-64　灯光参数设置

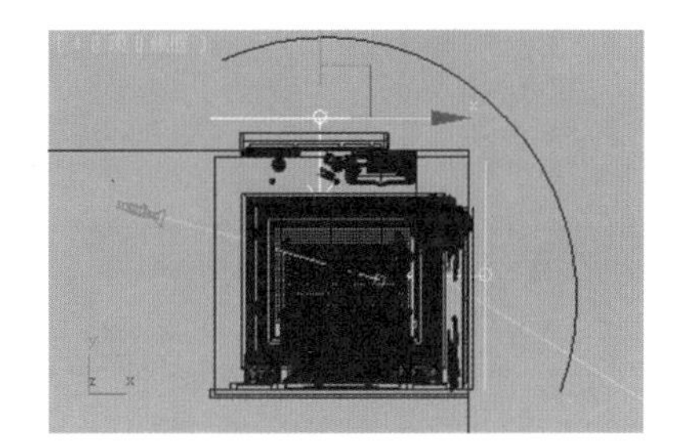

图 4-65　复制灯光

(8) 单击【VR_光源】按钮，在【左】视图窗口的位置创建 VR 光源，用移动工具调整位置，如图 4-66 所示。

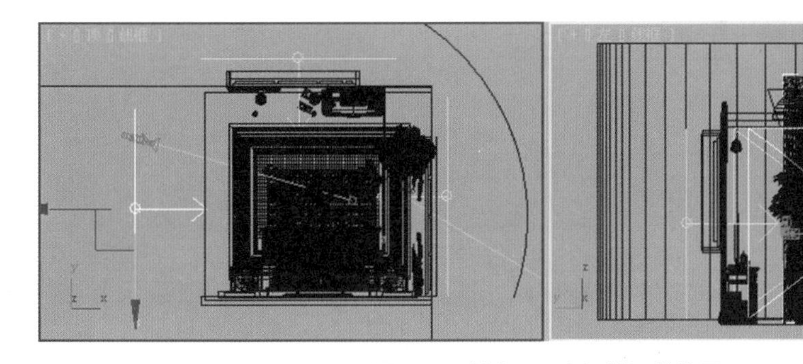

图 4-66　创建 VR 光源并调整位置

(9) 单击按钮，在【参数】卷展栏中设置灯光【倍增器】值为 0.3，调整灯光为暖色，如图 4-67 所示。单击按钮，渲染视图，效果如图 4-68 所示。

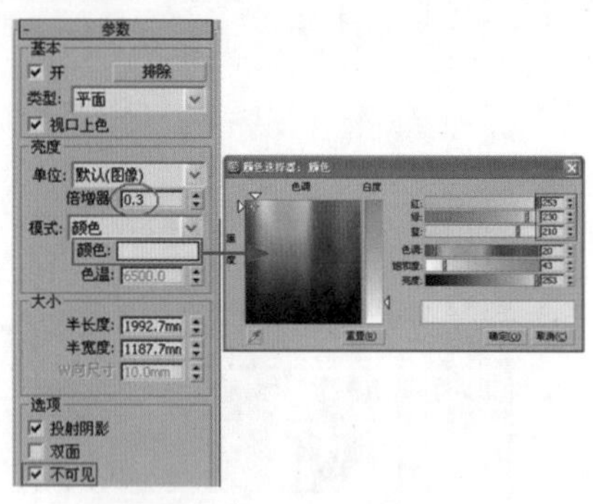

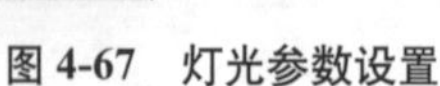
图 4-67　灯光参数设置

图 4-68　渲染效果

(10) 单击【VR_ 光源】按钮，在【顶】视图灯槽的位置创建 VR 光源，调整位置，如图 4-69 所示。

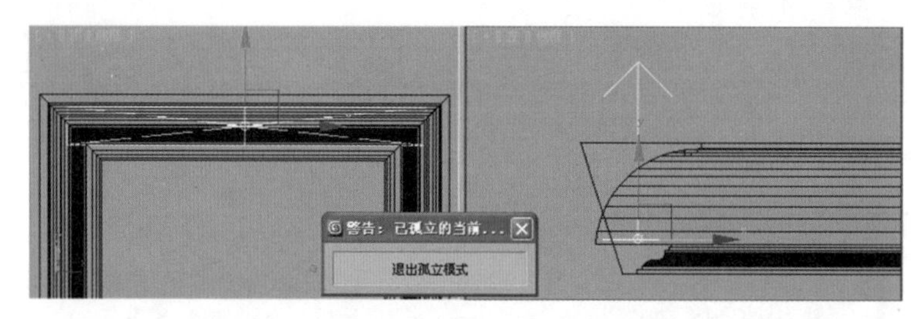

图 4-69　在灯槽中创建 VR 光源

注　意

为了防止在选择对象时，选错为其他对象，可以按 Alt+Q 组合键，将其孤立显示，来快速操作选择的对象。单击【退出孤立】按钮会取消隐藏的整个场景。

(11) 在【顶】视图中将灯光用旋转复制的方法以【实例】的方式将其复制并调整位置，如图 4-70 所示。

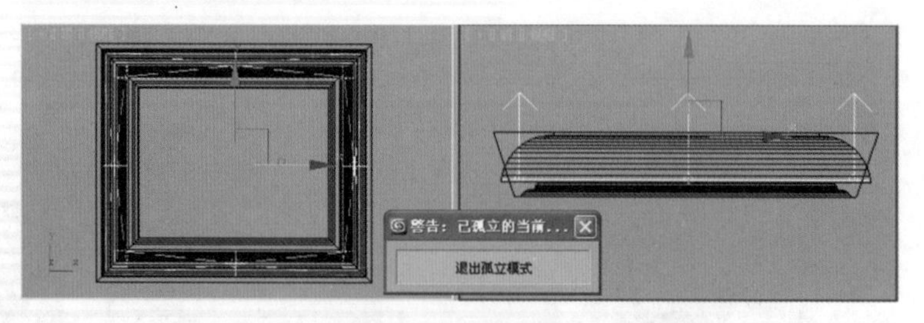

图 4-70　复制光源

(12) 单击按钮，渲染摄影机视图，效果如图 4-71 所示。

图 4-71　渲染后的灯带效果

你问我答

渲染出的图像出现曝光现象怎么解决?

当出现曝光现象时,首先应检查灯光亮度的大小,可以通过修改灯光倍增值来改变;其次是灯光距离被照物体的远近,如果太近就会产生曝光现象;再次,可以通过全局光的强度设置来解决,如图 4-72 所示。

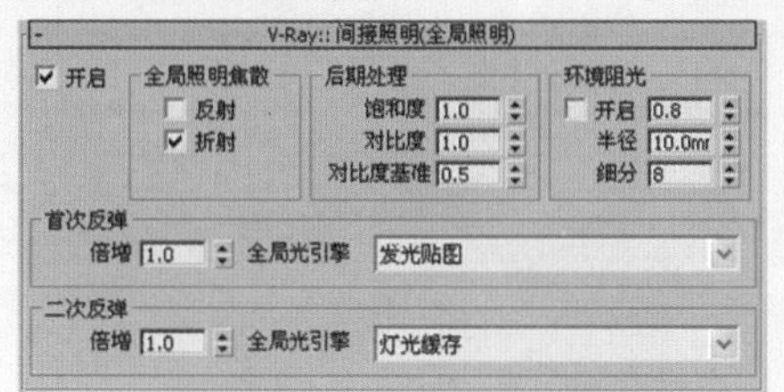

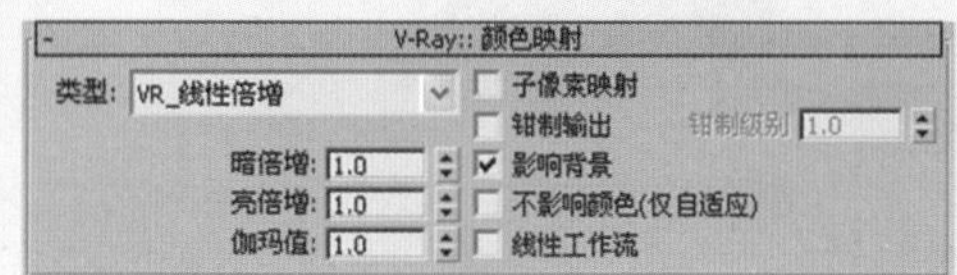

图 4-72 设置参数来解决曝光

4.5 创建卧室夜光效果

本场景光线来源主要为室外的灯光及阳光。在为场景创建灯光前,首先用一种白色材质覆盖场景中的所有物体,这样便于观察灯光对场景的影响。

具体操作步骤如下。

(1) 单击按钮,在弹出的下拉菜单中选择【另存为】命令,将文件另存为"卧室-夜景.max"文件。然后将场景中的 VR 太阳光删除,场景如图 4-73 所示。

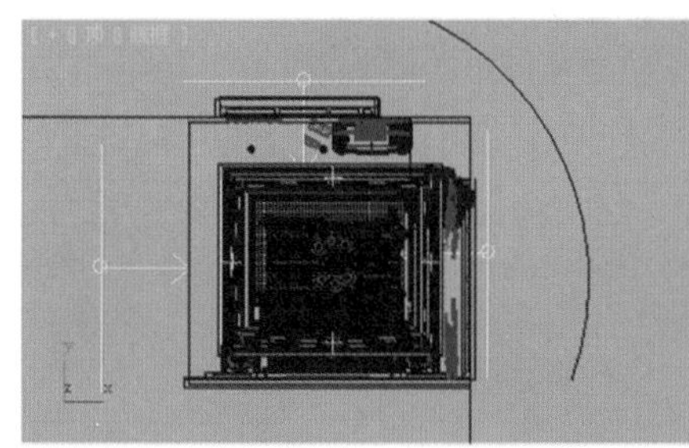
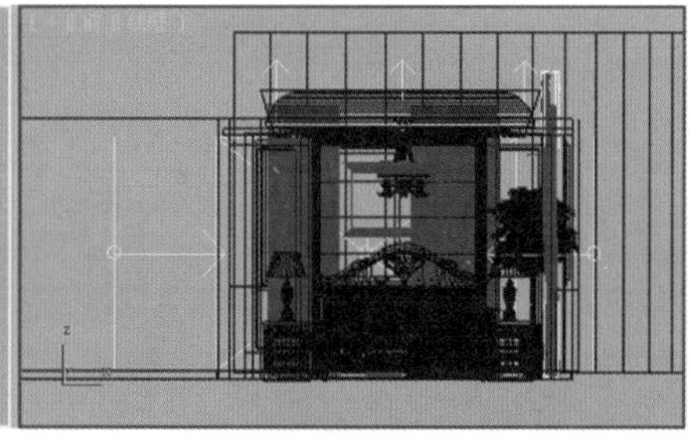

图 4-73 场景文件

(2) 在视图中选择环境弧线造型。按键盘中的 M 键,打开材质编辑器,选择"材质示例球"。单击【颜色】通道按钮,进入【位图参数】卷展栏,单击【位图】通道按钮,选择本书光盘"卧室"目录下的"夜景.jpg"文件,其他参数设置如图 4-74 所示。

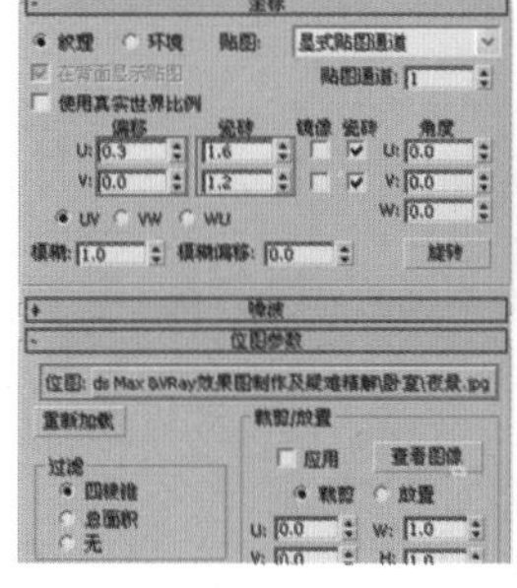

图 4-74 【位图参数】卷展栏参数设置

(3) 在视图中选择如图 4-75 所示的灯光，单击 按钮，在【参数】卷展栏中修改灯光参数，如图 4-76 所示。

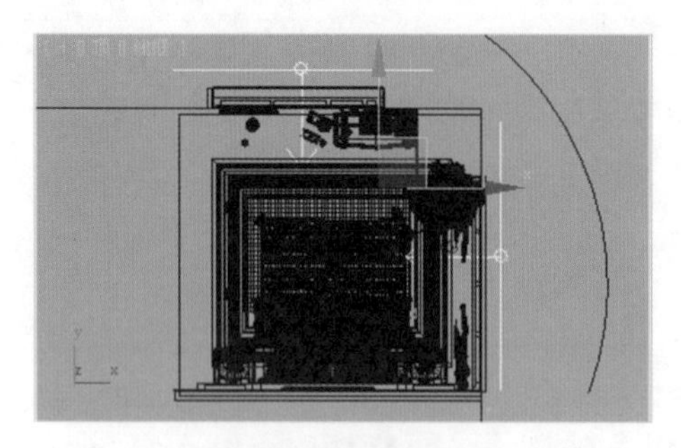

图 4-75 选择灯光（1）

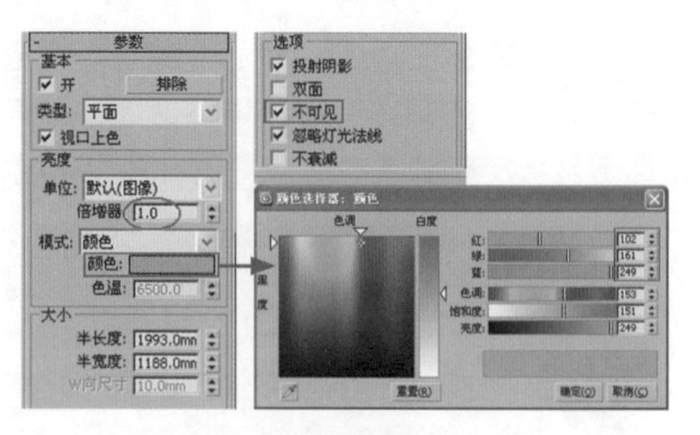

图 4-76 灯光参数设置（1）

(4) 单击 按钮，渲染摄影机视图，效果如图 4-77 所示。

图 4-77 渲染效果

(5) 选择如图 4-78 所示的灯光。单击 按钮，在【参数】卷展栏中设置灯光参数，如图 4-79 所示。

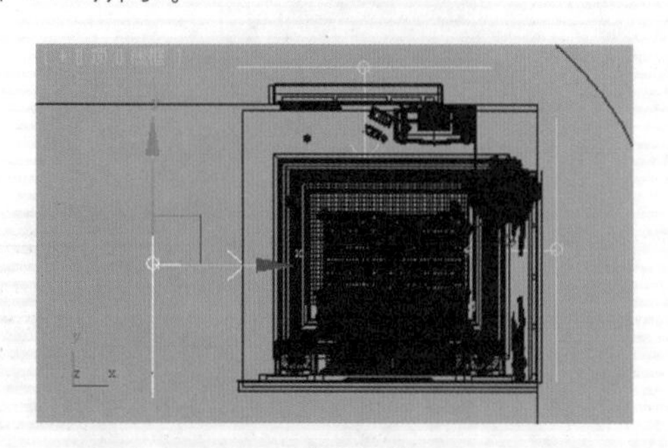

图 4-78 选择灯光（2）

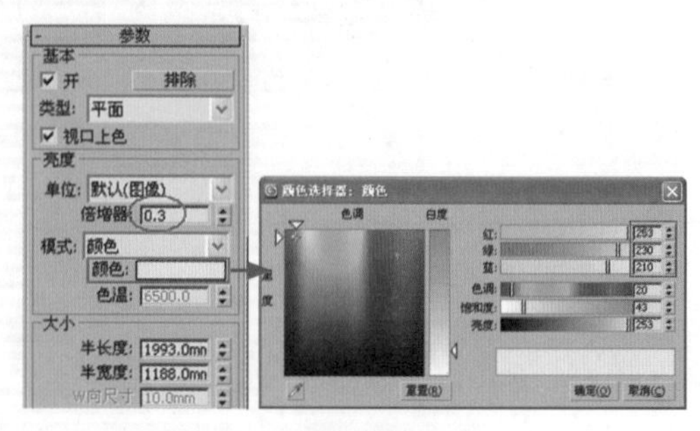

图 4-79 灯光参数设置（2）

(6) 选择如图 4-80 所示的灯光。单击 按钮，在【参数】卷展栏中设置灯光【倍增器】值为 5，调整灯光颜色为暖色，参数设置如图 4-81 所示。

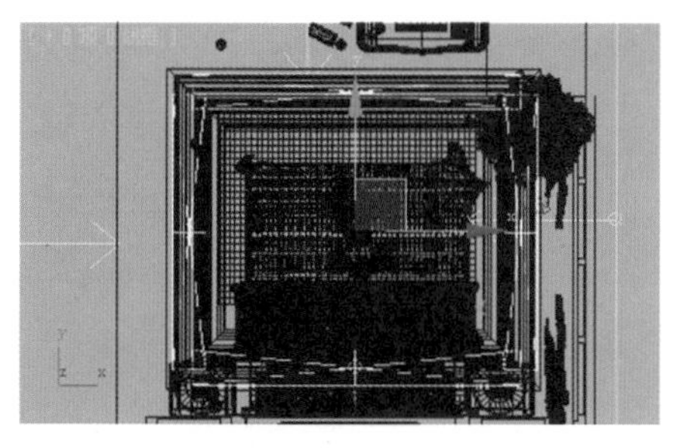

图 4-80　选择灯光(3)

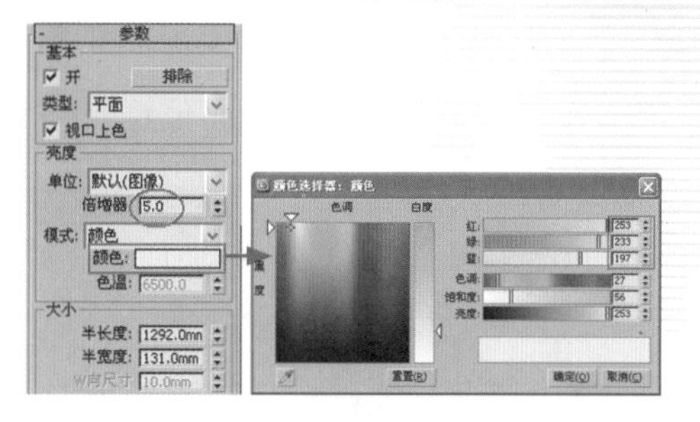

图 4-81　灯光参数设置(3)

(7) 单击【VR_光源】按钮，在【顶】视图吊灯的位置创建 VR 光源，如图 4-82 所示。

(8) 单击按钮，在【参数】卷展栏中选择灯光【类型】为【球体】，设置灯光【倍增器】值为 15，设置灯光颜色为暖色，然后选中【选项】选项组中的【不可见】复选框，如图 4-83 所示。

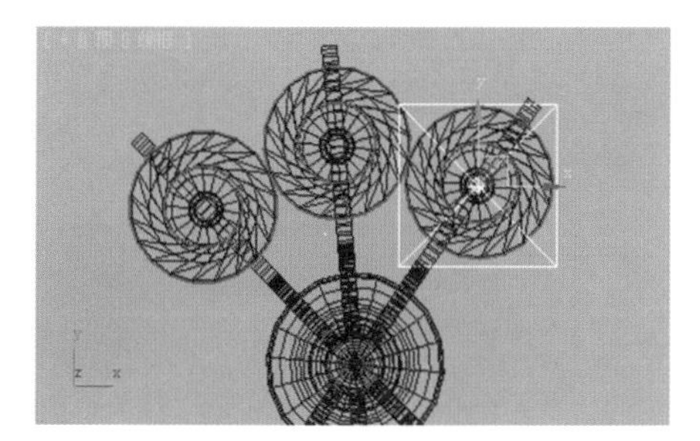

图 4-82　创建 VR 光源

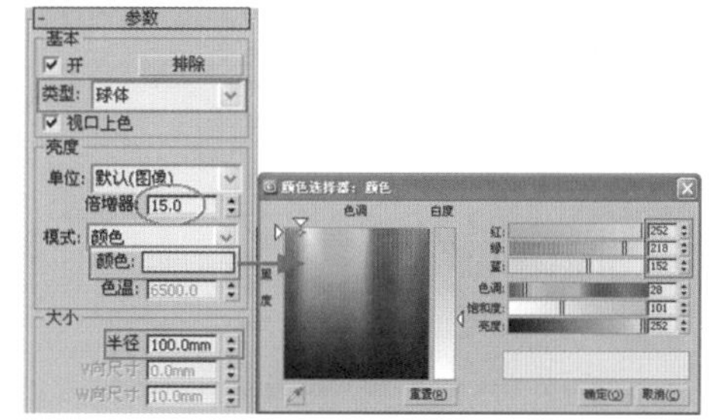

图 4-83　吊灯灯光参数设置

(9) 在【顶】视图中选择上面创建的 VR 光源，用移动复制的方法将其复制并调整位置，如图 4-84 所示。

图 4-84　复制灯光

(10) 单击按钮，渲染摄影机视图，效果如图 4-85 所示。

图 4-85　吊灯渲染后的效果

(11) 单击【VR_光源】按钮，在顶视图台灯的位置创建 VR 光源，再用移动复制的方法以【实例】方式复制一盏，调整位置如图 4-86 所示。

图 4-86 创建并复制灯光

(12) 单击按钮，在【参数】卷展栏中选择灯光【类型】为【球体】，设置灯光【倍增器】值为 13，设置灯光颜色为暖色，然后选中【选项】选项组中的【不可见】复选框，如图 4-87 所示。单击按钮，渲染视图，效果如图 4-88 所示。

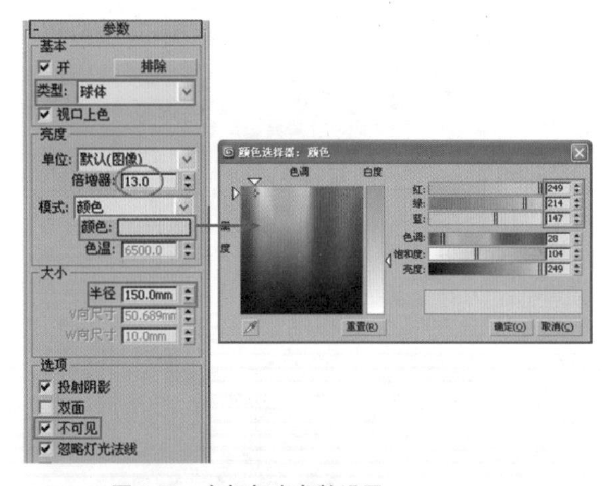

图 4-87 台灯灯光参数设置

图 4-88 台灯灯光效果

(13) 单击【VR_光源】按钮，在前视图电视机的位置创建 VR 光源，调整灯光位置，如图 4-89 所示。

图 4-89 在电视机位置创建 VR 光源

(14) 单击按钮，在【参数】卷展栏中设置灯光【倍增器】值为25，设置灯光颜色为蓝色，选中【选项】选项组中的【不可见】复选框，如图4-90所示。

(15) 单击按钮，渲染视图，夜晚电视机发光效果如图4-91所示

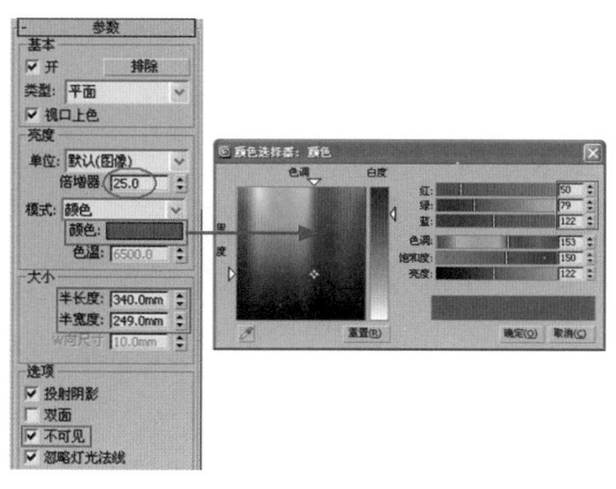

图 4-90　电视机灯光参数设置

图 4-91　电视机发光效果

4.6　最终场景渲染品质及后期处理

最终图像渲染是效果图制作中最重要的一个环节，最终的设置将直接影响到图像的渲染品质。参数的设置并非越高越好，主要是要达到参数之间的相互平衡。下面学习最终场景渲染设置及后期处理。

4.6.1　渲染场景参数设置

具体操作步骤如下。

(1) 打开【渲染设置：V-Ray Adv 2.00.03】对话框。在【VR_基项】选项卡中打开【V-Ray::图像采样器(反锯齿)】卷展栏，设置【图像采样器】类型为【自适应细分】、【抗锯齿过滤器】为Catmull-Rom，如图4-92所示。

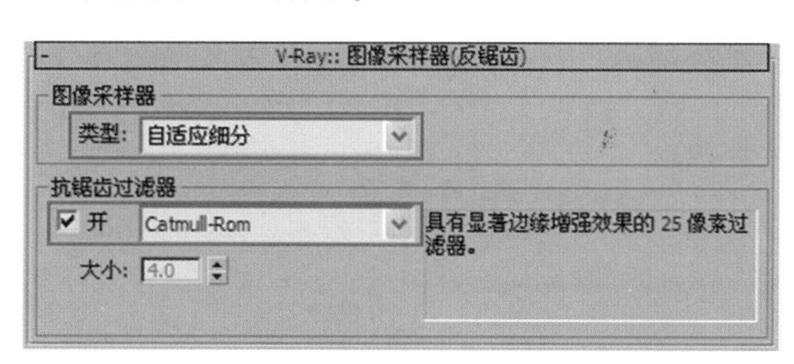

图 4-92　【VR_基项】选项卡参数设置

(2) 切换至【VR_间接照明】选项卡，在【V-Ray::发光贴图】卷展栏中设置【当前预置】为【高】，选中【渲染结束时光子图处理】选项组中的【自动保存】、【切换到保存的贴图】复选框，再单击【浏览】按钮，将光子图保存到相应的目录下，然后在【V-Ray::灯光缓存】

卷展栏中设置【细分】值为 800，如图 4-93 所示。

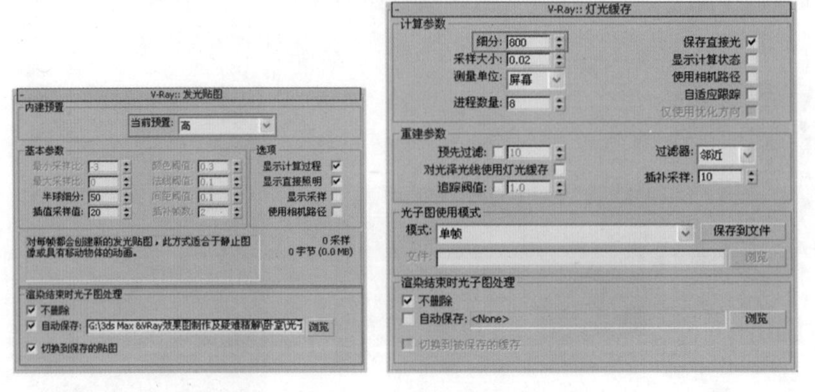

图 4-93 【VR_ 间接照明】选项卡参数设置

(3) 渲染完成后，系统自动弹出 Auto save irradiance map (加载发光图) 对话框，然后加载前面保存的光子图。如图 4-94 所示。再返回到【公用】选项卡，设置渲染输出的图像大小为 2000×1350，单击【渲染输出】选项组中的【文件】按钮，将渲染的图像保存到相应路径，并设置【TIF 图像控制】对话框，如图 4-95 所示。

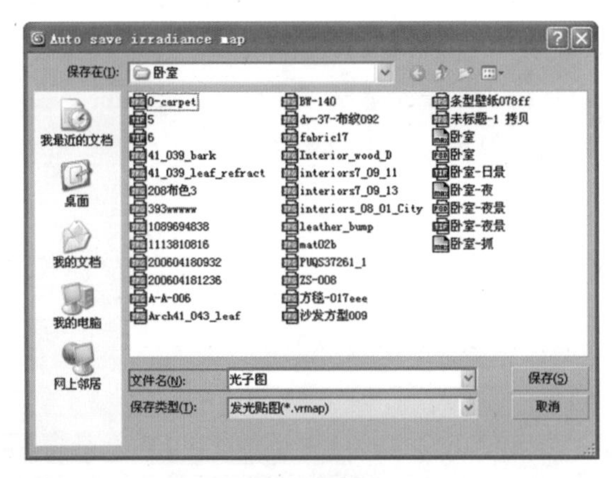

图 4-94 加载光子图

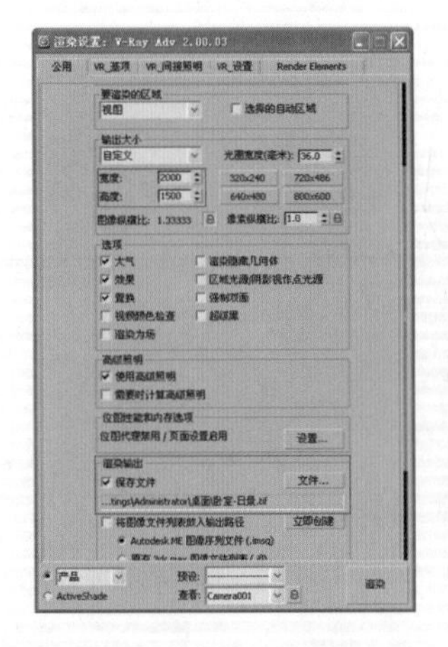

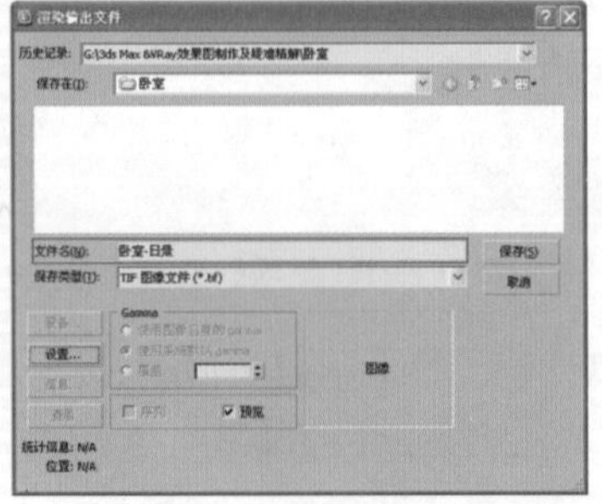

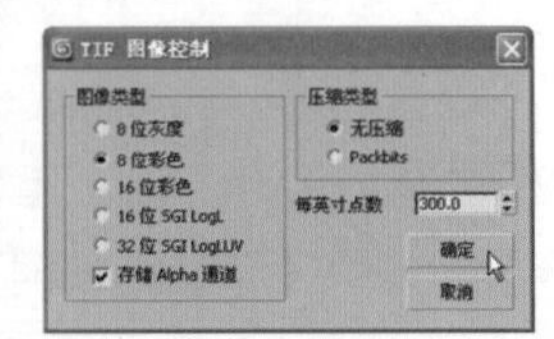

图 4-95 设置渲染输出

(4) 渲染后的效果如图 4-96 所示。

图 4-96　渲染后的效果

你问我答

渲染后的图像物体与阴影连接不紧密，看起来发飘，怎样解决该问题?

当出现该现象时: ①提高渲染品质; ②设置计算参数，如图 4-97 所示; ③开启环境阻光，如图 4-98 所示。

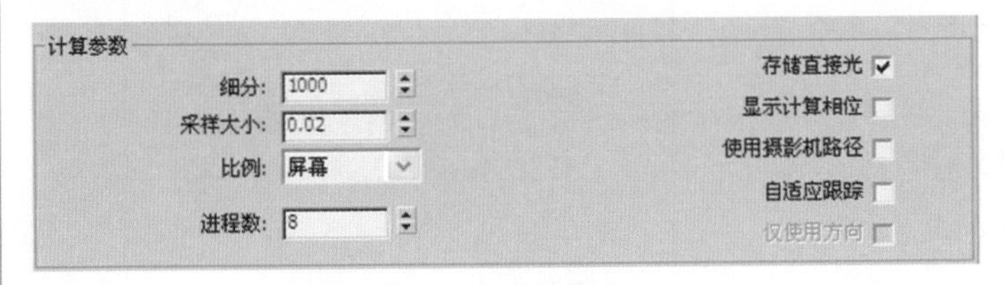

图 4-97　设置【计算参数】选项组

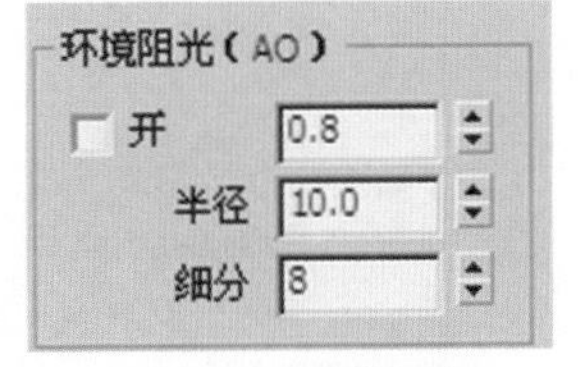

图 4-98　设置【环境阻光】选项组

4.6.2　渲染图像的后期处理

具体操作步骤如下。

在进行图像的后期处理时，使用 Photoshop 软件对图像的亮度、对比度以及饱和度进行调整，使效果更加生动、逼真，主要使用的命令有【曲线】、【色相 / 饱和度】、【高反差保留】等。

(1) 启动 Photoshop 软件，选择菜单栏中的【文件】|【打开】命令，打开本书光盘“卧室”目录下的“卧室 - 日景 .tif”文件，如图 4-99 所示。

(2) 按 F7 键，打开【图层】面板，双击【背景】图层，弹出【新建图层】对话框，将背景图层转换为“图层 0”，单击【确定】按钮，如图 4-100 所示。

图 4-99　打开的图像文件

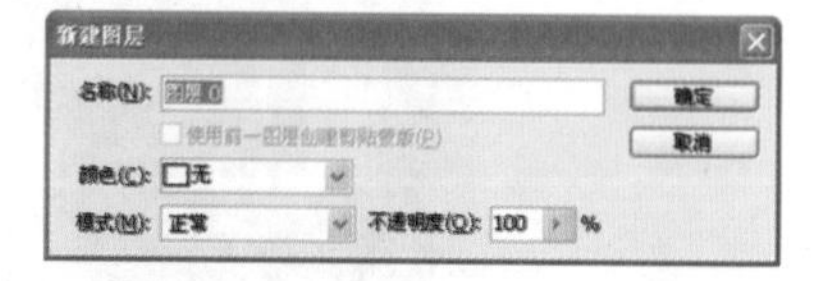

图 4-100　【新建图层】对话框

(3) 单击【图层】面板中的【创建新的填充或调整图层】按钮，在弹出的快捷菜单中选择【曲线】命令，设置亮度。参数设置如图 4-101 所示。

(4) 单击【图层】面板中的按钮，在弹出的快捷菜单中选择【色相 / 饱和度】命令，设置参数，如图 4-102 所示。

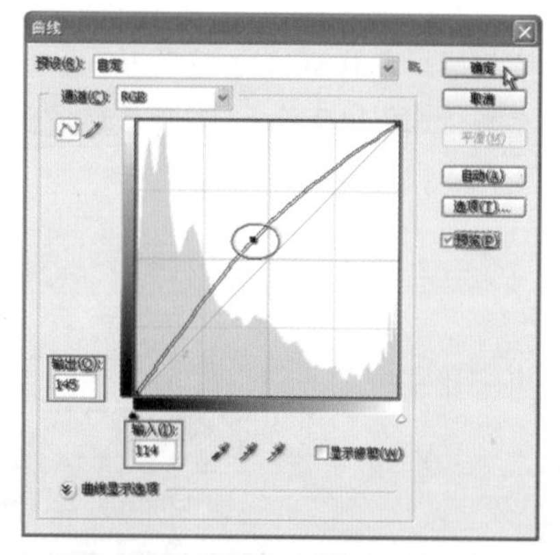

图 4-101　设置【曲线】对话框

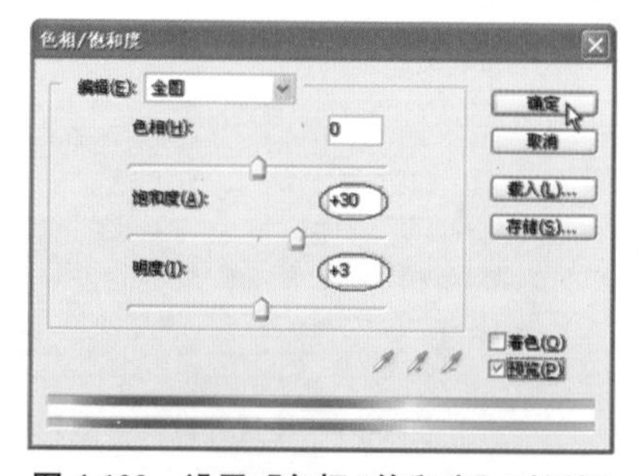

图 4-102　设置【色相 / 饱和度】对话框

使用调整图层的方法可以在不破坏原图像的前提下自由调整图像颜色和色调，而且还可以在整个后期处理的过程中随时更改相关参数。

(5) 单击【图层】面板中的按钮，在弹出的快捷菜单中选择【色阶】命令，设置参数如图 4-103 所示。

(6) 新建可见图层 1，按组合键 Ctrl+Alt+Shift+E 拼合新建可见图层 1。选择菜单栏中的【滤镜】|【其它】|【高反差保留】命令，如图 4-104 所示。

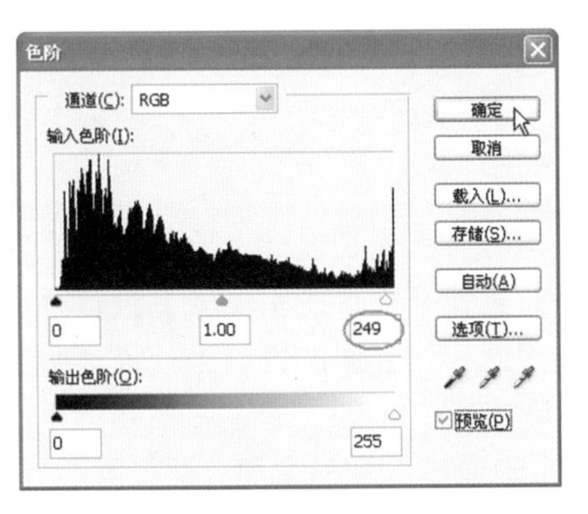

图 4-103　设置【色阶】对话框

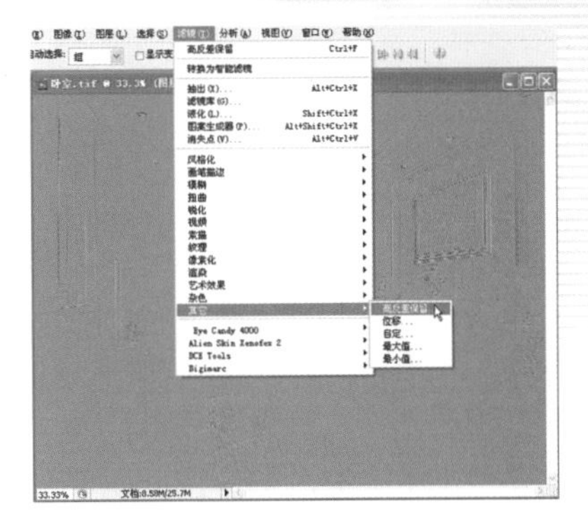

图 4-104　选择【高反差保留】命令

(7) 在弹出的【高反差保留】对话框中设置【半径】为 2.0，如图 4-105 所示。

(8) 执行确定操作后在【图层】面板中设置图层的混合模式为【叠加】方式，如图 4-106 所示。

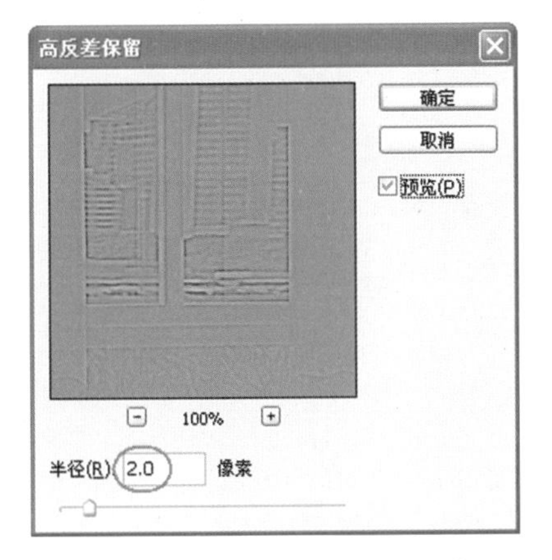

图 4-105　【高反差保留】对话框

图 4-106　设置图层的混合模式

(9) 执行确定操作后，处理的最终效果如图 4-107 所示。

图 4-107　处理后的效果

4.7 本章小结

本章主要讲解了卧室效果的表现技术。通过学习，首先在设计上要追求卧室功能与形式的完美统一、优雅独特、简洁明快的设计风格。其次在设计的审美上，设计师要追求时尚而不浮躁，庄重典雅而不乏轻松浪漫的感觉。因此，在卧室的设计上，设计师会更多地运用丰富的表现手法，使卧室看似简单，实则韵味无穷。最后，通过后期处理来完成细部的刻画，如室外环境的添加、空间明暗对比等。希望通过本章的学习，读者能掌握卧室日、夜景空间的表现技法。

第5章

简欧客厅效果表现

“简欧”意思是简化了的欧式装修风格，多以象牙白为主色调，即以浅色为主，深色为辅。相对比较有浓厚欧洲风味的欧式装修风格，“简欧”更为清新，也更符合中国人内敛的审美观念和视觉欣赏。本章就来讲解简欧风格的客厅效果，学习空间材质和灯光的处理技巧。

5.1 简欧客厅空间简介

整体以浅黄和红色为空间主色调，突出主题的浪漫，温馨感。配以中色调饰品使家更具有视觉的舒适感。客厅中的简约式沙发使用了浅粉小花纹和白色线条形饰品，显示了欧洲家具符号，配以白色水晶吊灯，紫色纱帘，使气氛更加有生气。电视背景墙以简单条纹壁纸，并在造型墙内藏有暖色灯带，充分突出了背景墙的地位。

本案例的简欧客厅效果如图 5-1 所示。

图 5-1 简欧客厅效果表现

图 5-2 所示为简欧客厅模型的线框效果。

图 5-2 简欧客厅模型线框效果

5.2 简欧客厅测试渲染参数

在进行测试渲染前应先确定构图视角。本案例表现场景视角是从阳台位置一直看到正门位置，体现出场景模型和结构的丰富层次。

具体操作步骤如下。

(1) 打开本书光盘中“简欧客厅”目录下的“简欧客厅.max”场景文件，这是一个已经创建好模型的办公室场景。

(2) 单击 或 按钮，在【对象类型】卷展栏中单击【目标】按钮，然后在【顶】视图中创建目标摄影机，在【参数】卷展栏中设置【镜头】为28、【视野】为65.47，在【剪切平面】选项组中选中【手动剪切】复选框，设置【近距剪切】为2695、【远距剪切】为19900，如图5-3所示。

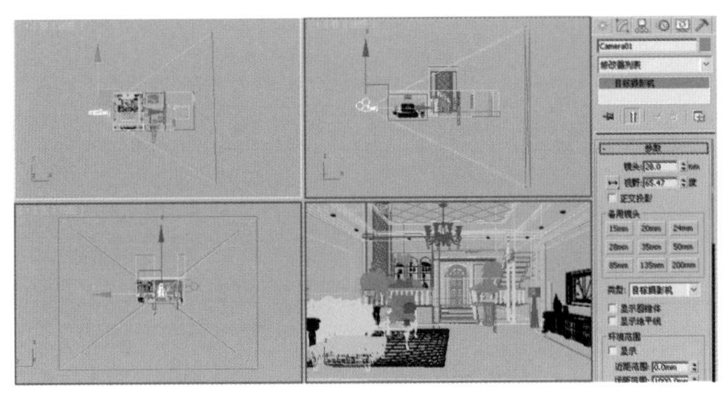

图 5-3　创建摄影机并设置参数

(3) 按F10键，打开【渲染设置：默认扫描线渲染器】对话框。将渲染尺寸设置为较小的尺寸500×375。在【公用】选项卡的【指定渲染器】卷展栏中单击【产品级】列表框右侧的 按钮，在弹出的【选择渲染器】对话框中选择安装好的V-Ray Adv 2.00.03渲染器。

(4) 打开【VR_基项】选项卡，在【V-Ray:: 帧缓存】卷展栏中开启VRay帧缓存渲染窗口，关闭默认灯光，如图5-4所示。然后在【V-Ray:: 颜色映射】卷展栏中选择【VR_指数】曝光方式。

(5) 进入【V-Ray:: 图像采样器（抗锯齿）】卷展栏，设置【图像采样器】类型为【固定】，关闭抗锯齿过滤器，参数设置如图5-5所示。

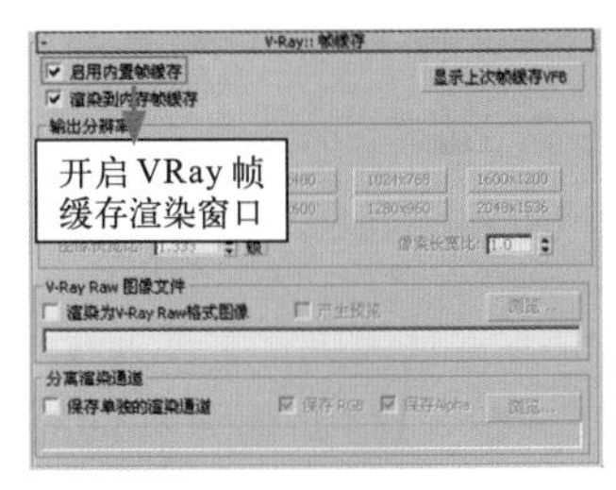

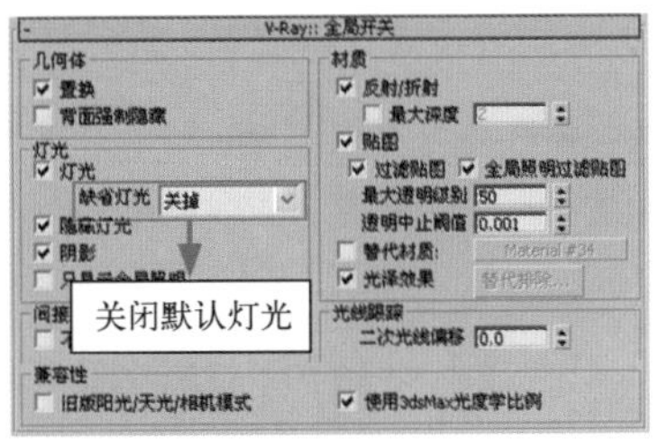

图 5-4　【VR_基项】选项卡参数设置

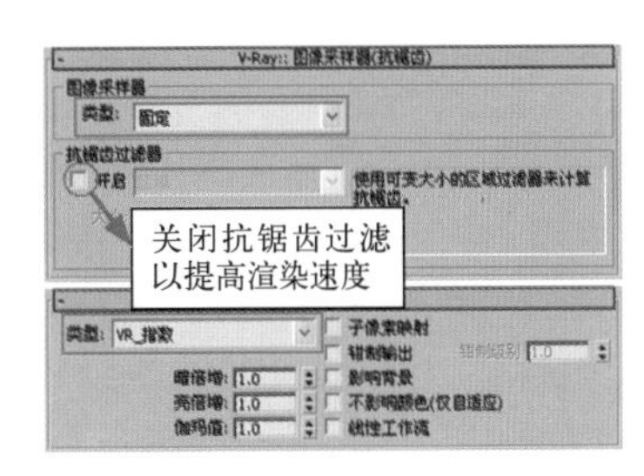

图 5-5　【V-Ray:: 图像采样器（抗锯齿）】卷展栏

(6) 切换至【VR_间接照明】选项卡，在【V-Ray:: 间接照明 (全局照明)】卷展栏中打开全局光，在【二次反弹】选项组中设置【全局光引擎】为【灯光缓存】，在【V-Ray:: 灯光缓存】卷展栏中设置【细分】值为 200，通过降低灯光缓存的渲染品质来节约渲染时间，在【V-Ray:: 发光贴图】卷展栏中设置【当前预置】为【非常低】，如图 5-6 所示。

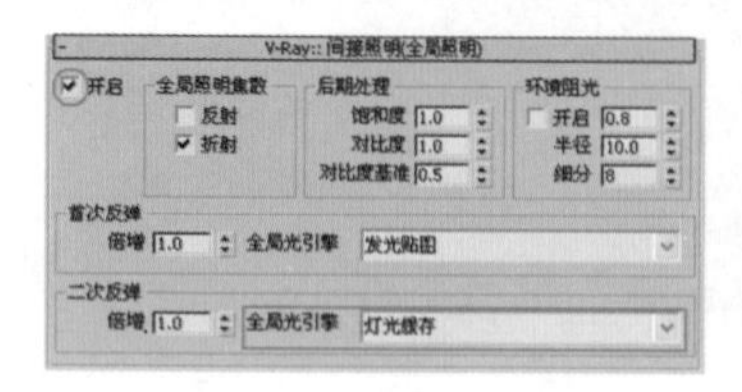

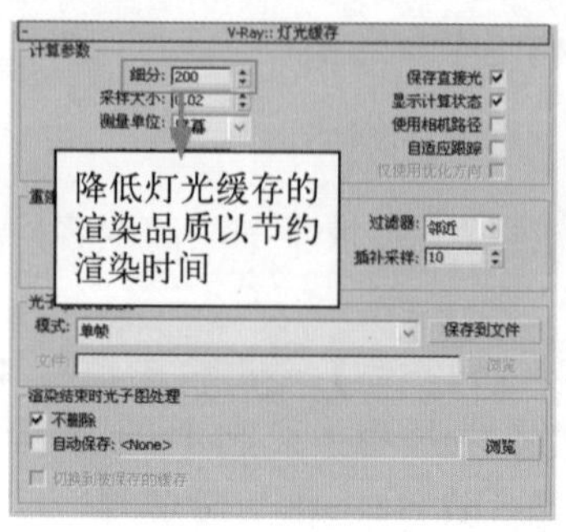

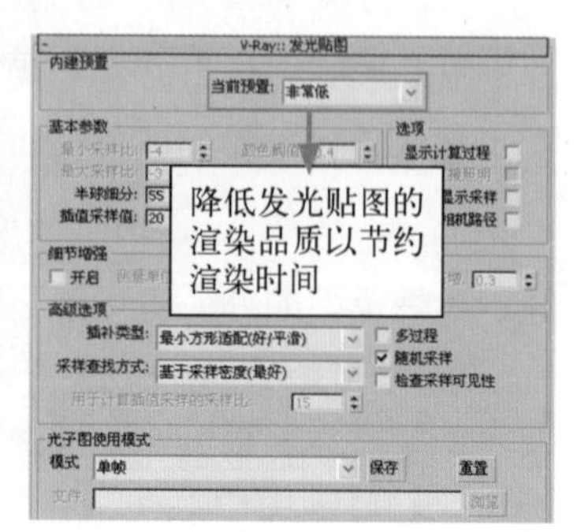

图 5-6 【VR_间接照明】选项卡参数设置

5.3 创建空间基本光效

本场景光线来源主要为室外及室内灯光。在为场景创建灯光前，可以用一种白色材质覆盖场景中的所有物体，这样便于观察灯光对场景的影响。

具体操作步骤如下。

(1) 按 M 键，打开【材质编辑器】对话框。选择一个空白的示例球，单击 Standard 按钮，在弹出的【材质 / 贴图浏览器】对话框中选择 VRayMtl 材质，将该材质命名为“替代材质”，再设置材质【漫反射】颜色为白色，如图 5-7 所示。

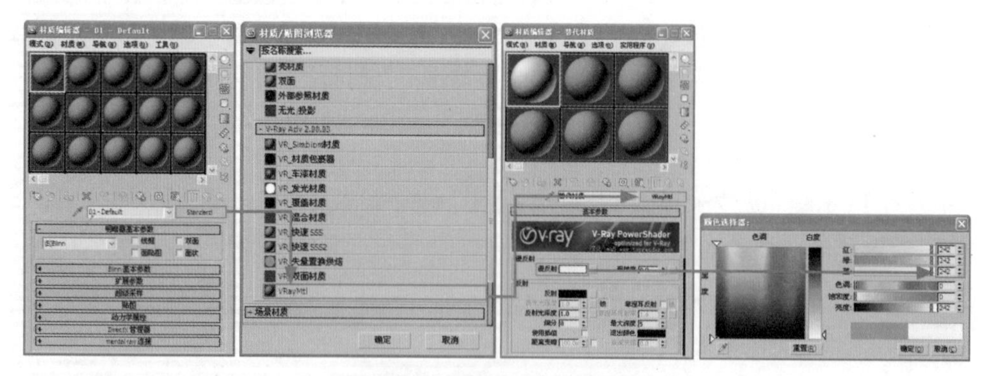

图 5-7 “替代材质”参数设置

(2) 按 F10 键，打开【渲染设置：默认扫描线渲染器】对话框，切换至【渲染器】选项卡，在【V-Ray:: 全局开关】卷展栏中选中【替代材质】复选框，然后进入【材质编辑器】对话框中，将“替代材质”的材质类型拖放到【替代材质】右侧的贴图通道上，并以【实例】方式进行关联复制，参数设置如图 5-8 所示。

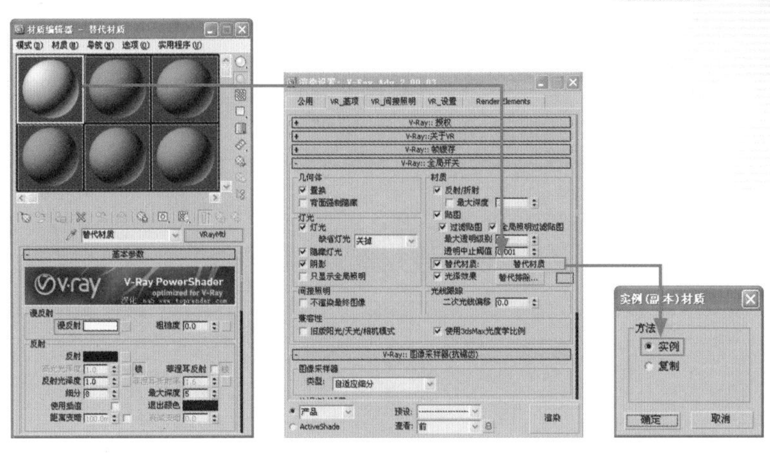

图 5-8　【V-Ray:: 全局开关】卷展栏设置

(3) 设置主光源。单击创建命令面板中的 按钮，在【光度学】下拉列表中选择 VRay 选项，然后在【对象类型】卷展栏中单击 VR_ 光源按钮，在【左】视图中创建 VR 光源，调整灯光位置如图 5-9 所示。

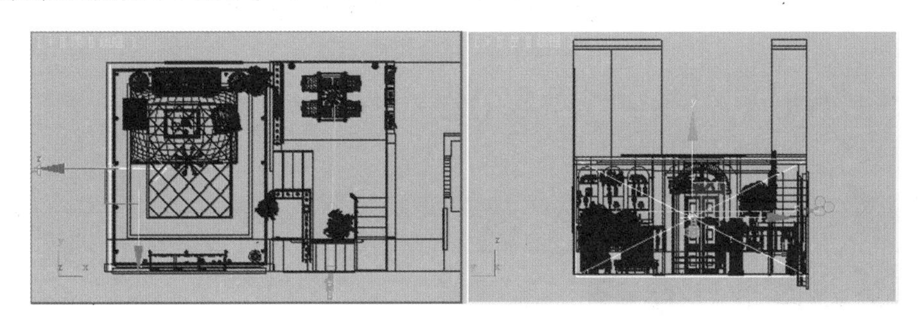

图 5-9　创建目标灯光

提　示

在实际操作过程中，使用逐步增亮的方法改变灯光强弱，要比使用逐步降低的方法容易控制得多。因此，在调试灯光时，不宜一开始就将灯光强度设置成较高的值，而应该通过分析光照环境，逐步增加灯光的倍增值。

(4) 单击 按钮，在【参数】卷展栏中设置灯光【倍增器】值为 3.3，设置灯光颜色为蓝色，调整灯光大小值，在【选项】选项组中选中【不可见】复选框，参数设置如图 5-10 所示。

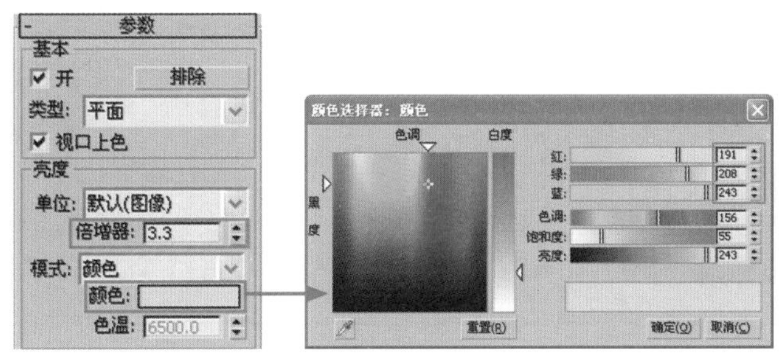

图 5-10　VR 光源参数设置

(5) 单击按钮，渲染摄影机视图，光线透过窗口射入室内的效果如图 5-11 所示。渲染以后整个画面过于平淡，缺乏层次感，因此需要设置辅助灯光来照亮场景，以使场景灯光更加丰富。

图 5-11　渲染效果

(6) 单击【VR_光源】按钮，继续在【顶】视图餐厅的位置创建 VR 光源，再用移动工具调整位置，如图 5-12 所示。

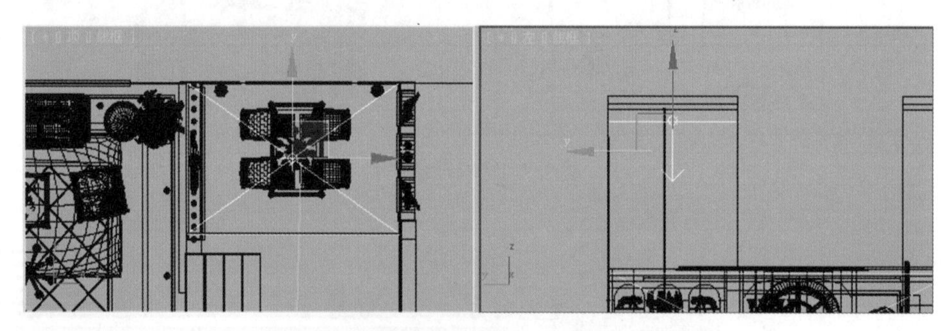

图 5-12　在【顶】视图餐厅的位置创建 VR 光源

(7) 单击按钮，在【参数】卷展栏中设置灯光【倍增器】值为 6，选中【选项】选项组中的【不可见】复选框，如图 5-13 所示。由于该客厅结构为复式，餐厅顶部为露天式，透过玻璃照射进来的光线带有冷色，因此，在这里要将灯光颜色调整为蓝色。

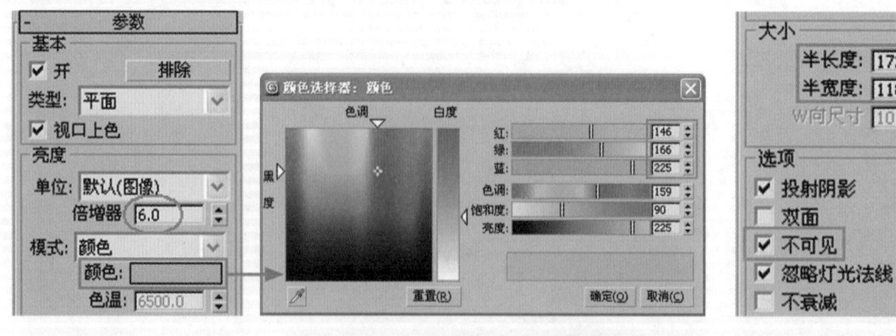

图 5-13　设置 VR 光源的参数

(8) 在【顶】视图中选择上面创建的 VR 光源，用移动复制的方法复制一盏(以复制方式)，再单击工具栏中的【选择并均匀缩放】按钮，使用缩放工具调整光源大小，再单击按钮，在【参数】卷展栏中修改灯光颜色为暖色 (即 RGB：248、212、136)，如图 5-14 所示。

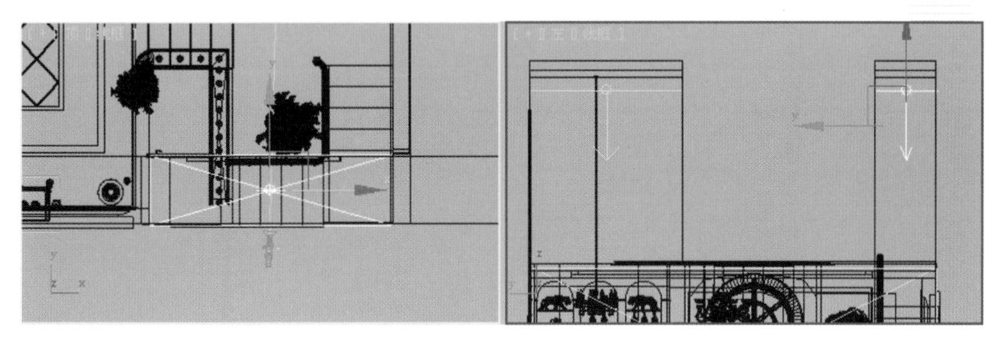

图 5-14　复制光源

(9) 单击【VR_ 光源】按钮，在【顶】视图入口的位置创建 VR 光源，调整灯光位置，如图 5-15 所示。

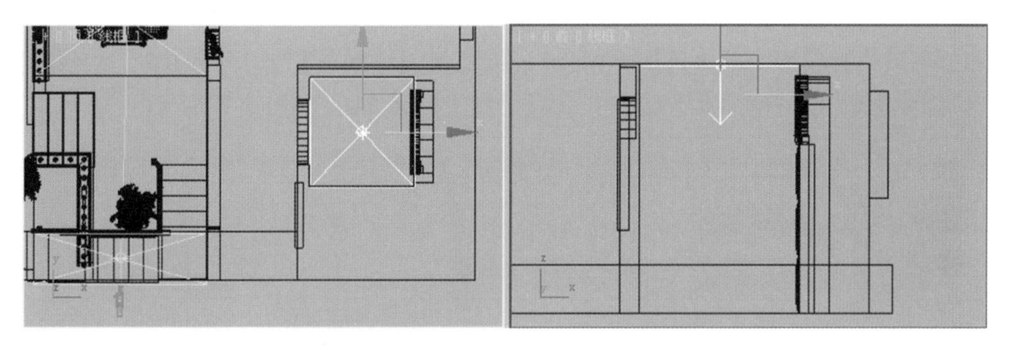

图 5-15　在【顶】视图入口的位置创建 VR 光源

(10) 单击按钮，在【参数】卷展栏中设置灯光【倍增器】值为 2，设置灯光颜色为暖色，选中【选项】选项组中的【不可见】复选框，如图 5-16 所示。

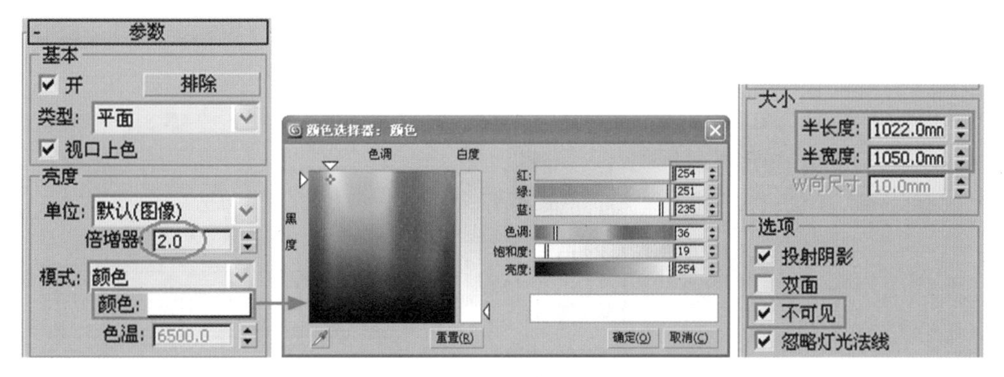

图 5-16　灯光参数设置

(11) 单击 按钮，渲染摄影机视图，效果如图 5-17 所示。

图 5-17　渲染后的效果

(12) 在【前】视图中创建两盏补光源，分别设置【倍增值】为 1.0 和 0.5，然后在【左】视图窗口的位置创建一盏 VR 光源，设置【倍增值】为 5.0，如图 5-18 所示。

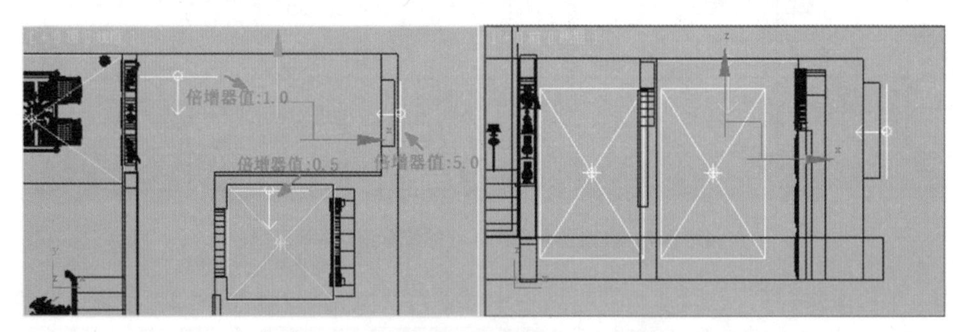

图 5-18　创建 VR 灯光并对其进行设置

(13) 单击【VR_光源】按钮，在【顶】视图灯槽的位置创建 VR 光源，单击 按钮，旋转灯光并调整灯光位置，如图 5-19 所示。

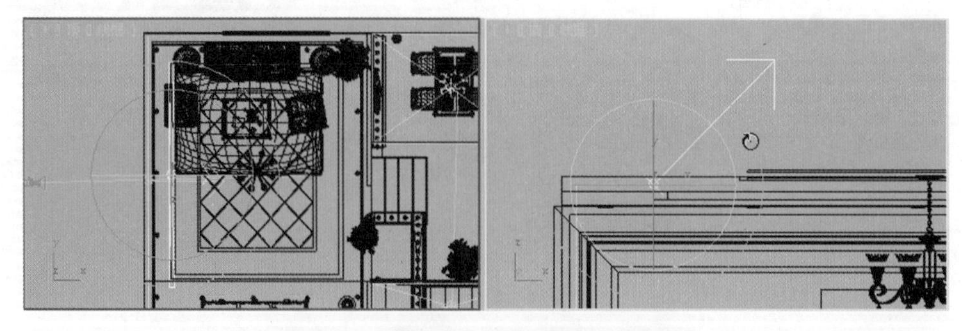

图 5-19　创建 VR 光源并调整灯光的位置

(14) 单击按钮，在【参数】卷展栏中调整灯光【倍增器】值为 6，调整灯光颜色为暖色，其他参数设置如图 5-20 所示。

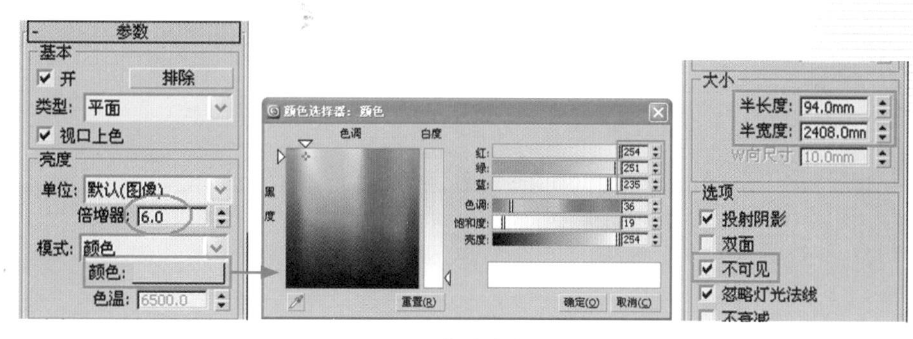

图 5-20　灯光参数设置

(15) 在【顶】视图中选择创建的 VR 灯光，单击按钮，按住键盘中的 Shift 键，用旋转复制工具以【实例】方式复制，调整灯光位置如图 5-21 所示。

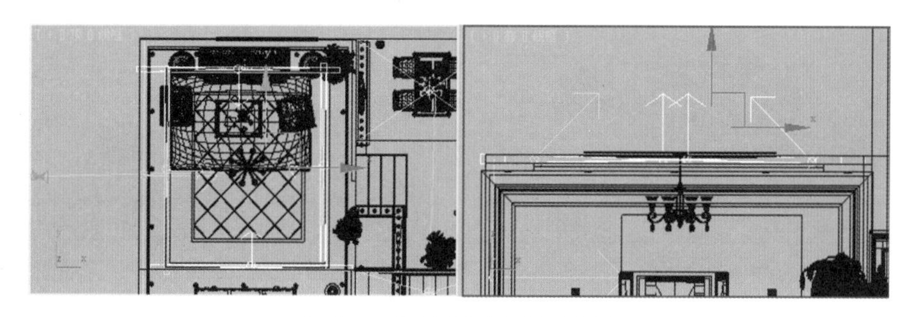

图 5-21　复制灯光并调整其位置

提　示

【实例】方式即以原始物体为模板，产生一个相互关联的复制品，改变其中一个的同时也会改变另一个。因此，对于属性相同的物体，使用【实例】的方式进行复制更便于操作。

(16) 选择上面灯带处的一盏灯，用旋转复制的方式复制 3 盏，调整至电视背景墙的位置。为了操作方便，用户可选择灯光及背景墙藏灯带的造型，按键盘中的 Alt+Q 组合键，将选择的造型独立显示，如图 5-22 所示。

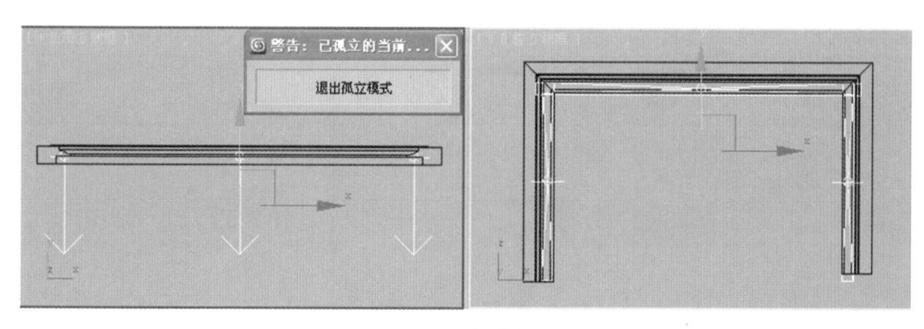

图 5-22　创建灯光

(17) 单击按钮，渲染摄影机视图，灯带效果如图 5-23 所示。

(18) 单击创建命令面板中的灯光按钮，在【光度学】选项下单击【自由灯光】按钮，在顶视图中筒灯的位置创建灯光，再用移动复制工具以【实例】方式复制，调整位置如图 5-24 所示。

图 5-23 渲染后的灯带效果

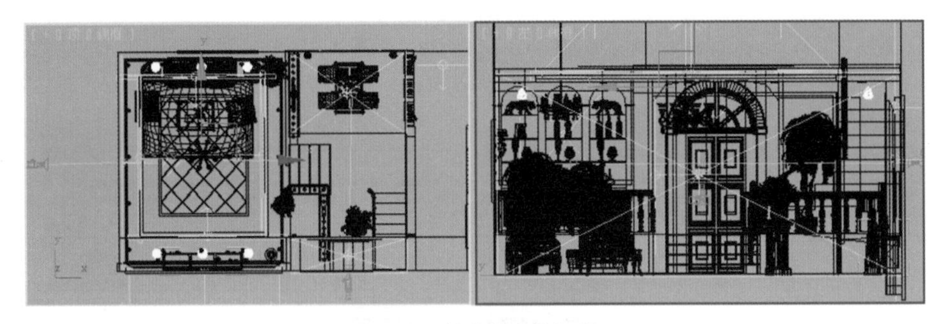

图 5-24 创建光度学灯光

(19) 单击按钮，在【常规参数】卷展栏中选中【阴影】选项组中的【启用】复选框，并选择 VRayShadow 选项，在【灯光分布 (类型)】选项组中选择【光度学 Web】选项，然后在【分布 (光度学 Web)】卷展栏中单击【选择光度学文件】按钮，打开【打开光域 Web 文件】对话框，选择本书光盘“简欧客厅”目录下的“22223.IES”文件，再设置灯光强度为 900，其他参数设置如图 5-25 所示。

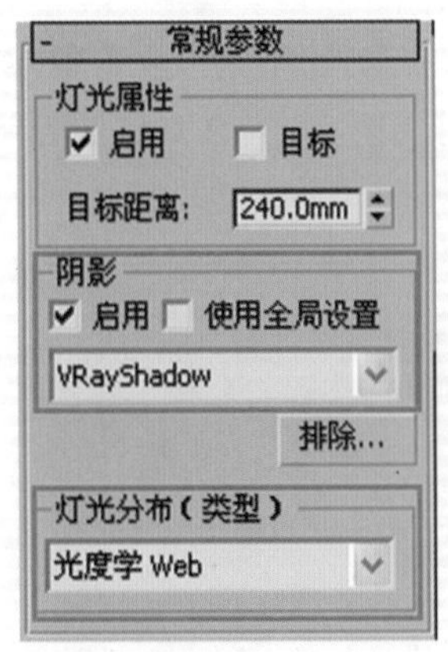

图 5-25 设置光度学灯光参数

(20) 选择任意一盏自由光，然后单击【VR_光源】按钮，在【顶】视图中灯带的位置创建 VR 光源。单击按钮，在【参数】卷展栏中设置灯光【倍增器】值为 3.5，灯光颜色为白色，然后选择 VR 光源，将其旋转复制 3 盏，调整灯光位置，如图 5-26 所示。

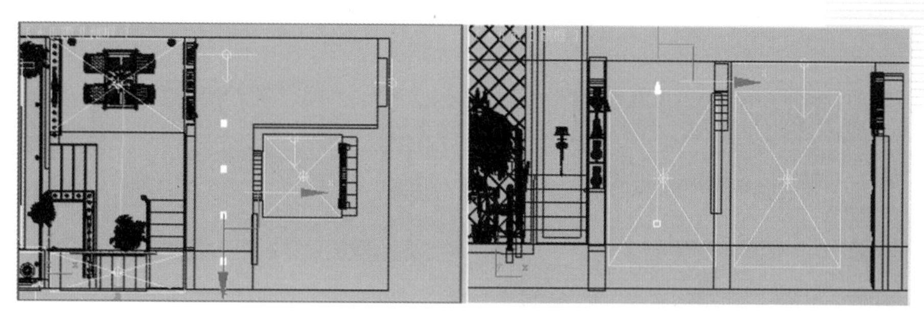

图 5-26　创建并复制光源

(21) 单击【自由灯光】按钮，在顶视图中搁物架的位置创建灯光，再用移动复制工具以【实例】方式复制，调整位置，如图 5-27 所示。

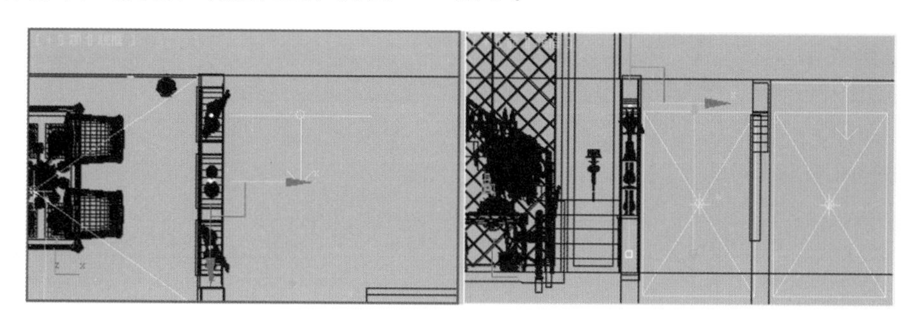

图 5-27　在搁物架位置创建 VR 光源并复制

(22) 单击按钮，在【常规参数】卷展栏中选中【阴影】选项组中的【启用】复选框，选择 VRayShadow 选项，在【灯光分布(类型)】选项组中选择【光度学 Web】，然后在【分布(光度学 Web)】卷展栏中单击【选择光度学文件】按钮，打开【光域网 Web 文件】对话框，选择本书光盘“简欧客厅”目录下的“30.IES”文件，再设置灯光强度为 3000，其他参数设置如图 5-28 所示。

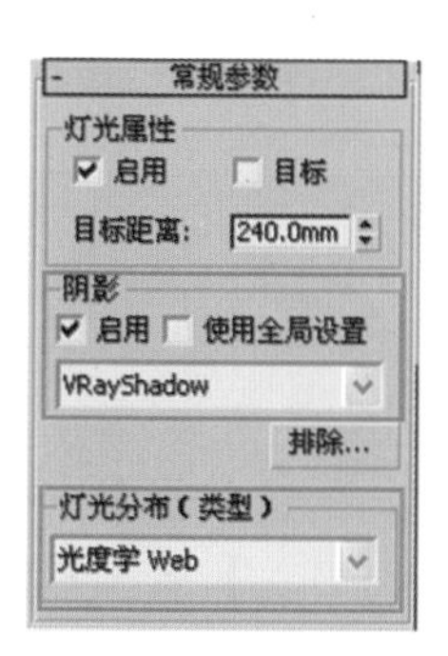

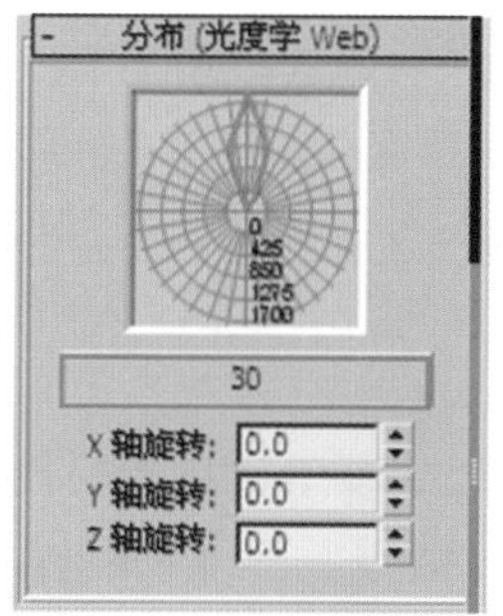

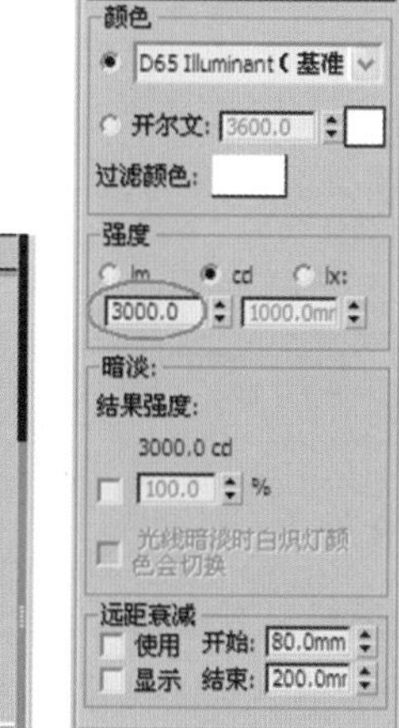

图 5-28　灯光参数设置

(23) 继续在【顶】视图中台灯的位置创建 VR 光源，在【参数】卷展栏中设置灯光【倍增器】值为 1.5，调整灯光颜色为暖色，选中【不可见】复选框，然后将创建的 VR 光源用旋转复制的方法将其复制并调整位置，如图 5-29 所示。

图 5-29　在台灯位置创建并复制光源

(24) 单击【渲染产品】按钮，渲染摄影机视图，效果如图 5-30 所示。

图 5-30　渲染后的效果

5.4　调整空间纹理材质

本节讲解在场景中设置各种纹理材质的方法。重点讲解的材质是地砖、欧式家具及装饰品等材质的创建及设置。

5.4.1　设置主体材质

具体操作步骤如下。

(1) 在设置材质前，首先要取消 5.3 节中对场景材质物体的替代状态。按 F10 键，打开【渲染设置：V-Ray Adv 2.00.03】对话框，在【V-Ray:: 全局开关】卷展栏中取消选中【替代材质】复选框，如图 5-31 所示。

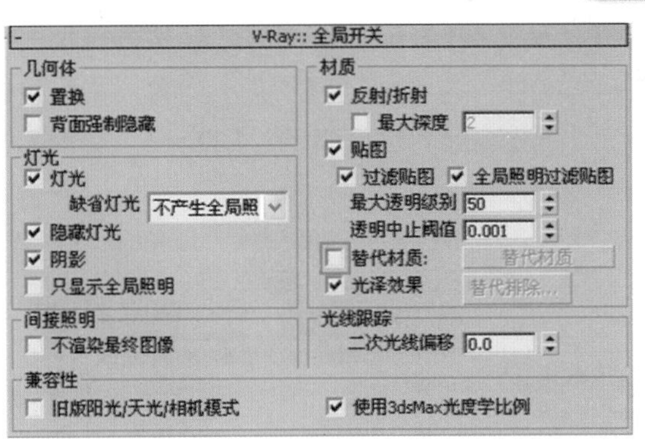

图 5-31 【V-Ray:: 全局开关】卷展栏

(2) 设置“乳胶漆”材质。选择一个空白的示例球，将其命名为“乳胶漆”并为其指定 VRayMtl 材质。设置【漫反射】为白色 (RGB：233、233、233)。

(3) 在视图中选择“顶和墙”造型，单击按钮，将材质赋予它们。

(4) 设置“形象墙壁纸”材质。在【材质编辑器】对话框中选择一个空白的示例球并命名为“形象墙壁纸”材质，将其设置为 VRayMtl 材质，在【基本参数】卷展栏中单击【漫反射】色块右侧的按钮，在弹出的【材质 / 贴图浏览器】对话框中双击【位图】贴图类型，选择本书光盘“简欧客厅”目录下的“fabric_17.jpg”文件。

(5) 在视图中选择“形象墙壁纸”造型，单击按钮，将材质赋予它们。单击按钮，选择修改命令面板中的【UVW 贴图】命令，在【参数】卷展栏中设置【长度】、【宽度】均为 900，如图 5-32 所示。

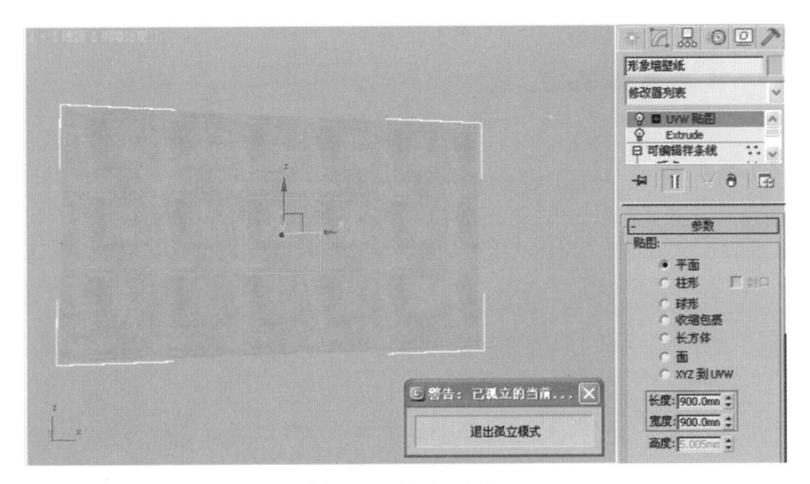

图 5-32 调整参数值

(6) 设置“电视背景墙壁纸”材质。在【材质编辑器】对话框中选择一个空白的示例球并命名为“电视背景墙壁纸”材质，将其设置为 VRayMtl 材质，在【基本参数】卷展栏中单击【漫反射】色块右侧的按钮，在弹出的【材质 / 贴图浏览器】对话框中双击【位图】贴图类型，选择本书光盘“简欧客厅”目录下的“50045.jpg”文件。

(7) 在视图中选择“电视背景墙壁纸”造型，单击按钮，将材质赋予它们。

(8) 设置“拼花地砖”材质。选择一个空白的示例球，将其命名为“拼花地砖”并为

其指定 VRayMtl 材质。在【基本参数】卷展栏中调整反射颜色为灰色，使地板产生反射效果，单击【漫反射】色块右侧的按钮，在弹出的【材质/贴图浏览器】对话框中双击【位图】贴图类型，选择本书光盘“简欧客厅”目录下的“DD.jpg”文件，其他参数设置如图 5-33 所示。

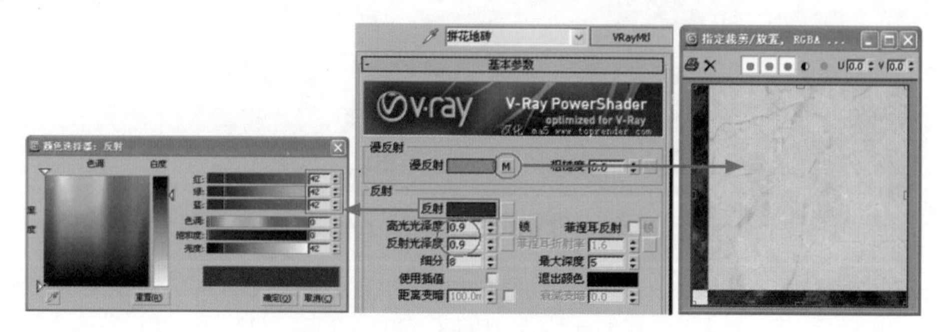

图 5-33 “拼花地砖”材质参数设置

(9) 在视图中选择“地面”造型，单击按钮，将材质赋予它。单击按钮，选择修改命令面板中的【UVW 贴图】命令，在【参数】卷展栏中设置【长度】、【宽度】均为 800，如图 5-34 所示。

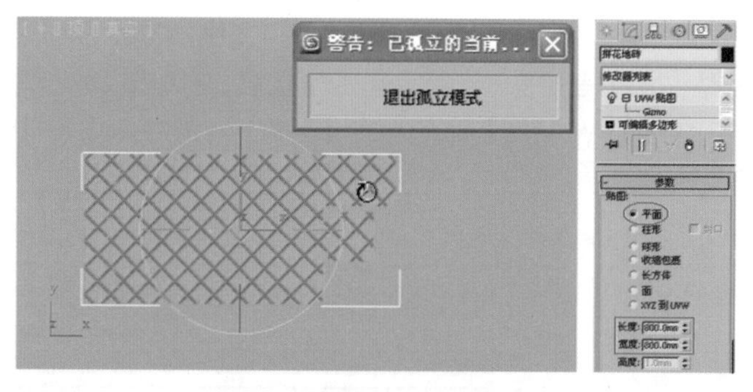

图 5-34 高速地面拼花纹理

(10) 设置“木纹”材质。选择一个空白的示例球，将其命名为“木纹”并为其指定 VRayMtl 材质。在【基本参数】卷展栏中调整反射颜色为灰色，使地板产生反射效果，单击【漫反射】色块右侧的按钮，在弹出的【材质/贴图浏览器】对话框中双击【位图】贴图类型，选择本书光盘”简欧客厅”目录下的“WW-024.jpg”文件，其他参数设置如图 5-35 所示。

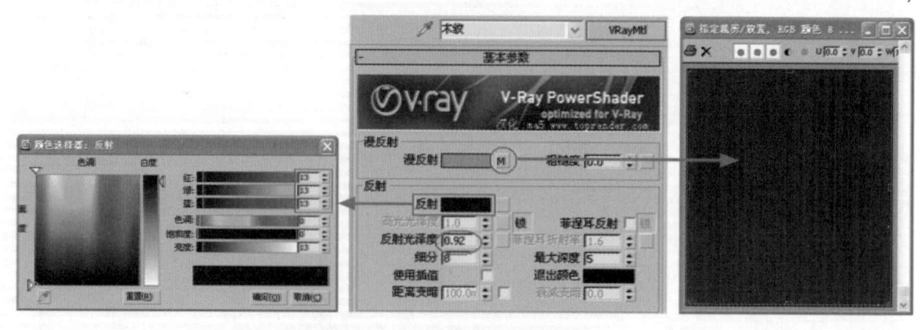

图 5-35 “木纹”材质参数设置

(11) 在视图中选择"门"造型，单击按钮，将材质赋予它。单击按钮，选择修改命令面板中的【UVW 贴图】命令，在【参数】卷展栏中选择【长方体】贴图类型，设置【长度】为 1695、【宽度】为 1627、【高度】为 1753。

(12) 设置"洞石"材质。选择一个空白的示例球，将其命名为"洞石"并为其指定 VR 材质。在【基本参数】卷展栏中调整反射颜色为灰色，使地板产生反射效果。单击【漫反射】色块右侧的按钮，在弹出的【材质 / 贴图浏览器】对话框中双击【位图】贴图类型，选择本书光盘"简欧客厅"目录下的"A-D-050.jpg"文件，其他参数设置如图 5-36 所示。

图 5-36 "洞石"材质参数设置

(13) 在视图中选择"楼梯扶手和栏杆"造型，单击按钮，将材质赋予它们。再选择修改命令面板中的【UVW 贴图】命令，在【参数】卷展栏中选择【长方体】贴图类型，设置【长度】、【宽度】、【高度】均为 500。

(14) 设置"马赛克"材质。选择一个空白的示例球，将其命名为"马赛克"并为其指定 VRayMtl 材质。在【基本参数】卷展栏中调整反射颜色为灰色，使地板产生反射效果，单击【漫反射】色块右侧的按钮，在弹出的【材质 / 贴图浏览器】对话框中双击【位图】贴图类型，选择本书光盘"简欧客厅"目录下的"1186069409.jpg"文件，其他参数设置如图 5-37 所示。

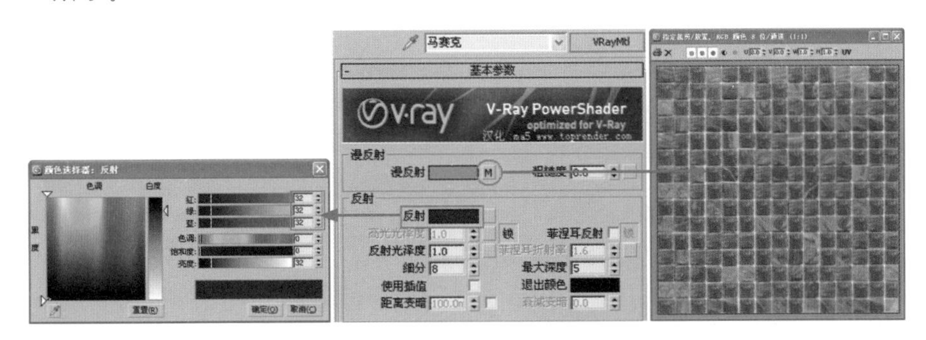

图 5-37 "马赛克"材质参数设置

(15) 在视图中选择"台阶"造型，单击按钮，将材质赋予它们。再选择修改命令面板中的【UVW 贴图】命令，在【参数】卷展栏中选择【长方体】贴图类型，设置【长度】、【宽度】、【高度】均为 300，效果如图 5-38 所示。

图 5-38 台阶赋予材质后的效果

你问我答

什么时候用 UVW 贴图？什么时候用贴图缩放器？

所有的对象都具有默认的贴图坐标，但是如果应用了布尔运算操作，或在为材质使用 2D 贴图之前对象已经塌陷成可编辑的网格，那么就可能丢失贴图坐标。这时，当贴图在材质表面不能很好地表现时，可以借助贴图坐标来对其进行缩放、平铺、旋转等变换操作，使贴图能够正确地表现在材质表面上。

在 3ds Max 中常用的两种调整坐标的命令是【UVW 贴图】和【贴图缩放器】。如何正确使用呢？例如，为地面铺设了瓷砖，但发现使用默认贴图时，单个瓷砖的面积过大。这时，可以使用 UVW 贴图修改器设置这些值，如图 5-39 所示。如果用户导入或链接没有 UVW 坐标的 DWG 文件，则贴图缩放器修改器对于快速映射对象很有用。同时，对于不能使用 UVW 贴图修改器正常工作的对象（如屋顶、弯曲的墙壁），贴图缩放器修改器便特别有用，如图 5-40 所示。

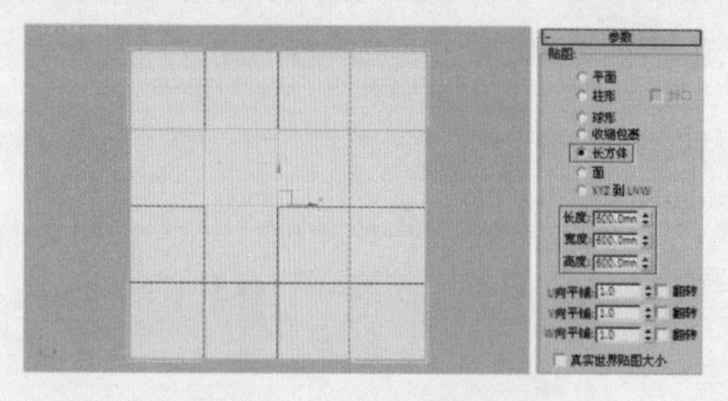

图 5-39 UVW 贴图坐标

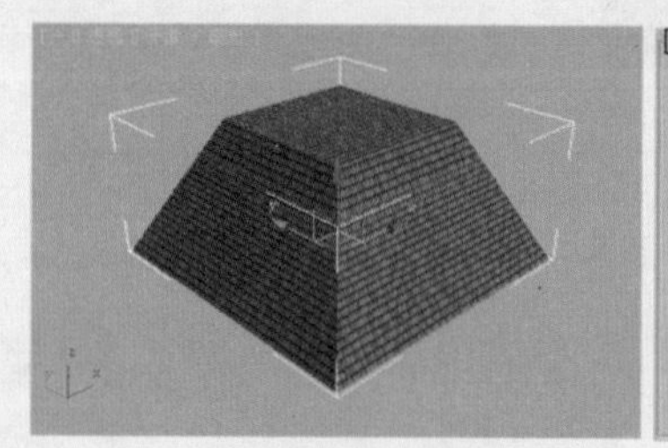

图 5-40 贴图缩放器

(16) 重新选择一个空白的示例球，将其命名为“茶镜”并为其指定 VRayMtl 材质。在【基本参数】卷展栏中调整漫反射颜色为茶色，调整反射颜色为灰色，使其产生反射效果，如图 5-41 所示。

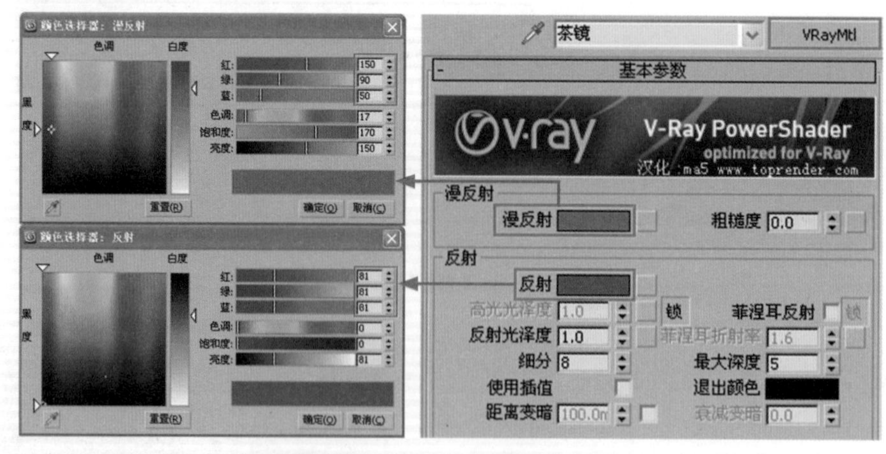

图 5-41 “茶镜”材质参数设置

(17) 在视图中选择“餐厅形象墙”造型，单击按钮，将材质赋予它。

5.4.2　设置家具材质

具体操作步骤如下。

(1) 设置“沙发布纹”材质。选择一个空白的示例球，将其命名为“布纹”并为其指定 VRayMtl 材质。在【基本参数】卷展栏中单击【漫反射】色块右侧的 按钮，在弹出的【材质 / 贴图浏览器】对话框中双击【位图】贴图类型，选择本书光盘“简欧客厅”目录下的“13428944.jpg”文件。

(2) 单击按钮，返回上一级，单击【反射】右侧的按钮，在弹出的【材质 / 贴图浏览器】对话框中选择【衰减】贴图类型，如图 5-42 所示。

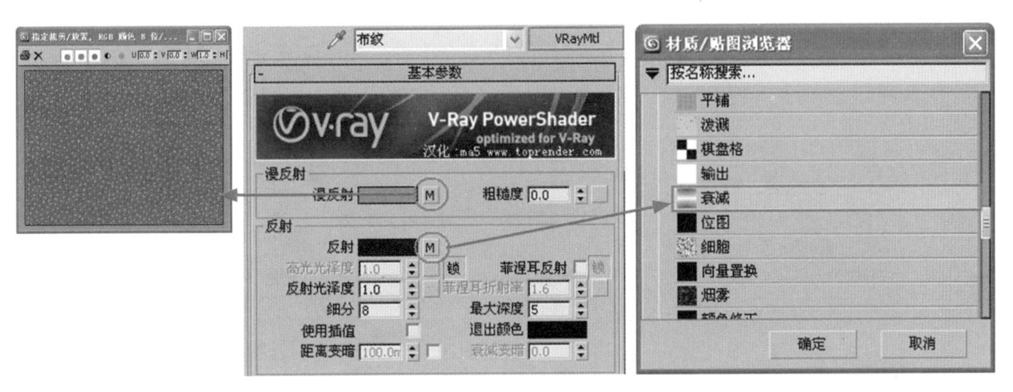

图 5-42　“布纹”材质参数设置

(3) 在【衰减参数】卷展栏中设置颜色 2 为灰色，选择【衰减类型】为 Fresnel，如图 5-43 所示。

(4) 单击按钮，返回到顶级，在【贴图】卷展栏中将【漫反射】通道中的贴图文件拖动复制到【凹凸】通道中，如图 5-44 所示。

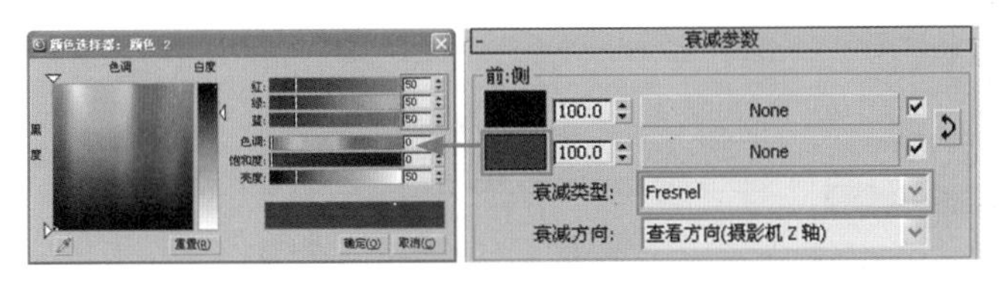

图 5-43　【衰减参数】卷展栏

图 5-44　【贴图】卷展栏

(5) 设置“黄金属”材质。选择一个空白的示例球，将其命名为“黄金属”并为其指定 VRayMtl 材质。在【基本参数】卷展栏中调整漫反射颜色为金黄色，调整反射颜色为灰色，使其产生反射效果，如图 5-45 所示。

(6) 在视图中选择沙发金属部分，单击按钮，将材质赋予它们。单击按钮，渲染视图，效果如图 5-46 所示。

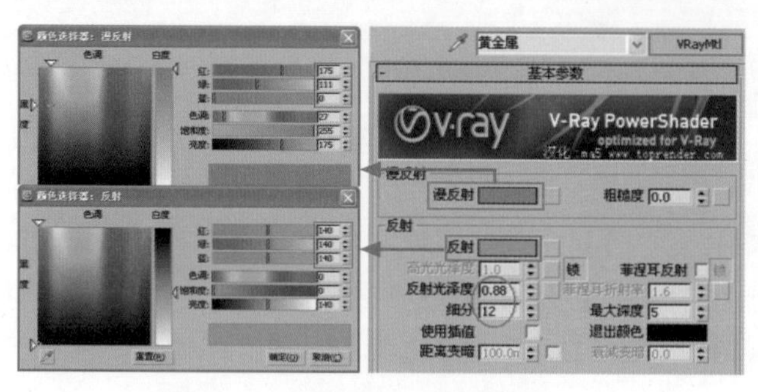

图 5-45 “黄金属”材质参数设置

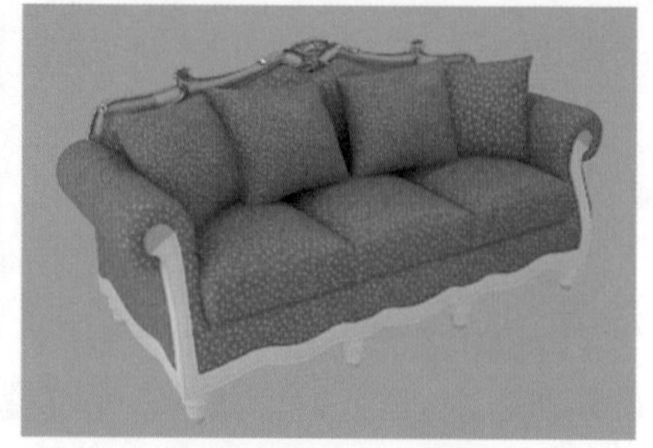

图 5-46 赋予材质后的沙发效果

(7) 设置“吊灯玻璃罩”材质。选择一个空白的示例球，将其命名为“玻璃罩”并为其指定 VRayMtl 材质。在【基本参数】卷展栏中设置【漫反射】为灰色、【折射】颜色为白色，使其产生透明效果，单击【反射】色块右侧的按钮，在弹出的【材质 / 贴图浏览器】对话框中选择【衰减】贴图类型，然后设置衰减类型为 Fresnel，如图 5-47 所示。

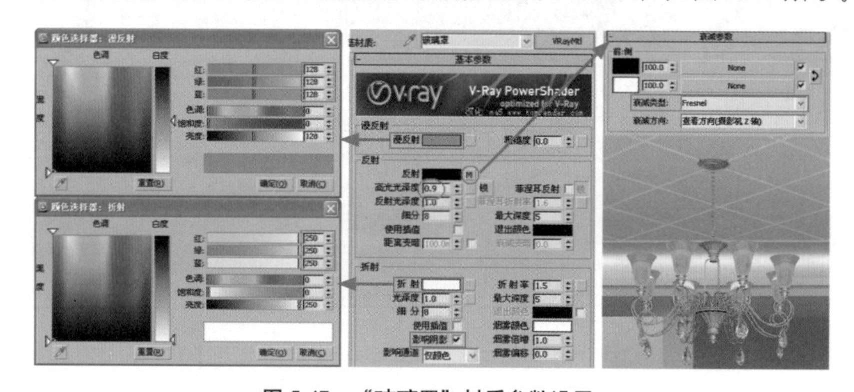

图 5-47 “玻璃罩”材质参数设置

(8) 在视图中选择“玻璃罩”造型，单击按钮，将材质赋予它。

(9) 设置“水晶”材质，选择一个空白的示例球，将其命名为“水晶”并为其指定 VRayMtl 材质。在【基本参数】卷展栏中设置【漫反射】为黑色、【反射】为灰白色，使其产生反射效果，参数设置如图 5-48 所示。

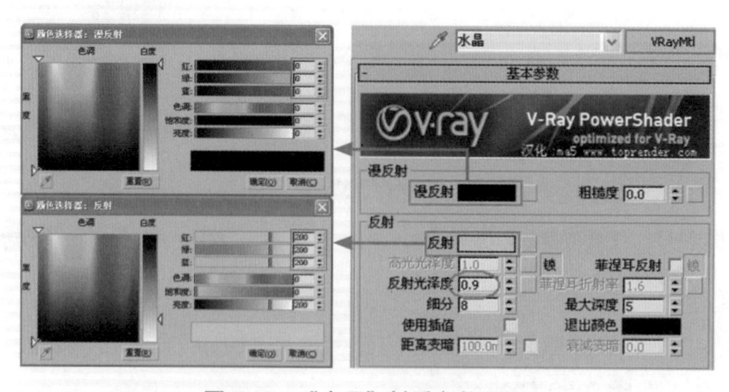

图 5-48 “水晶”材质参数设置

(10) 设置“台灯罩”材质。选择一个空白的示例球将其命名为“台灯罩”并为其指定 VRayMtl 材质。在【基本参数】卷展栏中设置【漫反射】为黑色、【反射】颜色为灰色，

使其产生反射效果，参数设置如图 5-49 所示。在视图中选择"台灯罩"造型，单击按钮，将材质赋予它。赋予材质后的台灯效果如图 5-50 所示。

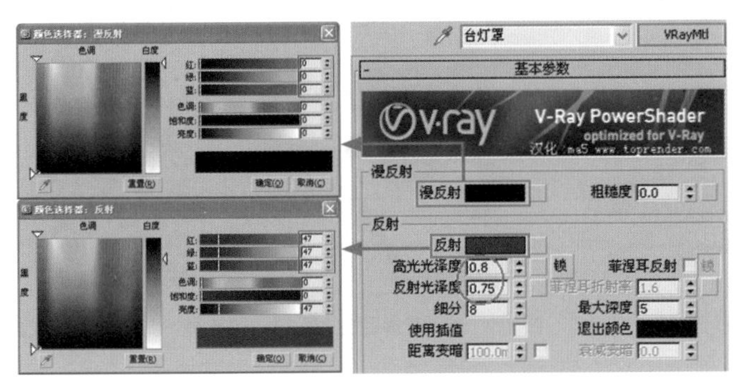

图 5-49 "台灯罩"材质参数设置

图 5-50 台灯赋予材质后的效果

(11) 设置"大理石台面"材质。选择一个空白的示例球将其命名为"大理石台面"并为其指定 VRayMtl 材质。在【基本参数】卷展栏中设置【反射】颜色为灰色，再单击【漫反射】色块右侧的按钮，在弹出的【材质 / 贴图浏览器】对话框中双击【位图】贴图类型，选择本书光盘"简欧客厅"目录下的"啡网纹大理石 1.jpg"文件，如图 5-51 所示。

图 5-51 "大理石台面"材质参数设置

(12) 在视图中选择电视柜台面造型，单击按钮，将材质赋予它。

你问我答

为什么使用镂空贴图时会出现白边？

透明贴图（或者使用的是 alpha 通道）的边界虽然看上去和颜色贴图的轮廓重合，但是因为像素精度的问题，还是会露出半个像素的背景色，而用户设置的颜色贴图的背景色是白色，所以会有白边。

解决方法：在 Photoshop 中打开贴图，①选中使用的贴图，单击按钮，得到选区，如图 5-52 所示；②执行【选择】|【修改】|【扩展】命令，打开如图 5-53 所示的【扩展选区】对话框。该命令可以在选择区域轮廓位置产生一定宽度的边界，如图 5-54 所示。一般设置 1 ~ 3 像素即可，此值不能过大，否则会出现一圈"绒毛"般的边界。制作黑白贴图如图 5-55 所示。

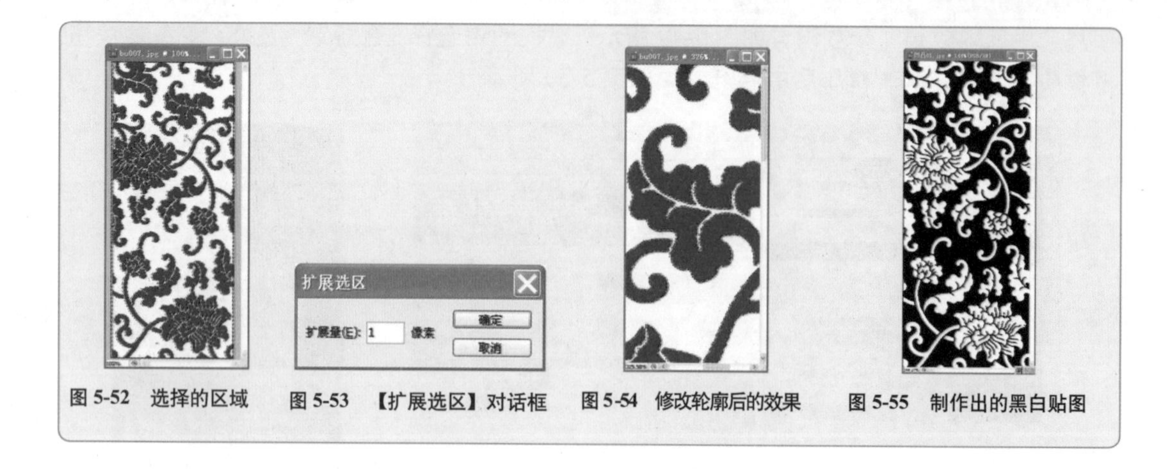

图 5-52　选择的区域　　图 5-53　【扩展选区】对话框　　图 5-54　修改轮廓后的效果　　图 5-55　制作出的黑白贴图

5.4.3　设置其他材质

具体操作步骤如下。

(1) 设置"花"材质。选择一个空白的示例球，将其命名为"花"并为其指定 VRayMtl 材质。在【基本参数】卷展栏中单击【漫反射】色块右侧的按钮，在弹出的【材质 / 贴图浏览器】对话框中选择【衰减】贴图类型。

(2) 在【衰减参数】卷展栏中单击颜色 1 右侧的通道按钮，在弹出的【材质 / 贴图浏览器】对话框中双击【位图】贴图类型，选择本书光盘"简欧客厅"目录下的"arch41_041_flower.jpg"文件。

(3) 单击按钮，返回上一级，将颜色 1 通道中的贴图文件拖动复制到颜色 2 通道中，如图 5-56 所示。

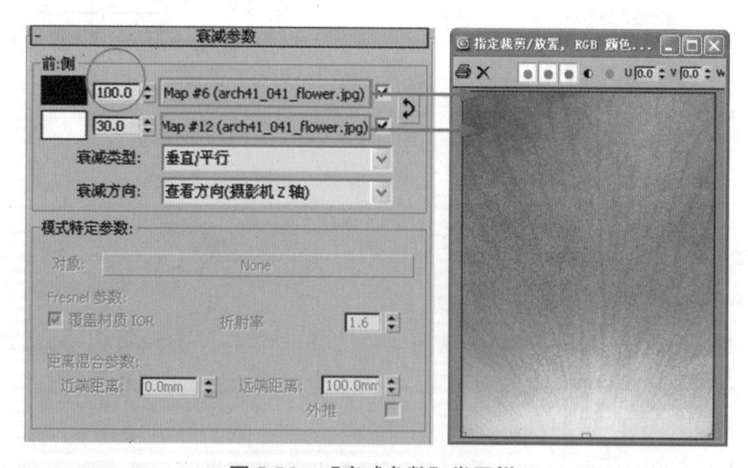

图 5-56　【衰减参数】卷展栏

(4) 单击按钮，返回到顶级，在【基本参数】卷展栏中单击【反射】色块，设置反射颜色为灰色，使其产生反射效果。再单击【折射】色块右侧的按钮，在弹出的【材质 / 贴图浏览器】对话框中双击【位图】贴图类型，选择本书光盘"简欧客厅"目录下的"arch41_043_flower_mask.jpg"文件，参数设置如图 5-57 所示。

(5) 单击按钮，返回到顶级，在【贴图】卷展栏中将【折射】通道中的贴图文件拖动复制到【凹凸】通道中，设置凹凸数量为200，如图5-58所示。

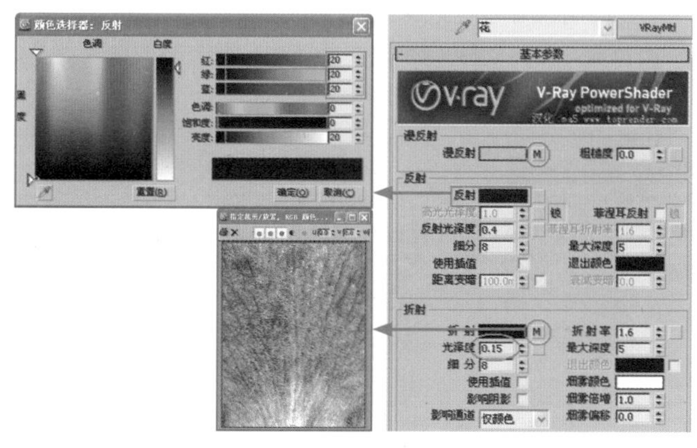

图 5-57 “花”材质参数设置

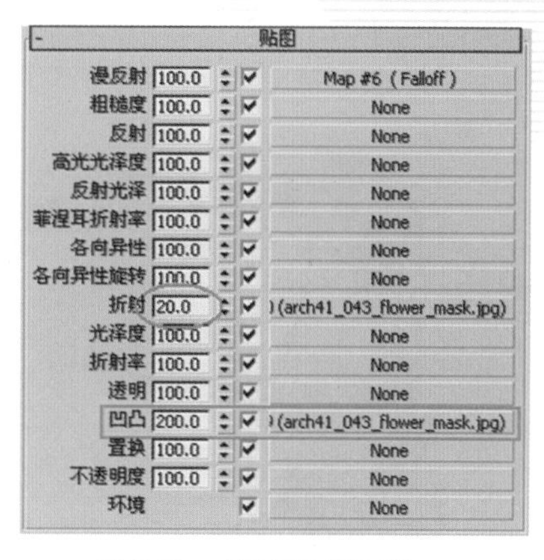

图 5-58 【贴图】卷展栏

(6) 在视图中选择“花”造型，单击按钮，将材质赋予它。

(7) 设置“花叶”材质。选择一个空白的示例球，将其命名为“花叶”并为其指定VRayMtl材质。在【基本参数】卷展栏中单击【漫反射】色块右侧的按钮，在弹出的【材质/贴图浏览器】对话框中双击【位图】贴图类型，选择本书光盘“简欧客厅”目录下的“arch41_043_leaf.jpg”文件，单击按钮，返回上一级，设置反射颜色为灰色，使其产生反射效果，如图5-59所示。

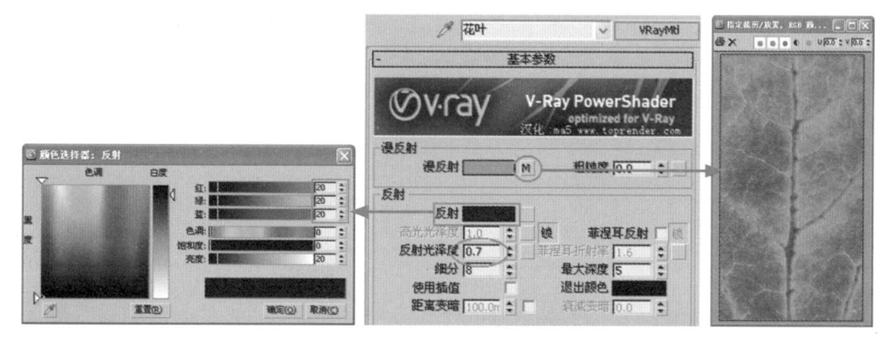

图 5-59 “花叶”材质参数设置

(8) 单击按钮，返回到顶级，在【贴图】卷展栏中将【漫反射】通道中的贴图文件拖动复制到【凹凸】通道中，设置凹凸数量为300，如图5-60所示。

(9) 在视图中选择“花叶”造型，单击按钮，将材质赋予它。赋予材质后的效果如图5-61所示。

图 5-60 【贴图】卷展栏

图 5-61 赋予材质后的花叶效果

(10) 设置“酒杯”材质。选择一个空白的示例球，将其命名为“酒杯”并为其指定VRayMtl材质。在【基本参数】卷展栏中设置【漫反射】为灰色，调整反射颜色为灰色，使其产生反射效果，设置折射颜色为白色，使其产生透明效果，其他参数设置如图5-62所示。

(11) 选择场景中的“酒杯”造型，将材质赋予它们，效果如图5-63所示。

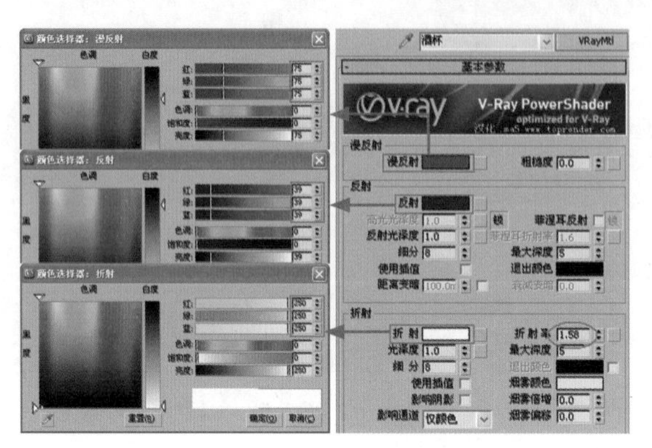

图 5-62　“酒杯”材质参数设置

图 5-63　赋予材质后的酒杯效果

说　明

常用材质折射率表如表5-1所示。

表 5-1　常用材质折射率

材　质	折 射 率	材　质	折 射 率
真空	1.000	空气	1.0003
冰	1.309	水	1.333
酒精	1.390	玻璃	1.50

你问我答

如何通过调整模糊的材质来提高渲染速度？

当一些模糊的反射材质不需要制作得很精细时，可以降低其反射细分值以及最大深度值，从而有效提高渲染速度，如图5-64所示。

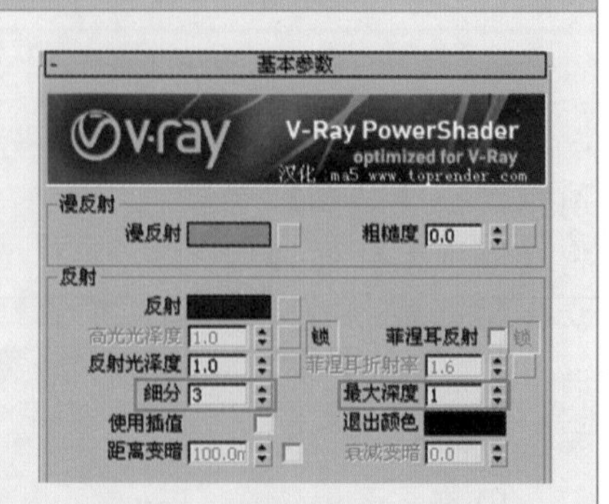

图 5-64　【基本参数】卷展栏

(12) 设置“豹”装饰材质。选择一个空白的示例球将其命名为“豹”并为其指定VRayMtl材质。在【基本参数】卷展栏中单击【漫反射】色块右侧的■按钮，在弹出的【材

质 / 贴图浏览器】对话框中双击【位图】贴图类型，选择本书光盘“简欧客厅”目录下的“Arch32_009_diffuse.jpg”文件。

(13) 单击按钮，返回到顶级。再单击【反射】色块右侧的按钮，以【位图】的方式选择本书光盘“简欧客厅”目录下的“Arch32_009_bump.jpg”文件，其他参数设置如图 5-65 所示。

图 5-65 “豹”材质参数设置

(14) 单击按钮，返回到顶级。打开【贴图】卷展栏，单击【凹凸】微调框右侧的通道按钮，在弹出的【材质 / 贴图浏览器】对话框中双击【位图】贴图按钮，选择本书光盘“简欧客厅”目录下的“Arch32_009_bump.jpg”文件，设置【凹凸】数量为 6，如图 5-66 所示。

(15) 在视图中选择“豹”装饰物，单击按钮，将材质赋予它，效果如图 5-67 所示。

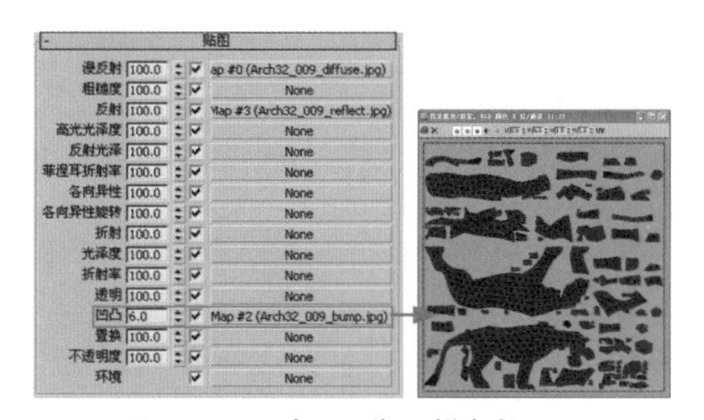

图 5-66 【贴图】卷展栏参数设置

图 5-67 赋予材质后的效果

(16) 设置“装饰画”材质。选择一个空白的示例球将其命名为“装饰画”并为其指定 VRayMtl 材质。在【基本参数】卷展栏中单击【漫反射】色块右侧的按钮，在弹出的【材质 / 贴图浏览器】对话框中双击【位图】贴图类型，选择本书光盘“简欧客厅”目录下的“12.JPG”文件，如图 5-68 所示。

图 5-68 “装饰画”材质参数设置

(17) 选择场景中的“装饰画”造型，单击按钮，将材质赋予它。

(18) 设置“烛台”材质。选择一个空白的示例球将其命名为“烛台”并为其指定VRayMtl材质。在【基本参数】卷展栏中单击【漫反射】色块右侧的按钮，在弹出的【材质/贴图浏览器】对话框中双击【位图】贴图类型，选择本书光盘“简欧客厅”目录下的“041--.JPG”文件。再设置反射颜色为灰色，使其产生反射效果，降低反射光泽度，参数设置如图5-69所示。

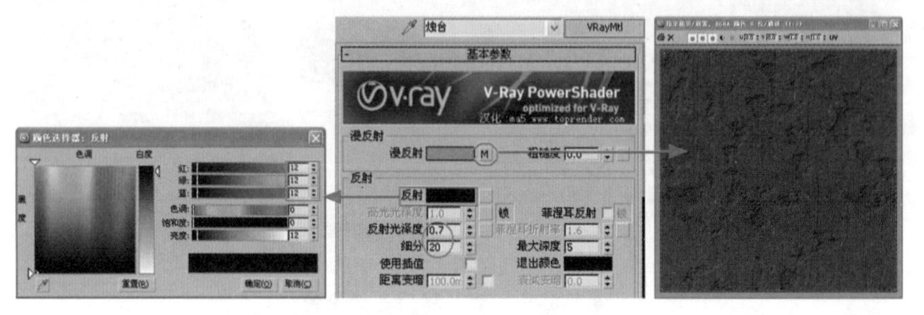

图 5-69　“烛台”材质参数设置

(19) 单击按钮，返回到顶级。打开【贴图】卷展栏，单击【凹凸】微调框右侧的通道按钮，在弹出的【材质/贴图浏览器】对话框中双击【位图】贴图类型，选择本书光盘“简欧客厅”目录下的“154.JPG”文件，设置【凹凸】数量为250，如图5-70所示。

(20) 选择场景中的“烛台”造型，单击按钮，将材质赋予它，效果如图5-71所示。

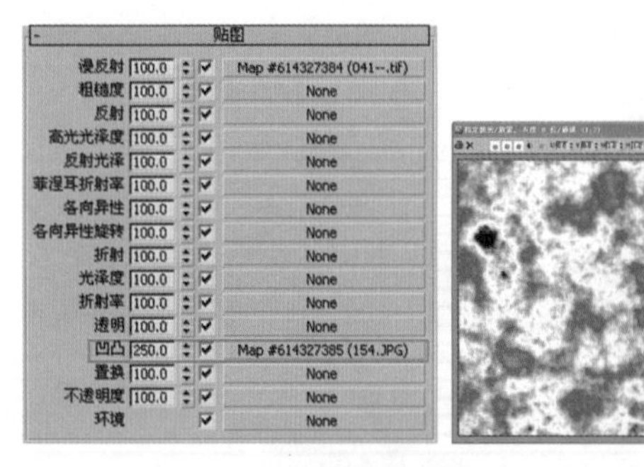

图 5-70　【贴图】卷展栏

图 5-71　赋予材质后的效果

5.5　最终场景渲染品质及后期处理

在创建完客厅的基本光效并设置完相应物体的材质后，即可进行最终场景的渲染设置和后期处理，以使简欧客厅设计达到更好的效果。下面介绍如何提高最终的渲染品质及相关后期处理技巧。

5.5.1　渲染场景参数设置

具体操作步骤如下。

(1) 打开【渲染设置：V-Ray Adv 2.00.03】对话框，在【VR_基项】选项卡中打开【V-Ray::

图像采样器(反锯齿)】卷展栏，设置【图像采样器】类型为【自适应细分】、【抗锯齿过滤器】为 Catmull-Rom，如图 5-72 所示。

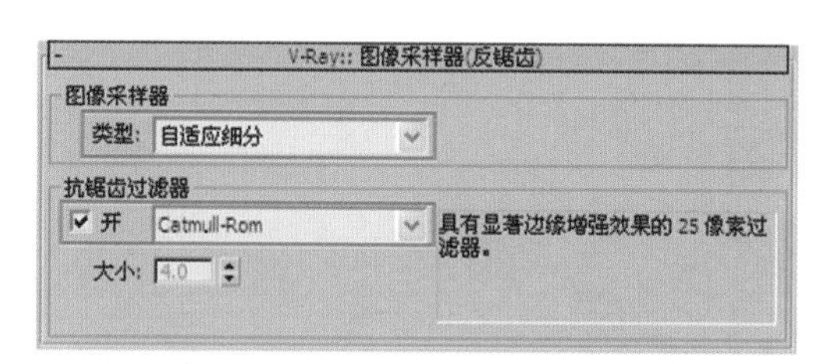

图 5-72 【VR_基项】选项卡参数设置

(2) 切换至【VR_间接照明】选项卡，在【V-Ray:: 发光贴图】卷展栏中设置【当前预置】为【中】，选中【渲染结束时光子图处理】选项组中的【自动保存】、【切换到保存的贴图】复选框，再单击【浏览】按钮，将光子图保存到相应的目录下，然后在【V-Ray:: 灯光缓存】卷展栏中设置【细分】值为 800，如图 5-73 所示。

(3) 渲染完成后，系统自动弹出 Choose irradiance map file（加载发光图）对话框，然后加载前面保存的光子图，如图 5-74 所示。

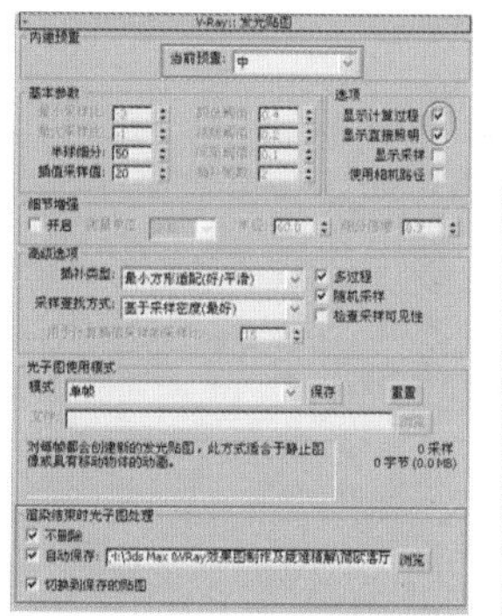
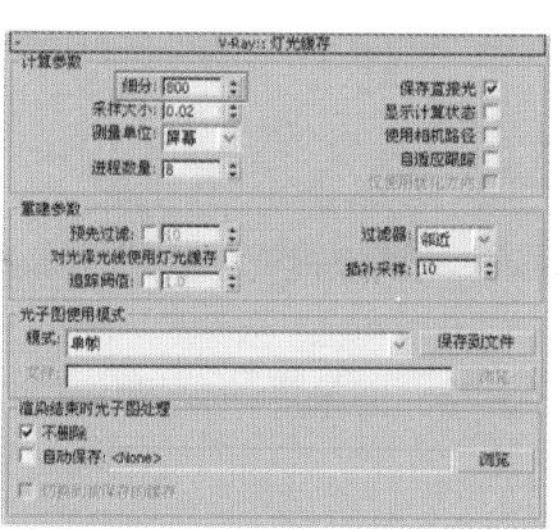

图 5-73 【VR_间接照明】选项卡参数设置

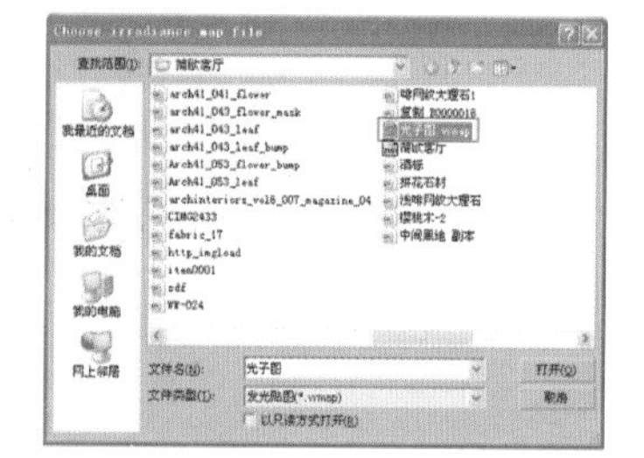

图 5-74 加载光子图

你问我答

保存光子图后再修改物体会不会影响最终输出结果?

由于 VRay 在计算光子图时是基于物体进行的，因此改变了场景中的物体，包括改变物体的位置，添加或删除物体，都需要重新计算光子图，以使光子分布符合新的场景。图 5-75 所示为保存光子图时的正确效果。删除场景中的物体后使用原光子图直接渲染，效果如图 5-76 所示，可以发现图中光影产生了错误效果。

图 5-75 保存光子图时的正确效果

图 5-76 错误的光影效果

(4) 再返回到【公用】选项卡，设置渲染输出的图像大小为 1800×1350，如图 5-77 所示。

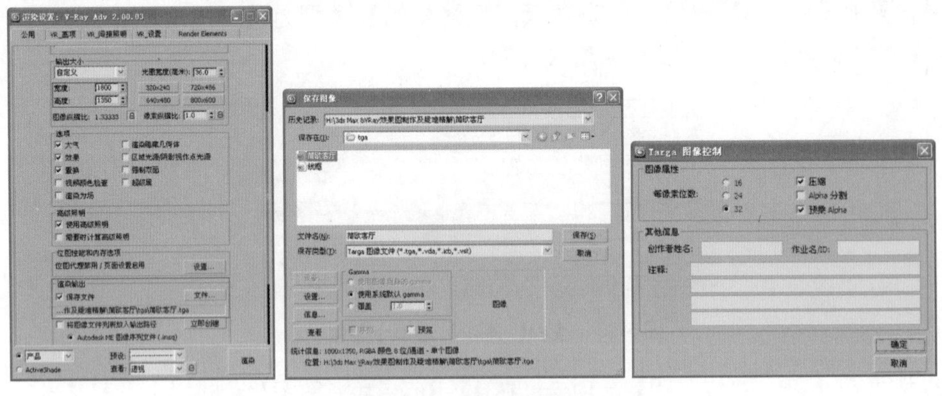

图 5-77 设置渲染输出

(5) 渲染后的效果如图 5-78 所示。

图 5-78 渲染后的效果

5.5.2 渲染图像的后期处理

在对图像进行后期处理时主要使用 Photoshop 软件对图像的亮度、对比度以及饱和度进行调整，使效果更加生动、逼真，主要使用【曲线】、【照片滤镜】、【高反差保留】等命令。

具体操作步骤如下。

(1) 启动 Photoshop 软件，选择菜单栏中的【文件】|【打开】命令，打开本书光盘“简欧客厅”目录下的“简欧客厅.tga”文件。

(2) 按 F7 键，打开图层面板，双击背景图层，弹出【新建图层】对话框，将背景层转换为【图层 0】，单击【确定】按钮，如图 5-79 所示。

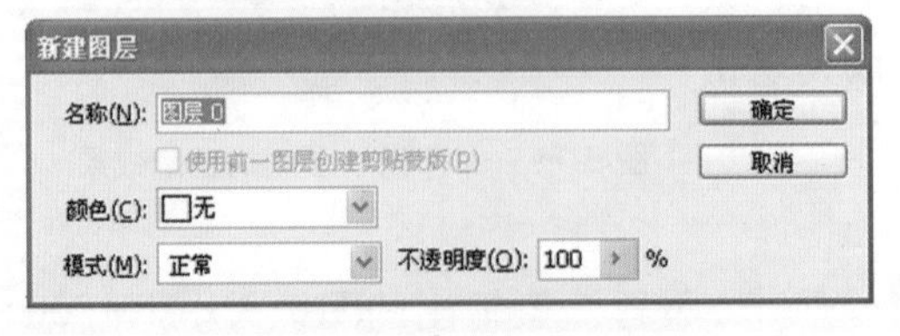

图 5-79 【新建图层】对话框

(3) 按快捷键 Ctrl+M，打开【曲线】对话框，如图 5-80 所示。调整控制线后的效果如图 5-81 所示。

(4) 单击【图层】面板中的【创建新的填充或调整图层】按钮，在弹出的快捷菜单中选择【照片滤镜】命令，为整个场景添加暖色，如图 5-82 所示。

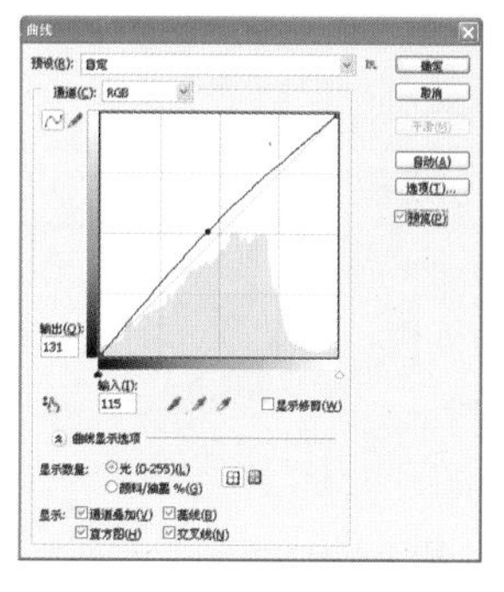

图 5-80 【曲线】对话框

图 5-81 调整亮度后的效果

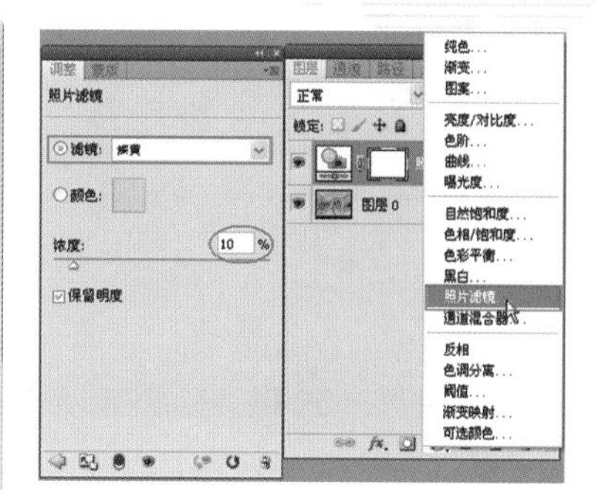

图 5-82 选择【照片滤镜】命令

(5) 单击按钮，新建图层 4。按组合键 Ctrl+Alt+Shift+E，拼合新建可见图层 4。选择菜单栏中的【滤镜】|【其它】|【高反差保留】命令，如图 5-83 所示。

(6) 在弹出的【高反差保留】对话框中设置【半径】为 2.0，如图 5-84 所示。

(7) 执行确定操作后在【图层】面板中设置图层的混合模式为【叠加】方式，设置【不透明度】为 79%，如图 5-85 所示。

图 5-83 选择【高反差保留】命令

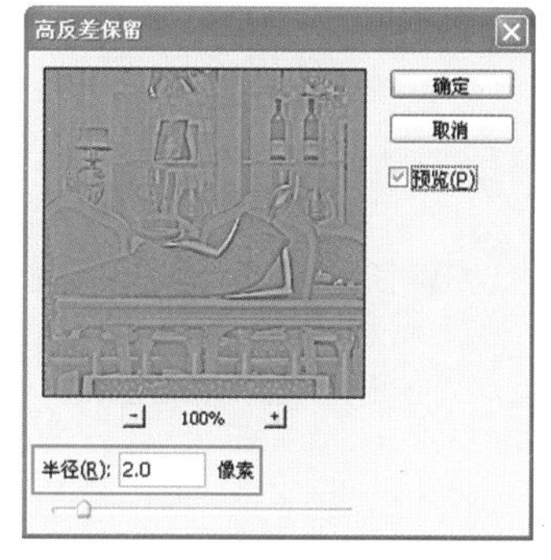

图 5-84 【高反差保留】对话框

图 5-85 设置图层的混合模式及不透明度

(8) 单击工具箱中的【画笔工具】按钮，在工具属性栏中设置画笔大小为 48px，如图 5-86 所示。然后在筒灯的位置点缀，效果如图 5-87 所示。

图 5-86 设置画笔属性

图 5-87 点缀发光后的效果

(9) 单击工具箱中的【裁剪工具】按钮，使用剪切工具裁切图像，调整图像的构图，如图 5-88 所示。

(10) 执行确定操作后的最终效果如图 5-89 所示。餐厅区域效果如图 5-90 所示。

图 5-88　剪切图像

图 5-89　处理后的最终效果

图 5-90　餐厅区域效果

5.6　本章小结

本章主要介绍了简欧客厅空间的表现技法。通过学习，主要掌握空间材质、灯光的表现方法与技巧。本案例的整个空间材质表现中利用石材、壁纸的地方比较多，从而使得室内反射的材质也就比较多，因此在制作上要灵活运用 VRay 的反射、折射功能。另外，在设计上要掌握以下几大要点：①保持使用空间的完整性和灵活性；②合理划分功能分区，隔而不断；③最大限度地挖掘可利用空间，扩大空间感，尽量避免死角；④把握简洁、舒适的原则，突显个性特色。要满足这些要求，需要在细节上多下工夫，让设计细致入微地体现“人性化”。

第6章

地中海客厅效果表现

本章讲解地中海风格的客厅效果，学习地中海风格的美学特点。地中海风格的装修要在组合上注意空间搭配，在色彩上的选择自然柔和，充分利用每一寸空间等。

6.1 地中海客厅空间简介

地中海风格装修通过取材天然的材料方案，来体现向往自然、亲近自然、感受自然的生活情趣，进而体现地中海风格的自然思想内涵；还通过以海洋的蔚蓝色为基本色调的颜色搭配方案、自然光线的巧妙运用、富有流线及梦幻色彩的线条等软装特点来表述其浪漫情怀；在家具设计上大量采用宽松、舒适的家具来体现地中海风格装修的休闲体验。因此，“自由、自然、浪漫、休闲”是地中海风格装修的精髓。

本案例地中海客厅效果如图 6-1 所示。

图 6-1 地中海客厅效果

图 6-2 所示为地中海客厅模型的线框效果。

图 6-2 地中海客厅模型线框效果

6.2　设置摄影机参数

首先打开场景文件，设置摄影机，调整一个合适的构图角度。

具体操作步骤如下。

(1) 打开本书光盘“地中海客厅”目录下的“地中海客厅.max”场景文件，这是一个已经创建好模型的客厅场景。

(2) 单击或按钮，在【对象类型】卷展栏中单击【目标】按钮，然后在【顶】视图中创建目标摄影机，在【参数】卷展栏中设置【镜头】为24.0、【视野】为73.74，如图6-3所示。

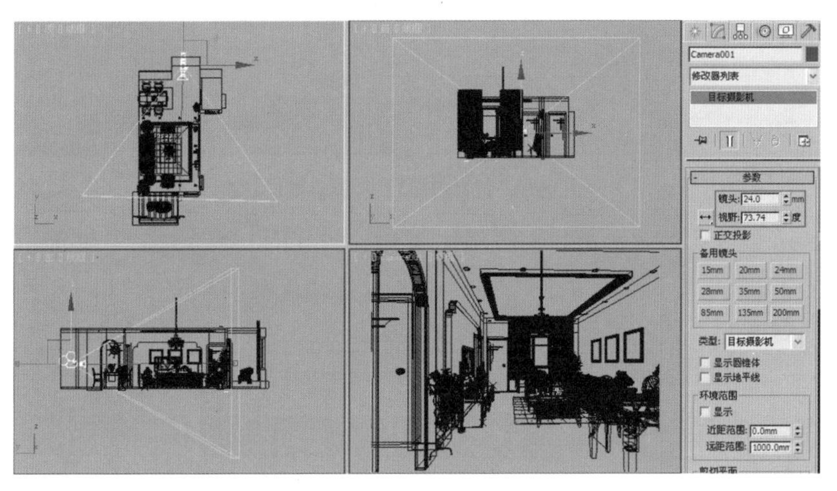

图6-3　创建摄影机

你问我答

如何匹配摄影机到当前视图？

(1) 首先选择摄影机。

(2) 激活透视图、灯光视图或者其他摄影机视图，选择菜单栏中的【视图】|【从视图创建摄影机】命令。

(3) 在视图区左上角视图上单击，在弹出的快捷菜单中选择【摄影机】命令，或者直接按C键。

6.3　创建空间基本光效

本场景光线来源主要为室外的灯光及阳光。在为场景创建灯光前，可以先用一种白色材质覆盖场景中的所有物体，这样便于观察灯光对场景的影响。

具体操作步骤如下。

(1) 按 M 键，打开【材质编辑器】对话框。选择一个空白的示例球，单击 Standard 按钮，在弹出的【材质 / 贴图浏览器】对话框中选择 VRayMtl 材质，将材质命名为“替代材质”。

(2) 在【基本参数】卷展栏中单击【漫反射】色块，设置表面颜色为白色，如图 6-4 所示。

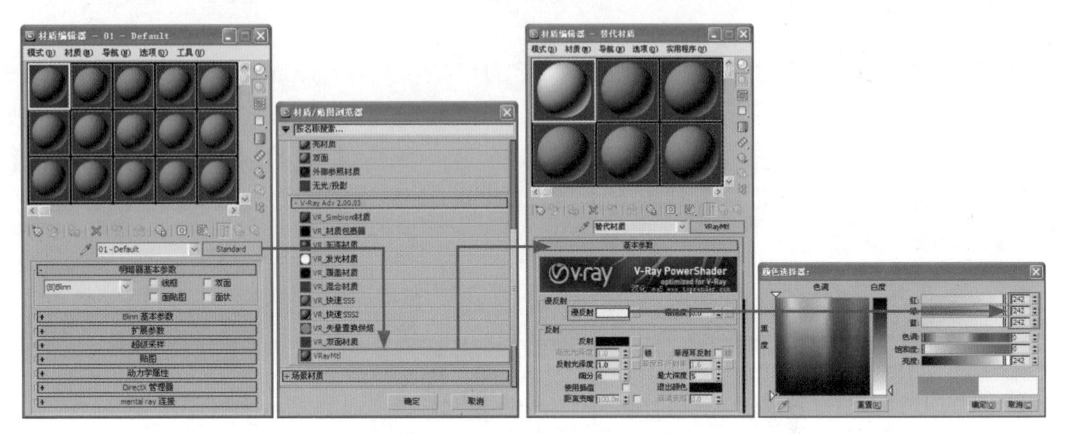

图 6-4 【替代材质】材质参数设置

(3) 按 F10 键，打开【渲染设置：V-Ray Adv 2.00.03】对话框，切换至【VR_基项】选项卡，在【V-Ray:: 全局开关】卷展栏中选中【替代材质】复选框，然后进入【材质编辑器】对话框中，将“替代材质”的材质类型拖放到【替代材质】复选框右侧的贴图通道上，并以【实例】方式进行关联复制，如图 6-5 所示。

图 6-5 【渲染设置：V-Ray Adv 2.00.03】对话框设置

(4) 设置主光源。单击创建命令面板中的灯光按钮，在【光度学】下拉列表中选择 VRay 选项。单击【VR_光源】按钮，在【前】视图中根据灯光的大小创建 VR 光源，调整灯光位置，如图 6-6 所示。

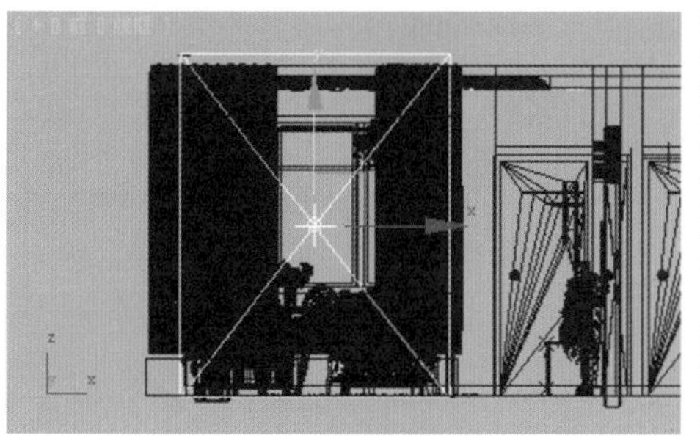
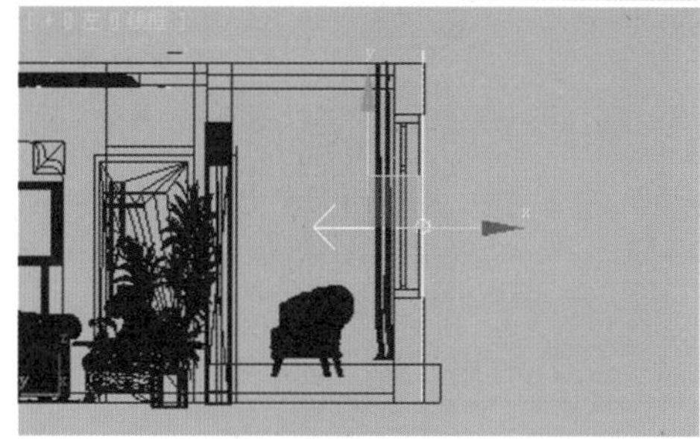

图 6-6　创建主光源

(5) 单击按钮，在【参数】卷展栏中设置灯光强度为 8.0，调整灯光颜色为蓝色，选中【选项】选项组中的【不可见】复选框，参数设置如图 6-7 所示。

(6) 单击按钮，渲染摄影机视图，光线透过窗口射入室内，效果如图 6-8 所示。

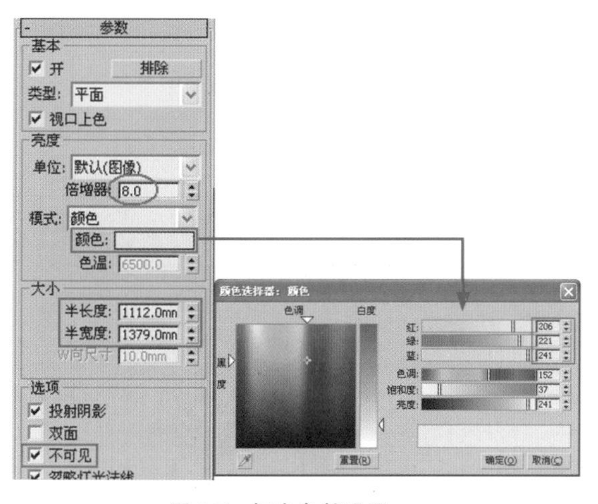

图 6-7　灯光参数设置

图 6-8　渲染效果

(7) 在【左】视图中选择上面创建的灯光，用移动复制的方法以【复制】方式复制一盏，调整位置，如图 6-9 所示。

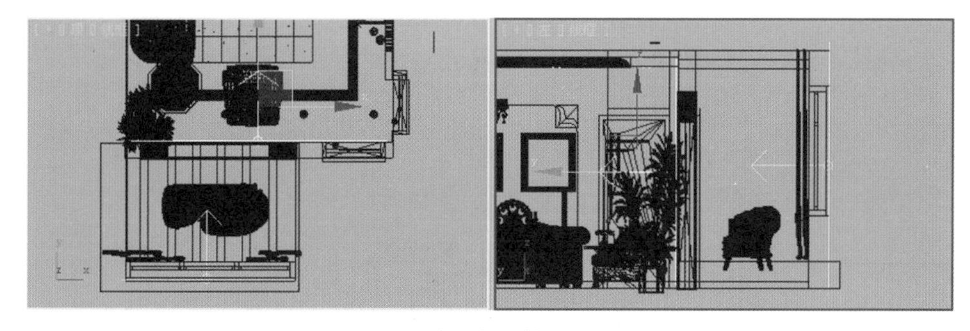

图 6-9　复制灯光并调整位置

(8) 单击按钮，在【参数】卷展栏中修改灯光倍增值为 5.0，单击工具栏中的按钮，调整灯光大小。

(9) 单击按钮，渲染摄影机视图，效果如图 6-10 所示。

图 6-10　渲染后的效果

(10) 在【顶】视图中选择窗口处创建的 VR 灯光，用移动复制的方法以【复制】方式复制一盏，调整灯光位置，如图 6-11 所示。

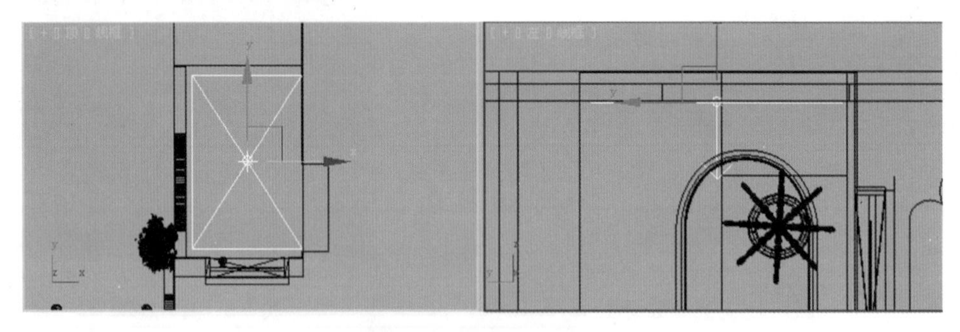

图 6-11　复制 VR 光源

(11) 单击按钮，在【参数】卷展栏中调整灯光【倍增器】值为 2.0，调整其他参数设置，如图 6-12 所示。

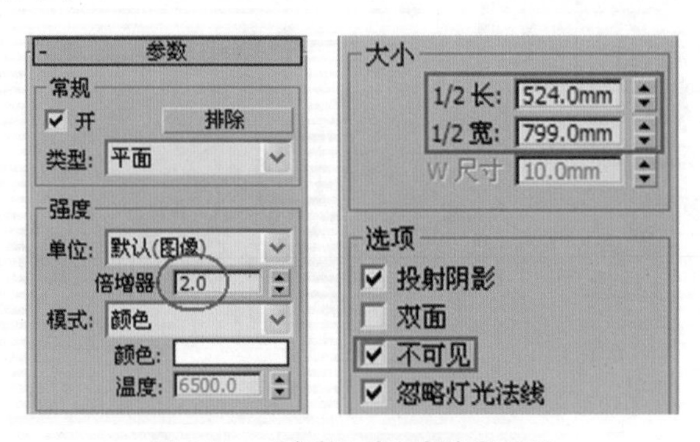

图 6-12　【参数】卷展栏参数设置

(12) 在【顶】视图中选择上面的 VR 灯光，用移动复制的方法以【复制】方式复制一组，调整灯光大小、位置，如图 6-13 所示。

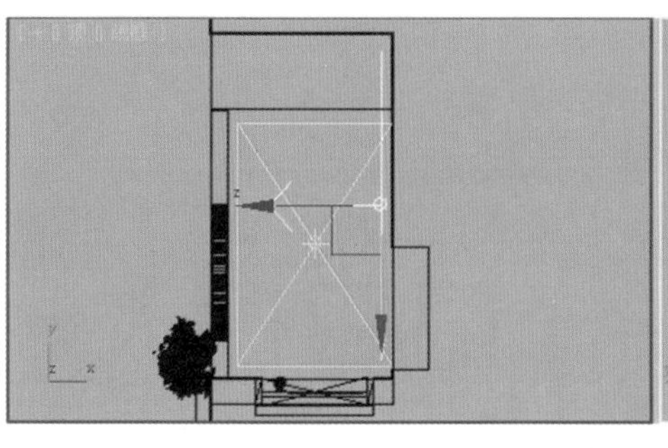

图 6-13　复制灯光并调整位置

(13) 单击【VR_光源】按钮，在【顶】视图中灯带的位置创建 VR 光源，单击按钮，在【参数】卷展栏中设置灯光【倍增器】值为 3.5，灯光颜色为白色，然后选择 VR 光源，用旋转复制的方法将其复制 3 盏，调整灯光位置，如图 6-14 所示。

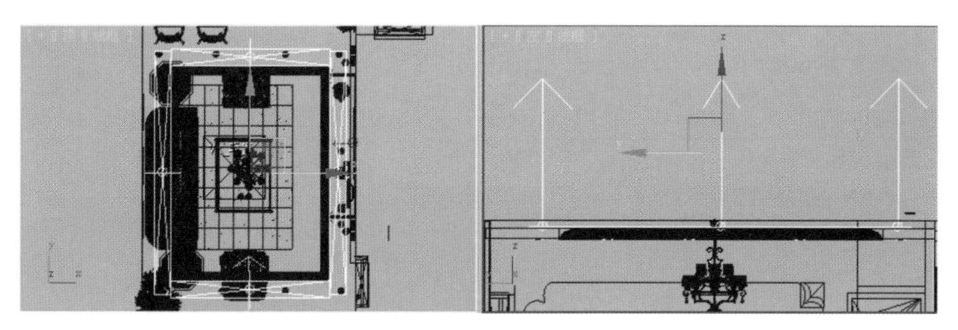

图 6-14　创建并复制灯光

(14) 单击按钮，在【参数】卷展栏中调整灯光【倍增器】值为 6.0，选中【不可见】复选框，如图 6-15 所示。

(15) 单击按钮，渲染摄影机视图，效果如图 6-16 所示。

图 6-15　灯光参数设置　　　　图 6-16　渲染后的效果

(16) 单击创建命令面板中的灯光按钮，在【光度学】选项组中单击【自由灯光】按钮，在【顶】视图中筒灯的位置创建灯光，再用移动复制的方法以【实例】方式复制，调整位置，如图 6-17 所示。

图 6-17　创建筒灯并复制

(17) 单击按钮，在【常规参数】卷展栏中选中【阴影】选项组中的【启用】复选框，选择 VRayShadow 选项，在【灯光分布 (类型)】选项组中选择【光度学 Web】选项，然后在【分布 (光度学 Web)】卷展栏中单击【选择光度学文件】按钮，打开【打开光域网 Web 文件】对话框，选择本书光盘“地中海客厅”目录下的“30.IES”文件，再设置灯光强度为 6000.0，其他参数设置如图 6-18 所示。

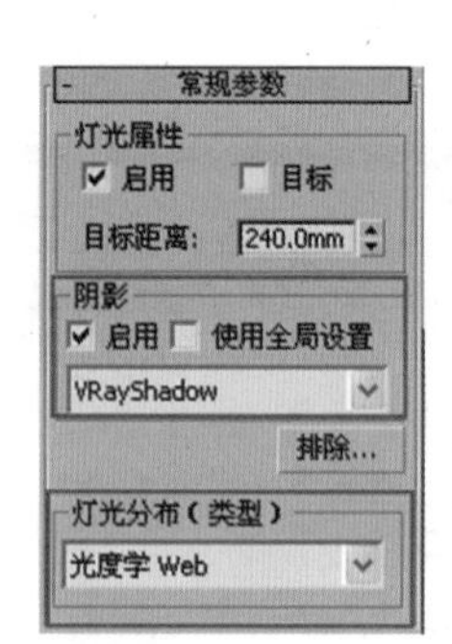

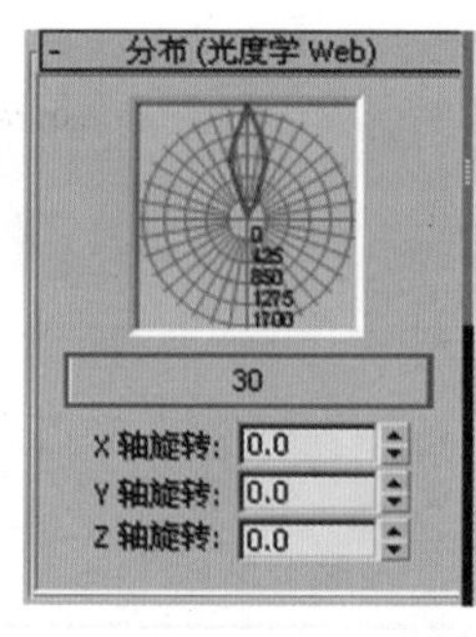

图 6-18　光度学灯光参数设置

(18) 单击【VR_ 光源】按钮，在【顶】视图中台灯的位置创建 VR 光源，再用移动复制的方法将其复制一盏，调整位置，如图 6-19 所示。

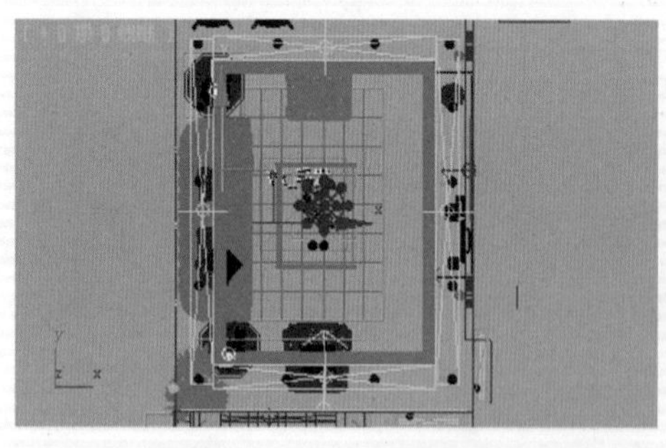

图 6-19　在台灯位置创建并复制灯光

(19) 单击按钮，在【参数】卷展栏中选择灯光类型为【球体】，设置灯光【倍增器】值为 8.0 调整灯光颜色为暖色，其他参数设置如图 6-20 所示。

(20) 单击按钮，渲染摄影机视图，效果如图 6-21 所示。

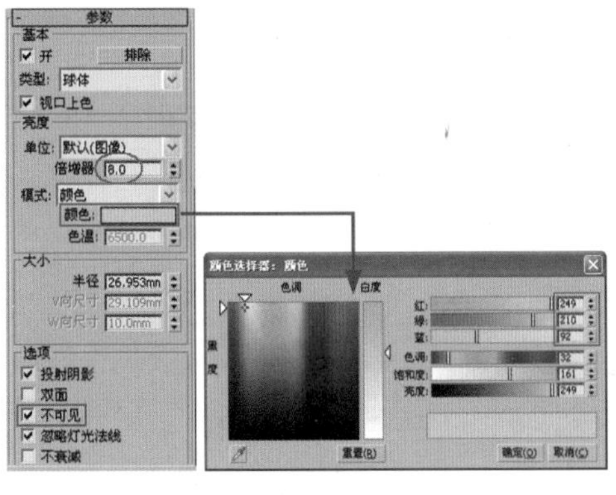

图 6-20　台灯灯光参数设置

图 6-21　渲染后的效果

6.4　调整空间纹理材质

对于地中海风格的打造，色彩的选择很重要。色彩多为蓝、白色调的纯天然的色彩，如矿物质的色彩。材料的质地较粗，并有明显的肌理纹路，木头多为原木，因此应尽量少用木夹板和贴木皮。下面来介绍地中海客厅空间不同材质的调整方法。

6.4.1　设置主体材质

具体操作步骤如下。

(1) 在设置材质前，首先要取消前面对场景材质物体的材质替换状态。按 F10 键，打开【渲染场景 :V-Ray Adv 2.00.03】对话框，在【V-Ray:: 全局开关】卷展栏中取消选中【替代材质】复选框，如图 6-22 所示。在视图中右击，在弹出的快捷菜单中选择【取消全部显示】命令。

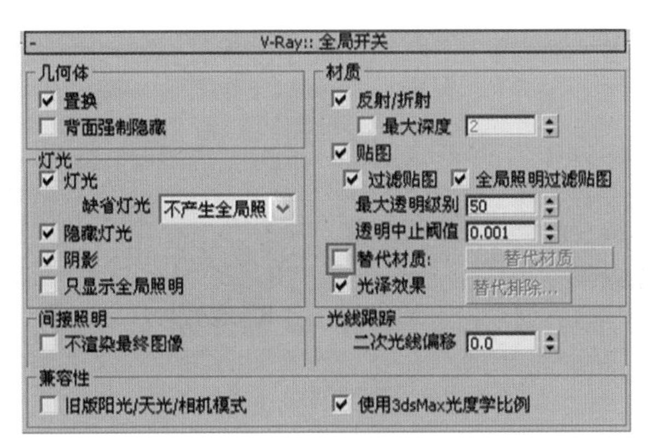

图 6-22　【V-Ray:: 全局开关】卷展栏

(2) 设置“蓝色乳胶漆”材质。选择一个空白的示例球，将其命名为“蓝色乳胶漆”并为其指定 VRayMtl 材质。在【基本参数】卷展栏中设置【漫反射】色块为蓝色，调整【反射】颜色为灰色，使其产生反射，参数设置如图 6-23 所示。

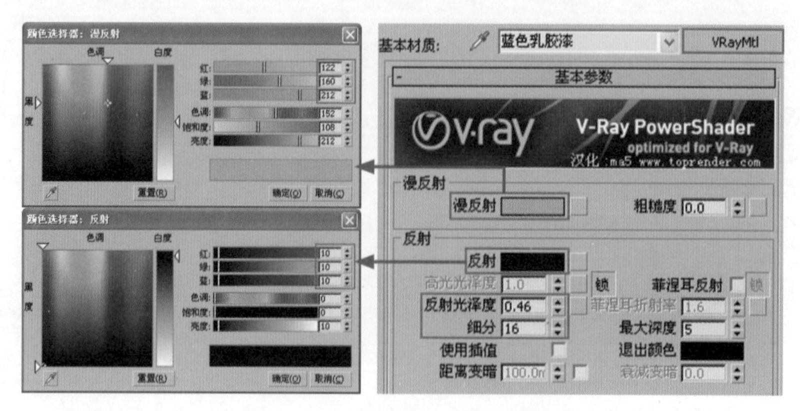

图 6-23　“蓝色乳胶漆”材质参数设置

(3) 在视图中选择“墙体”造型，单击按钮，将材质赋予它们。

(4) 单击【材质编辑器】对话框中的 VRayMtl 按钮，在弹出的【材质 / 贴图浏览器】对话框中双击【VR_ 覆盖材质】，在弹出的【替换材质】对话框中选中【将旧材质保存为子材质】单选按钮，如图 6-24 所示。

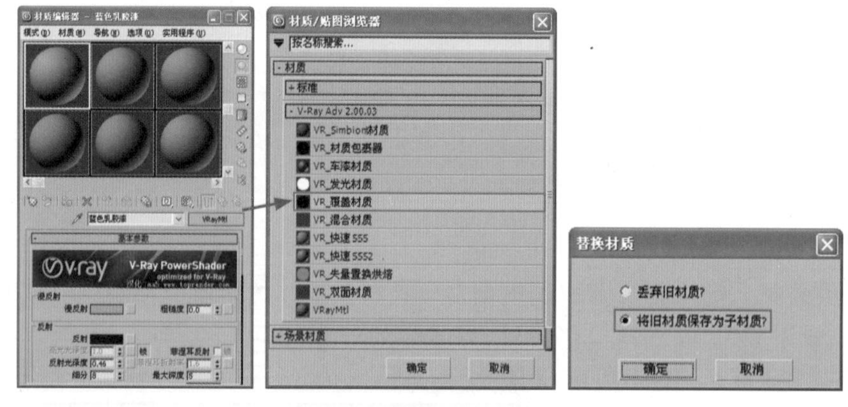

图 6-24　覆盖材质参数设置

(5) 在 GI 材质【基本参数】卷展栏中单击【漫反射】色块，通过调整表面颜色降低溢色效果，如图 6-25 所示。

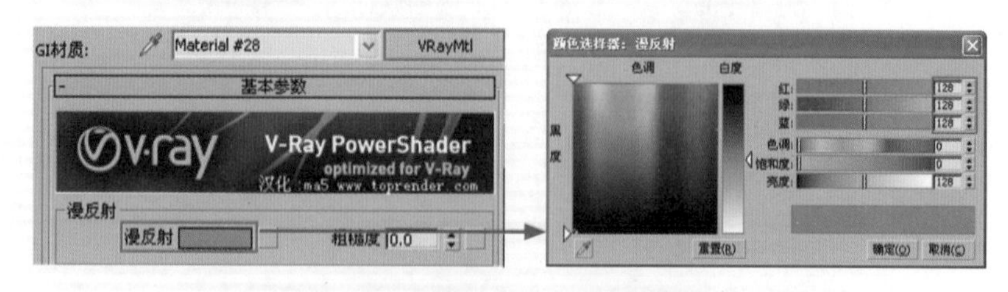

图 6-25　【基本参数】卷展栏设置

(6) 设置“电视背景墙”材质。选择“蓝色乳胶漆”材质示例球，在【参数】卷展栏中，将【基本材质】通道中的文件以【复制】方式拖动复制到一个空白的示例球上，将其命名为“背景墙壁纸”，如图 6-26 所示。

(7) 打开【贴图】卷展栏，单击【凹凸】微调框右侧的通道按钮，在弹出的

【材质/贴图浏览器】对话框中双击【位图】贴图类型，选择本书光盘“地中海客厅”目录下的“WL-112.jpg”文件，设置凹凸数量为−120，如图6-27所示。

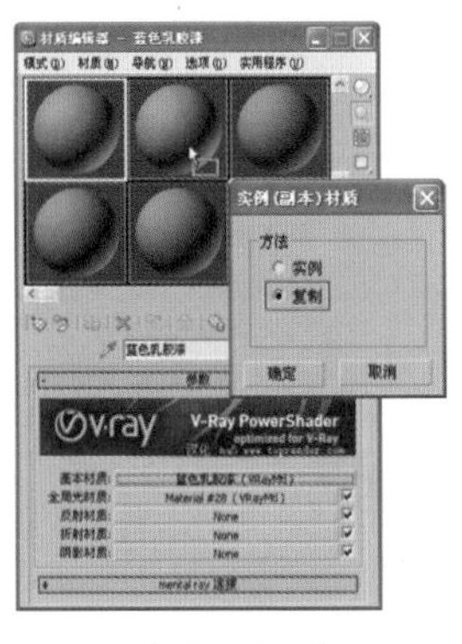

图6-26 复制示例球

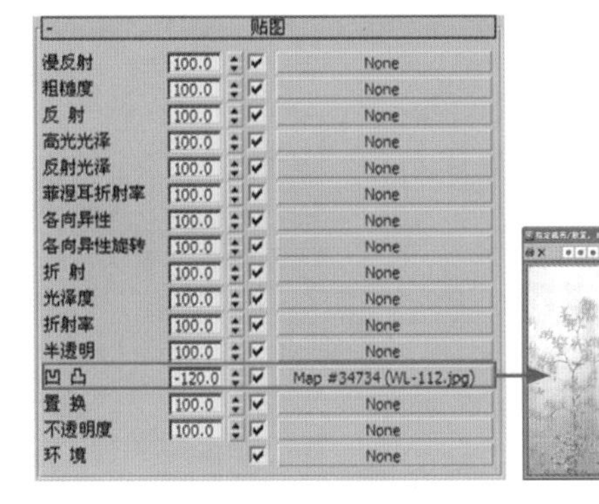

图6-27 【贴图】卷展栏设置

(8) 在视图中选择“电视背景墙”造型，单击按钮，将材质赋予它。

(9) 设置“白色乳胶漆”材质。在【材质编辑器】对话框中选择一个空白的示例球并命名为“白色乳胶漆”，将其设置为VRayMtl材质，在【基本参数】卷展栏中设置【漫反射】颜色为黄色(RGB：232、232、232)，然后在视图中选择“吊顶”、“墙体造型”，单击按钮，将材质赋予它们。

(10) 设置“地砖”材质。选择一个空白的示例球，将其命名为“地砖”并为其指定VRayMtl材质。在【基本参数】卷展栏中调整【反射】颜色为灰色，使地板产生反射效果，单击【漫反射】色块右侧的按钮，在弹出的【材质/贴图浏览器】对话框中双击【位图】贴图类型，选择本书光盘“地中海客厅”目录下的“地面.jpg”文件，其他参数设置如图6-28所示。

(11) 单击按钮，返回上一级，在【贴图】卷展栏中单击【凹凸】通道按钮，在弹出的【材质/贴图浏览器】对话框中双击【位图】贴图类型，选择本书光盘“地中海客厅”目录下的“地面反光材质.jpg”文件，设置凹凸数量为15，如图6-29所示。

图6-28 “地砖”材质参数设置

图6-29 【贴图】卷展栏

(12) 在视图中选择“地面”造型，单击按钮，将材质赋予它。再选择修改命令面板中的【UVW贴图】命令，在【参数】卷展栏中设置参数，如图6-30所示。

(13) 在堆栈编辑器中进入Gizmo子对象层级，单击工具栏中的按钮，旋转纹理45度，调整纹理后的效果如图6-31所示。

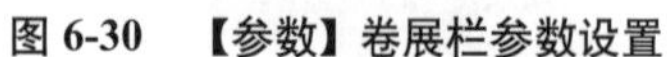

图 6-30 【参数】卷展栏参数设置

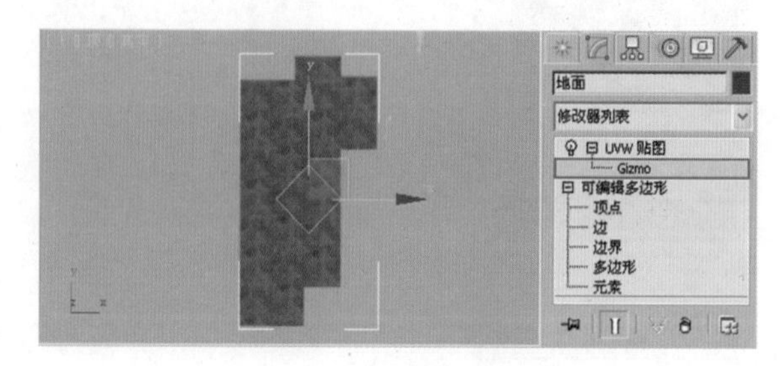

图 6-31 调整纹理坐标

6.4.2 设置家具材质

具体操作步骤如下。

(1) 设置"沙发布纹"材质。选择一个空白的示例球，将其命名为"沙发布纹"。在【明暗器基本参数】卷展栏中单击【漫反射】色块右侧的■按钮，在弹出的【材质/贴图浏览器】对话框中双击【衰减】贴图类型。

(2) 在【衰减参数】卷展栏中设置衰减颜色 1，并设置【衰减类型】为 Fresnel，如图 6-32 所示。

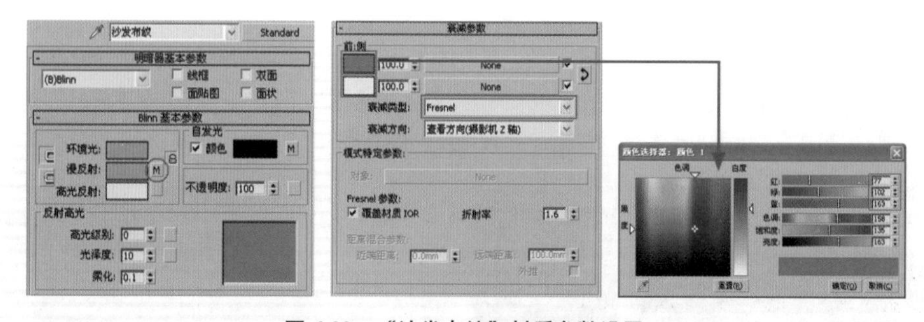

图 6-32 "沙发布纹"材质参数设置

(3) 单击按钮，返回到顶级，打开【贴图】卷展栏，单击【自发光】微调框右侧的通道按钮，在弹出的【材质/贴图浏览器】对话框中选择【遮罩】贴图类型，如图 6-33 所示。

(4) 在【遮罩参数】卷展栏中单击【贴图】通道按钮，在弹出的【材质/贴图浏览器】对话框中选择【衰减】贴图类型，再设置衰减颜色，如图 6-33 所示。

(5) 单击按钮，返回到顶级，单击【凹凸】微调框右侧的通道按钮，在弹出的【材质/贴图浏览器】对话框中选择本书光盘"地中海客厅"目录下的"11208812971.JPG"文件，再设置凹凸数量为 15，如图 6-33 所示。

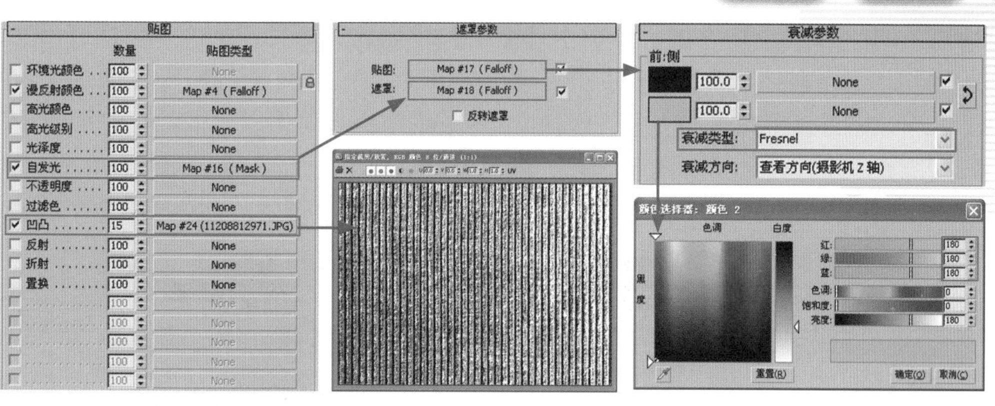

图 6-33 【贴图】卷展栏及其他相关参数设置

(6) 选择场景中的沙发，将材质赋予它们，效果如图 6-34 所示。

图 6-34 沙发赋予材质后的效果

(7) 设置“抱枕”材质。选择一个空白的示例球，将其命名为“抱枕”。在【贴图】卷展栏中单击【漫反射颜色】微调框右侧的通道按钮，在弹出的【材质 / 贴图浏览器】对话框中双击【位图】贴图类型。选择本书光盘“地中海客厅”目录下的“1510826.jpg”文件。再将【漫反射颜色】通道中的贴图文件拖动复制到【凹凸】通道中，设置凹凸数量为 30，如图 6-35 所示。

(8) 单击按钮，返回到顶级，在【贴图】卷展栏中单击【自发光】微调框右侧的通道按钮，在弹出的【材质 / 贴图浏览器】对话框中选择【遮罩】贴图类型，如图 6-35 所示。

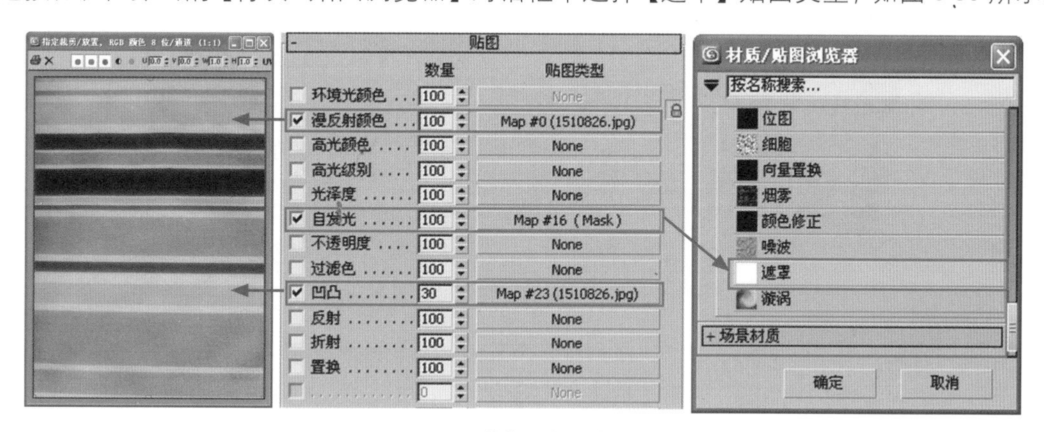

图 6-35 “抱枕”材质参数设置

(9) 在【遮罩参数】卷展栏中单击【贴图】右侧的通道按钮，在弹出的【材质/贴图浏览器】对话框中选择【衰减】贴图类型，然后在【衰减参数】卷展栏中设置颜色1、颜色2，设置【衰减类型】为Fresnel，单击按钮，返回上一级，将贴图通道中的材质类型拖动复制到遮罩通道中，如图6-36所示。

(10) 在视图中选择“抱枕”造型，单击按钮，将材质赋予它，效果如图6-37所示。

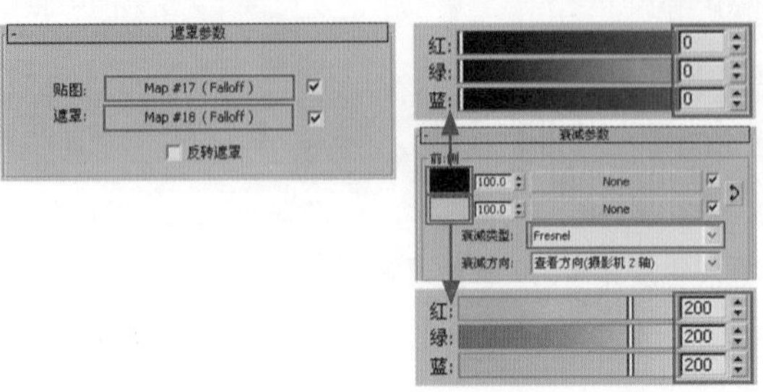

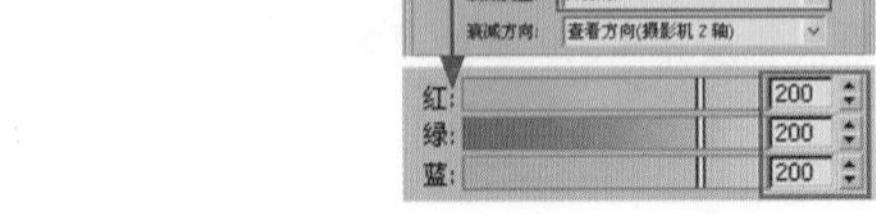

图6-36　【遮罩参数】、【衰减参数】卷展栏设置

图6-37　抱枕赋予材质后的效果

(11) 设置“灯罩”材质。选择一个空白的示例球将其命名为“灯罩”。在【Blinn基本参数】卷展栏中设置【漫反射】颜色为白色(RGB值均为255)。然后，在视图中选择“吊灯灯罩”造型，单击按钮，将材质赋予它。

(12) 设置“灯缀”材质。选择一个空白的示例球，将其命名为“灯缀”，并将其设置为VRayMtl材质。在【基本参数】卷展栏中设置表面颜色为浅蓝色，设置反射颜色为白色，使其产生完全反射，调整折射颜色为白色，使其产生透明效果，然后选中【影响阴影】、【菲涅耳反射】复选框，如图6-38所示。在视图中选择“灯缀”造型，将材质赋予它们。

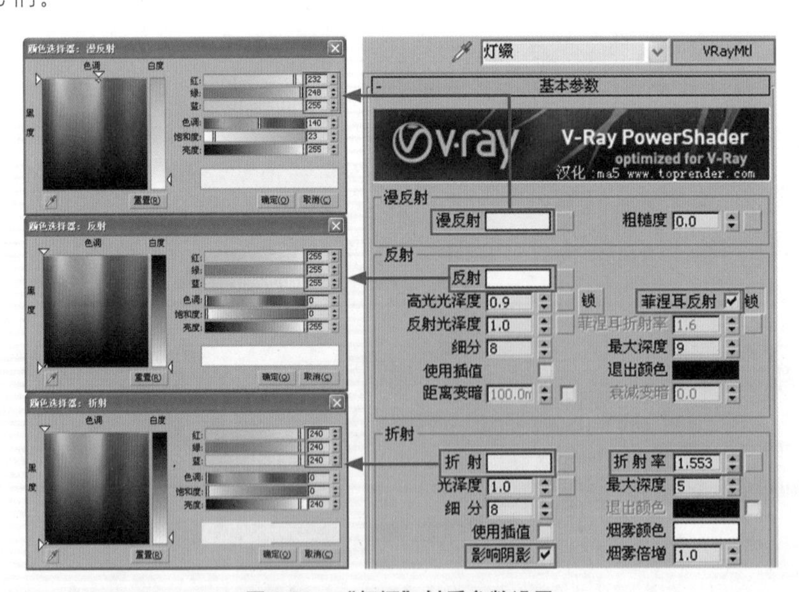

图6-38　“灯缀”材质参数设置

(13) 设置“吊灯灯架”材质。选择一个空白的示例球，将其命名为“吊灯灯架”并为其指定VRayMtl材质。在【基本参数】卷展栏中设置表面颜色为黑色，设置反射颜色为灰色，再调整高光光泽度和反射光泽度，如图6-39所示。

(14) 将材质赋予吊灯灯架，吊灯赋予材质后的效果如图 6-40 所示。

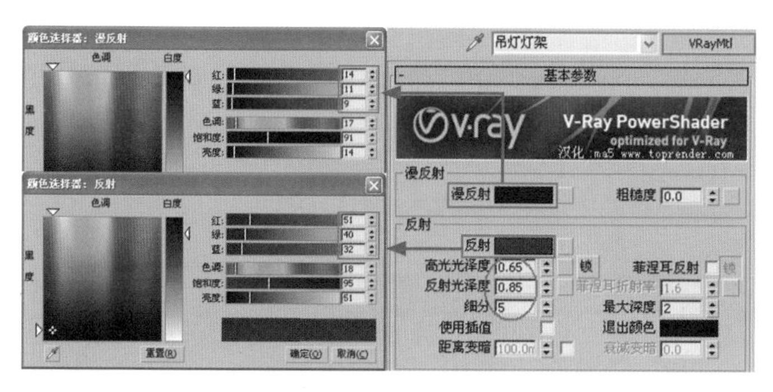

图 6-39 “吊灯灯架”材质参数设置

图 6-40 吊灯赋予材质后的效果

(15) 设置“混油”材质。选择一个空白的示例球将其命名为“混油”并为其指定 VRayMtl 材质。在【基本参数】卷展栏中调整【漫反射】颜色为白色，【反射】颜色为灰色，使其略产生反射，参数设置如图 6-41 所示。

(16) 选择场景中的餐桌、电视柜造型，单击按钮，将材质赋予它们。效果如图 6-42 所示。

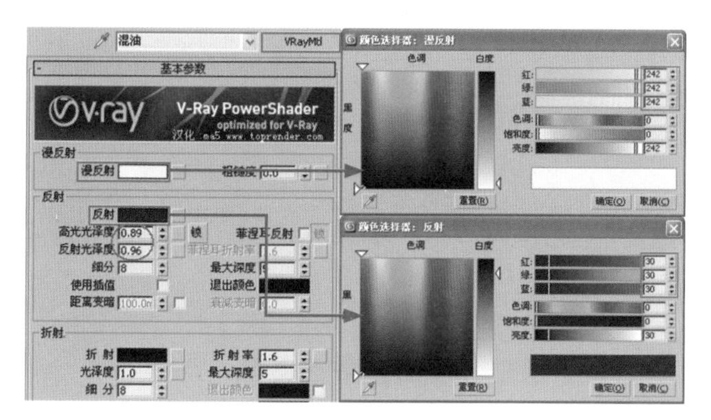

图 6-41 “混油”材质参数设置

图 6-42 电视柜赋予材质后的效果

(17) 设置“皮革”材质。选择一个空白的示例球，将其命名为“皮革”并为其指定 VRayMtl 材质。在【基本参数】卷展栏中设置反射颜色为灰色，使其产生反射效果，再单击【漫反射】色块右侧的按钮，在弹出的【材质/贴图浏览器】对话框中双击【位图】贴图类型，选择本书光盘“地中海客厅”目录下的“084.jpg”，其他参数的设置如图 6-43 所示。

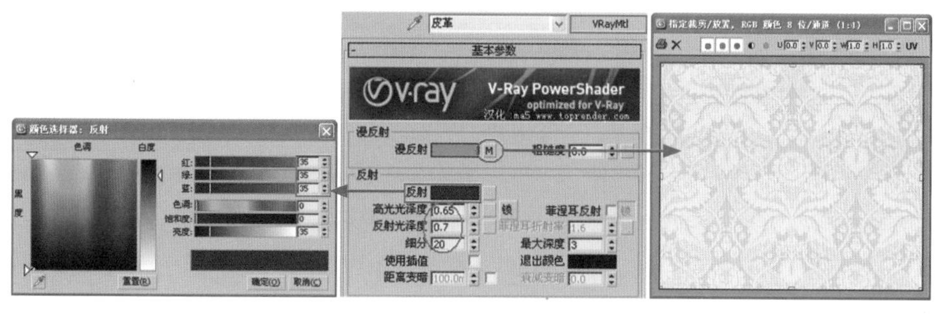

图 6-43 “皮革”材质参数设置

(18) 打开【贴图】卷展栏，将【漫反射】通道中的贴图文件拖动复制到【凹凸】通道中，如图 6-44 所示。

(19) 在视图中选择沙发椅造型，单击按钮，将材质赋予它。赋予材质后的沙发椅效果如图 6-45 所示。

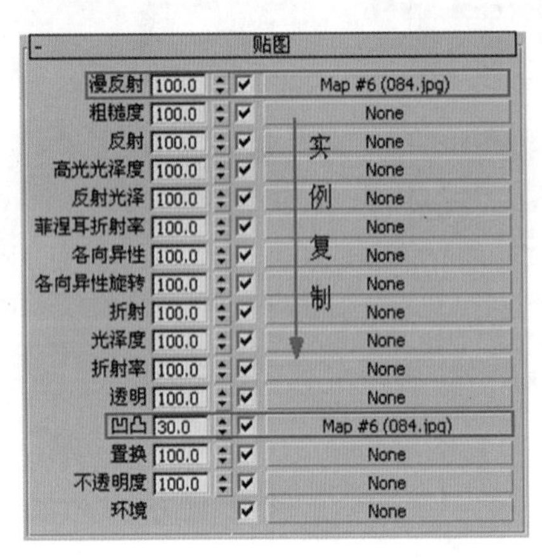

图 6-44 【贴图】卷展栏参数设置

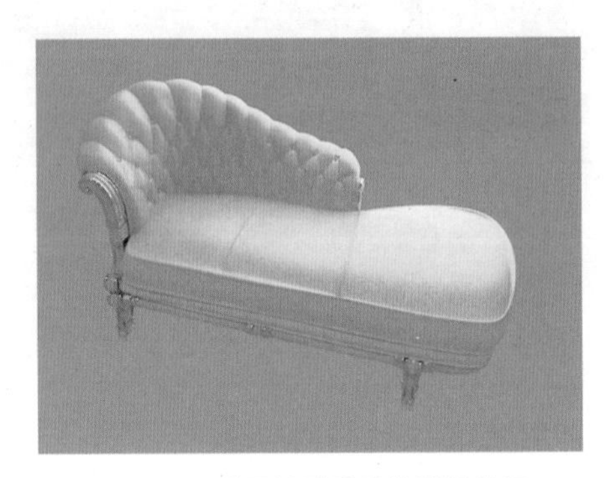

图 6-45 赋予材质后的沙发椅效果

6.4.3 设置其他材质

具体操作步骤如下。

(1) 设置“块毯”材质。选择一个空白的示例球，将其命名为“块毯”。在【明暗器基本参数】卷展栏中选择（O）Oren-Nayar-Blinn 明暗属性。

(2) 在【Oren-Nayar-Blinn 基本参数】卷展栏中单击【漫反射】色块右侧的按钮，在弹出的【材质/贴图浏览器】对话框中双击【位图】贴图类型，选择本书光盘“地中海客厅”目录下的“32198365.jpg”文件。在【位图参数】卷展栏中选中【应用】复选框，单击【查看图像】按钮，调整贴图大小，其他参数设置如图 6-46 所示。

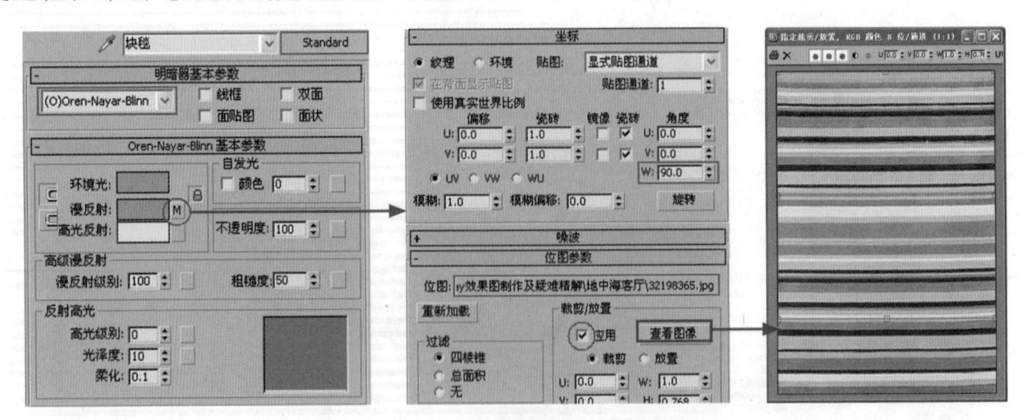

图 6-46 “块毯”材质参数设置

(3) 单击按钮，返回到顶级，单击【自发光】选项组中的按钮，在弹出的【材质/贴图浏览器】对话框中双击【遮罩】贴图类型，如图 6-47 所示。

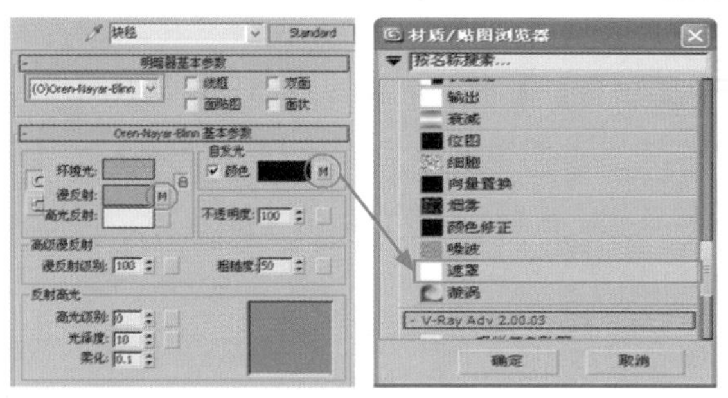

图 6-47　【材质 / 贴图浏览器】对话框

(4) 在【遮罩参数】卷展栏中单击【贴图】通道按钮，在弹出的【材质 / 贴图浏览器】对话框中双击【衰减】贴图类型，设置【衰减类型】为 Fresnel，其他参数设置如图 6-48 所示。

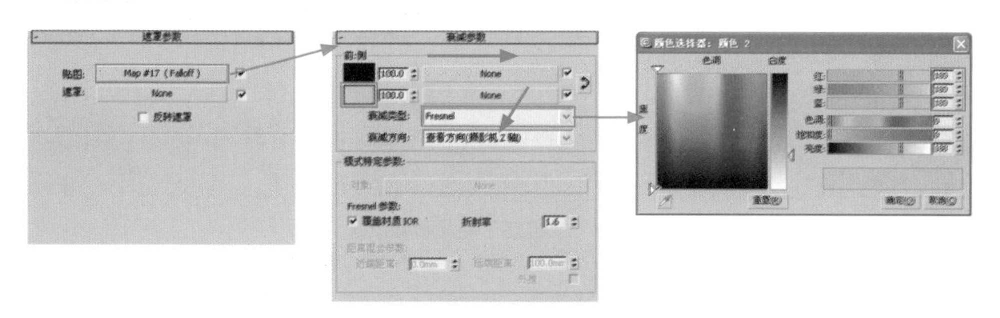

图 6-48　衰减参数设置（1）

(5) 在【衰减参数】卷展栏中将【贴图】通道中的贴图文件以【复制】方式拖动复制到【遮罩】通道中，在【衰减参数】卷展栏中设置【衰减类型】为【阴影 / 灯光】类型，如图 6-49 所示。

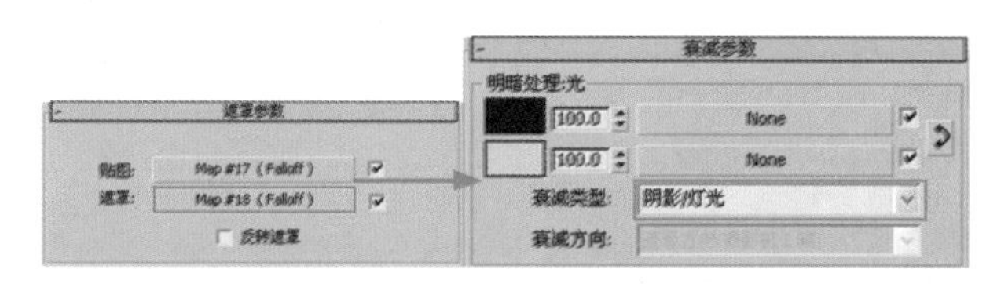

图 6-49　衰减参数设置（2）

(6) 单击按钮，在【贴图】通道中将【漫反射】通道中的贴图文件拖动复制到【凹凸】通道中，然后在视图中选择“块毯”造型，单击按钮，将材质赋予选择的造型，效果如图 6-50 所示。

图 6-50　块毯赋予材质后的效果

(7) 设置“红酒”材质。选择一个空白的示例球，将其命名为“红酒”并为其指定VRayMtl材质。在【基本参数】卷展栏中设置反射颜色为灰色，使其产生反射效果，设置折射颜色为灰色，使其产生透明效果，并选中【影响阴影】、【菲涅耳反射】复选框，然后单击【漫反射】色块右侧的按钮，在弹出的【材质/贴图浏览器】对话框中双击【衰减】贴图类型，如图6-51所示。

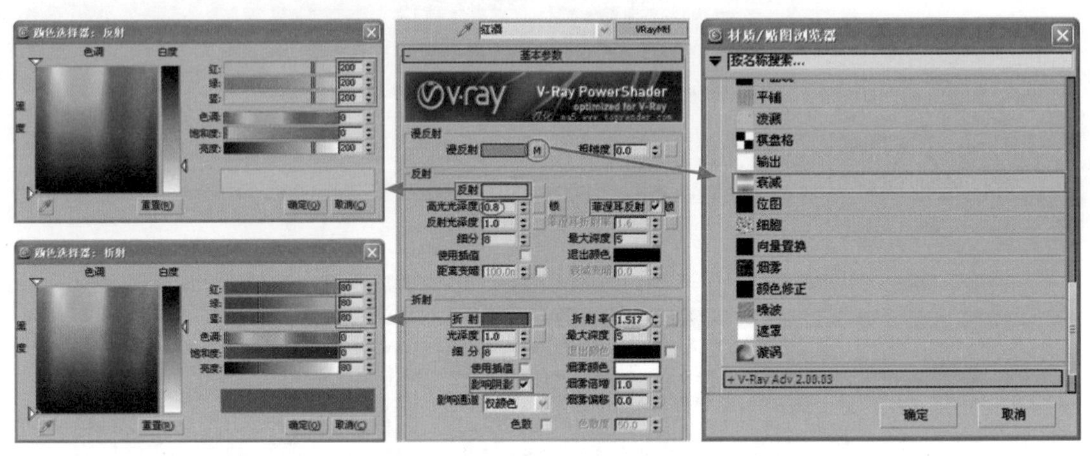

图6-51 “红酒”材质参数设置

(8) 在【衰减参数】卷展栏中设置颜色1、颜色2，如图6-52所示。

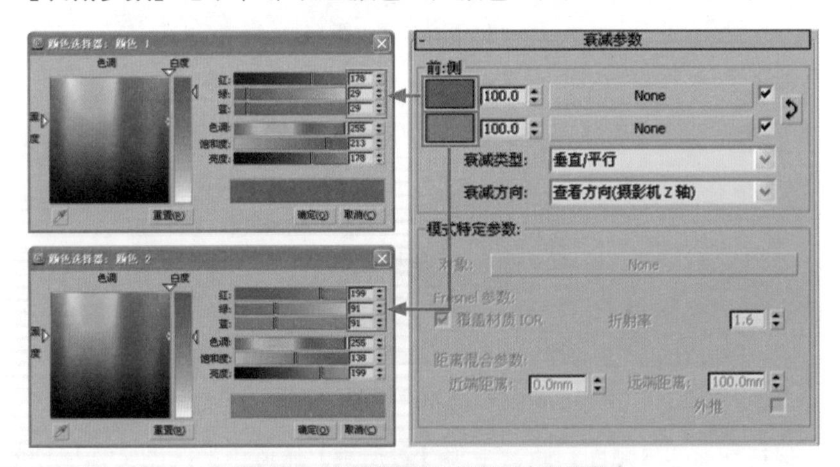

图6-52 【衰减参数】卷展栏参数设置

(9) 在视图中选择酒杯中的液体，单击按钮，将材质赋予它。

(10) 设置“玻璃杯”材质。选择一个空白的示例球，将其命名为“玻璃杯”并为其指定VRayMtl材质。在【基本参数】卷展栏中设置表面颜色为浅蓝色，设置反射颜色为白色，使其产生完全反射，调整折射颜色为白色，使其产生透明效果，然后选中【影响阴影】、【菲涅耳反射】复选框，如图6-53所示。

(11) 在视图中选择“玻璃杯”造型，单击按钮，将材质赋予它，效果如图6-54所示。

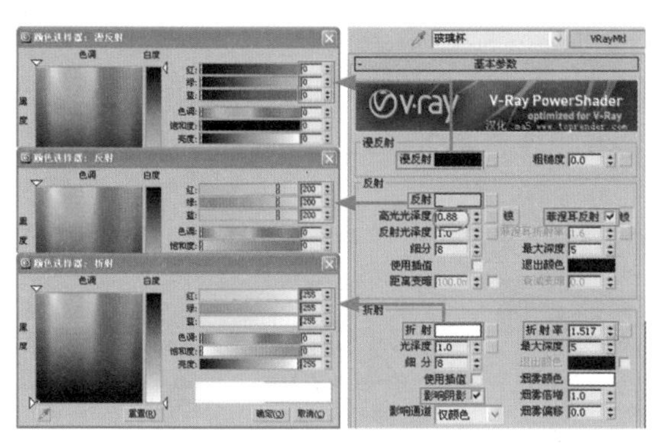

图 6-53 "玻璃杯"材质参数设置

图 6-54 玻璃杯赋予材质后的效果

(12) 设置"台灯布纱"材质。选择一个空白的示例球，将其命名为"台灯布纱"。在【基本参数】卷展栏中单击【漫反射】色块右侧的按钮，在弹出的【材质/贴图浏览器】对话框中双击【位图】贴图类型，选择本书光盘"地中海客厅"目录下的"2007129101527702 52.jpg"文件，再单击按钮，返回到顶级，单击【自发光】选项组中的按钮，在弹出的【材质/贴图浏览器】对话框中双击【遮罩】贴图类型，如图 6-55 所示。

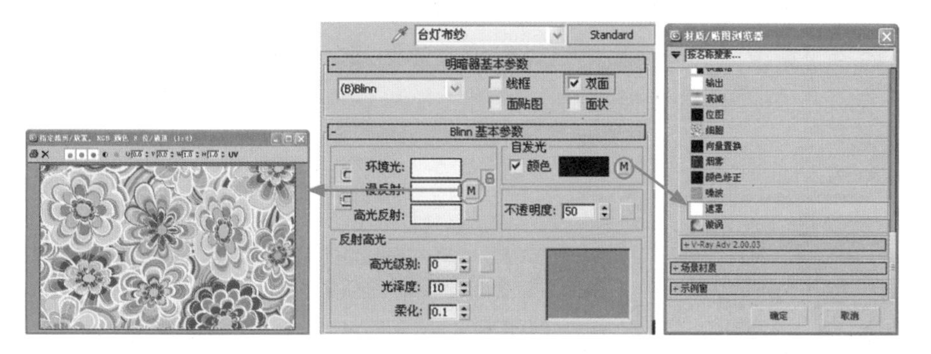

图 6-55 "台灯布纱"材质参数设置

(13) 在【遮罩参数】卷展栏中单击【贴图】通道按钮，在弹出的【材质/贴图浏览器】对话框中双击【衰减】贴图类型。在【衰减参数】卷展栏中设置【衰减类型】为 Fresnel。单击按钮，返回到【遮罩参数】卷展栏，将【贴图】通道中的贴图文件拖动复制到【遮罩】通道中，如图 6-56 所示。

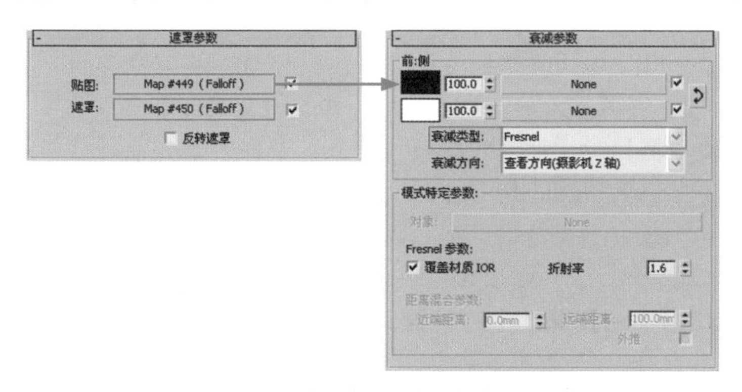

图 6-56 【遮罩参数】卷展栏参数设置

(14) 单击按钮，返回到顶级，打开【贴图】卷展栏。设置【自发光】数量为60，再单击【凹凸】微调框右侧的通道按钮，在弹出的【材质/贴图浏览器】对话框中双击【噪波】贴图类型，在【坐标】卷展栏中设置X、Y、Z参数，设置噪波大小为1.5，如图6-57所示。

(15) 在视图中选择台灯灯罩，单击按钮，将材质赋予它，效果如图6-58所示。

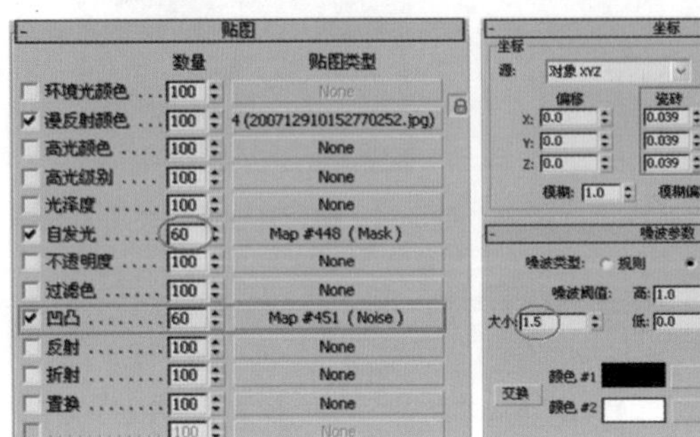

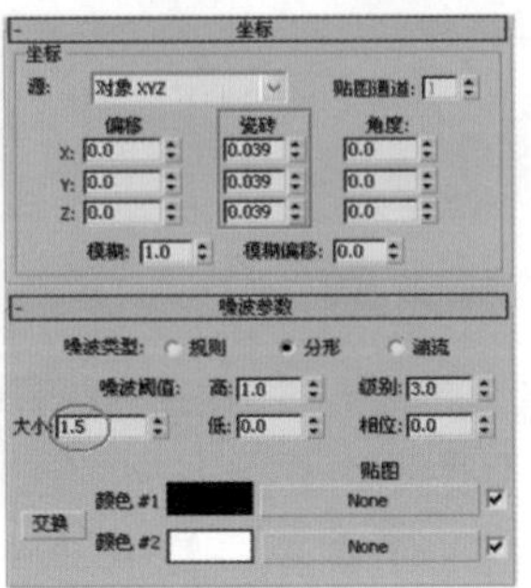

图6-57 【贴图】卷展栏参数设置

图6-58 赋予材质后的灯罩效果

(16) 设置“黄铜”材质。选择一个空白的示例球，将其命名为“黄铜”并为其指定VRayMtl材质。在【基本参数】卷展栏中单击【漫反射】色块，设置为土黄色，设置反射颜色为浅黄色，再调整反射光泽度值，如图6-59所示。

(17) 在视图中选择电视柜上的装饰物，单击按钮，将材质赋予它们，效果如图6-60所示。

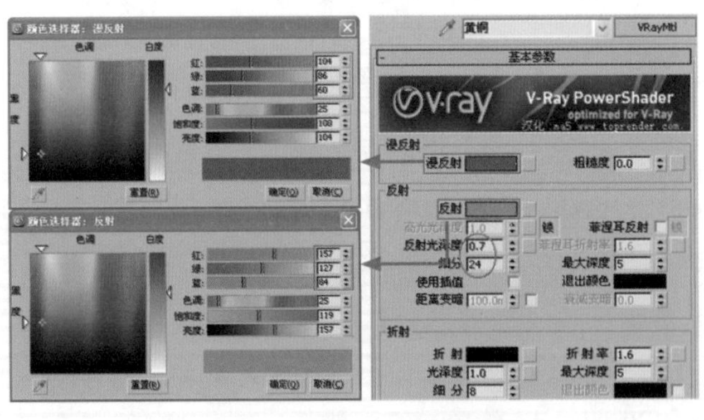

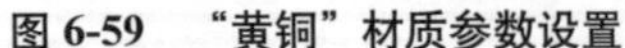

图6-59 “黄铜”材质参数设置

图6-60 赋予材质后的装饰物效果

(18) 设置“植物叶”材质。选择一个空白的示例球，将其命名为“植物叶”并为其指定VRaymtl材质。在【基本参数】卷展栏中单击【漫反射】色块右侧的按钮，在弹出的【材质/贴图浏览器】对话框中双击【位图】，选择本书光盘“地中海客厅”目录下的“ArchInteriors_12_07_big_leaf”文件，设置反射颜色为深灰色，使其略微产生反射，调整【折射】颜色，使其产生透明，然后选中【影响阴影】复选框，如图6-61所示。

(19) 再单击按钮，返回到顶级，在【贴图】卷展栏中将【漫反射】通道中的贴图文件拖动复制到【凹凸】通道中，设置凹凸数量为100，如图6-62所示。

(20) 在视图中选择盆景树叶，单击按钮，将材质赋予它们。盆景效果如图6-63所示。

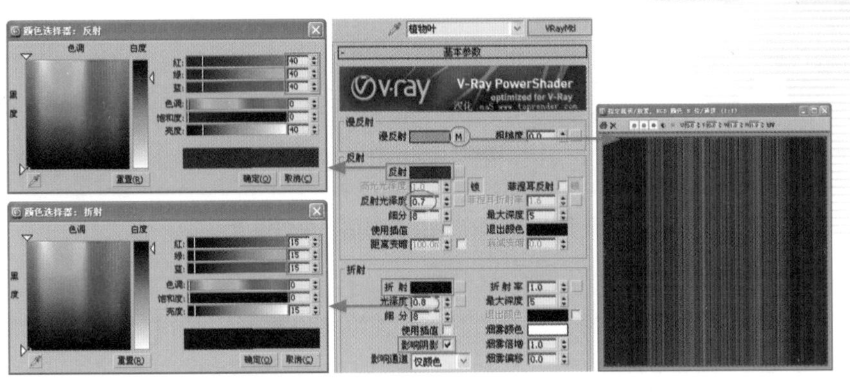

图 6-61　“植物叶”材质参数设置

贴图			
漫反射	100.0	✓	chInteriors_12_07_big_leaf.jpg)
粗糙度	100.0	✓	None
反射	100.0	✓	None
高光光泽度	100.0	✓	None
反射光泽	100.0	✓	None
菲涅耳折射率	100.0	✓	None
各向异性	100.0	✓	None
各向异性旋转	100.0	✓	None
折射	100.0	✓	None
光泽度	100.0	✓	None
折射率	100.0	✓	None
透明	100.0	✓	None
凹凸	100.0	✓	chInteriors_12_07_big_leaf.jpg)
置换	100.0	✓	None
不透明度	100.0	✓	None
环境		✓	None

实例复制

图 6-62　【贴图】卷展栏参数设置

图 6-63　植物赋予材质后的效果

(21) 设置“苹果”材质。选择一个空白的示例球，将其命名为“苹果”并为其指定 VRayMtl 材质。在【基本参数】卷展栏中单击【漫反射】色块右侧的■按钮，在弹出的【材质 / 贴图浏览器】对话框中双击【渐变】贴图类型。在【坐标】卷展栏中设置噪波数量和大小。在【渐变参数】卷展栏中单击【颜色 #1】色块右侧的通道按钮，在弹出的【材质 / 贴图浏览器】对话框中双击【噪波】贴图类型，其他参数的设置如图 6-64 所示。

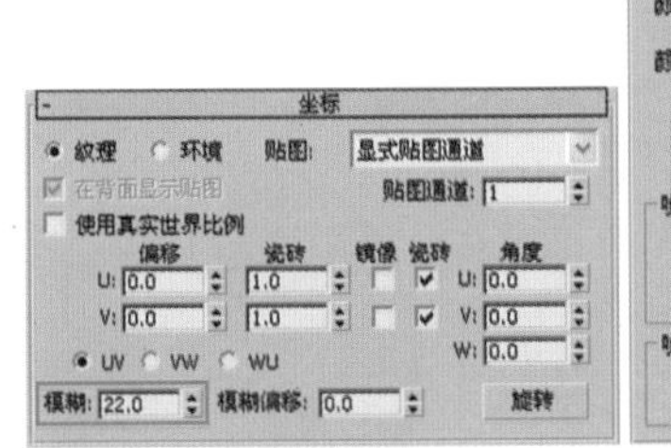
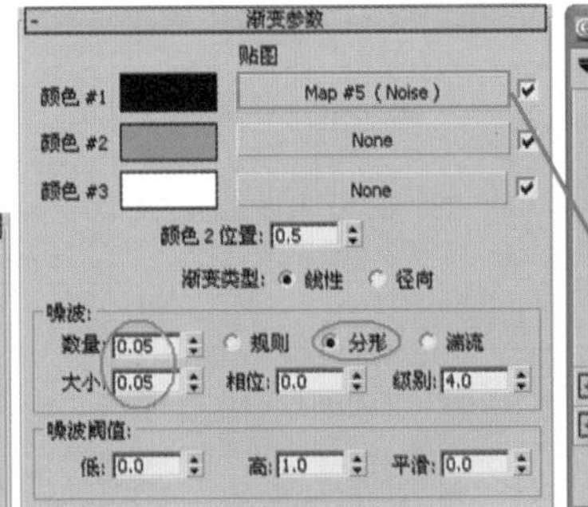

图 6-64　“苹果”材质参数设置

(22) 进入颜色 1 的【噪波参数】卷展栏，在【坐标】卷展栏中设置瓷砖参数，然后在【噪波参数】卷展栏中为颜色 #1、颜色 #2 分别赋予贴图，其他参数设置如图 6-65 所示。

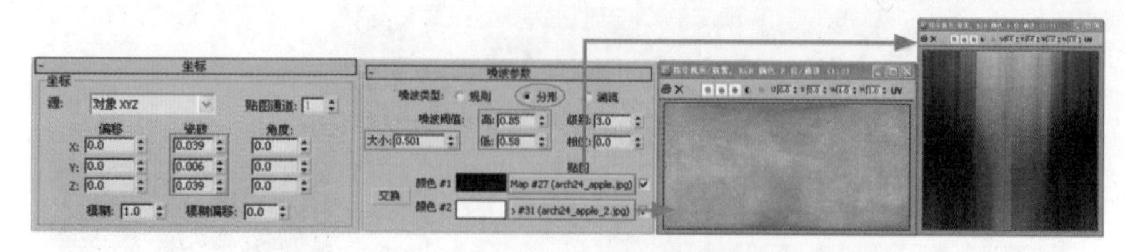

图 6-65 【噪波参数】卷展栏参数设置

(23) 单击按钮，返回上一级，将【颜色 #1】通道中的贴图文件拖动复制到【颜色 #3】通道中。再单击【颜色 #2】色块右侧的通道按钮，在弹出的【材质 / 贴图浏览器】对话框中双击【噪波】贴图类型。

(24) 在【坐标】卷展栏中设置瓷砖参数，在【噪波参数】卷展栏中为颜色 #1、颜色 #2 赋予本书光盘“地中海客厅”目录下的“arch24_apple.jpg”贴图文件，其他参数设置如图 6-66 所示。

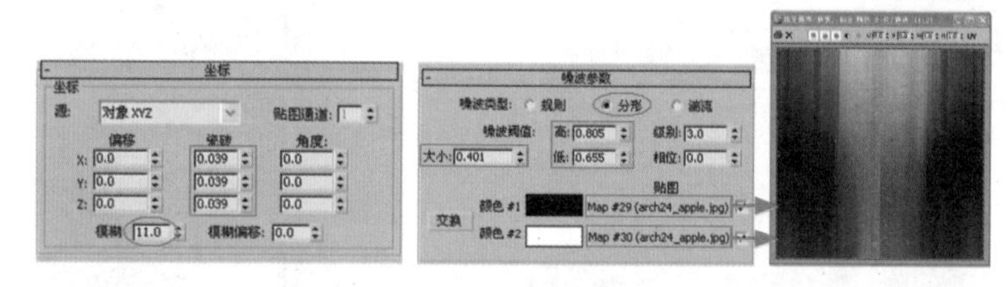

图 6-66 参数设置

(25) 单击按钮，返回顶级，在【贴图】卷展栏中单击【凹凸】微调框右侧的通道按钮，在弹出的【材质 / 贴图浏览器】对话框中双击【斑点】贴图类型。设置斑点大小为 60，并设置颜色 #1、颜色 #2 的颜色，其他参数设置如图 6-67 所示。

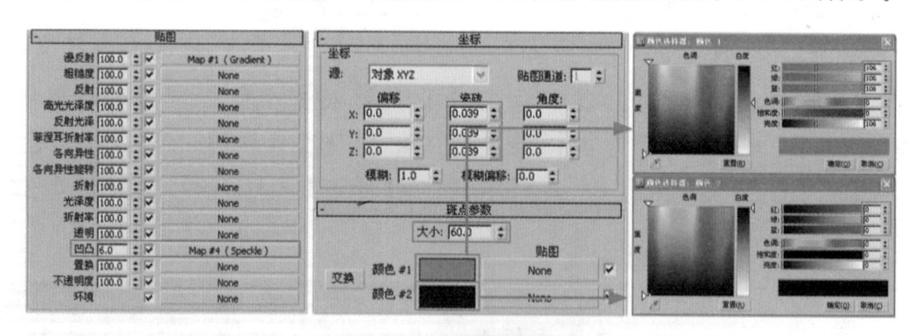

图 6-67 苹果参数设置

(26) 在视图中选择“苹果”造型，单击按钮，将材质赋予它，效果如图 6-68 所示。

(27) 设置“书”材质。选择一个空白的示例球，将其命名为“书”并为其指定 VRayMtl 材质。在【基本参数】卷展栏中设置反射颜色为灰色，使其产生反射效果，再单击【漫反射】色块右侧的按钮，在弹出的【材质 / 贴图浏览器】对话框中双击【位图】贴图类型，选择本书光盘“地中海客厅”目录下的“TS-008.jpg”，其他参数的设置如图 6-69 所示。

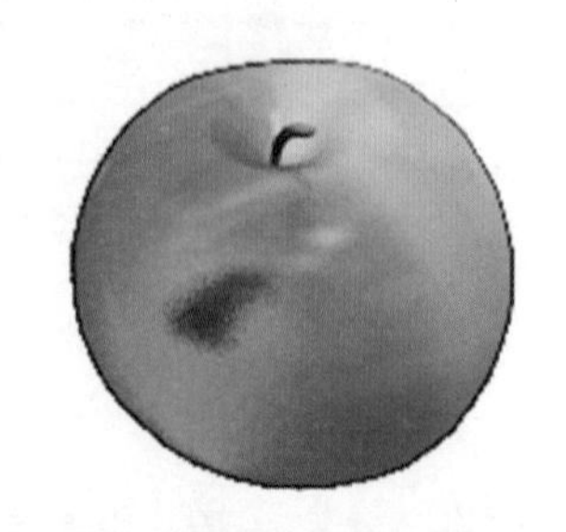

图 6-68 苹果赋予材质后的效果

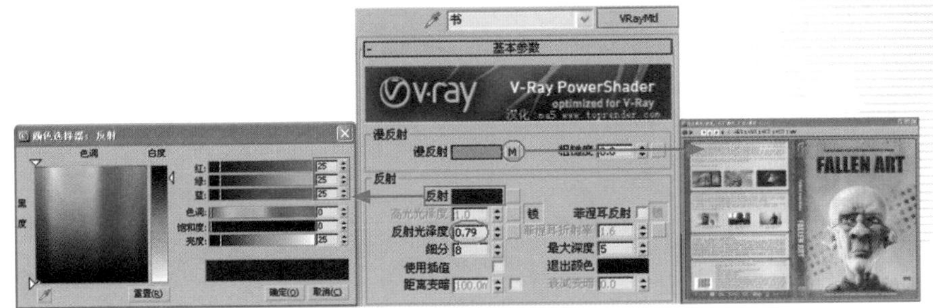

图 6-69 “书”材质参数设置

(28) 在视图中选择“书”造型，单击按钮，将材质赋予它。

(29) 设置“装饰画”材质。选择一个空白的示例球，将其命名为“画”并为其指定 VRayMtl 材质。在【基本参数】卷展栏中单击【漫反射】色块右侧的按钮，在弹出的【材质/贴图浏览器】对话框中双击【位图】贴图类型，选择本书光盘“地中海客厅”目录下的“MAP026.jpg”文件，如图 6-70 所示。

图 6-70 “画”材质参数设置

(30) 在视图中选择“装饰画”造型，单击按钮，将材质赋予它。

(31) 设置“酒瓶”材质。选择一个空白的示例球，将其命名为“酒瓶玻璃”。单击该名称右侧的 Standard 按钮，在弹出的【材质/贴图浏览器】对话框中双击【多维/子对象】材质类型。

(32) 在【多维/子对象基本参数】卷展栏中单击 ID1 通道按钮，进入标准材质。将其命名为“酒瓶玻璃”并为其指定 VRayMtl 材质。

(33) 在【基本参数】卷展栏中调整【漫反射】RGB 为 18、2、6，调整折射颜色 RGB 为 88、17、24，再单击【反射】色块右侧的按钮，在弹出的【材质/贴图浏览器】对话框中双击【衰减】贴图类型，如图 6-71 所示。

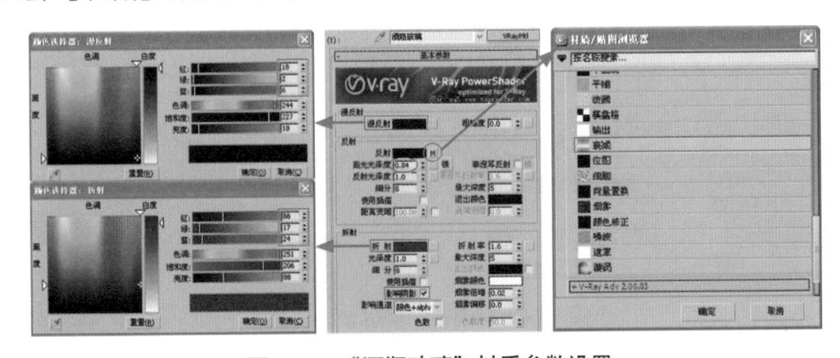

图 6-71 “酒瓶玻璃”材质参数设置

(34) 在【衰减参数】卷展栏中设置颜色 1、颜色 2，设置【衰减类型】为 Fresnel，如图 6-72 所示。

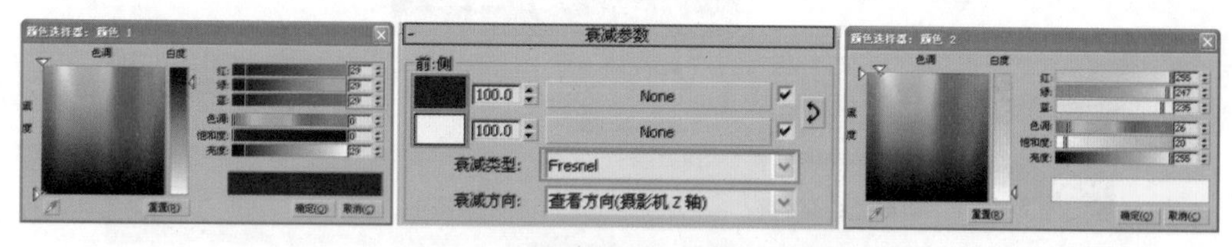

图 6-72 【衰减参数】卷展栏参数设置

(35) 单击按钮，返回上一级，单击 ID2 通道按钮，进入标准材质。将其命名为“标志”。在【Blinn 基本参数】卷展栏中单击【漫反射】色块右侧的按钮，在弹出的【材质 / 贴图浏览器】对话框中双击【位图】贴图类型。选择本书光盘“地中海客厅”目录下的“商标 .jpg”文件，如图 6-73 所示。

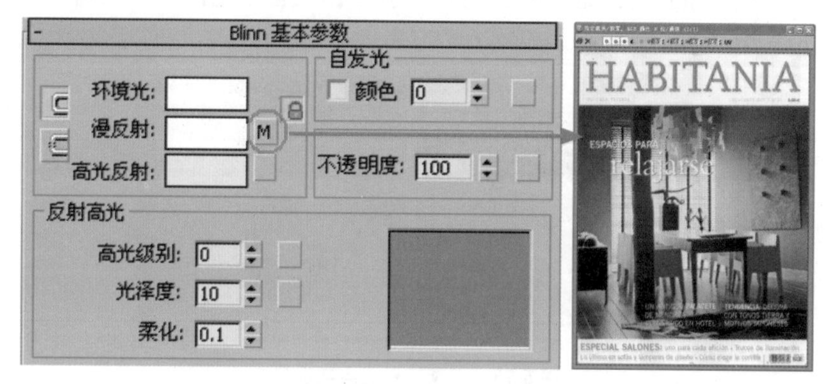

图 6-73 【Blinn 基本参数】卷展栏参数设置

(36) 单击按钮，返回上一级，单击 ID3 通道按钮，进入标准材质。将其命名为“酒盖”并为其指定 VRayMtl 材质。在【基本参数】卷展栏中单击【漫反射】色块，调整表面颜色为橘红色，调整反射颜色为灰色，使其产生反射效果，参数设置如图 6-74 所示。

(37) 在视图中选择“酒瓶”造型，单击按钮，将材质赋予它。

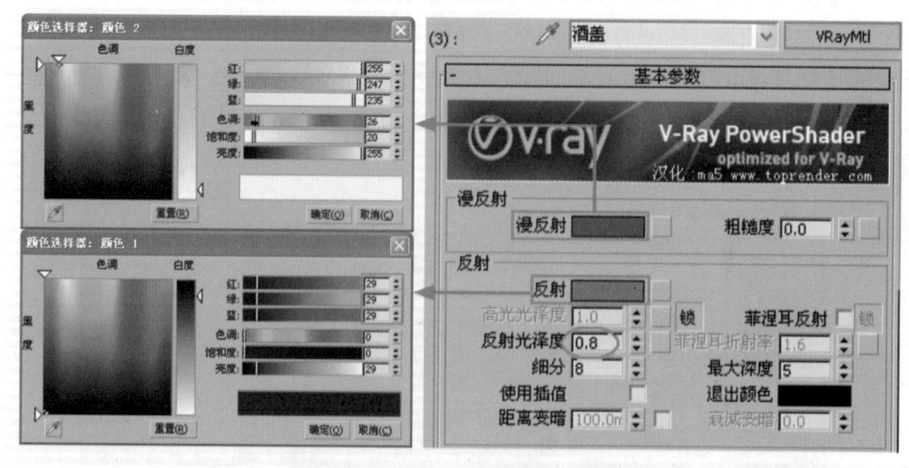

图 6-74 “酒盖”材质参数设置

(38) 单击按钮，渲染摄影机视图，效果如图 6-75 所示。

图 6-75　赋予材质后的整体效果

你问我答

为何做好的模型再打开时贴图会不见了？

出现贴图不见的原因有两种：①可能贴图的路径已改变，找不到贴图。3ds Max 渲染时会给出贴图的原路径，按此路径将贴图恢复即可。②查看贴图材质是否在当前使用的计算机中，在作图时或许调用了光盘中的材质，但在第二次打开该图时光盘没有了，显然 3ds Max 材质也就没有了。

6.5　最终场景渲染品质及后期处理

6.5.1　渲染场景参数设置

具体操作步骤如下。

(1) 打开【渲染设置：V-Ray Adv 2.00.03】对话框。在【VR_基项】选项卡中打开【V-Ray:: 图像采样器(反锯齿)】卷展栏，设置【图像采样器】类型为【自适应细分】、【抗锯齿过滤器】为 Catmull-Rom，如图 6-76 所示。

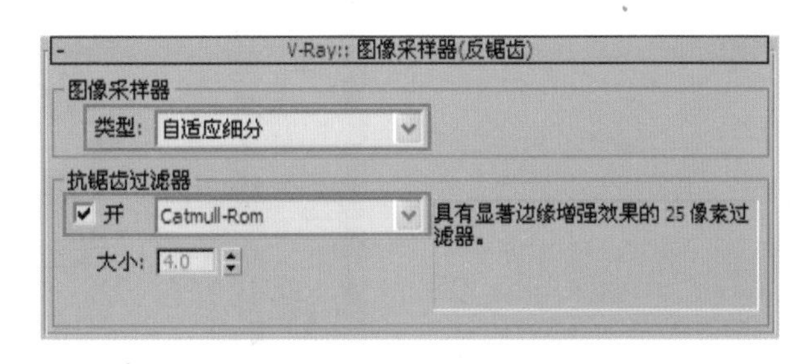

图 6-76　【图像采样器(反锯齿)】卷展栏参数设置

(2) 切换至【VR_间接照明】选

项卡，在【V-Ray:: 发光贴图】卷展栏中设置【当前预置】为【高】，选中【渲染结束时光子图处理】选项组中的【自动保存】、【切换到保存的贴图】复选框，再单击【浏览】按钮，将光子图保存到相应的目录下，然后在【V-Ray:: 灯光缓存】卷展栏中设置【细分】值为 800，如图 6-77 所示。

(3) 单击按钮，渲染摄影机视图，渲染完成后，系统自动弹出 Choose irradiance map file（加载发光图）对话框，然后加载前面保存的光子图，如图 6-78 所示。再返回到【公用】选项卡，设置渲染输出的图像大小为 1800×1350，如图 6-79 所示。

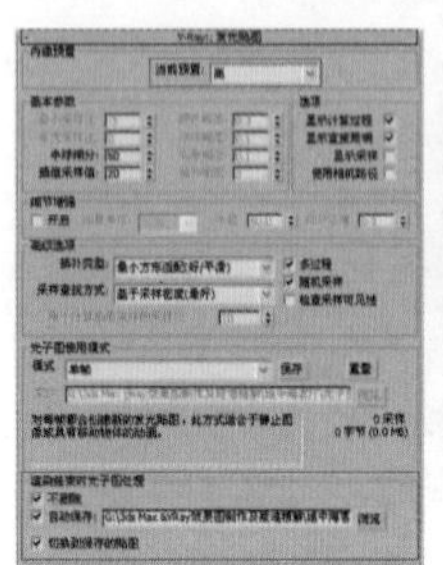
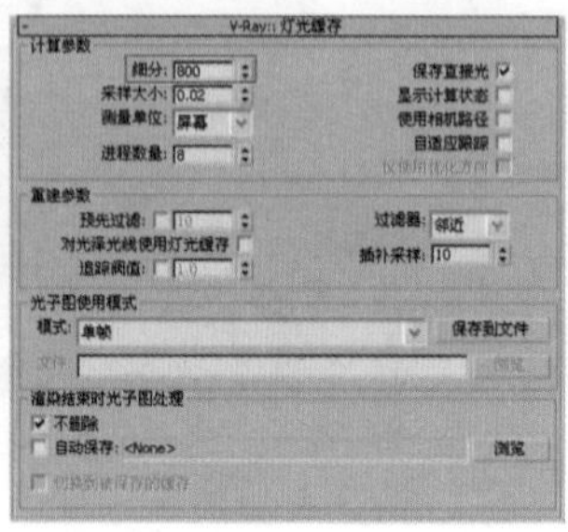

图 6-77 【VR_ 间接照明】选项卡参数设置

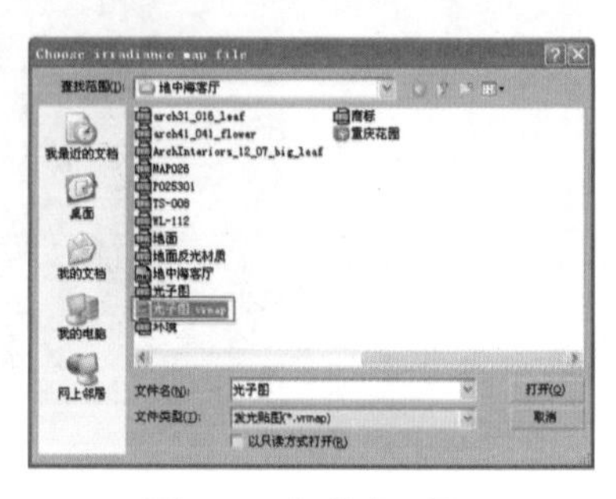

图 6-78 加载光子图

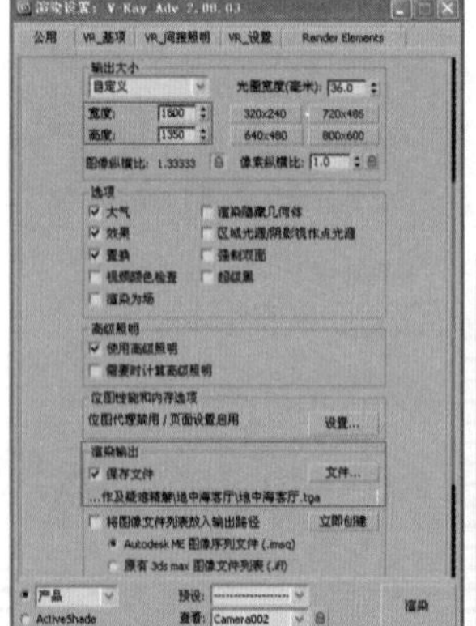
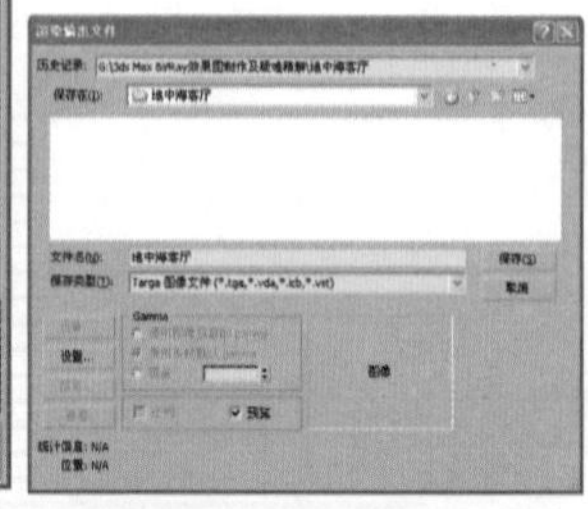
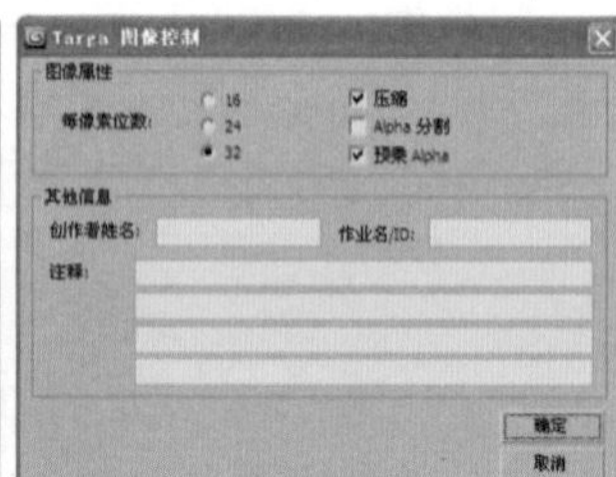

图 6-79 设置渲染输出

(4) 单击【确定】按钮后的渲染效果如图 6-80 所示。

图 6-80 渲染后的效果

你问我答

如何设置渲染后图像的分辨率？

将图像保存为 .tif 格式，在弹出的【TIF 图像控制】对话框中设置【每英寸点数】即可，如图 6-81 所示。

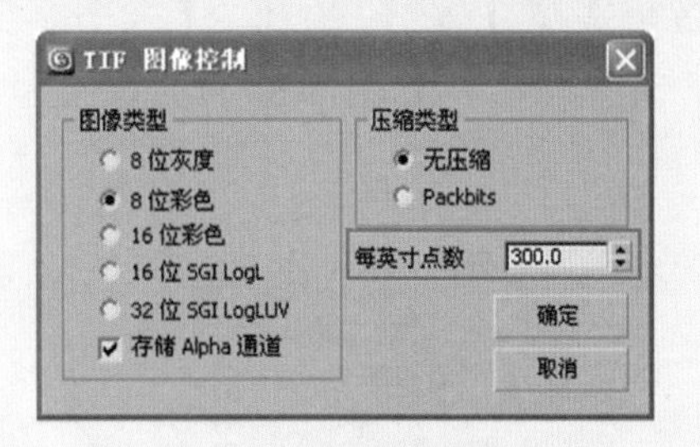

图 6-81 【TIF 图像控制】对话框

6.5.2 渲染图像的后期处理

使用 Photoshop 软件对图像的亮度、对比度以及饱和度进行调整，可以使效果更加生动、逼真，主要使用的命令有【色相 / 饱和度】、【照片滤镜】、【高反差保留】等。

具体操作步骤如下。

(1) 启动 Photoshop 软件，选择菜单栏中的【文件】|【打开】命令，打开本书光盘“地中海客厅”目录下的“地中海客厅 .tga”文件。

(2) 按 F7 键，打开图层面板，双击背景图层，在弹出的【新建图层】对话框中将背景层转换为“图层 0”，单击“确定”按钮，如图 6-82 所示。

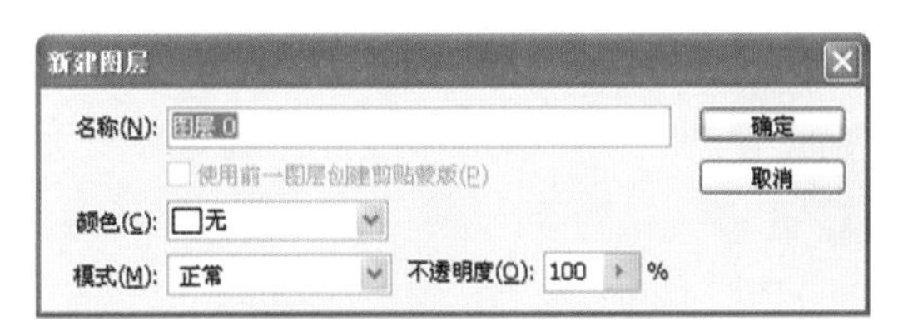

图 6-82 【新建图层】对话框

(3) 打开【通道】面板。按住键盘中的 Ctrl 键的同时单击 Alpha1 通道，通过通道选择区域，如图 6-83 所示。按组合键 Ctrl+Shift+J，将选择的区域通过剪切建立新的图层。

(4) 选择菜单栏中的【文件】|【打开】命令，打开本书光盘“地中海客厅”目录下的“环境 .jpg”文件，使用移动工具将背景贴图拖至“地中海客厅”图像中，调整图层位置，如图 6-84 所示。

图 6-83 通过通道选择区域

图 6-84 添加环境贴图

(5) 在【图层】面板中使顶层处于当前层，单击面板中的按钮 ，在弹出的下拉菜单中选择【色相 / 饱和度】命令，如图 6-85 所示。在弹出的【色相 / 饱和度】对话框中设置参数，如图 6-86 所示。

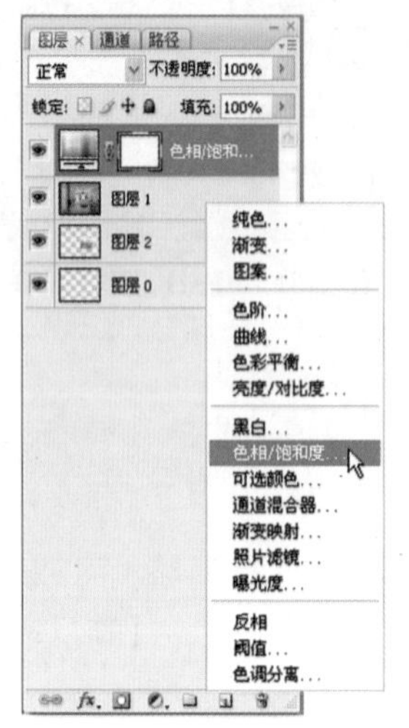

图 6-85　选择【色相 / 饱和度】命令

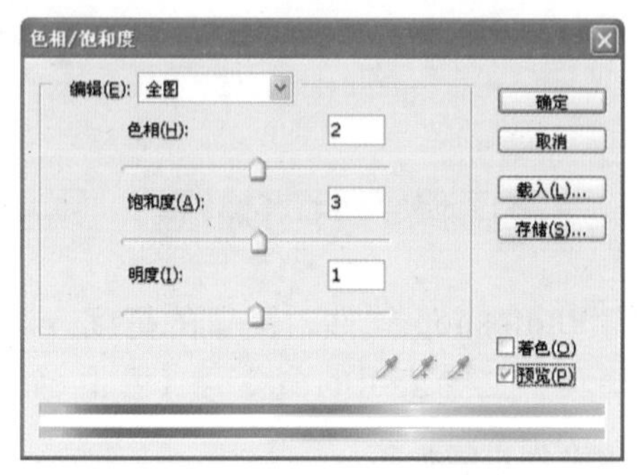

图 6-86　调整色相 / 饱和度参数

(6) 单击【图层】面板中的 按钮，在弹出的下拉菜单中选择【照片滤镜】命令，如图 6-87 所示。在弹出的【照片滤镜】对话框中选择滤镜类型，设置【浓度】值为 7%，如图 6-88 所示。

图 6-87　选择【照片滤镜】命令

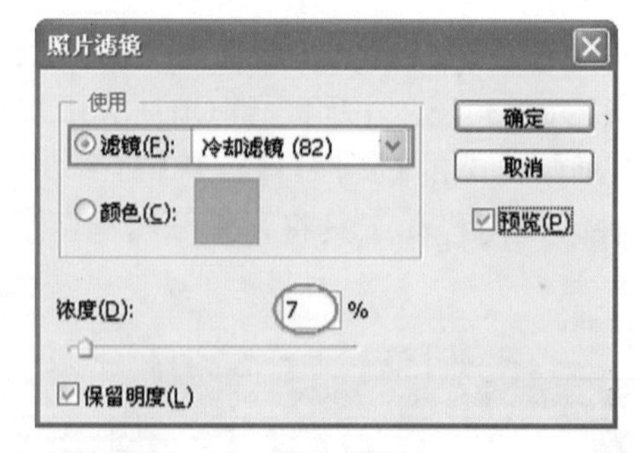

图 6-88　设置【照片滤镜】对话框的参数

(7) 新建可见图层 3，按组合键 Ctrl+Alt+Shift+E，拼合图层 3。选择菜单栏中的【滤镜】|【其它】|【高反差保留】命令，如图 6-89 所示。在弹出的【高反差保留】对话框中设置【半径】为 2，如图 6-90 所示。

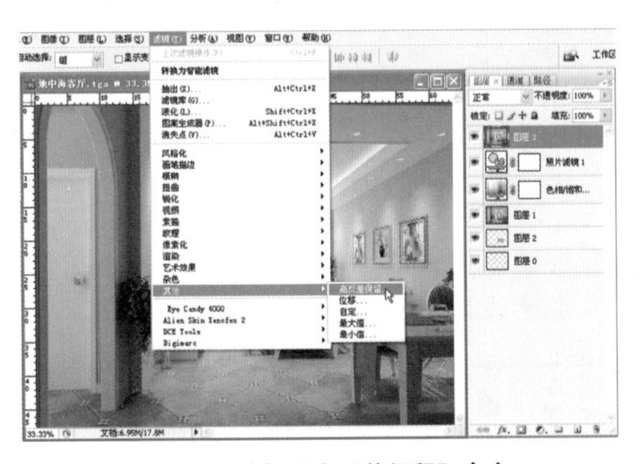

图 6-89　选择【高反差保留】命令

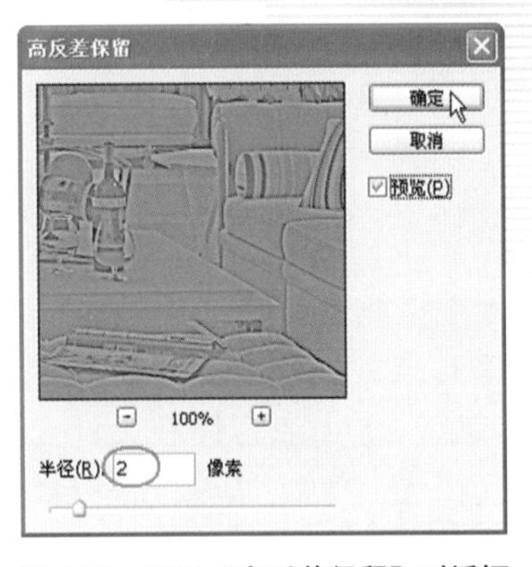

图 6-90　设置【高反差保留】对话框

(8) 执行确定操作后在【图层】面板中设置图层的混合模式为【叠加】方式。

(9) 单击工具箱中的按钮，使用剪切工具裁切图像，调整图像的构图，如图 6-91 所示。执行确定操作后的最终效果如图 6-92 所示。

图 6-91　剪切图像

图 6-92　处理后的最终效果

6.6 本章小结

本章主要讲解了地中海客厅空间的表现技术。通过学习，首先应掌握地中海风格的美学特点，在组合上注意空间搭配，在色彩上选择自然柔和，充分利用每一寸空间等。其次，地中海客厅在设计上要掌握以下要点：①抓稳饱和色调，展现大地气息；②利用阳光、植物、碎石子等自然材质；③添加留白、手绘、滴烛，以实践力完成想象；④借旧物透露地中海气息。要满足这些要求，需要在细节上下工夫，这样才能在设计上细致入微地体现“人性化”。

第7章

经理办公室效果表现

经理办公室的设计原则：一是封闭，即单间独立，安静、少受打扰；二是宽敞，即扩大视觉空间，无心理压力；三是特色，即高雅，展示公司形象。总之，经理办公室的设计要体现稳重、大方、明快、简洁、文化气息。本章将重点讲解经理办公空间材质、灯光的处理技巧。

7.1　经理办公室空间简介

一个好的办公室空间不但能使公司的员工以及客户感觉舒服、轻松，同时还应能够显示出公司的严肃庄重。经理办公室设计应遵循如下原则。①封闭：单间独立，安静、少受打扰；②宽敞：扩大视觉空间，无心理压力；③特色：高雅而不豪华，展示公司形象。

在设计布局上，经理办公室应采光好，无不规则形状和缺角，阴阳和谐，动静协调，迎送有位，主宾有序，定变有常，同时体现经理的气质与品格。

图 7-1　经理办公室效果表现

图 7-2 所示为经理办公室模型的线框效果。

图 7-2　经理办公室模型的线框效果

7.2　经理办公室测试渲染参数

具体操作步骤如下。

(1) 打开本书光盘中"经理办公室"目录下的"经理办公室.max"场景文件，如图 7-3 所示。可以看到这是一个已经创建好模型的办公室场景。

图 7-3　打开的场景文件

(2) 单击 或 按钮，在【对象类型】卷展栏中单击【目标】按钮，然后在【顶】视图中创建目标摄影机，在【参数】卷展栏中设置【镜头】为 28、【视野】为 65.47，在【剪切平面】选项组中选中【手头剪切】复选框，设置【近距剪切】为 3575mm、【远距剪切】为 12905mm，如图 7-4 所示。

图 7-4　创建摄影机

(3) 按键盘中的 F10 键，打开【渲染设置：默认扫描线渲染器】对话框。将渲染尺寸设置为较小的尺寸 500×375。在【公用】选项卡的【指定渲染器】卷展栏中单击【产品级】列表框右侧的 按钮，然后在弹出的【选择渲染器】对话框中选择安装好的 V-Ray Adv 2.00.03 渲染器，如图 7-5 所示。

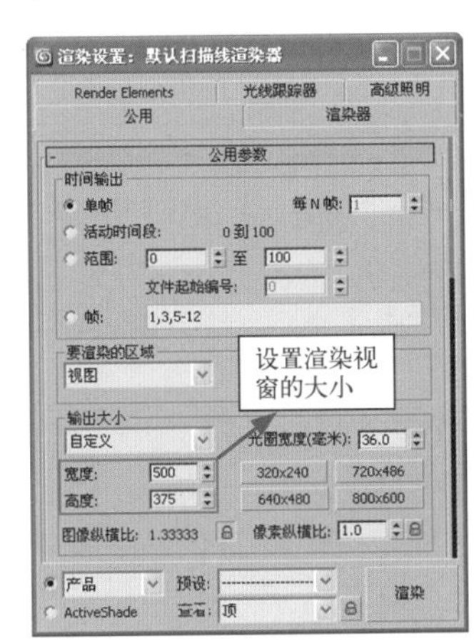

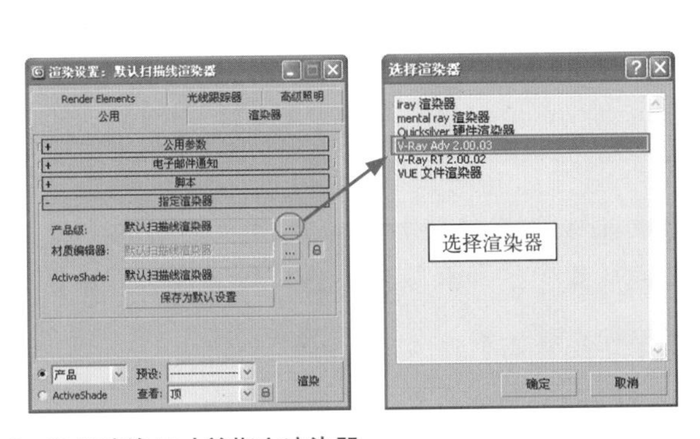

图 7-5　设置渲染尺寸并指定渲染器

(4) 切换至【VR_基项】选项卡，在【V-Ray:: 帧缓存】卷展栏中开启 VRay 帧缓存渲染窗口，关闭默认灯光，然后在【V-Ray:: 颜色映射】卷展栏中选择【VR_ 指数】曝光方式，如图 7-6 所示。

(5) 进入【V-Ray:: 图像采样器 (抗锯齿)】卷展栏，设置【图像采样器】类型为【固定】，关闭抗锯齿过滤器，参数设置如图 7-7 所示。

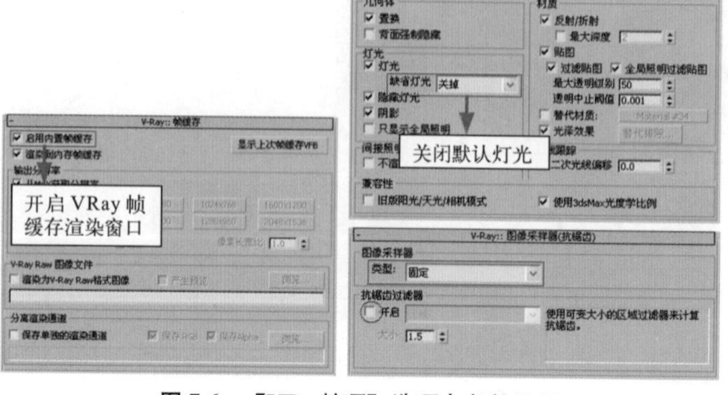

图 7-6　【VR_ 基项】选项卡参数设置

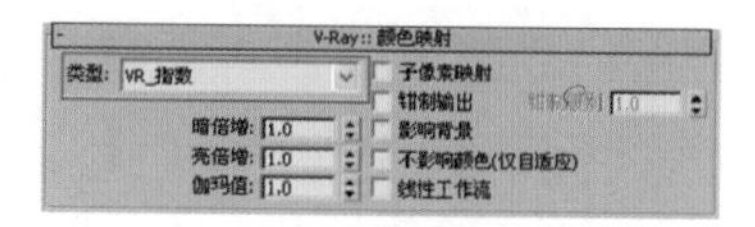

图 7-7　【V-Ray:: 图像采样器 (抗锯齿)】卷展栏参数设置

(6) 切换至【VR_ 间接照明】选项卡，在【V-Ray:: 间接照明 (全局照明)】卷展栏中打开全局光，设置【二次反弹】全局光引擎为【灯光缓存】，在【V-Ray:: 灯光缓存】卷展栏中设置【细分】值为 200，通过降低灯光缓存的渲染品质以节约渲染时间，在【V-Ray:: 发光贴图】卷展栏中设置【当前预置】为【非常低】，如图 7-8 所示。

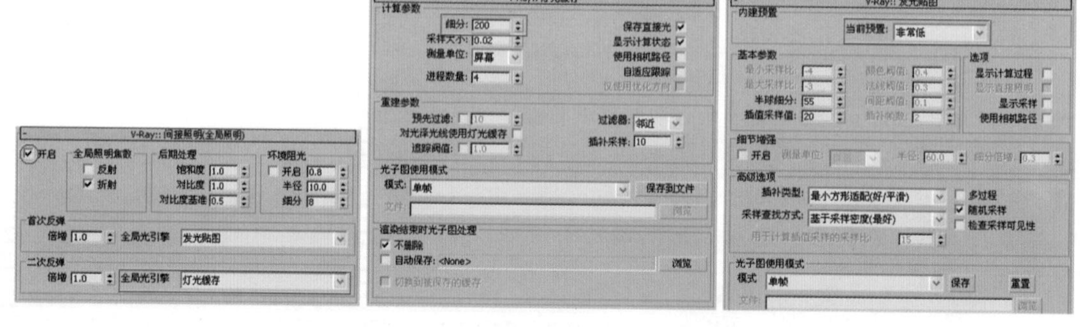

图 7-8　【VR_ 间接照明】选项卡参数设置

7.3　创建空间基本光效

本场景光线来源主要为室外的灯光及阳光。在为场景创建灯光前，可先用一种白色材质覆盖场景中的所有物体，这样便于观察灯光对场景的影响。

具体操作步骤如下。

(1) 按 M 键，打开【材质编辑器】对话框。选择一个空白的示例球，单击 Standard 按钮，在弹出的【材质 / 贴图浏览器】对话框中选择 VRayMtl 材质，将材质命名为“替代材质”。

(2) 在【基本参数】卷展栏中单击【漫反射】色块，设置表面颜色为白色，如图 7-9 所示。

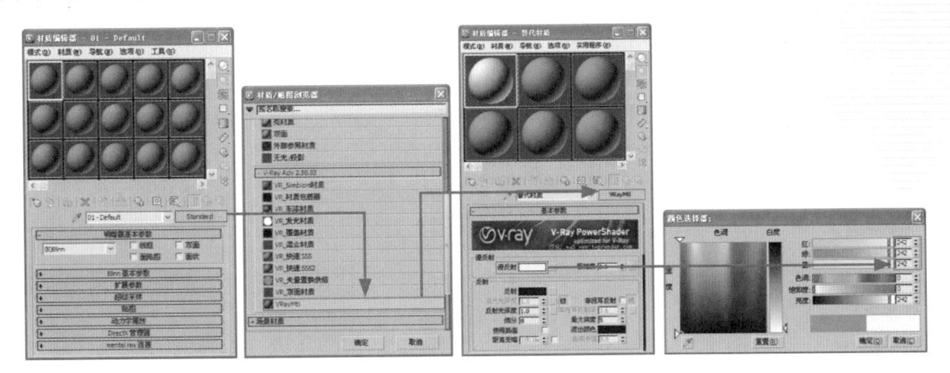

图 7-9　“替代材质”参数设置

(3) 按键盘中的 F10 键，打开【渲染设置】对话框，进入【VR_ 基项】选项卡，在【V-Ray:: 全局开关】卷展栏中选中【替代材质】复选框，然后进入【材质编辑器】对话框中，将【替代材质】的材质类型拖放到【替代材质】复选框右侧的 None 通道按钮上，并以【实例】方式进行关联复制，如图 7-10 所示。

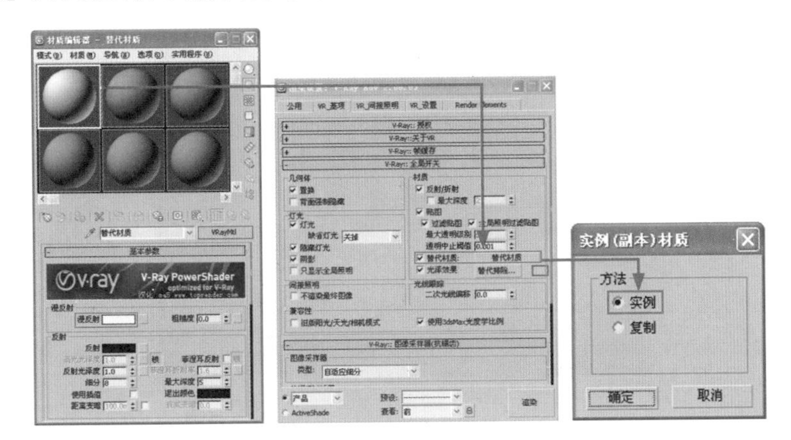

图 7-10　设置【V-Ray:: 全局开关】卷展栏

(4) 在视图中选择窗口处的“玻璃”造型，右击，在弹出的快捷菜单中选择【隐藏选定对象】命令，将玻璃隐藏。

(5) 设置主光源。单击创建命令面板中的按钮，在该按钮下方的下拉列表框中选择【标准】选项，然后单击【目标聚光灯】按钮，在【顶】视图中创建目标聚光灯，调整灯光位置如图 7-11 所示。

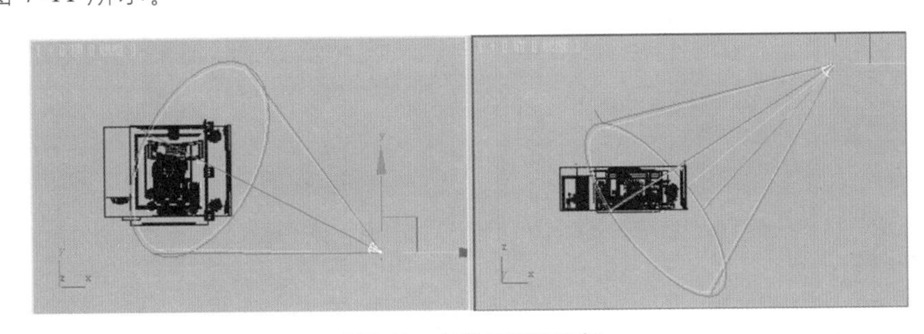

图 7-11　创建目标聚光灯

(6) 单击按钮，在【常规参数】卷展栏中选中【阴影】选项组中的【启用】复选框，并在其下方的下拉列表框中选择 VRayShadow 选项。设置灯光颜色为暖色，【倍增】值为 5，其他参数设置如图 7-12 所示。

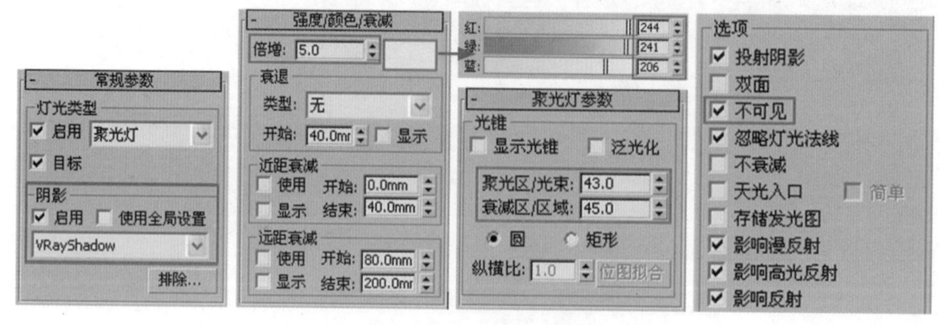

图 7-12　灯光参数设置

(7) 单击按钮，渲染摄影机视图，光线透过窗口射入室内，效果如图 7-13 所示。

图 7-13　渲染效果

(8) 通过渲染可以发现在没有设置阴影参数前，阴影比较生硬，如图 7-14 所示。选择目标聚光灯，在【VRay 阴影参数】卷展栏中选中【区域阴影】复选框，设置 U、V、W 的大小均为 800，效果如图 7-15 所示。

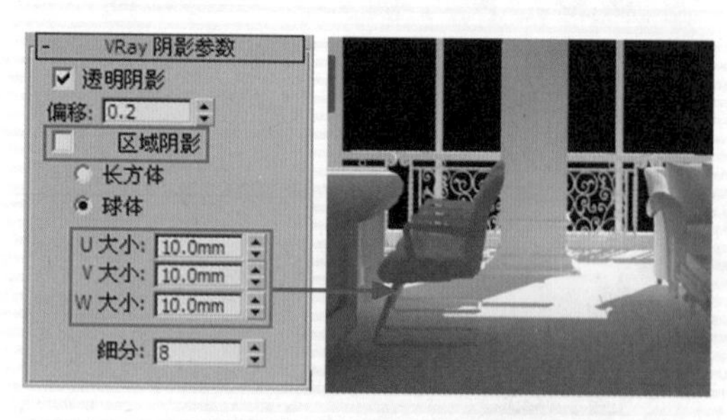

图 7-14　设置阴影参数前的效果

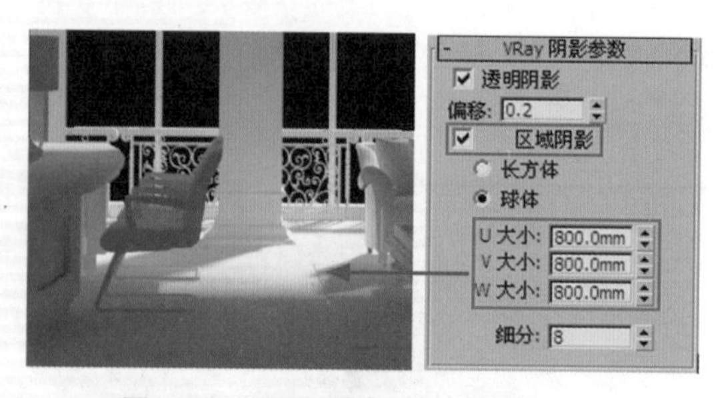

图 7-15　设置阴影参数后的效果

(9) 单击【VR_光源】按钮，在左视图窗口处创建 VR 光源，然后用移动复制的方法以【实例】方式复制一盏，调整灯光位置如图 7-16 所示。

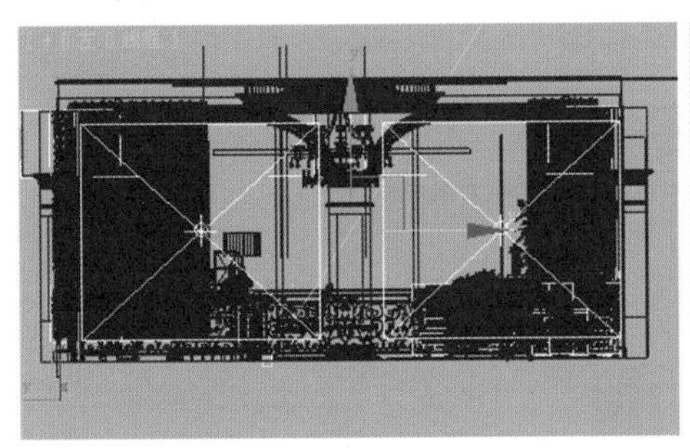
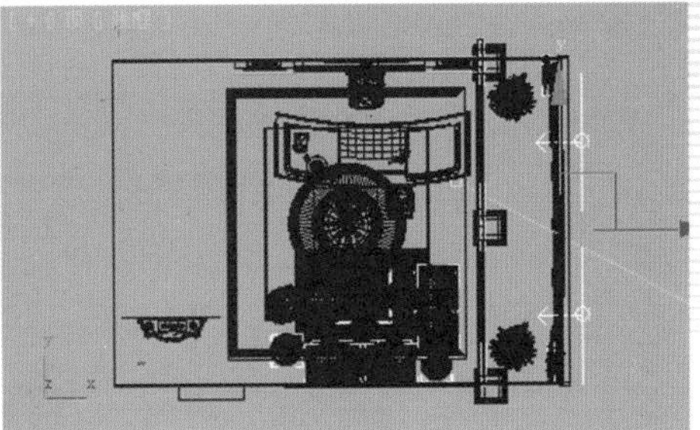

图 7-16　创建并复制 VR 光源

(10) 单击按钮，在【参数】卷展栏中设置灯光【倍增器】值为 5，调整灯光颜色为蓝色，在【选项】选项组中选中【不可见】复选框，如图 7-17 所示。

(11) 单击按钮，渲染摄影机视图，效果如图 7-18 所示。

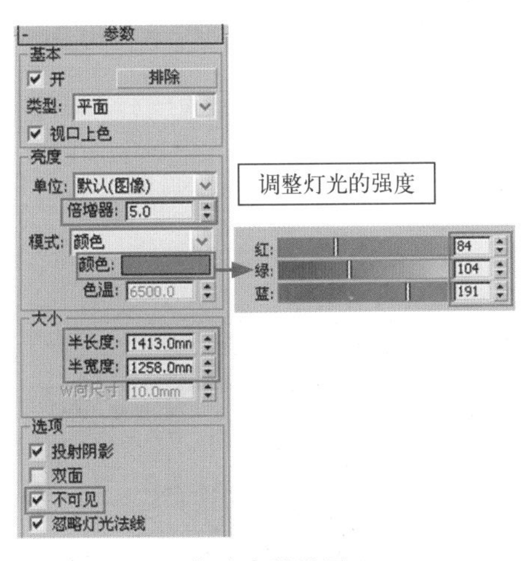

图 7-17　灯光参数设置

图 7-18　渲染后的效果

(12) 在【顶】视图中选择创建的两盏 VR 光源，用移动复制的方法以【复制】方式复制一组，调整灯光位置，如图 7-19 所示。

(13) 单击按钮，在【参数】卷展栏中调整灯光【倍增器】值为 3，设置灯光颜色为浅蓝色，其他参数设置如图 7-20 所示。

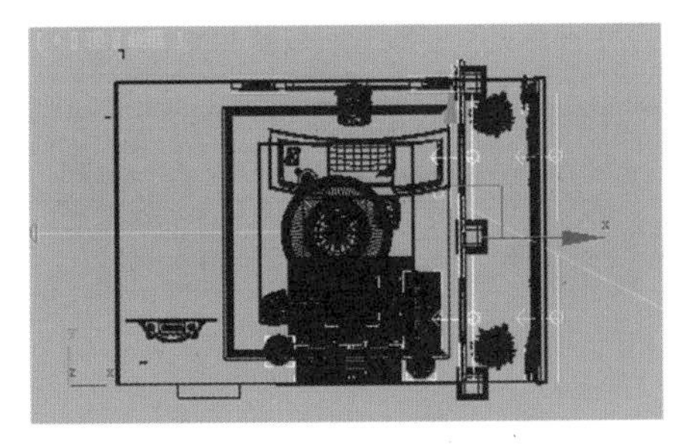

图 7-19　调整灯光的位置

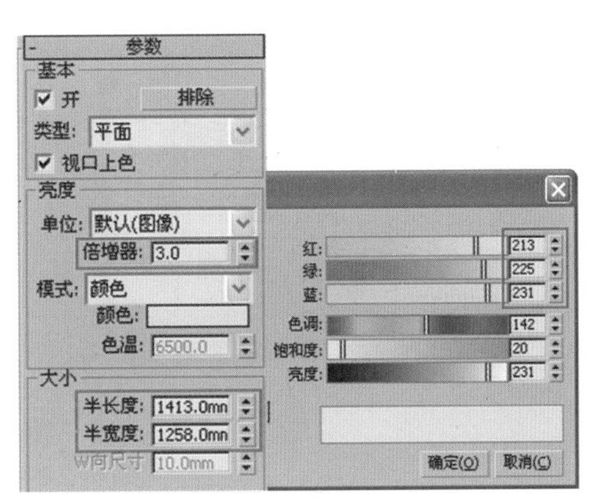

图 7-20　修改灯光参数

(14) 单击 按钮，渲染摄影机视图，效果如图 7-21 所示。

图 7-21　渲染效果

(15) 单击【VR_光源】按钮，在【顶】视图中创建 VR 光源，单击 按钮，在【参数】卷展栏中设置灯光【倍增器】值为 1.5，设置灯光大小的【半长度】为 2210、【半宽度】为 2210，选中【选项】选项组中的【不可见】复选框，调整灯光位置，如图 7-22 所示。

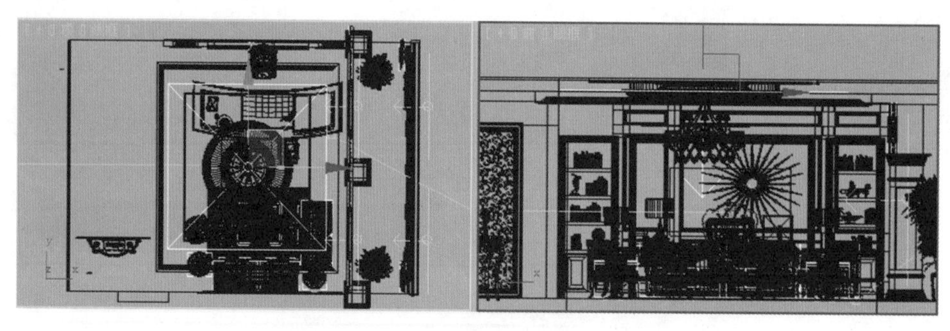

图 7-22　在【顶】视图中创建 VR 光源

(16) 单击【VR_光源】按钮，在【顶】视图中灯带的位置创建 VR 光源，单击 按钮，在【参数】卷展栏中设置灯光【倍增器】值为 3.5，灯光颜色为白色，然后选择所创建的 VR 光源，用旋转复制的方法将其旋转复制 3 盏，调整灯光位置，如图 7-23 所示。

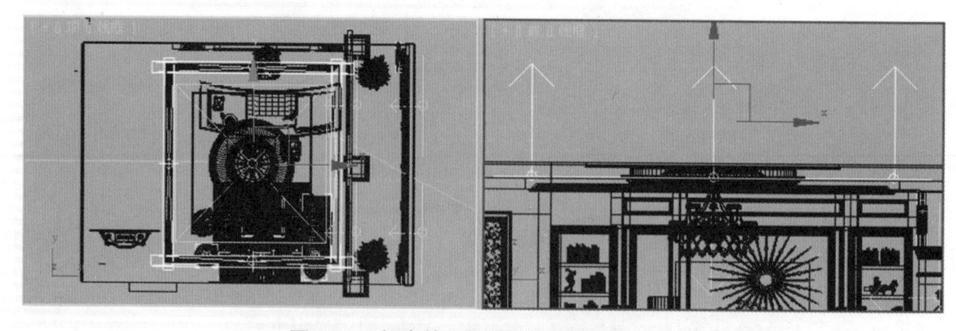

图 7-23　创建并旋转复制 VR 光源（1）

(17) 继续在【顶】视图中创建 VR 光源，在【参数】卷展栏中设置灯光【倍增器】值为 1.5，调整灯光颜色为暖色，选中【不可见】复选框，然后将创建的 VR 光源用旋

转复制的方法将其复制并调整位置，如图 7-24 所示。

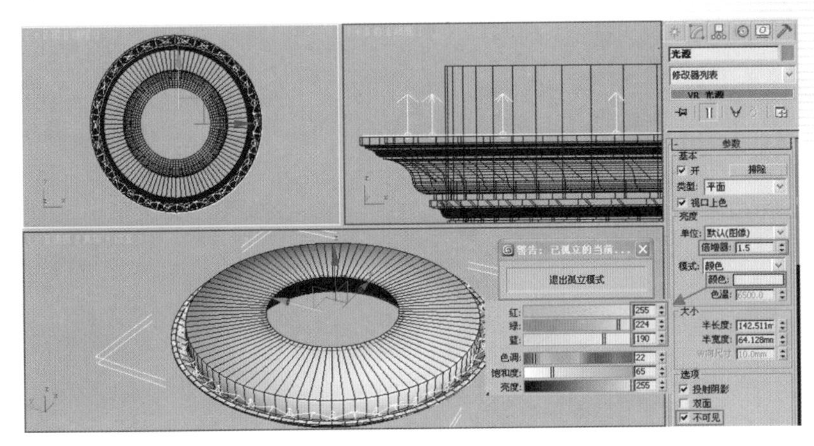

图 7-24　创建并旋转复制 VR 光源（2）

(18) 选择上面灯带处的任意一盏 VR 光源，用移动复制的方法以【复制】方式复制一盏，单击按钮，在【参数】卷展栏中设置灯光倍增值为 1.2，再单击按钮，使用缩放工具缩小灯光受光面积的大小，然后单击按钮，将修改参数后的灯光以【实例】方式旋转复制，调整位置，如图 7-25 所示。

图 7-25　复制灯光

(19) 单击按钮，渲染摄影机视图，效果如图 7-26 所示。

图 7-26　渲染灯带处灯光后的效果

你问我答

为什么灯带不发光？

VR光源属于面光，比较灵敏，其倍增值和面积大小都会影响到灯光的强度，灯和模型之间的距离、场景的尺寸大小都会影响光的强弱，因此当用户发现灯带处的灯光不发光时，应考虑灯光的位置、倍增值大小，如图7-27所示。

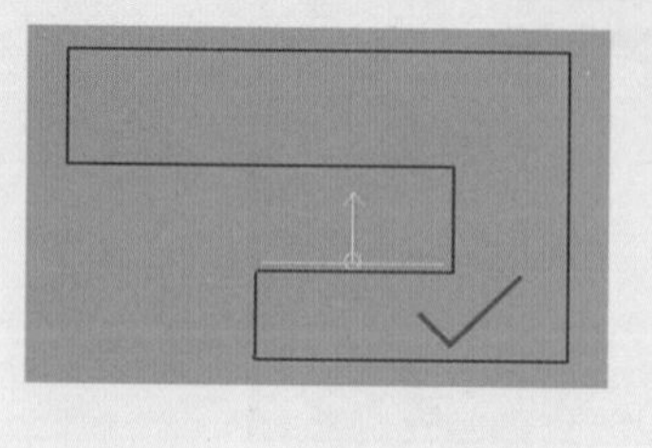
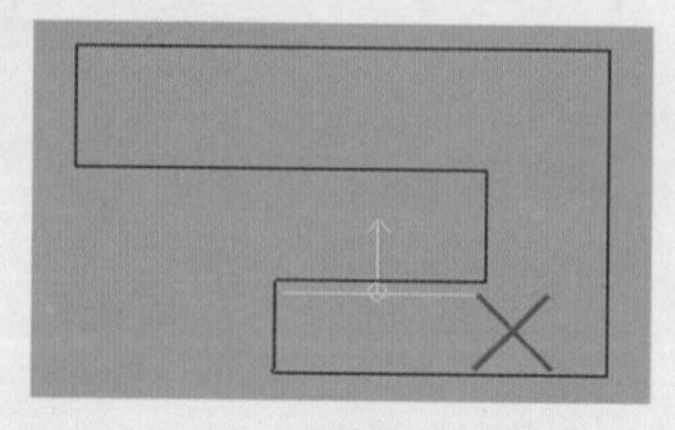
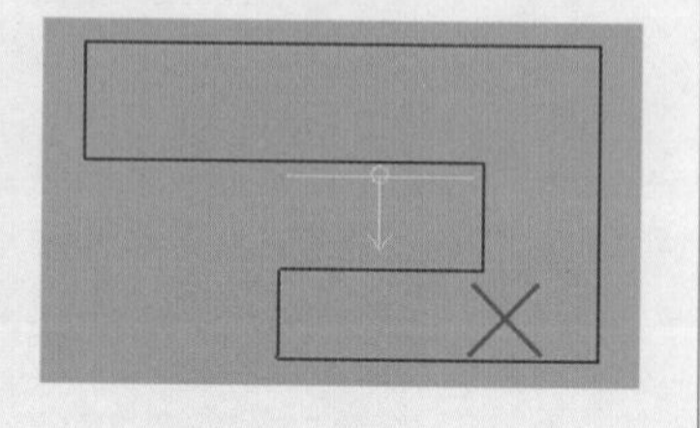

图 7-27　灯带发光示意图

(20) 单击创建命令面板中的灯光按钮，在【光度学】选项下单击【自由灯光】按钮，在【顶】视图中筒灯的位置创建灯光，再用移动复制的方法以【实例】方式复制，调整位置，如图7-28所示。

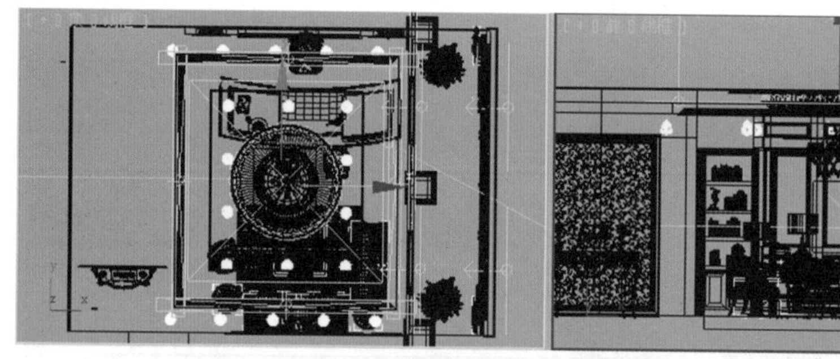
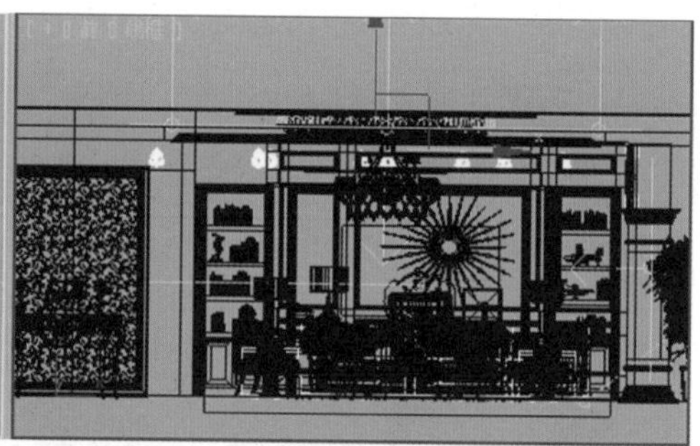

图 7-28　创建筒灯并复制

(21) 单击按钮，在【常规参数】卷展栏中选中【阴影】选项组中的【启用】复选框，并选择VRayShadow选项，在【灯光分布(类型)】下拉列表框中选择【光度学Web】选项，然后在【分布(光度学Web)】卷展栏中单击【选择光度学文件】按钮，打开【打开光域网Web文件】对话框，选择本书光盘"经理办公室"目录下的"筒灯.IES"文件，再设置灯光强度为900，其他参数设置如图7-29所示。

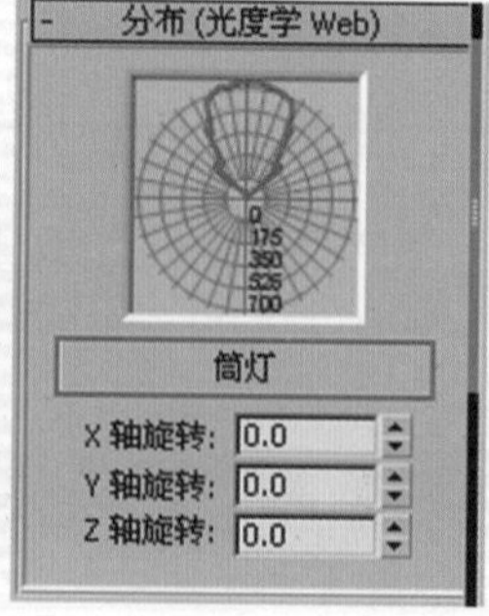

图 7-29　光度学灯光参数设置

(22) 在【顶】视图中选择任意一盏光度学灯光，用移动复制的方法复制3盏，再调整至背景墙的位置，如图7-30所示。

图 7-30　复制灯光至背景墙

(23) 单击【VR_光源】按钮，在【顶】视图中台灯的位置创建VR光源，单击按钮，在【参数】卷展栏中选择灯光类型为【球体】，设置灯光【倍增器】值为6，调整灯光颜色为暖色，其他参数设置如图7-31所示。

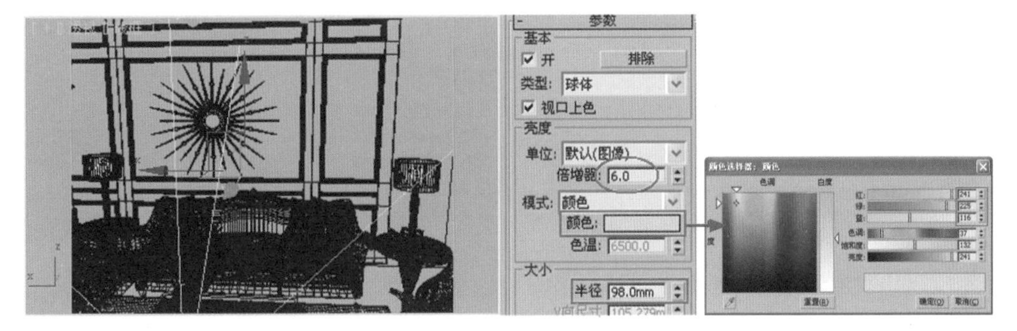

图 7-31　台灯灯光参数设置

(24) 单击按钮，渲染摄影机视图，效果如图7-32所示。

图 7-32　渲染后的效果

7.4 调整空间纹理材质

办公空间在装饰材料上主要以人工合成材料为主，并结合环保、爱护自然的要求来设计。墙面一般采用墙纸或乳胶漆，颜色要选用较明快的色调。天花用材比较简单，常用石膏板和矿棉板或铝扣板天花。地面一般采用防静电木质地板或大理石地砖材质。下面来介绍办公空间不同材质的调整方法。

7.4.1 设置主体材质

具体操作步骤如下。

(1) 在设置材质前，首先应取消前面对场景材质物体的材质替代状态。按 F10 键，打开【渲染设置 V-Ray Adv 2.00.03】对话框，在【V-Ray:: 全局开关】卷展栏中取消选中【替代材质】复选框，如图 7-33 所示。

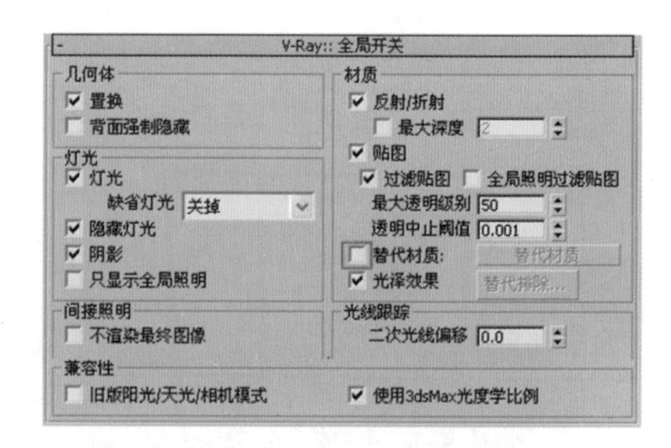

图 7-33 【V-Ray:: 全局开关】卷展栏

(2) 在视图中右击，在弹出的快捷菜单中选择【取消全部显示】命令。

(3) 设置“窗玻璃”材质。选择一个空白的示例球，将其命名为“窗玻璃”并为其指定 VRayMtl 材质。在【基本参数】卷展栏中设置【漫反射】为蓝白色，调整反射颜色为灰色，使其产生反射效果，设置折射颜色为白色，使其产生透明效果，其他参数设置如图 7-34 所示。

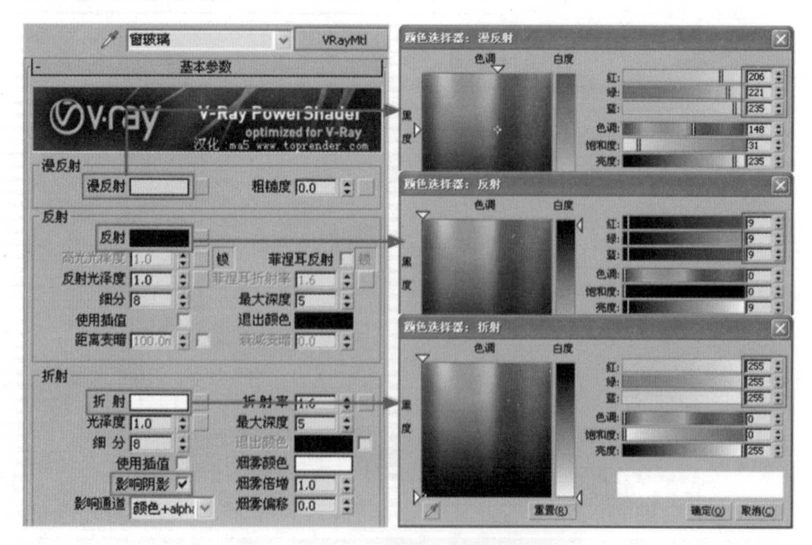

图 7-34 “窗玻璃”材质参数设置

(4) 在视图中选择“窗玻璃”造型，将材质赋予它们。

你问我答

设置玻璃材质有哪些技巧？

玻璃是一种透明的实体，可分为蓝玻璃、绿玻璃、白玻璃（清玻璃）和茶色玻璃等。每种玻璃都有不同的透明度和反光度，灯光和厚度会影响玻璃的透明度和反光度。

另外，玻璃的背景对玻璃的反光度影响很大。深色的背景可以使玻璃看上去像一面镜子，在作图时要注意这一点。

玻璃是有厚度的，由于折射等原因，玻璃的边缘看上去是半透明的，因此其边缘比玻璃本身的颜色深。

在 3ds Max 中，VRay 玻璃设置是基于真实物理现象的，但要注意的是，设置应该按照真实的物理现象来进行，比如蓝色的玻璃不会反射和折射出红色的光，而且光线在通过玻璃而产生反射或折射时，会产生带有玻璃颜色的光信息，这种光的颜色与玻璃本身的颜色的色相是一致的。因此，玻璃材质的设置技巧主要是调整材质球的不透明度和颜色，如图 7-35 所示。

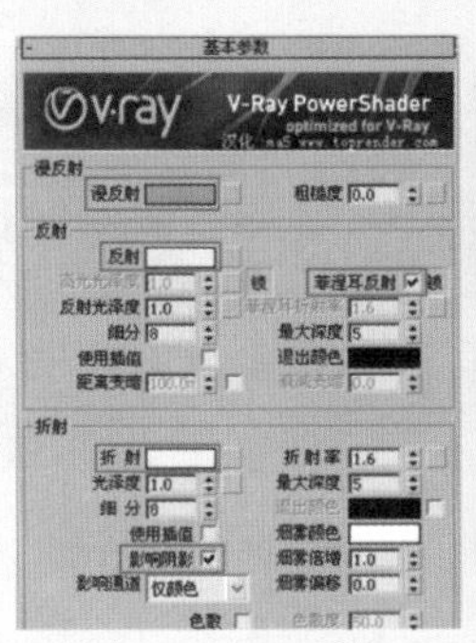

图 7-35　玻璃材质参数设置及普通清玻璃材质效果

对图 7-35 中的相关参数解析如下。

【菲涅尔反射】：选中该复选框后，反射强度会考虑物体表面的入射角度，反射颜色会使用过滤色。注意，菲涅尔反射的效果还取决于菲涅尔反射率。

【折射】：如果希望当前材质是折射材质，则只需要调节【折射】色块即可。当该色块为白色时，材质体现出完全透明的效果；其颜色越靠近黑色，透明度越低。单击色块旁边的按钮，还可以指定贴图来控制折射效果。

【光泽度】：用来控制折射的模糊程度。其值默认为 1 时可以得到绝对透明的材质效果。数值越小，模糊效果越强烈。

【影响阴影】：该复选框将控制物体产生透明阴影，让光线可以穿过玻璃，影响到玻璃后面的物体。

【影响 Alpha】：选中该复选框，将会影响 Alpha 通道效果。

你问我答

玻璃厚度表现不出来怎么办？

当玻璃厚度表现不出来时，用户可以使用【多维/子对象】材质，分别为玻璃面和玻璃边缘赋予材质。

你问我答

为什么调整透明材质没有阴影？

玻璃晶莹剔透，当光线穿过时会产生淡淡的阴影。在【折射】选项组中选中【影响阴影】复选框，可以使光线穿过半透明物体，并影响阴影的颜色，如图 7-36 所示。选择【影响通道】下拉列表框中的相应选项，在最终渲染的图像中会影响透明物体的 Alpha 通道。

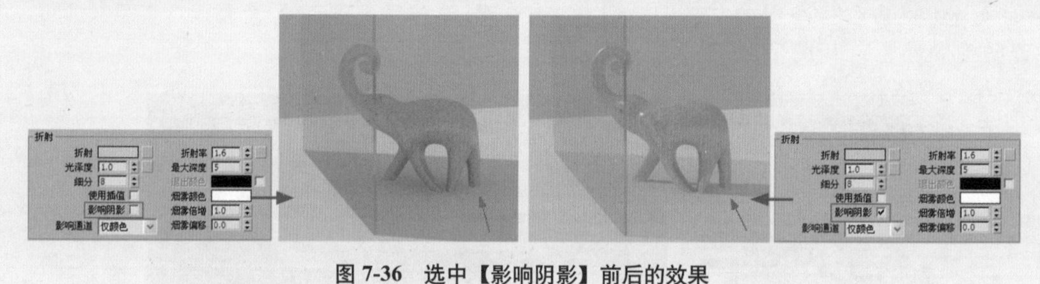

图 7-36　选中【影响阴影】前后的效果

(5) 设置“白色乳胶漆”材质。选择一个空白的示例球，将其命名为“乳胶漆”并为其指定 VRayMtl 材质。设置【漫反射】为白色，如图 7-37 所示。

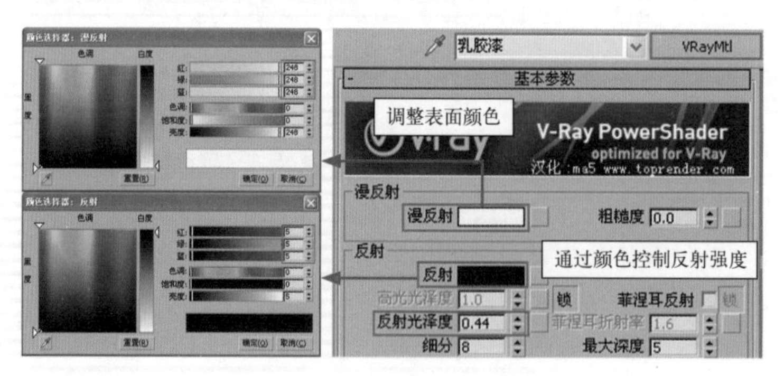

图 7-37　“乳胶漆”材质参数设置

(6) 在视图中选择“顶和墙”造型，单击按钮，将材质赋予它们。

(7) 设置“米黄色乳胶漆”材质。在【材质编辑器】对话框中选择一个空白的示例球并命名为“米黄色乳胶漆”材质，将其设置为 VRayMtl 材质，在【基本参数】卷展栏中设置【漫反射】颜色为黄色 (RGB：238、219、187)，然后在视图中选择“米黄色墙体”造型，单击按钮，将材质赋予它们。

(8) 设置“地板”材质。选择一个空白的示例球，将其命名为“地板”并为其指定 VRayMtl 材质。在【基本参数】卷展栏中调整反射颜色为灰色，使地板产生反射效果，单击【漫反射】色块右侧的按钮，在弹出的【材质 / 贴图浏览器】对话框中双击【位图】贴图类型，选择本书光盘“经理办公室”目录下的“DD.jpg”文件，其他参数设置如图 7-38 所示。

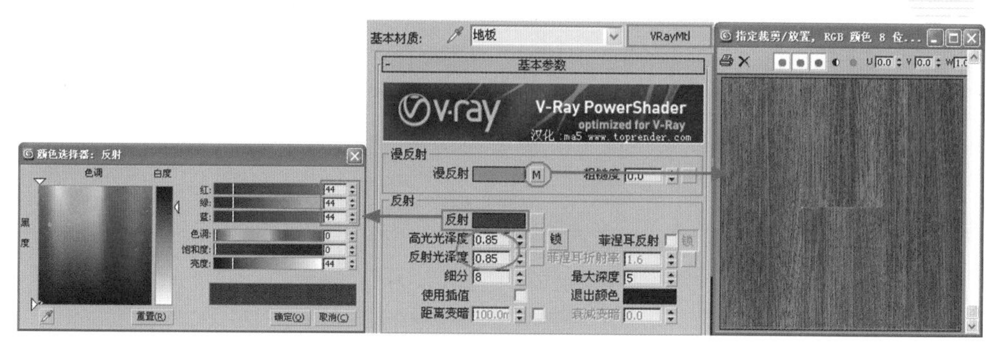

图 7-38 “地板”材质参数设置

(9) 由于地板颜色较深，而且所占面积较大，容易产生色溢现象，为了避免产生明显的色溢，下面为其添加 VRay 包裹材质。再选择“地板”材质示例球，单击 VRayMtl 按钮，在弹出的【材质 / 贴图浏览器】对话框中双击【VR_ 覆盖材质】材质类型，弹出【替换材质】对话框，选【将旧材质保存为子材质】单选按钮，然后单击【确定】按钮，如图 7-39 所示。

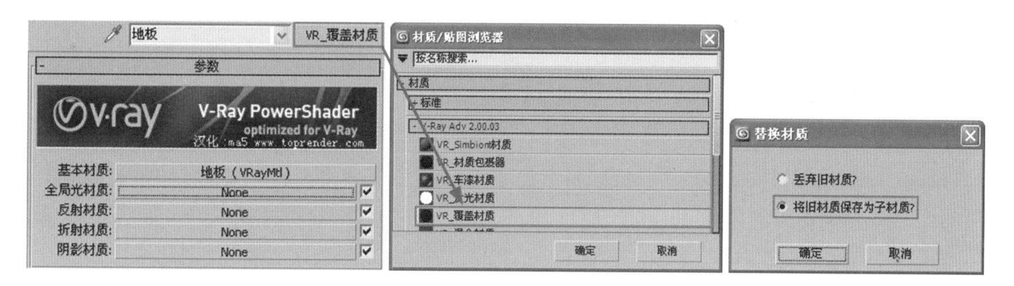

图 7-39 为地板添加覆盖材质

(10) 在【参数】卷展栏中单击【全局光材质】通道按钮，在弹出的【材质 / 贴图浏览器】对话框中双击 VRayMtl 材质类型，然后在【基本参数】卷展栏中设置【漫反射】颜色，如图 7-40 所示。

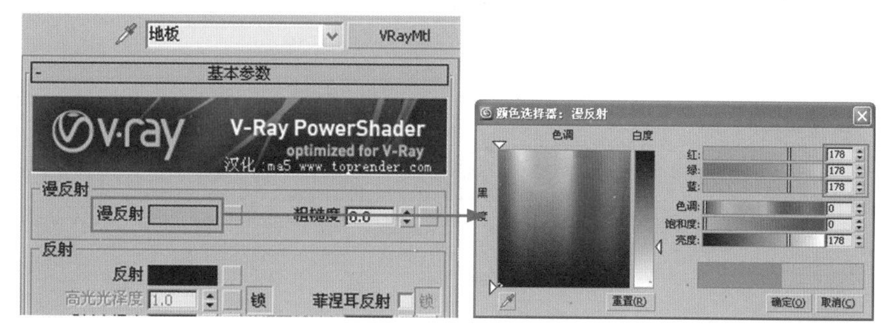

图 7-40 漫反射颜色设置

(11) 在视图中选择“地板”造型，单击按钮，将材质赋予它。再选择修改命令面板中的【UVW 贴图】命令，设置贴图类型为【平面】，设置【长度】、【宽度】均为 1200，如图 7-41 所示。

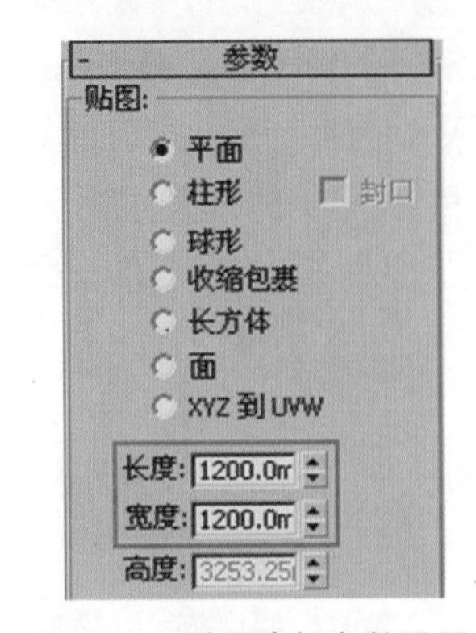

图 7-41　贴图坐标参数设置

(12) 设置“块毯”材质。重新选择一个空白的示例球将其命名为“块毯”并指定为 VRayMtl 材质。在【基本参数】卷展栏中单击【漫反射】色块右侧的按钮，在弹出的【材质 / 贴图浏览器】对话框中双击【衰减】贴图类型。

(13) 在【衰减参数】卷展栏中设置颜色 2 为灰色，选择【衰减类型】为 Fresnel，单击第一个通道按钮，以位图的方式选择本书光盘“经理办公室”目录下的“中间黑地 副本.jpg”文件，如图 7-42 所示。

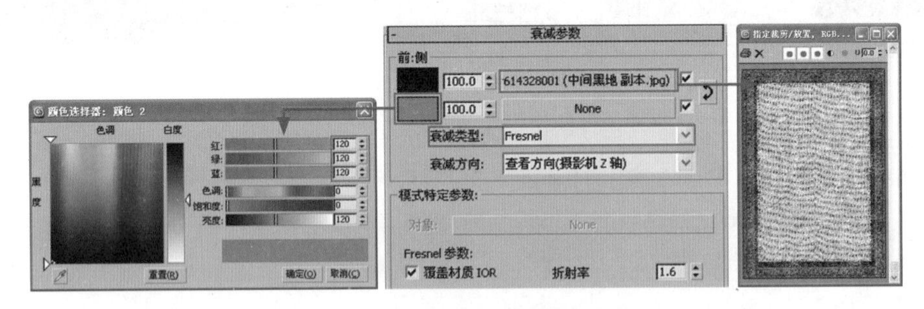

图 7-42　【衰减参数】卷展栏参数设置

(14) 在视图中选择“块毯”造型，单击按钮，将材质赋予它。再选择修改命令面板中的【UVW 贴图】命令，单击【对齐】选项组中的【适配】按钮，使贴图适配物体。

(15) 设置“壁纸”材质。重新选择一个空白的示例球将其命名为“壁纸”材质，并为其指定 VRayMtl 材质。在【基本参数】卷展栏中单击【漫反射】色块右侧的按钮，在弹出的【材质 / 贴图浏览器】对话框中双击【位图】贴图类型，选择本书光盘“经理办公室”目录下的“壁纸 2.jpg”文件。

(16) 选择背景墙，将材质赋予它。再单击按钮，选择修改命令面板中的【UVW 贴图】命令，在【参数】卷展栏中设置参数，如图 7-43 所示。

(17) 设置“壁纸 2”材质。重新选择一个空白的示例球将其命名为“壁纸 2”材质，并为其指定 VRayMtl 材质。在【基本参数】卷展栏中单击【漫反射】色块右侧的按钮，在弹出的【材质 / 贴图浏览器】对话框中双击【位图】贴图类型，选择本书光盘“经理办公室”目录下的“壁纸 3.jpg”文件，如图 7-44 所示。

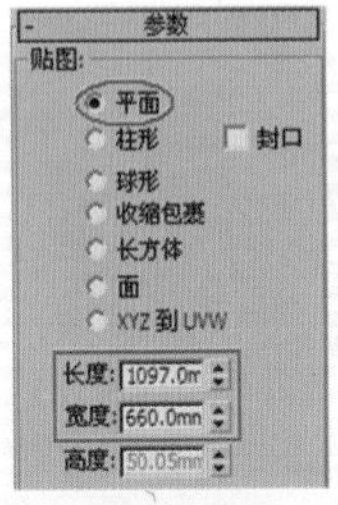

图 7-43　设置【参数】卷展栏

图 7-44　“壁纸 2”材质参数设置

(18) 在视图中选择背景墙壁纸造型，单击按钮，将材质赋予它。单击按钮，选择修改命令面板中的【UVW 贴图】命令，在【参数】卷展栏中设置参数，如图 7-45 所示。

(19) 单击按钮，渲染摄影机视图，效果如图 7-46 所示。

图 7-45　贴图坐标参数设置

图 7-46　背景墙赋予材质后的效果

7.4.2　设置家具材质

具体操作步骤如下。

(1) 设置“沙发布纹”材质。选择一个空白的示例球，将其命名为“沙发布纹”并为其指定 VRayMtl 材质。在【基本参数】卷展栏中单击【漫反射】色块右侧的按钮，在弹出的【材质 / 贴图浏览器】对话框中双击【衰减】贴图类型。

(2) 在【衰减参数】卷展栏中单击第一个通道按钮，在弹出的【材质 / 贴图浏览器】对话框中双击【位图】贴图类型，选择本书光盘“经理办公室”目录下的“13428944.jpg”文件，设置【衰减类型】为 Fresnel，其他参数设置如图 7-47 所示。

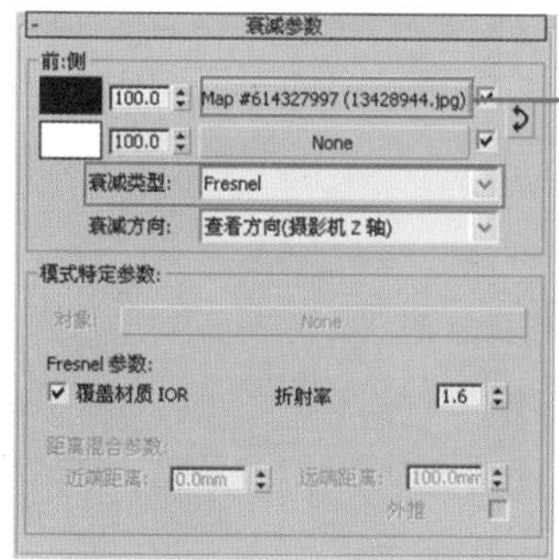

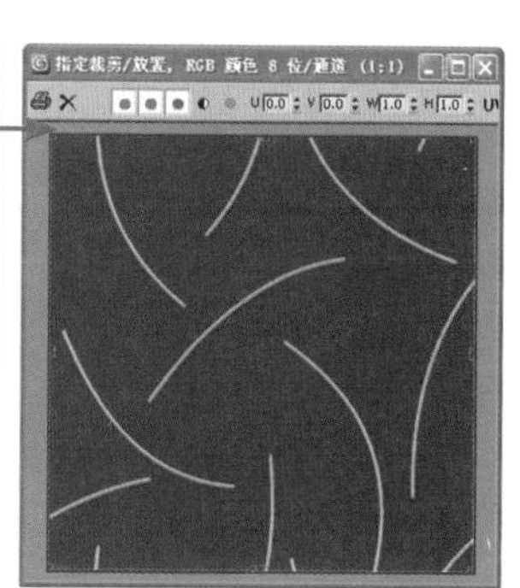

图 7-47　“沙发布纹”材质参数设置

(3) 单击按钮，返回到顶级，打开【贴图】卷展栏，单击【凹凸】微调框右侧的通道按钮，选择本书光盘“经理办公室”目录下的“主人椅 ~1 副本 .jpg”文件，再设置凹凸数量为 −10，如图 7-48 所示。

(4) 选择场景中的沙发，单击按钮，将材质赋予它，效果如图 7-49 所示。

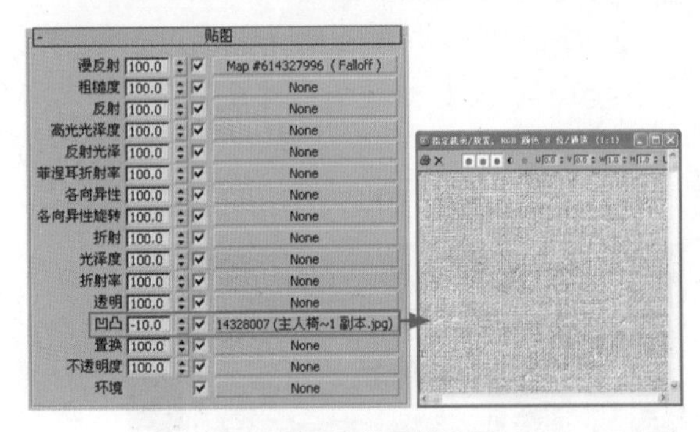

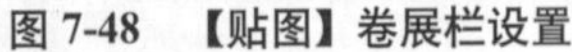

图 7-48　【贴图】卷展栏设置

图 7-49　沙发赋予材质的效果

(5) 设置“抱枕”材质。重新选择一个示例球，单击名称右侧的按钮，在弹出的【材质 / 贴图浏览器】对话框中选择【混合】材质类型，进入【混合基本参数】卷展栏。

(6) 在【混合基本参数】卷展栏中单击【材质 1】通道按钮，在弹出的【材质 / 贴图浏览器】对话框中选择 VRayMtl 材质，然后在【基本参数】卷展栏中单击【漫反射】色块右侧的按钮，以位图的方式选择本书光盘“经理办公室”目录下的“壁纸 .jpg”文件，如图 7-50 所示。

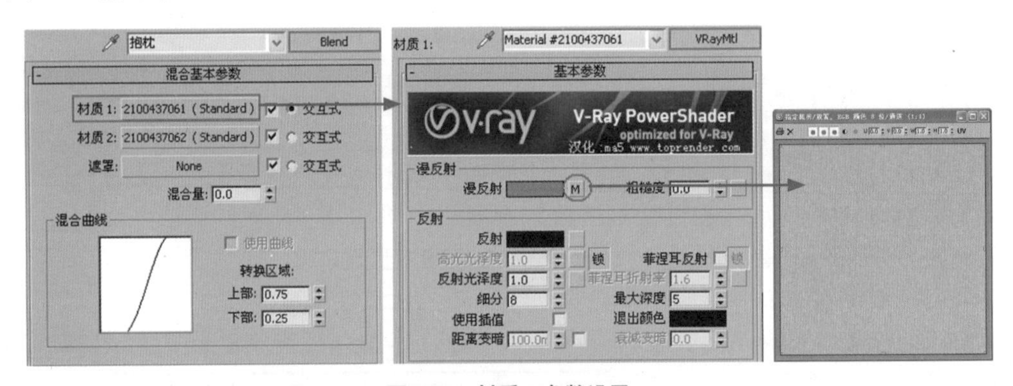

图 7-50　材质 1 参数设置

(7) 在【坐标】卷展栏中设置【模糊】值为 0.01，如图 7-51 所示。

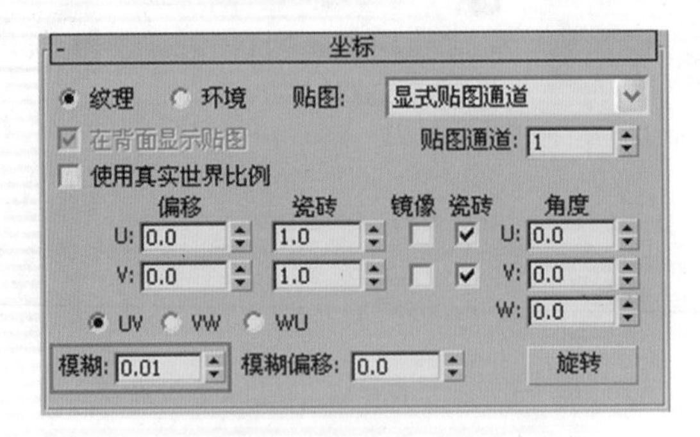

图 7-51　【坐标】卷展栏

(8) 单击按钮，返回到顶级。在【混合基本参数】卷展栏中单击【材质 2】通道按钮，在弹出的【材质 / 贴图浏览器】对话框中选择 VRayMtl 材质，然后在【基本参数】卷展栏中设置【漫反射】、【反射】颜色，如图 7-52 所示。

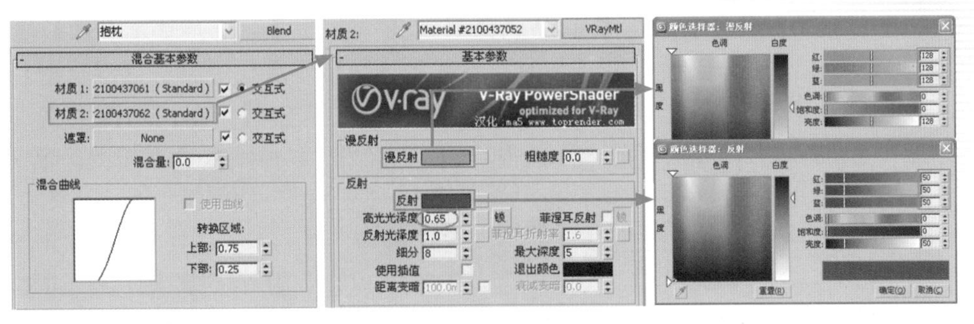

图 7-52　材质 2 参数设置

(9) 单击按钮，返回到顶级。在【混合基本参数】卷展栏中单击【遮罩】通道按钮，在弹出的【材质 / 贴图浏览器】对话框中选择【位图】贴图类型，选择本书光盘“经理办公室”目录下的“1213522640.jpg”文件，如图 7-53 所示。

(10) 在视图中选择“抱枕”造型，单击按钮，将材质赋予它们。效果如图 7-54 所示。

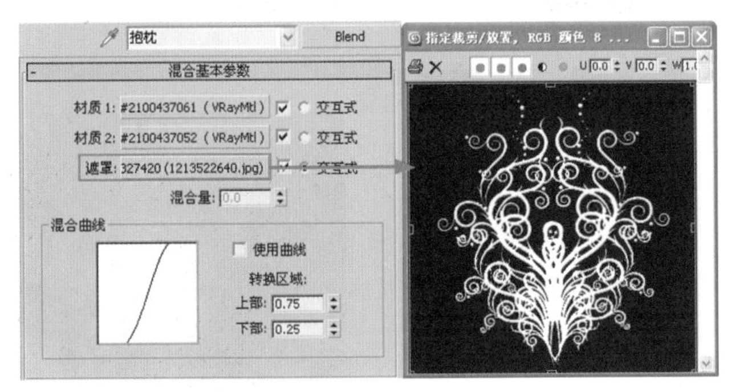

图 7-53　设置遮罩贴图

图 7-54　抱枕赋予材质后的效果

(11) 设置“木纹”材质。重新选择一个示例球，将其命名为“木纹”并为其指定 VRayMtl 材质。在【基本参数】卷展栏中调整【反射】颜色为灰色，使其产生反射效果，单击【漫反射】色块右侧的按钮，在弹出的【材质 / 贴图浏览器】对话框中双击【位图】贴图类型。选择本书光盘“经理办公室”目录下的“arch41_028_wood.jpg”文件，其他参数设置如图 7-55 所示。

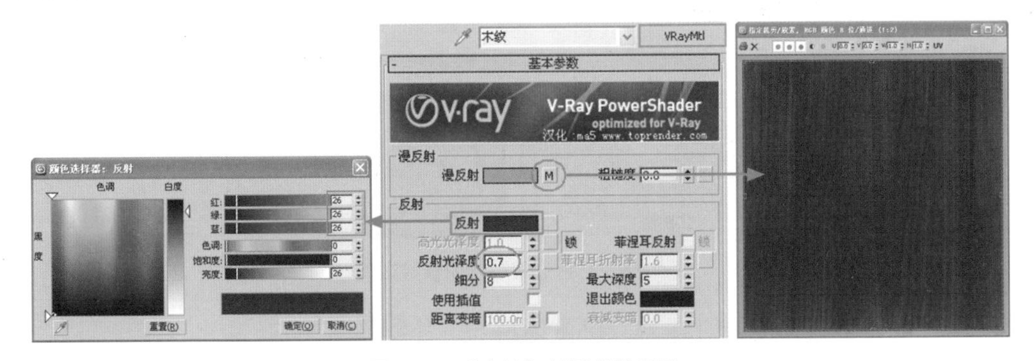

图 7-55　“木纹”材质参数设置

(12) 在视图中选择“经理办公桌”、“办公椅靠背”、“茶几”造型，单击按钮，将材质赋予它们。

(13) 重新选择一个示例球，将其命名为“灰皮”。在【明暗器基本参数】卷展栏中选择【(A) 各向异性】属性，在【各向异性基本参数】卷展栏中单击【漫反射】色块右侧的按钮，在弹出的【材质 / 贴图浏览器】对话框中双击【位图】贴图类型，选择本书光盘“经理办公室”目录下的“皮质 -002.JPG”文件，其他参数设置如图 7-56 所示。

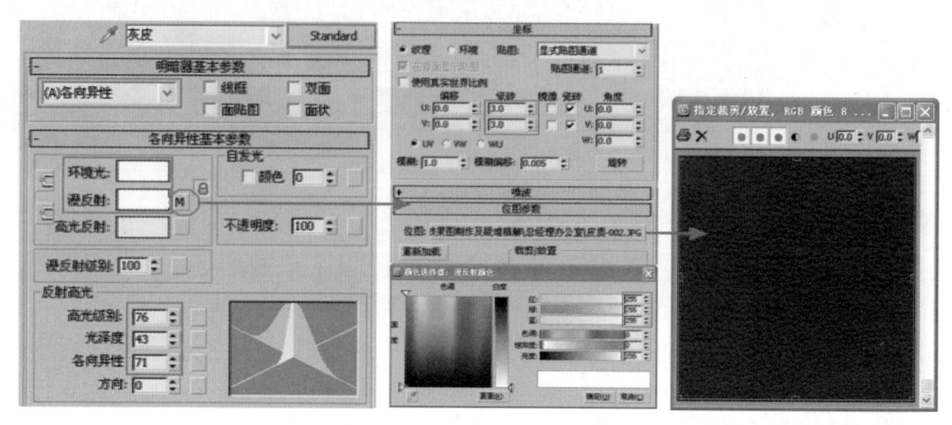

图 7-56 “灰皮”材质参数设置

(14) 在视图中选择“椅子皮面”造型，单击按钮，将材质赋予它，效果如图 7-57 所示。

(15) 设置“台灯罩”材质。重新选择一个空白的示例球，将其命名为“台灯罩”，并指定为 VRayMtl 材质。在【基本参数】卷展栏中单击【漫反射】色块右侧的按钮，在弹出的【材质 / 贴图浏览器】对话框中选择【衰减】贴图类型。然后在【衰减参数】卷展栏中设置颜色 1、颜色 2，设置【衰减类型】为 Fresnel，如图 7-58 所示。

图 7-57 椅子赋予材质的效果

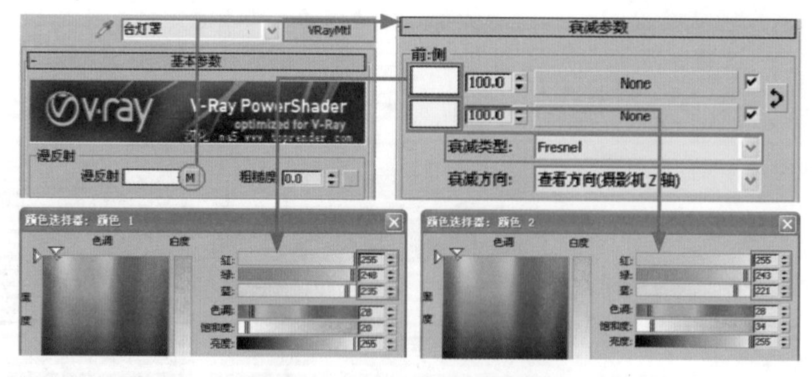

图 7-58 “台灯罩”材质参数设置

(16) 在视图中选择“台灯罩”，单击按钮，将材质赋予它。

(17) 设置“玻璃”材质。选择一个空白的示例球，将其命名为“玻璃”，并为其指定 VRayMtl 材质。在【基本参数】卷展栏中设置【漫反射】为白色，【反射】颜色为灰色，使其产生反射效果，调整【折射】颜色为白色，使其产生透明，其他参数设置如图 7-59 所示。

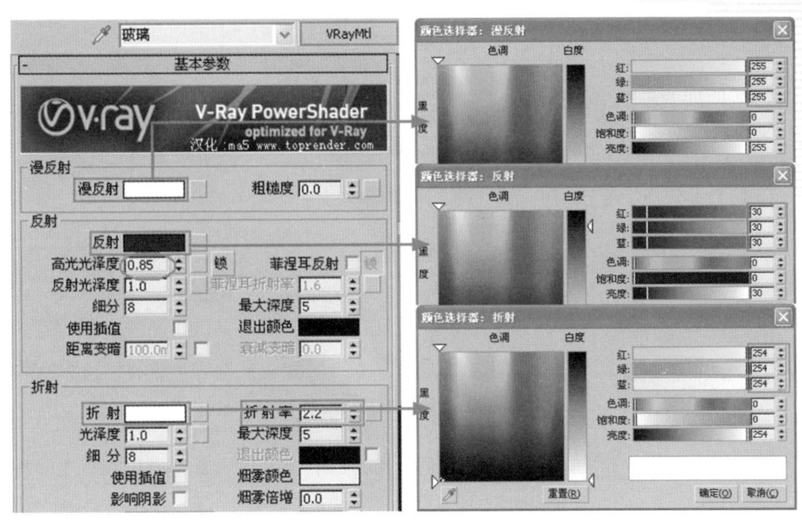

图 7-59　“玻璃”材质参数设置

(18) 在视图中选择“灯杆”，单击按钮，将材质赋予它。

(19) 设置“灯座”材质。选择一个空白的示例球，将其命名为“灯座”，并为其指定 VRayMtl 材质。在【基本参数】卷展栏中设置【漫反射】、【反射】颜色，设置【反射光泽度】为 0.9，如图 7-60 所示。

(20) 在视图中选择“灯座”，单击按钮，将材质赋予它。赋予材质后的渲染效果如图 7-61 所示。

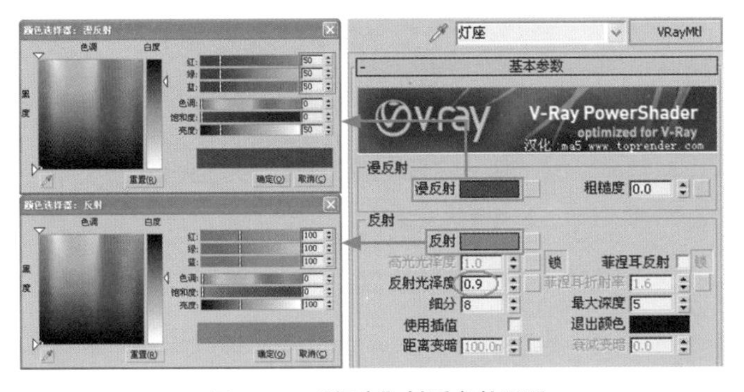

图 7-60　“灯座”材质参数设置

图 7-61　赋予材质的台灯效果

(21) 设置“窗帘”材质。重新选择一个空白的示例球，将其命名为“窗帘”。在【明暗器基本参数】卷展栏中选择 (O)Oren-Nayar-Blinn 属性。在【Oren-Nayar-Blinn 基本参数】卷展栏中单击【漫反射】色块右侧的按钮，在弹出的【材质/贴图浏览器】对话框中双击【位图】贴图类型，选择本书光盘“经理办公室”目录下的“1380544-bu17-embed.jpg”文件，如图 7-62 所示。

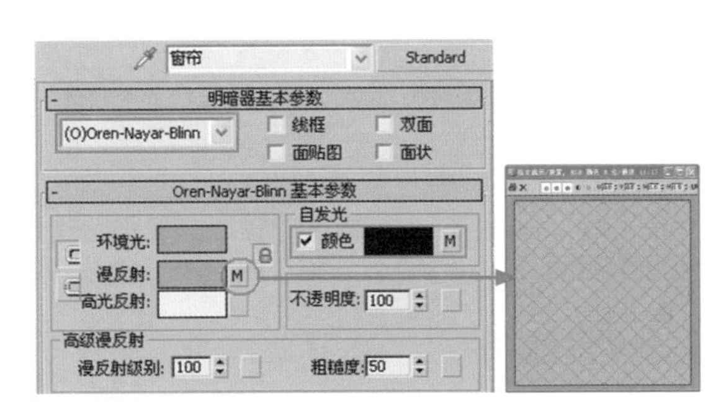

图 7-62　“窗帘”材质参数设置

(22) 在【Oren-Nayar-Blinn 基本参数】卷展栏中单击【自发光】选项组中的■按钮，在弹出的【材质 / 贴图浏览器】对话框中双击【遮罩】贴图类型，在【遮罩参数】卷展栏中单击【贴图】通道按钮，选择【衰减】贴图类型，然后在【衰减参数】卷展栏中设置【衰减类型】为 Fresnel，单击按钮，返回上一级，将【贴图】通道中的贴图文件拖动复制到【遮罩】通道中，如图 7-63 所示。

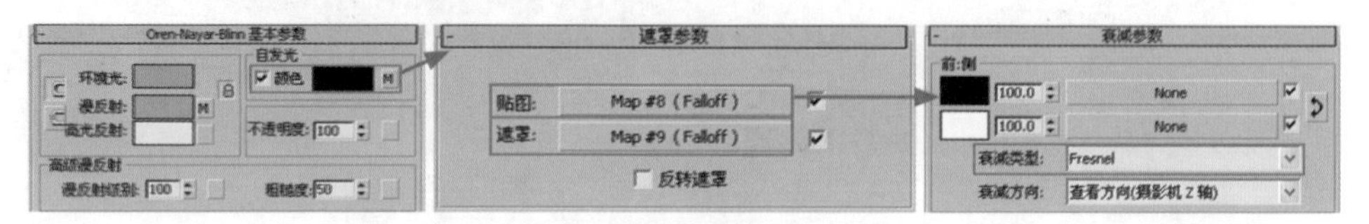

图 7-63　遮罩贴图参数设置

(23) 单击按钮，返回顶级。打开【贴图】卷展栏，单击【凹凸】微调框右侧的通道按钮，在弹出的【材质 / 贴图浏览器】对话框中双击【位图】贴图类型，选择本书光盘“经理办公室”目录下的“STATIC2.jpg”文件，如图 7-64 所示。

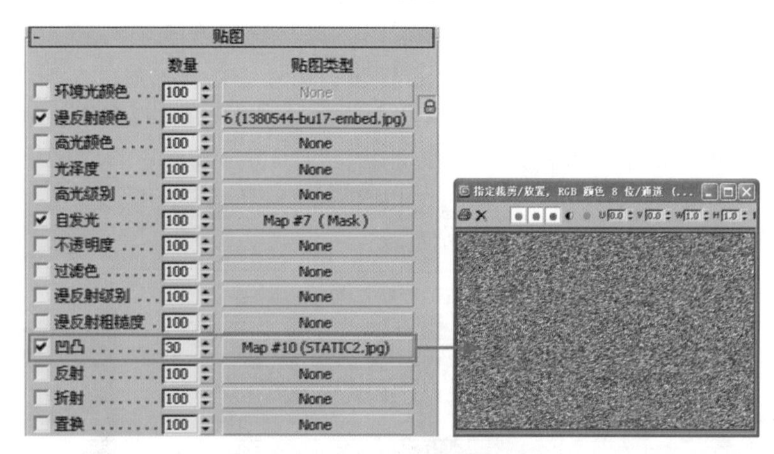

图 7-64　【凹凸】通道材质设置

(24) 在视图中选择“窗帘”，单击按钮，将材质赋予它。

(25) 设置“窗纱”材质。重新选择一个空白的示例球，将其命名为“窗纱”并为其指定 VRayMtl 材质类型。在【基本参数】卷展栏中单击【漫反射】色块右侧的按钮，在弹出的【材质 / 贴图浏览器】对话框中选择【输出】贴图类型，设置参数如图 7-65 所示。

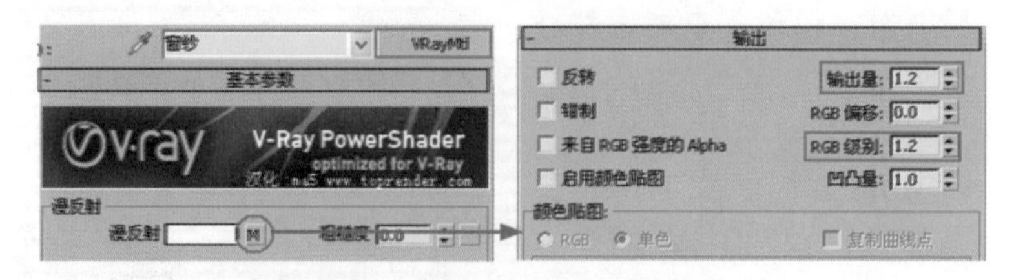

图 7-65　【输出】贴图类型参数设置

(26) 单击按钮，返回上一级，在【折射】选项组中设置折射率为 1.001，选中【影响阴影】复选框，单击【折射】色块右侧的■按钮，在弹出的【材质 / 贴图浏览器】对话框中双击【衰减】贴图类型。在【衰减参数】卷展栏中设置颜色 1、颜色 2，如图 7-66 所示。

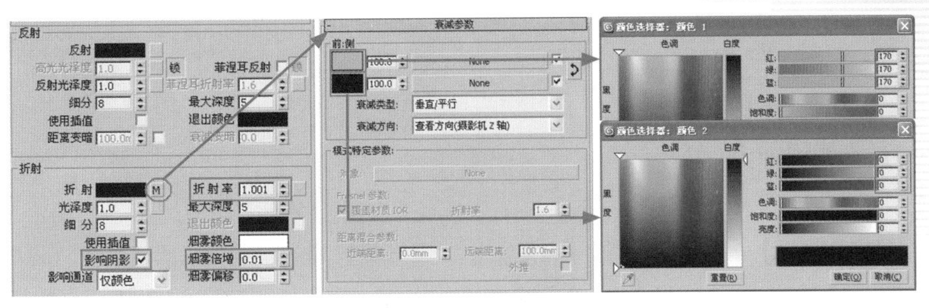

图 7-66　窗纱材质参数设置

(27) 在视图中选择“窗纱”，单击按钮，将材质赋予它。

(28) 设置“灯罩”材质。重新选择一个空白的示例球，将其命名为“灯罩”并为其指定 VRayMtl 材质类型。在【基本参数】卷展栏中单击【漫反射】色块，设置表面颜色为纯白色，然后在视图中选择吊灯“灯罩”造型，单击按钮，将材质赋予它。

(29) 设置“水晶”材质。选择一个空白的示例球，将其命名为“水晶”并为其指定 VRayMtl 材质类型。在【基本参数】卷展栏中设置表面颜色为白色，调整反射颜色为白色，使其完全产生反射效果，设置折射颜色也为白色，使其产生透明效果，其他参数设置如图 7-67 所示。

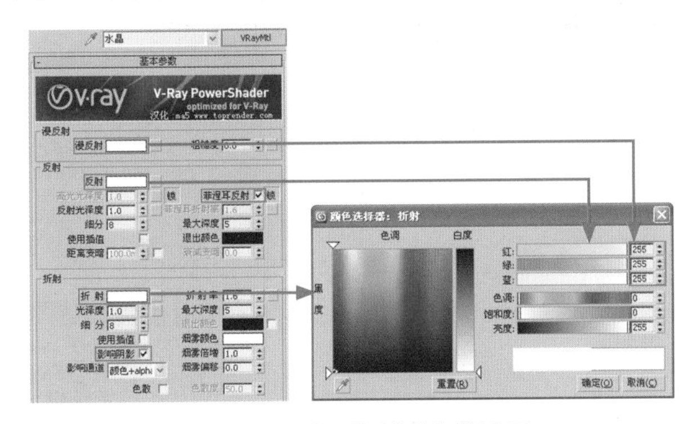

图 7-67　“水晶”材质参数设置

(30) 设置“灯上金属”材质。重新选择一个空白的示例球，将其命名为“灯上金属”并为其指定 VRayMtl 材质类型。在【基本参数】卷展栏中设置漫反射颜色为灰色，如图 7-68 所示。

(31) 在视图中选择吊灯“灯上金属”造型，单击按钮，将材质赋予它。吊灯赋予材质后的效果如图 7-69 所示。

图 7-68　“灯上金属”材质参数设置

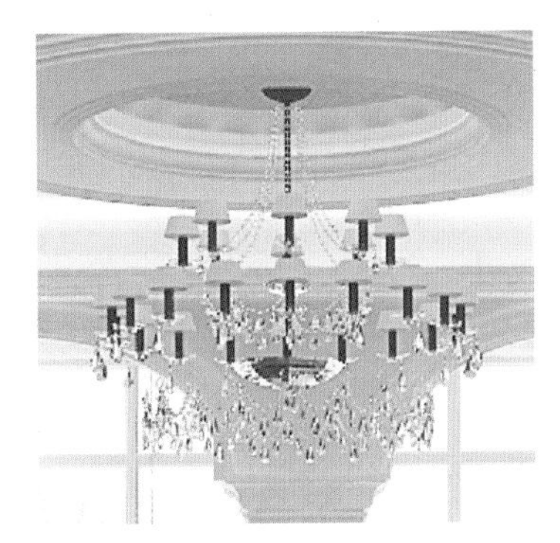

图 7-69　“灯上金属”材质效果

7.4.3 设置其他材质

具体操作步骤如下。

(1) 设置“铁艺”材质。选择一个空白的示例球，将其命名为“铁艺”并为其指定VRayMtl材质。在【基本参数】卷展栏中设置【漫反射】、【反射】颜色，其他参数设置如图7-70所示。

(2) 在视图中选择“栏杆”、“形象墙”造型，单击按钮，将材质赋予它，效果如图7-71所示。

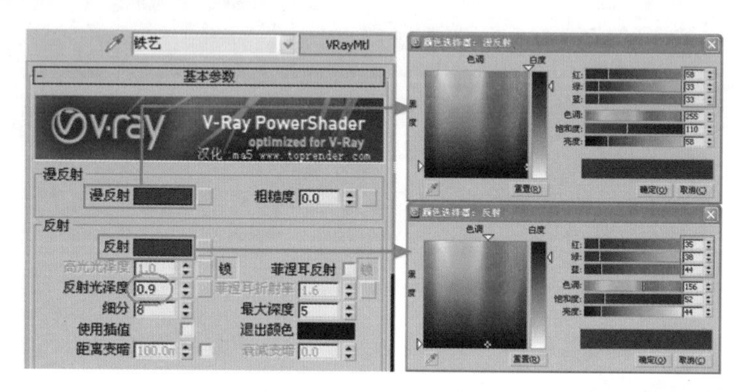

图7-70 “铁艺”材质参数设置

图7-71 铁艺栏杆效果

(3) 设置“树叶”材质。选择一个空白的示例球，将其命名为“树叶”并为其指定VRayMtl材质。在【基本参数】卷展栏中设置【反射】、【折射】颜色，再单击【漫反射】色块右侧的按钮，在弹出的【材质/贴图浏览器】对话框中双击【混合】贴图类型，如图7-72所示。

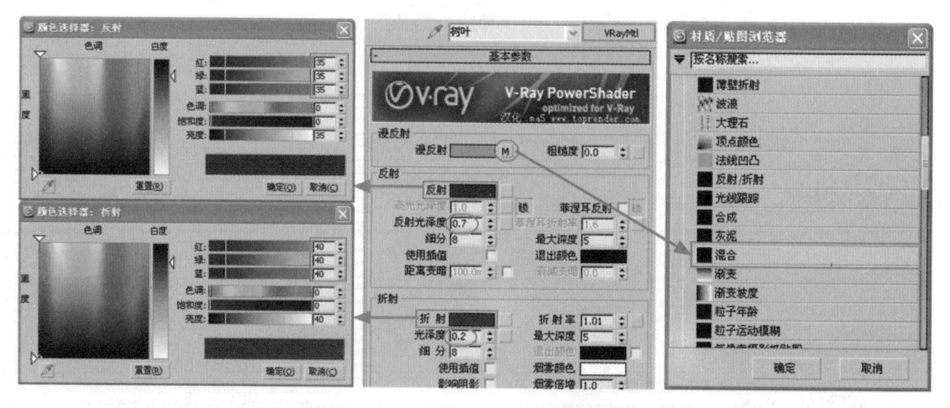

图7-72 “树叶”材质参数设置

(4) 进入【混合参数】卷展栏，单击【颜色#1】色块右侧的通道按钮，在弹出的【材质/贴图浏览器】对话框中双击【位图】贴图类型，选择本书光盘“经理办公室”目录下的“arch41_028_leaf_2.jpg”文件。单击按钮，返回上一级，单击【颜色#2】色块右侧的通道按钮，为其指定本书光盘“经理办公室”目录下的“arch41_028_leaf.jpg”文件。再单击按钮，返回上一级，单击【混合量】微调框右侧的通道按钮，为其指定本书光盘“经理办公室”目录下的“arch41_028_leaf_mask.jpg”文件，如图7-73所示。

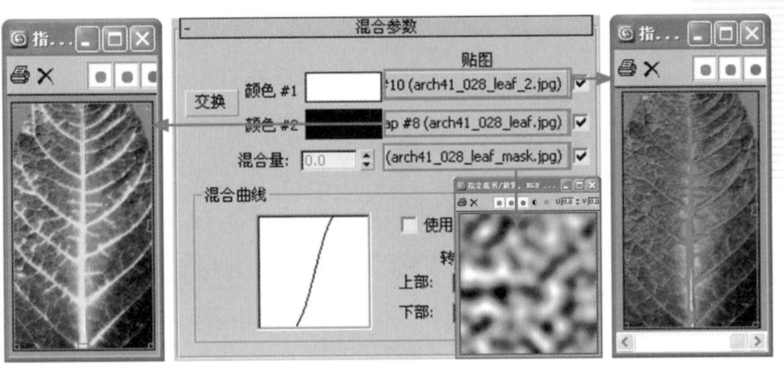

图 7-73　【混合参数】卷展栏参数设置

(5) 在视图中选择盆景树叶，单击按钮，将材质赋予它们。

(6) 设置“树干”材质。选择一个空白的示例球，将其命名为“树干”并为其指定VRayMtl材质。在【贴图】卷展栏中单击【漫反射】微调框右侧的通道按钮，在弹出的【材质/贴图浏览器】对话框中双击【位图】贴图类型，选择本书光盘“经理办公室”目录下的“arch41_028_bark.jpg”文件，在【坐标】卷展栏中设置坐标值等参数，如图7-74所示。

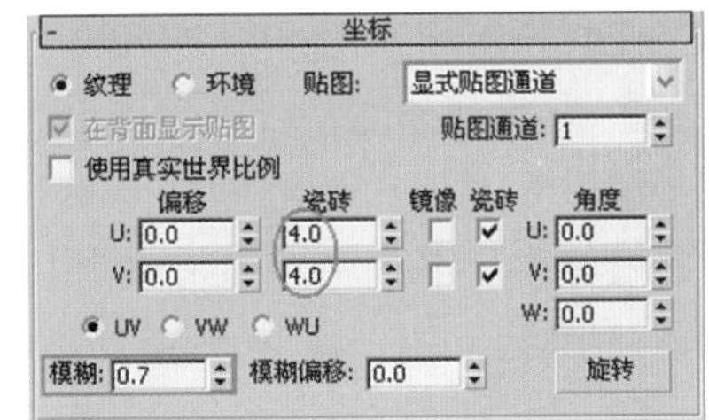

图 7-74　“树干”材质参数设置

(7) 单击按钮，返回上一级，单击【凹凸】微调框右侧的通道按钮，以位图方式选择本书光盘“经理办公室”目录下的“arch41_028_bark_bump.jpg”文件，设置凹凸数量为200，如图7-75所示。

(8) 在视图中选择盆景树干，单击按钮，将材质赋予它们。盆景效果如图7-76所示。

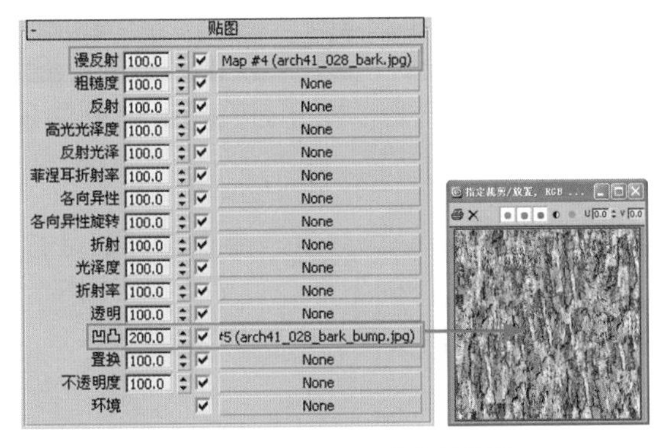

图 7-75　【凹凸】通道参数设置

图 7-76　树干材质的效果

你问我答

如何通过包裹材质控制色溢？

打开【材质编辑器】对话框，选择溢色的材质示例球，单击名称列表框右侧的VRayMtl按钮，在原来材质的基础上添加【VRay材质包裹器】材质，在弹出的【替换材质】对话框中选中【将旧材质保存为子材质】单选按钮，如图7-77所示。

在【VR-材质包裹器参数】卷展栏中减少物体发射GI的大小值，默认值为1，通过降低GI值来控制色溢，如图7-78所示。

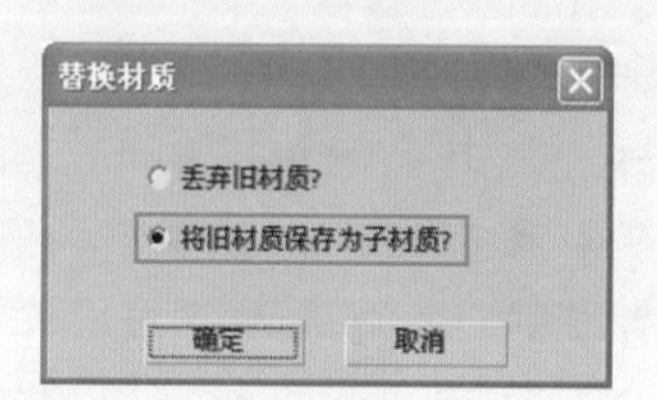

图7-77 【替换材质】对话框

图7-78 【VR-材质包裹器参数】卷展栏

(9) 设置“装饰物”材质。选择一个空白的示例球，将其命名为“装饰物”并为其指定VRayMtl材质。在【基本参数】卷展栏中设置【漫反射】颜色为灰色，调整【反射】颜色，使其产生反射效果，然后降低【高光光泽度】、【反射光泽度】，如图7-79所示。在视图中选择“装饰物”，单击按钮，将材质赋予装饰物。

(10) 重新选择一个空白的示例球，将其命名为“镜子”，并为其指定VRayMtl材质。在【基本参数】卷展栏中设置【漫反射】颜色为黑色，调整【反射】颜色为白色，使其产生完全反射，单击按钮，将材质赋予中间的圆镜造型，赋予材质的装饰物如图7-80所示。

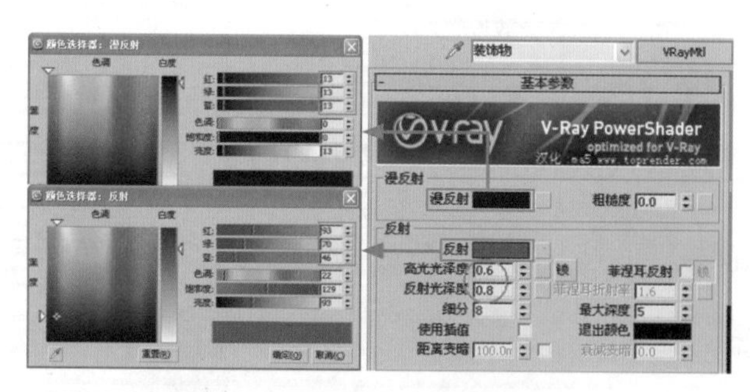

图7-79 “装饰物”材质参数设置

图7-80 赋予材质的装饰物效果

(11) 选择一个空白的示例球，将其命名为“酒瓶”。单击Standard按钮，在弹出的【材质/贴图浏览器】对话框中选择【多维/子对象】材质类型，再在弹出的【替换材质】对话框中选中【丢弃旧材质】单选按钮，然后执行确定操作。如图7-81所示。在【多维/子对象基本参数】卷展栏中单击【设置数量】按钮，设置材质数量为3，如图7-82所示。

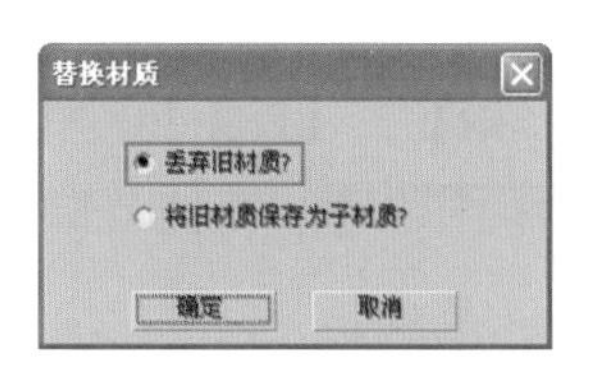

图 7-81　选中【丢弃旧材质】单选按钮

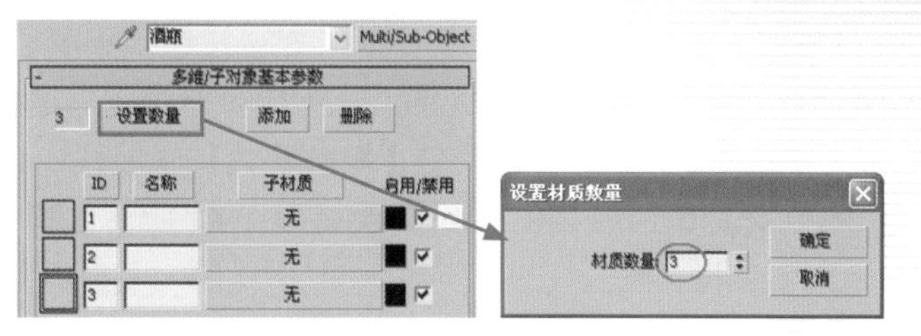

图 7-82　设置材质数量

(12) 单击 ID1 的通道按钮，在弹出的【材质 / 贴图浏览器】对话框中选择 VRayMtl 材质。在【基本参数】卷展栏中设置【漫反射】颜色，并设置折射颜色为深红色，再单击【反射】色块右侧的按钮，在弹出的【材质 / 贴图浏览器】对话框中选择【衰减】贴图类型，调整衰减颜色为浅黄色，如图 7-83 所示。

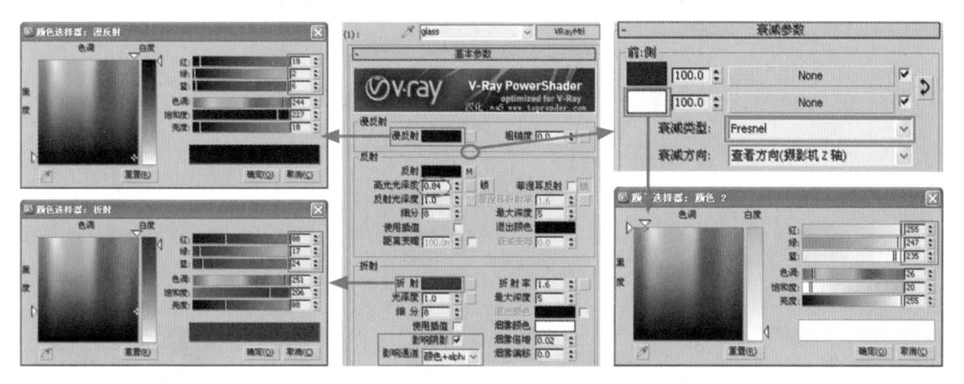

图 7-83　ID1 材质参数设置

(13) 单击按钮，返回到顶级，单击 ID2 的通道按钮，弹出【材质 / 贴图浏览器】对话框，选择【标准】材质。在【Blinn 基本参数】卷展栏中单击【漫反射】色块右侧的按钮，在弹出的【材质 / 贴图浏览器】对话框中双击【位图】贴图类型，选择本书光盘“经理办公室”目录下的“商标 .jpg”文件。

(14) 单击按钮，返回到顶级，单击 ID3 的通道按钮，在弹出的【材质 / 贴图浏览器】对话框中选择 VRayMtl 材质类型。在【基本参数】卷展栏中设置【漫反射】、【反射】的颜色，如图 7-84 所示。

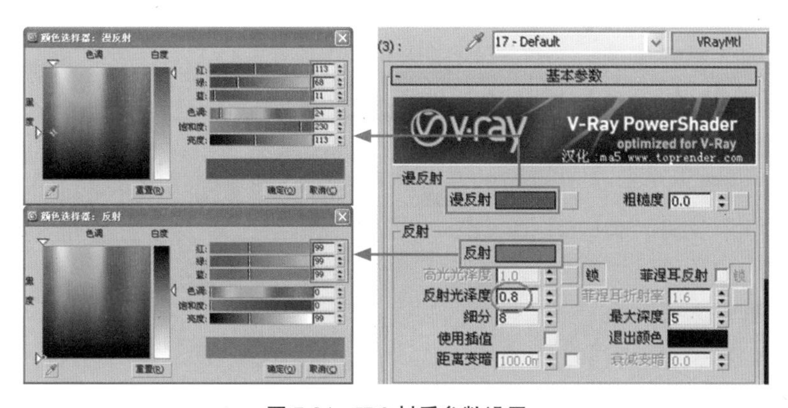

图 7-84　ID3 材质参数设置

(15) 在视图中选择“酒瓶”，单击按钮，将材质赋予它。

(16) 设置“玻璃花瓶”材质。重新选择一个空白的示例球，将其命名为“玻璃花瓶”并为其指定 VRayMtl 材质。在【基本参数】卷展栏中设置【漫反射】、【反射】、【折射】颜色均为白色，其他参数设置如图 7-85 所示。将材质赋予玻璃花瓶、酒杯造型。

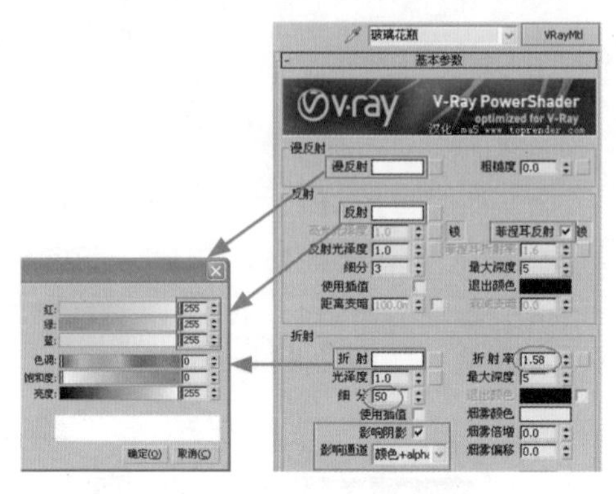

图 7-85 “玻璃花瓶”材质参数设置

(17) 设置“不锈钢器皿”材质。选择一个空白的示例球，将其命名为“不锈钢器皿”并为其指定 VRayMtl 材质。在【基本参数】卷展栏中设置【漫反射】、【反射】颜色，如图 7-86 所示。

(18) 在视图中选择“不锈钢盆”及“不锈钢盘”，单击按钮，将材质赋予它们。效果如图 7-87 所示。

图 7-86 “不锈钢器皿”材质参数设置

图 7-87 赋予材质的效果

(19) 设置“装饰画”材质。选择一个空白的示例球，将其命名为“装饰画”并为其指定 VRayMtl 材质。在【基本参数】卷展栏中单击【漫反射】色块右侧的按钮，在弹出的【材质/贴图浏览器】对话框中双击【位图】贴图类型，选择本书光盘“经理办公室”目录下的“12.jpg”文件，如图 7-88 所示。

(20) 在视图中选择“装饰画”造型，单击按钮，将材质赋予它。

图 7-88 “装饰画”材质参数设置

7.5 最终场景渲染品质及后期处理

7.5.1 渲染场景参数设置

具体操作步骤如下。

(1) 打开【渲染设置 :V-Ray Adv 2.00.03】对话框。在【VR_ 基项】选项卡中打开【V-Ray:: 图像采样器 (反锯齿)】卷展栏，设置【图像采样器】类型为【自适应细分】、【抗锯齿过滤器】为 Catmull-Rom，如图 7-89 所示。

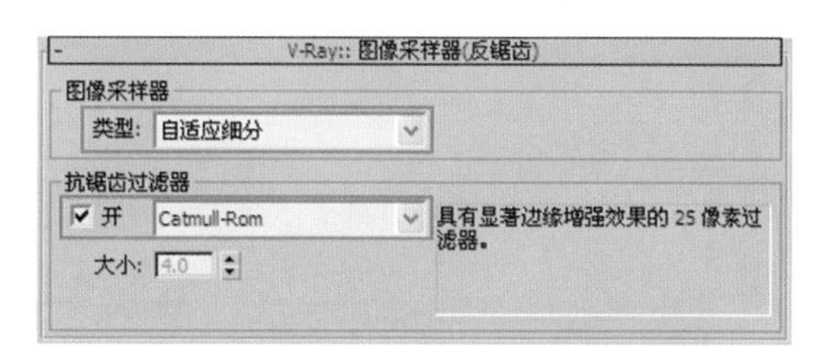

图 7-89 【VR_ 基项】选项卡参数设置

(2) 打开【VR_ 间接照明】选项卡，在【V-Ray:: 发光贴图】卷展栏中设置【当前预置】为【中】，选中【渲染结束时光子图处理】选项组中的【自动保存】、【切换到保存的贴图】复选框，再单击【浏览】按钮，将光子图保存到相应的目录下，然后在【V-Ray:: 灯光缓存】卷展栏中设置【细分】值为 800，如图 7-90 所示。

(3) 渲染完成后，系统自动弹出 Choose irradiance map file 对话框，然后加载前面保存的光子图，如图 7-91 所示。

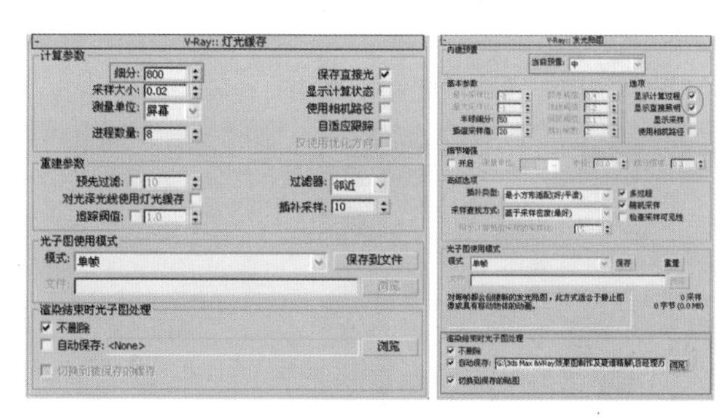

图 7-90 【VR_ 间接照明】选项卡参数设置

图 7-91 加载光子图

(4) 返回到【公用】选项卡，在【要渲染的区域】选项组中选择【区域】选项，然后在摄影机视图中裁切区域，如图 7-92 所示。

图 7-92　裁切要渲染的区域

(5) 返回【公用】选项卡，设置渲染输出的图像大小为 1800 × 1350，如图 7-93 所示。渲染后的效果如图 7-94 所示。

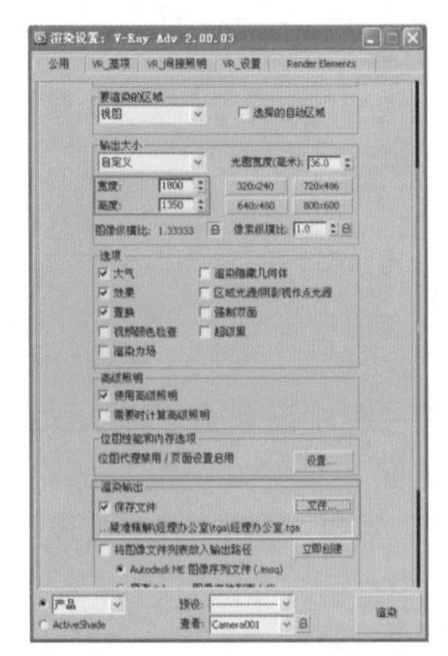

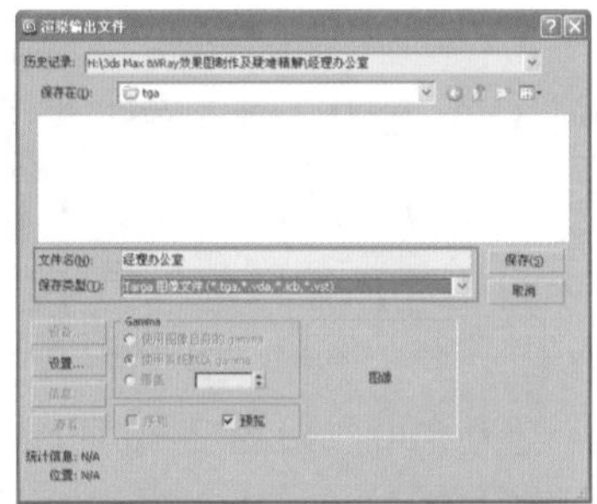

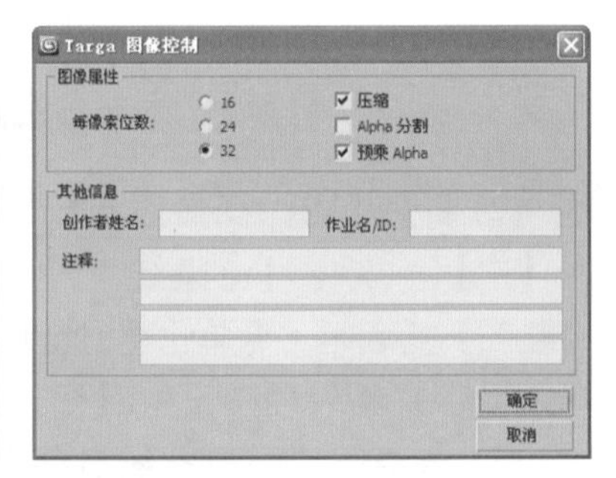

图 7-93　设置渲染输出

图 7-94　渲染后的效果

你问我答

影响渲染速度的参数主要有哪些？

VRay 灯光的数量及其阴影设置参数、图的尺寸、所使用材质的光泽效果参数、所选抗锯齿采样器和过滤器的类型、渲染等级等参数都会影响渲染速度。

此外，场景中是否使用 VRayFur、VRy 等 VRay 修改器及其参数的高低都会影响渲染速度。

许多读者以为曝光参数的选择会对渲染速度有影响。但实际上曝光模式与参数仅决定了 VRay 如何处理图像的亮部与暗部，因此对最终渲染速度没有影响。

7.5.2 渲染图像的后期处理

使用 Photoshop 软件可以对图像的亮度、对比度以及饱和度进行调整，使图像效果更加生动、逼真，主要使用的命令有【曲线】、【亮度 / 对比度】、【高反差保留】等。

具体操作步骤如下。

(1) 启动 Photoshop 软件，选择菜单栏中的【文件】|【打开】命令，打开本书光盘“经理办公室”目录下的“经理办公室 .tga”文件。

(2) 按 F7 键，打开【图层】面板，双击背景图层，弹出【新建图层】对话框，将背景层转换为“图层 0”，单击【确定】按钮，如图 7-95 所示。

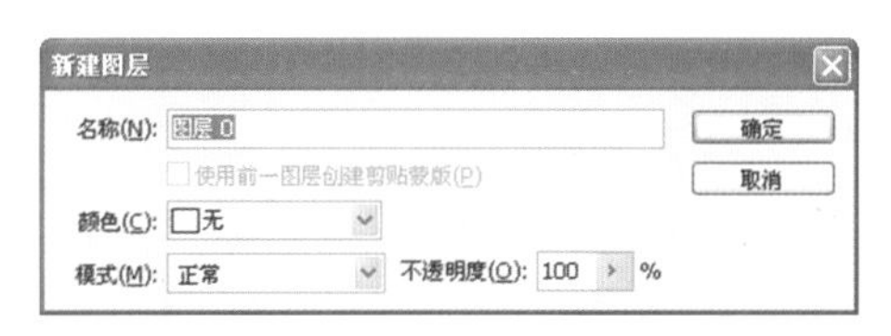

图 7-95 【新建图层】对话框

(3) 打开【通道】面板。按住键盘中 Ctrl 键的同时单击 Alpha1 通道，通过通道选择区域，如图 7-96 所示。

(4) 按快捷键 Ctrl+Shift+J，将选择的区域通过剪切建立新的图层。再选择菜单栏中的【文件】|【打开】命令，打开本书光盘“经理办公室”目录下的“1168509707.jpg”文件，使用移动工具将背景贴图拖至“经理办公室”图像中，调整图层位置，如图 7-97 所示。

图 7-96 通过通道选择区域

图 7-97 添加环境贴图

(5) 在【图层】面板中调整【不透明度】为 63%，将【图层 0】选中为当前层，单击按钮，新建图层并将其填充为白色，如图 7-98 所示。

图 7-98　新建图层并填充白色

(6) 将顶层处于当前层，单击【图层】面板中的按钮，在弹出的快捷菜单中选择【亮度 / 对比度】命令，设置【亮度】值为 26，如图 7-99 所示。

(7) 单击【图层】面板中的按钮，在弹出的下拉菜单中选择【曲线】命令，调整曲线如图 7-100 所示。

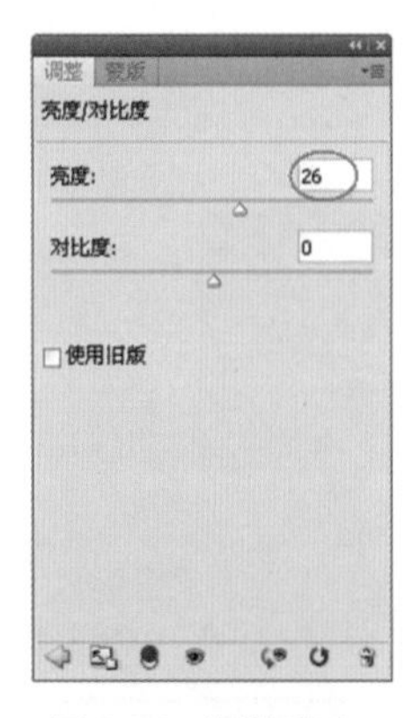

图 7-99　调整亮度

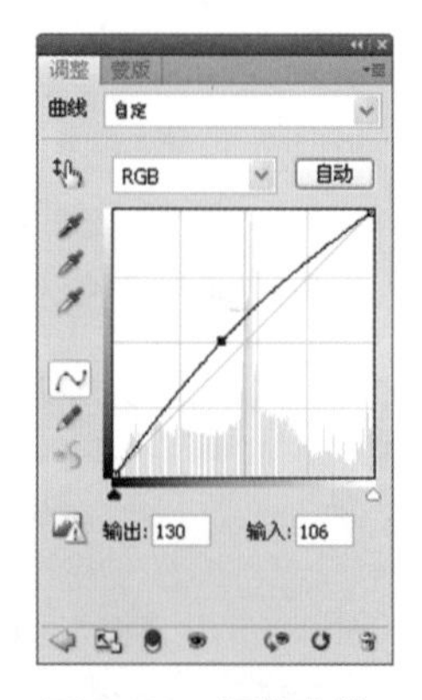

图 7-100　调整曲线

(8) 单击按钮，新建层次 4，按组合键 Ctrl+Alt+Shift+E，拼合新建可见图层 4。选择菜单栏中的【滤镜】|【其它】|【高反差保留】命令，如图 7-101 所示。

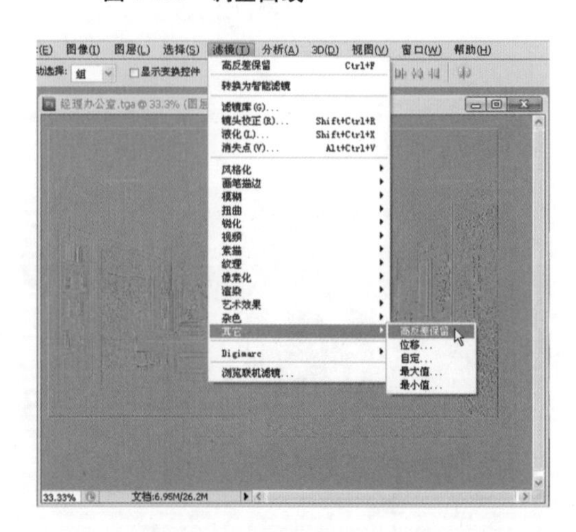

图 7-101　选择

(9) 在弹出的【高反差保留】对话框中设置【半径】为 2.0，如图 7-102 所示。

(10) 执行确定操作后，在【图层】面板中设置图层的混合模式为【叠加】方式，如图 7-103 所示。

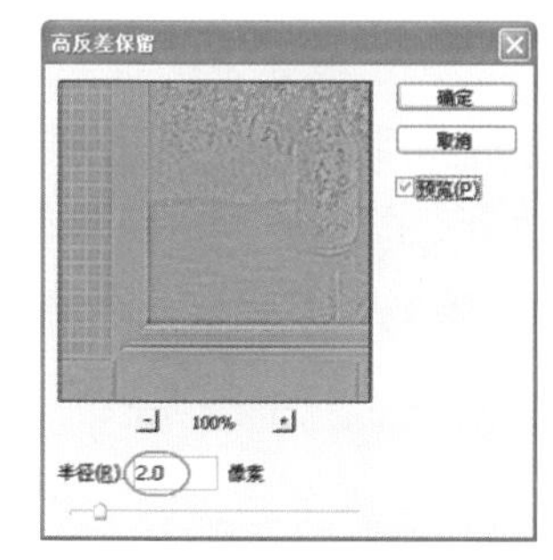

图 7-102 【高反差保留】对话框

图 7-103 设置图层的混合模式

(11) 单击工具箱中的按钮，使用剪切工具裁切图像，调整图像的构图，如图 7-104 所示。

图 7-104 剪切图像

(12) 执行确定操作后的最终效果如图 7-105 所示。

图 7-105 处理后的最终效果

7.6 本章小结

本章主要讲解了经理办公室空间表现技术。通过学习，首先要了解办公空间设计应遵循“多样而统一”的要求，注重整体感的形成。在材质上以石材、木纹、拉槽为主。其次，采用多盏 VR 灯光和点光源来体现办公空间的宽敞、高雅的气势。

第8章

酒店包间效果表现

本章讲解酒店包间空间材质、灯光的处理技巧，这是高级酒店包间的典型实例，制作时要事先分析好制作要求，突出重点。

8.1 酒店包间空间简介

本案例中酒店包间的设计采用中欧风格，内部装饰造型简洁、流畅，利用材质硬与软、色调深与浅的对比，室外冷光与室内暖光的对比，再通过中间吊顶造型的下垂，运用着色水晶球的装饰和灯光照射，将餐桌区域渲染得更加突出、夺目，充分展现出酒店包间效果的华丽、高贵之感，如图 8-1 所示。

图 8-1 酒店包间效果

图 8-2 所示为酒店包间模型的线框效果。

图 8-2 酒店包间模型线框效果

8.2 初步设置测试渲染参数

在测试渲染草图时，尽量将设置降低，以加快渲染速度，这也是 VRay 渲染图的基本要领。

具体操作步骤如下。

(1) 按键盘中的 F10 键，打开【渲染设置：默认扫描线渲染器】对话框。将渲染尺寸设置为较小的尺寸 500×375。在【指定渲染器】卷展栏中指定 V-Ray Adv 2.00.03 渲染器，如图 8-3 所示。

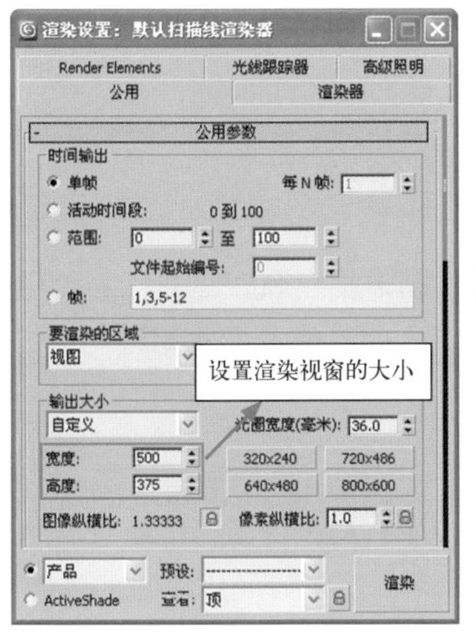

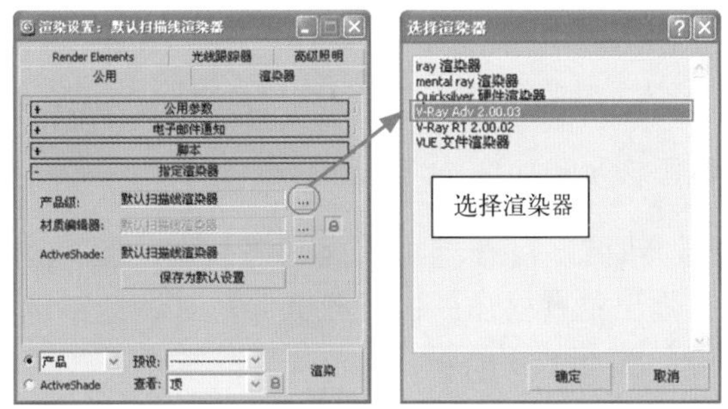

图 8-3　设置渲染尺寸并指定渲染器

(2) 切换至【VR_基项】选项卡，在【V-Ray:: 帧缓存】卷展栏中开启 VRay 帧缓存渲染窗口，关闭默认灯光，然后在【V-Ray:: 颜色映射】卷展栏中选择【VR_指数】曝光方式，其他参数设置如图 8-4 所示。

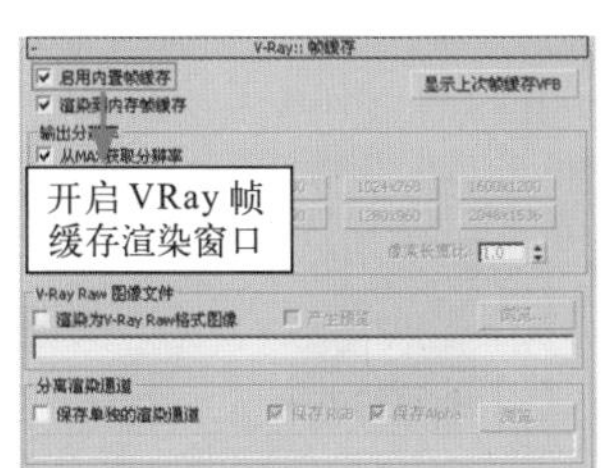

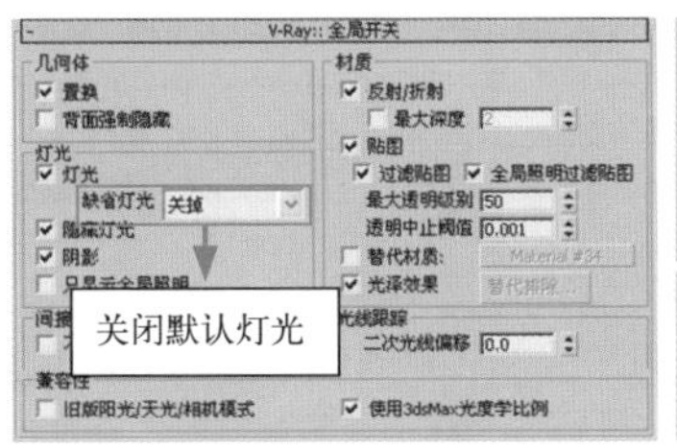

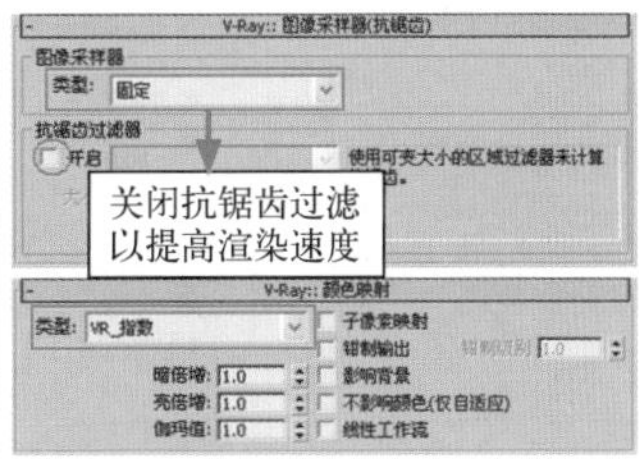

图 8-4　【VR_基项】选项卡参数设置

(3) 切换至【VR_间接照明】选项卡，在【V-Ray:: 间接照明(全局照明)】卷展栏中打开全局光，设置【二次反弹】全局光引擎为【灯光缓存】，在【V-Ray:: 灯光缓存】卷展栏中设置【细分】值为 200，通过降低灯光缓存的渲染品质以节约渲染时间，在【V-Ray:: 发光贴图】卷展栏中设置【当前预置】为【非常低】，如图 8-5 所示。

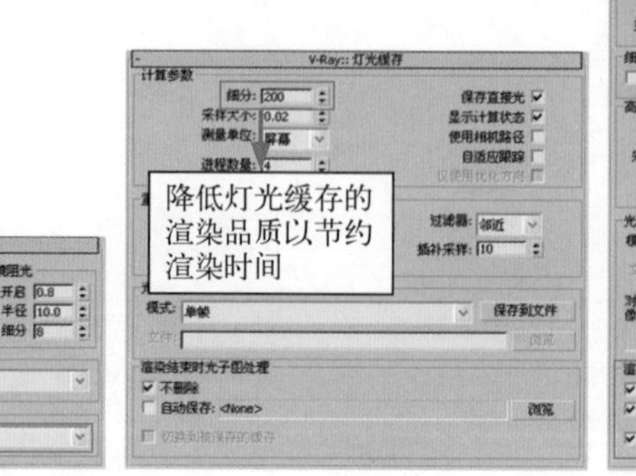

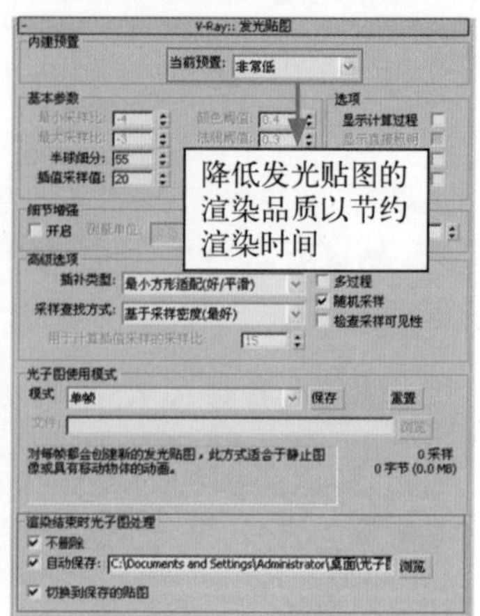

图 8-5 【VR_ 间接照明】选项卡参数设置

8.3 创建空间基本光效

在摄影构图中，光影是很重要的构图因素，可以起到渲染气氛、烘托主题、均衡画面、表现画面空间感的作用，本案例中的照明布置应围绕两个功能，即实用性与装饰性。

具体操作步骤如下。

(1) 按 M 键，打开【材质编辑器】对话框。选择一个空白的示例球，单击 Standard 按钮，在弹出的【材质 / 贴图浏览器】对话框中选择 VRayMtl 材质，将材质命名为“替代材质”，如图 8-6 所示。

(2) 在【基本参数】卷展栏中单击【漫反射】色块，设置表面颜色为白色，如图 8-6 所示。

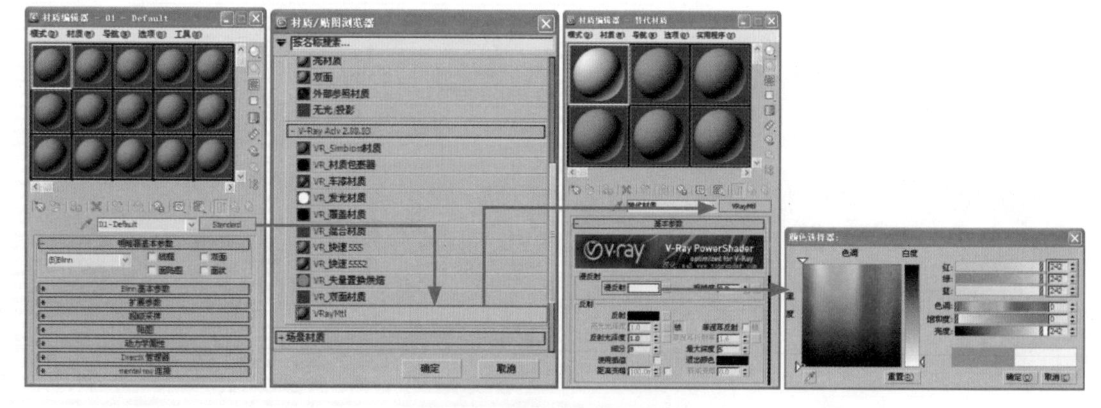

图 8-6 设置替代材质参数

(3) 按键盘中的 F10 键，打开【渲染设置 :V-Ray Adv 2.00.03】对话框，切换至【VR_ 基项】选项卡，在【V-Ray:: 全局开关】卷展栏中选中【替代材质】复选框，然后进入【材质编辑器】对话框中，将“替代材质”的材质类型拖放到【替代材质】复选框右侧的贴图通道上，并以【实例】方式进行关联复制，如图 8-7 所示。

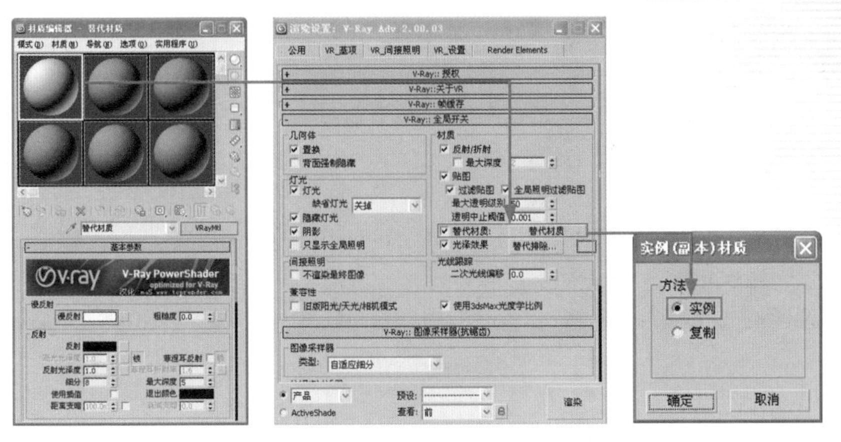

图 8-7　以【实例】方式复制“替代材质”

(4) 单击创建命令面板中的按钮，在【标准】下拉列表框中选择 VRay 选项。单击【对象类型】卷展栏中的【VR_光源】按钮，在【前】视图中创建 VR 光源，调整灯光位置，如图 8-8 所示。

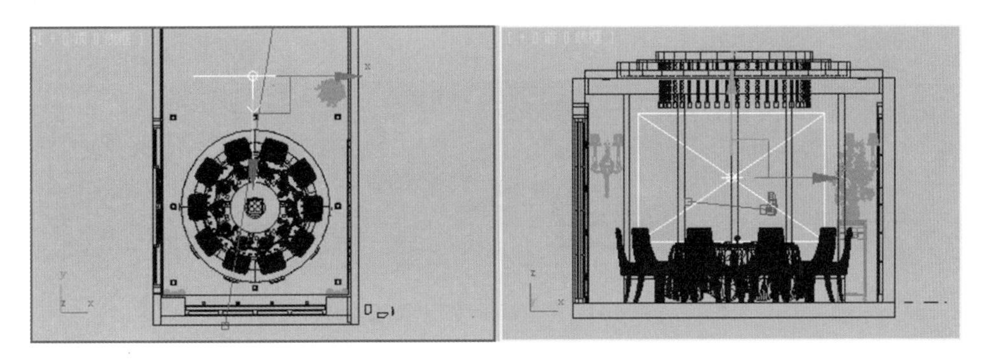

图 8-8　在【前】视图中创建 VR 灯光

(5) 单击按钮，在【参数】卷展栏中设置灯光【倍增器】值为 4，单击【颜色】色块，调整灯光颜色为冷色，调整灯光大小，如图 8-9 所示。

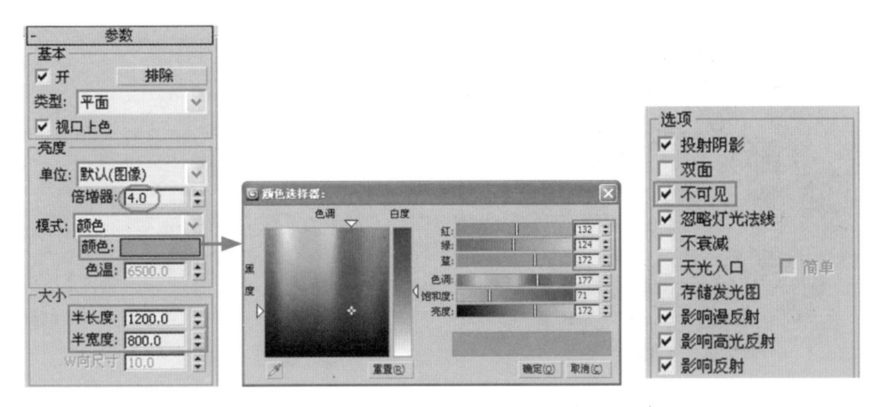

图 8-9　灯光参数设置

(6) 单击【VR_光源】按钮，在【顶】视图吊灯灯槽的位置创建 VR 灯光，单击工具栏中的按钮，在【前】视图中将创建的灯光旋转 45°，调整位置如图 8-10 所示。

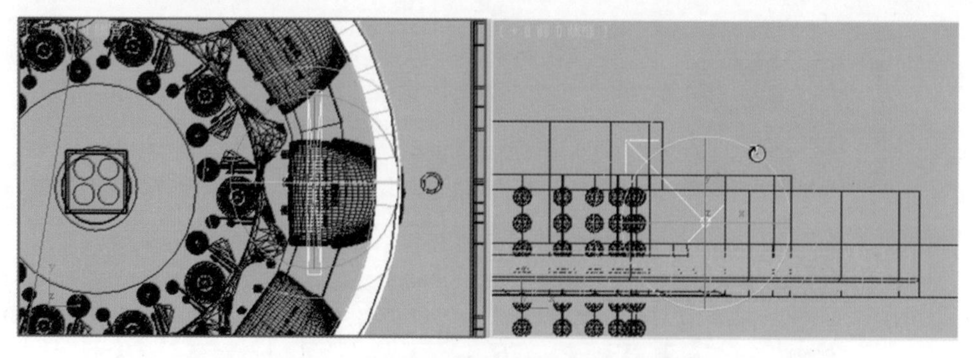

图 8-10　在吊灯灯槽中创建并复制 VR 灯光

(7) 单击按钮，在【参数】卷展栏中设置灯光【倍增器】值为 10，单击【颜色】色块，调整灯光颜色为暖色，选中【选项】选项组中的【不可见】复选框，参数设置如图 8-11 所示。

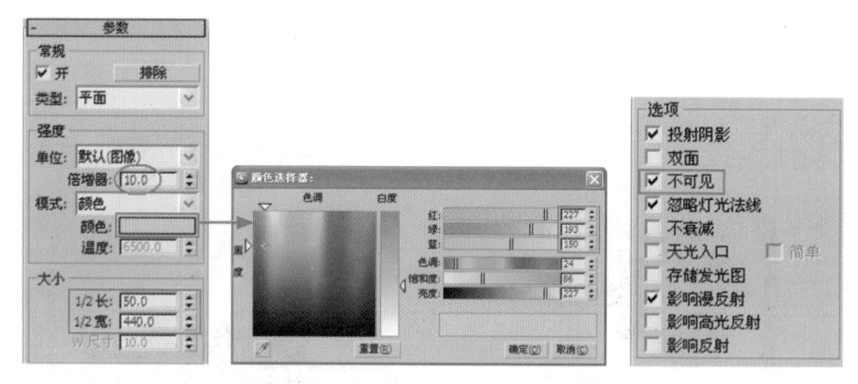

图 8-11　吊灯灯槽灯光参数设置

(8) 单击按钮，打开【栅格和捕捉设置】对话框，设置【角度】值为 36。

(9) 单击按钮，在参数坐标系中选择【拾取】选项，然后使用变换坐标中心，按住键盘中的 Shift 键，将其旋转复制 7 盏，如图 8-12 所示。拐角处的灯光使用缩放复制的方法调整即可，需要注意的是，要采用【实例】的方式复制。

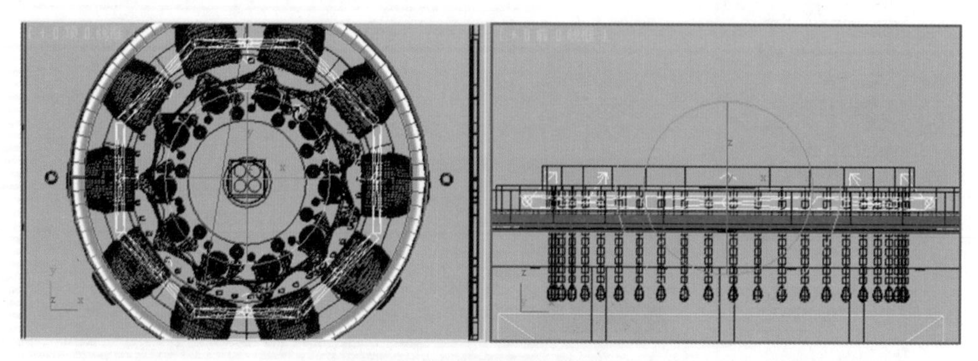

图 8-12　复制灯光的形态

(10) 单击【VR_光源】按钮，在【顶】视图中创建 VR 灯光，用移动工具调整位置，如图 8-13 所示。

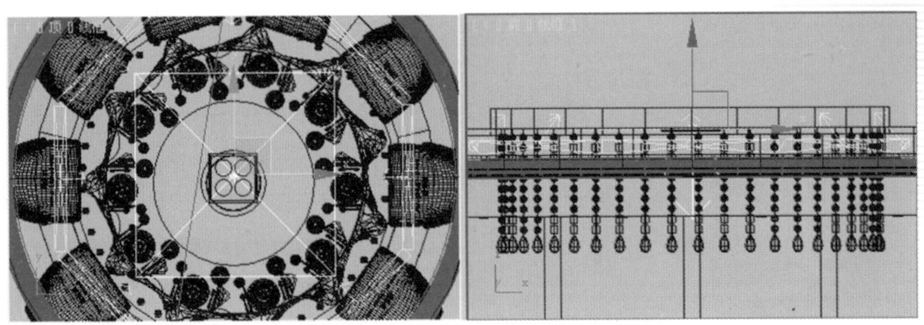

图 8-13　创建 VR 灯光

(11) 单击按钮，在【参数】卷展栏中设置灯光【倍增器】值为 24，单击【颜色】色块，调整灯光颜色为暖色，选中【选项】选项组中的【不可见】复选框，参数设置如图 8-14 所示。

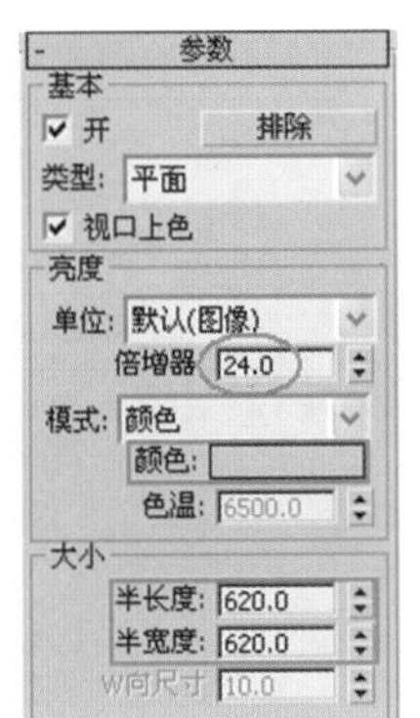

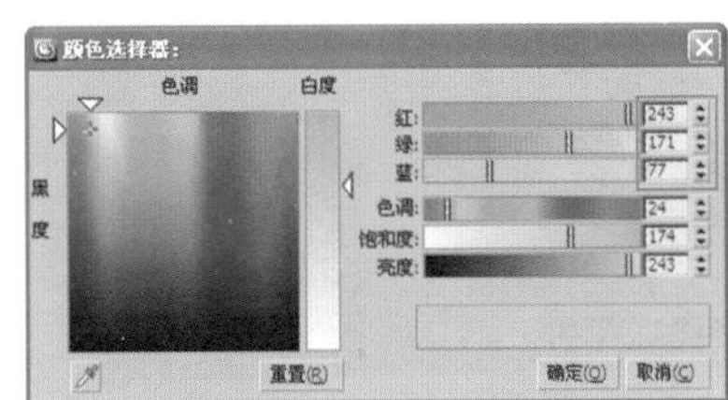

图 8-14　灯光参数设置

(12) 单击创建命令面板中的按钮，在【标准】下拉列表框中选择【光度学】选项。单击【自由灯光】按钮，在【顶】视图筒灯的位置创建自由灯光，调整灯光位置，如图 8-15 所示。

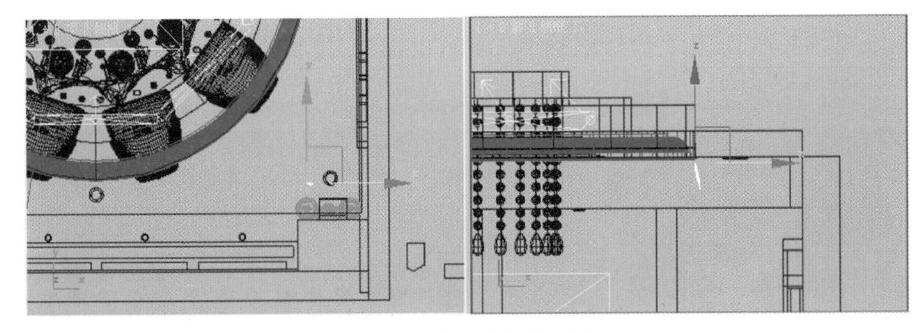

图 8-15　创建自由点光源

(13) 单击按钮，在【常规参数】卷展栏中选中【阴影】选项组中的【启用】复选框，选择 VRayShadow 选项，在【灯光分布 (类型)】选项组中选中【光度学 Web】复选框，然后在【分布 (光度学 Web)】卷展栏中单击【选择光度学文件】按钮，打开【打开光域网 Web 文件】对话框，选择本书光盘“酒店包间”目录下的“TD-089.IES”文件，再设置灯光强度为 30000，其他参数设置如图 8-16 所示。

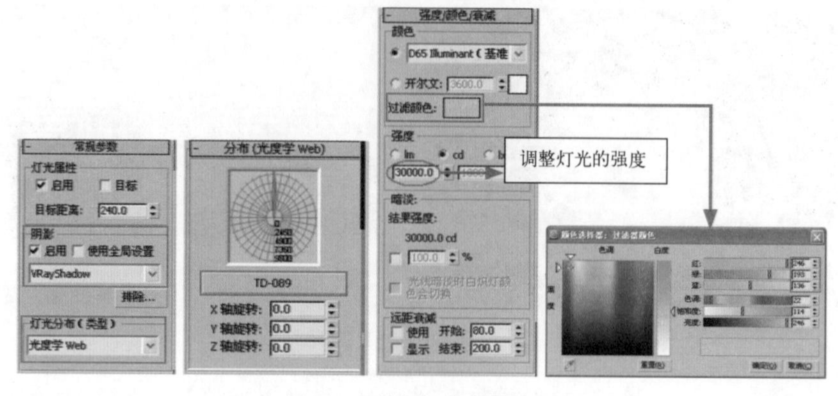

图 8-16　筒灯灯光参数设置

(14) 在【顶】视图中选择创建的自由点光源，用移动复制的方法将其复制并调整位置，如图 8-17 所示。

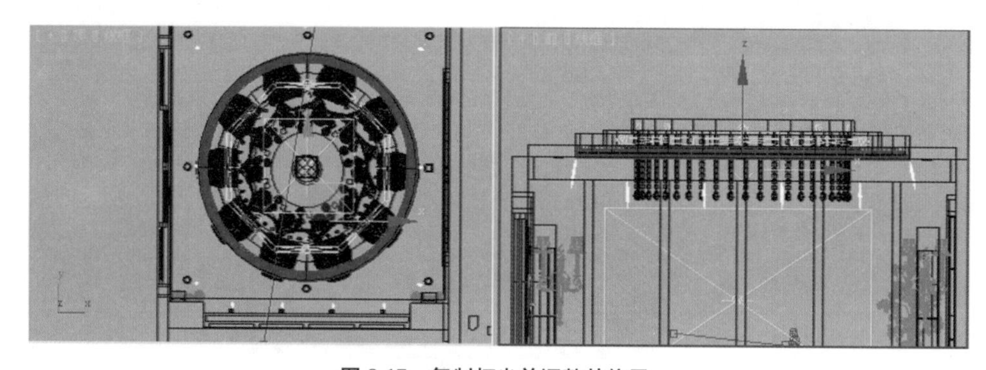

图 8-17　复制灯光并调整其位置

(15) 在【顶】视图中选择上面创建的自由点光源，用移动复制的方法以【复制】方式复制一盏放置在中间筒灯的位置，在【强度 / 颜色 / 衰减】卷展栏中设置【过滤颜色】为黄色，即 (R：213、G：132、B：45)，强度为 4600。

(16) 在【顶】视图中选择修改参数后的点光源，用移动复制的方法将其复制并调整位置，如图 8-18 所示。

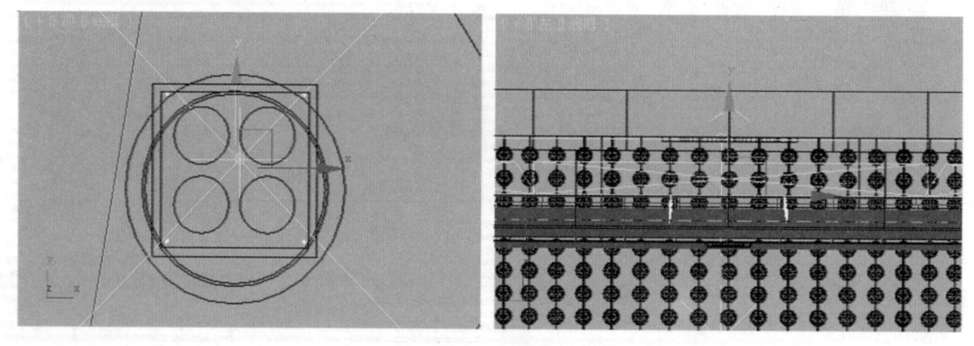

图 8-18　复制灯光

(17) 单击【自由灯光】按钮，在【顶】视图中壁灯的位置创建自由灯光，然后用移动复制的方法复制并调整位置，如图 8-19 所示。

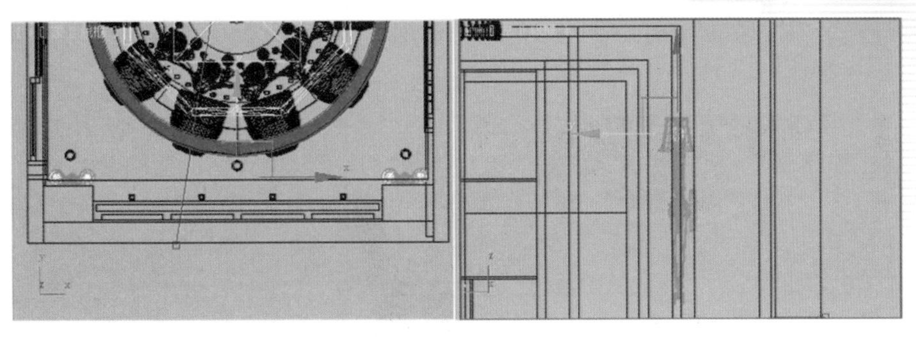

图 8-19　创建点光源

(18) 单击按钮，在【常规参数】卷展栏中选中【阴影】选项组中的【启用】复选框，选择 VRayShadow 选项，在【灯光分布(类型)】选项组中选择【统一球形】选项，然后设置灯光颜色为黄色，再调整灯光强度为 500，参数设置如图 8-20 所示。

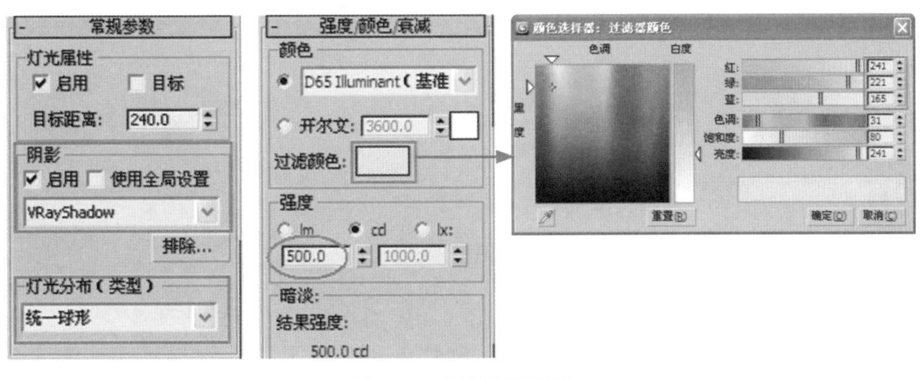

图 8-20　灯光参数设置

(19) 在【VRay 阴影参数】卷展栏中采用默认值时渲染效果如图 8-21 所示。当选中【区域阴影】复选框，并设置 U、V、W 大小时的渲染效果，如图 8-22 所示。

图 8-21　渲染效果(1)

图 8-22　渲染效果(2)

说　明

【VRay 阴影参数】卷展栏中的 U、V、W 大小可以根据影子的距离，从外围开始柔和地散播开来。

(20) 单击 VR_光源按钮，在【顶】视图中创建 VR 灯光，单击工具栏中的按钮，调整位置，如图 8-23 所示。

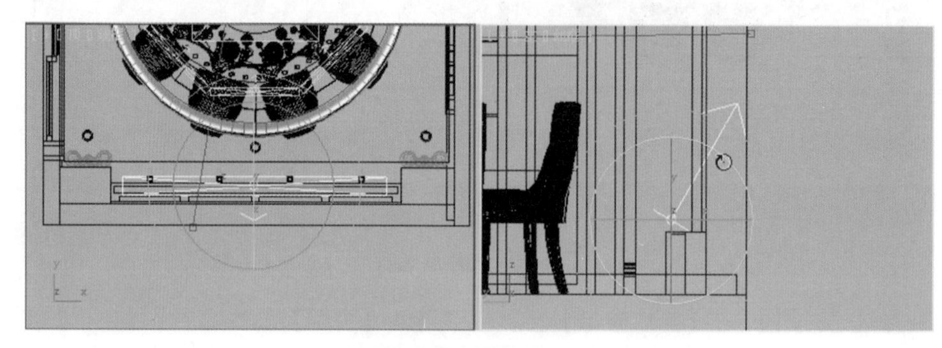

图 8-23　创建 VR 灯光

(21) 单击按钮，在【参数】卷展栏中设置灯光【倍增器】值为 18，灯光颜色为暖色，在【选项】卷展栏中选中【不可见】复选框，其他参数设置如图 8-24 所示。

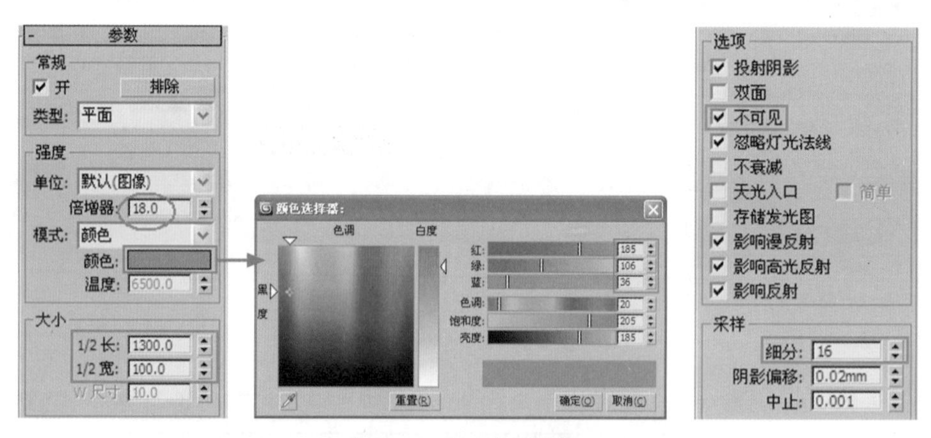

图 8-24　灯光参数设置

(22) 单击按钮，渲染摄影机视图，渲染效果如图 8-25 所示。

图 8-25　渲染后的效果

8.4 调整空间纹理材质

本节讲解场景中各种纹理材质的设置方法，将使用画面分析加材质创建思路讲解的方式，剖析场景中各种材质的设置方法。

8.4.1 设置墙体材质

具体操作步骤如下。

(1) 在设置材质前，首先要取消前面对场景材质物体的材质替代状态。按F10键，打开【渲染设置:V-Ray Adv 2.00.03】对话框，在【V-Ray:: 全局开关】卷展栏中取消选中【替代材质】复选框，如图8-26所示。

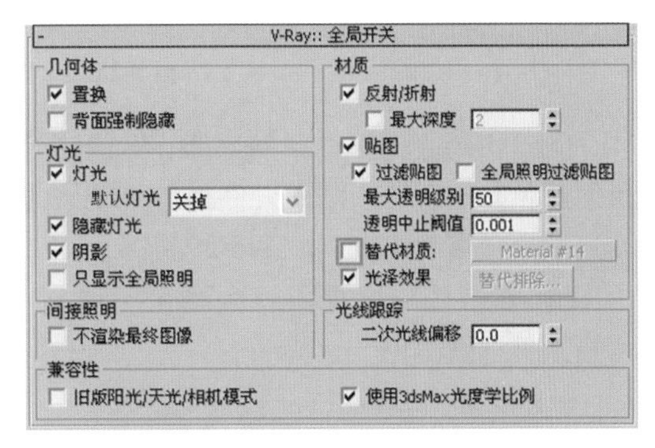

图8-26 【V-Ray:: 全局开关】卷展栏

(2) 设置“乳胶漆”材质。选择一个空白的示例球，将其命名为“乳胶漆”并为其指定VRayMtl材质。在【基本参数】卷展栏中设置【漫反射】颜色为白色，降低【高光光泽度】、【反射光泽度】参数，如图8-27所示。

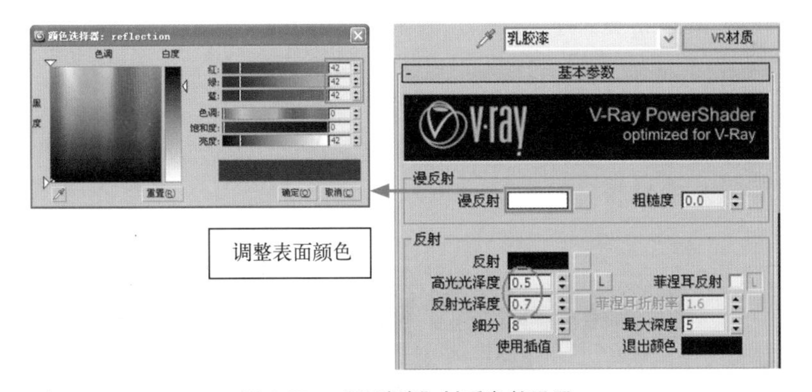

图8-27 “乳胶漆”材质参数设置

技 巧

漫反射颜色即物体的表面颜色。通过单击【漫反射】色块，可以调整材质自身的颜色，单击其右侧的按钮可以选择不同的贴图类型。当应用在大面积的白色墙体时，要注意颜色数值不要设置成纯白色，而是接近纯白色，即设置RGB在250、250、250以下。如果设置为纯白色则会增加渲染时的计算量，而且VRay渲染器还可能把它作为发光体，从而影响场景的光效果。如果设置为米色或黄色等，则颜色不要过于鲜艳。

(3) 在视图中选择所有“吊顶”造型，单击按钮，将材质赋予它们。

(4) 设置“壁纸”材质。选择一个空白的示例球，将其命名为“壁纸”。在【Blinn基本参数】卷展栏中设置【高光级别】和【光泽度】。单击【漫反射】色块右侧的按钮，在弹出的【材质/贴图浏览器】对话框中双击【位图】贴图类型，选择本书光盘“酒店包间”目录下的“壁纸167.jpg”文件，并设置参数如图8-28所示。

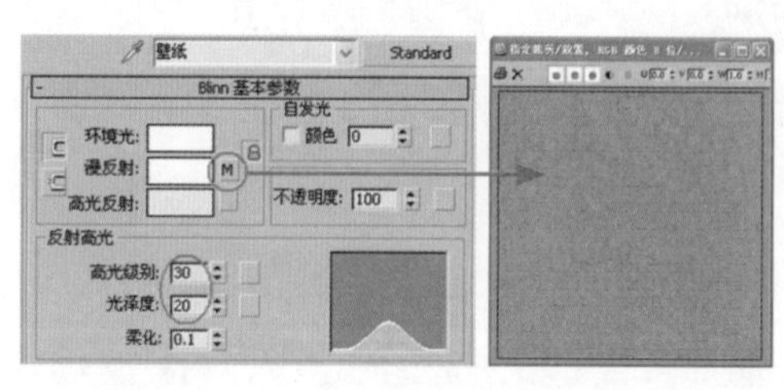

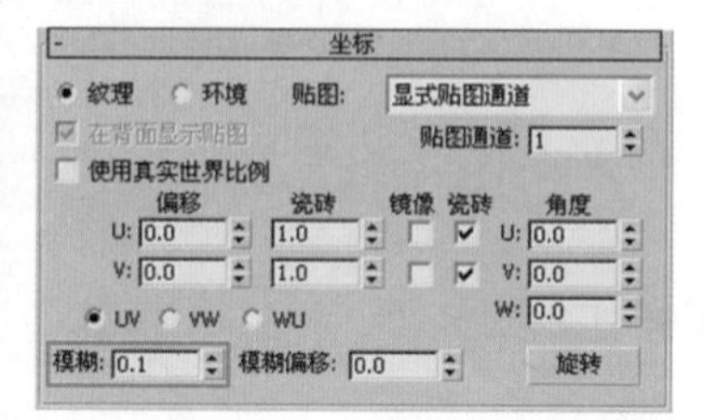

图 8-28 “壁纸”材质参数设置

(5) 单击按钮，返回到顶级，在【贴图】卷展栏中将【漫反射颜色】通道中的贴图文件拖动复制到【凹凸】通道中，设置凹凸数量为100，如图8-29所示。

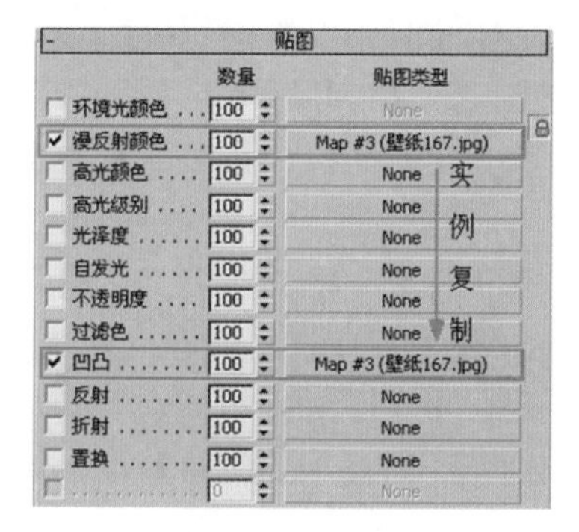

图 8-29 【贴图】卷展栏

(6) 在视图中选择所有“柱子”造型，单击按钮，将材质赋予它们。

(7) 设置“壁纸1”材质。选择一个空白的示例球，将其命名为“壁纸1”并为其指定VRayMtl材质。在【基本参数】卷展栏中单击【漫反射】色块右侧的按钮，在弹出的【材质/贴图浏览器】对话框中双击【位图】贴图类型，选择本书光盘“酒店包间”目录下的“荷花01.jpg”文件，调整反射颜色为灰色，使其略产生反射，如图8-30所示。

(8) 在视图中选择所有“壁纸”造型，单击按钮，将材质赋予它们。用同样的方法为另外几块壁纸赋予材质，效果如图8-31所示。

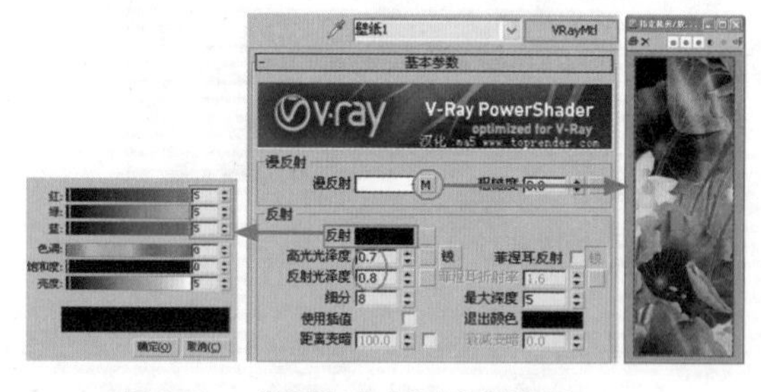

图 8-30 “壁纸1”材质参数设置

图 8-31 形象墙赋予材质后的效果

8.4.2 设置地板材质

具体操作步骤如下。

(1) 设置“地板”材质。选择一个空白的示例球，将其命名为“地板”并为其指定VRayMtl材质。在【基本参数】卷展栏中单击【漫反射】色块右侧的按钮，在弹出

的【材质 / 贴图浏览器】对话框中选择【位图】贴图类型。选择本书光盘“酒店包间”目录下的“vv.jpg”文件。

(2) 返回上一级，调整【高光光泽度】值为 0.56、【反射光泽度】值为 0.95，其他参数设置如图 8-32 所示。

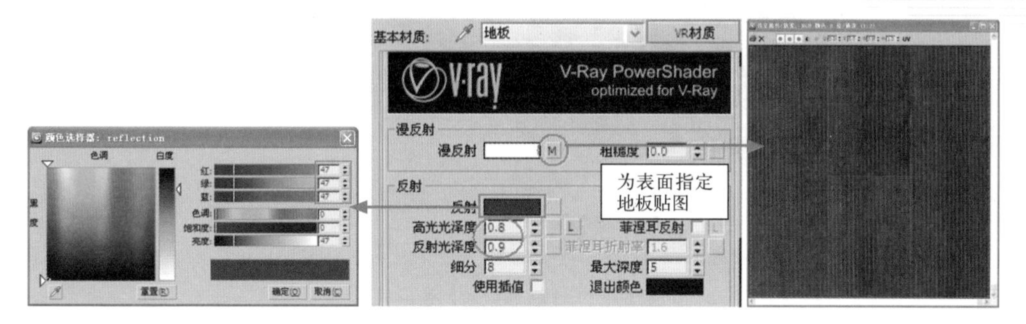

图 8-32 “地板”材质参数设置

(3) 在视图中选择“地面”造型，单击按钮，将材质赋予它们。单击按钮，在修改命令面板中选择【UVW 贴图】命令，在【参数】卷展栏中设置参数，如图 8-33 所示。

(4) 在视图中选择“地面”造型，单击按钮，将材质赋予它们。效果如图 8-34 所示。

图 8-33 【参数】卷展栏

图 8-34 地板赋予材质后的效果

(5) 单击【材质编辑器】对话框中的 VRayMtl 按钮，在弹出的【材质 / 贴图浏览器】对话框中选择【VR_ 覆盖材质】材质类型，如图 8-35 所示。

(6) 在【参数】卷展栏中单击【全局光材质】通道按钮，在弹出的【材质 / 贴图浏览器】对话框中选择 VRayMtl 材质类型，如图 8-36 所示。

图 8-35 【材质 / 贴图浏览器】对话框

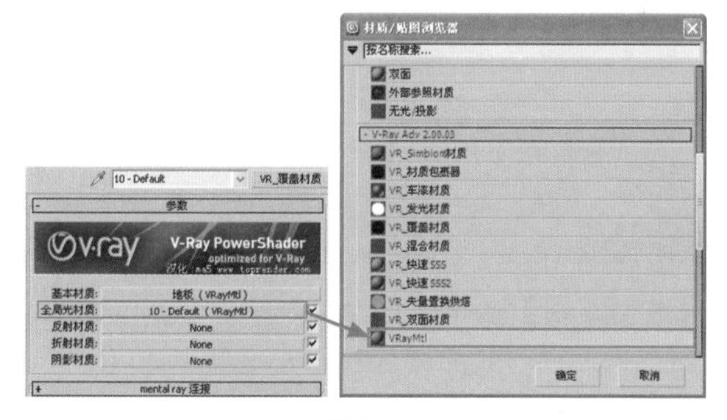

图 8-36 指定 VRayMtl 材质

第 8 章 酒店包间效果表现

(7) 在【基本参数】卷展栏中单击【漫反射】色块，设置表面颜色为灰白色，降低溢色，参数设置如图 8-37 所示。

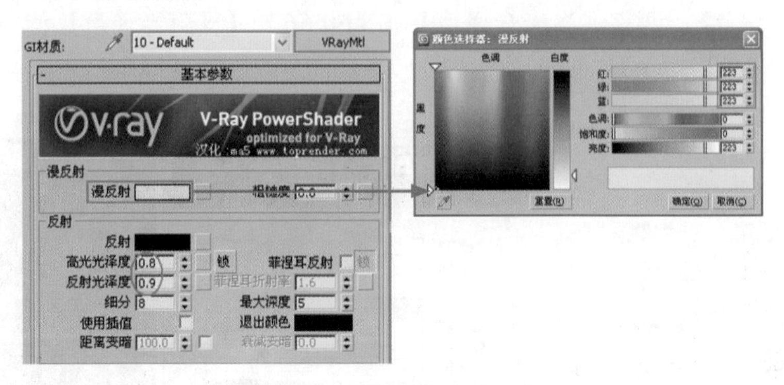

图 8-37 【基本参数】卷展栏

8.4.3 设置水晶帘子材质

具体操作步骤如下。

(1) 设置“水晶帘子”材质。选择一个空白的示例球，将其命名为“水晶帘子”并为其指定 VRayMtl 材质。在【基本参数】卷展栏中将反射颜色调整为灰色，折射颜色调整为接近白色，使其完全透明。其他参数的设置如图 8-38 所示。

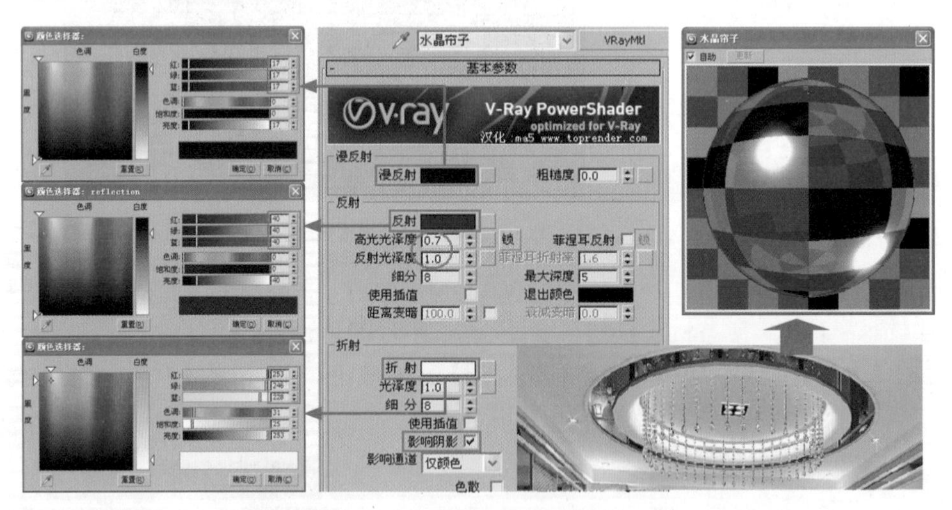

图 8-38 “水晶帘子”材质参数设置

(2) 在视图中选择“帘子”、“餐具”造型，单击按钮，将材质赋予它们。

技 巧

选中【折射】选项组中的【影响阴影】复选框，可以使光线穿过半透明物体，并影响阴影的颜色。设置【折射】选项组中的【影响通道】下拉列表框，在最终渲染的图像中会影响透明物体的 Alpha 通道。

8.4.4　设置茶色镜软包材质

具体操作步骤如下。

(1) 设置“茶色镜”材质。选择一个空白的示例球，将其命名为“茶色镜”并为其指定 VRayMtl 材质。在【基本参数】卷展栏中设置【漫反射】颜色为棕黑色，单击【反射】色块，设置反射颜色为灰色，使其产生反射效果，其他参数设置如图 8-39 所示。

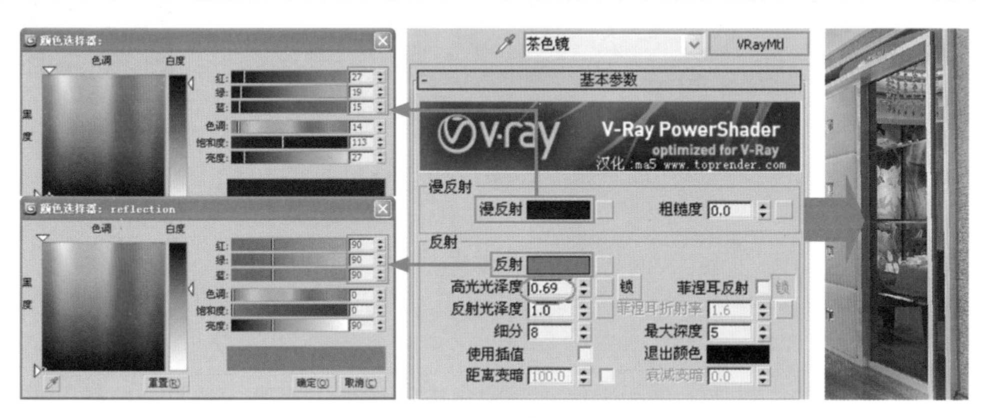

图 8-39　“茶色镜”材质参数设置

(2) 在视图中选择茶色镜，单击按钮，将材质赋予它。

(3) 设置“软包”材质。选择一个空白的示例球，将其命名为“软包”。在【Blinn 基本参数】卷展栏中设置【环境光】、【漫反射】RGB 值均为 176、96、75，设置【高光级别】值为 30，【光泽度】值为 30，如图 8-40 所示。

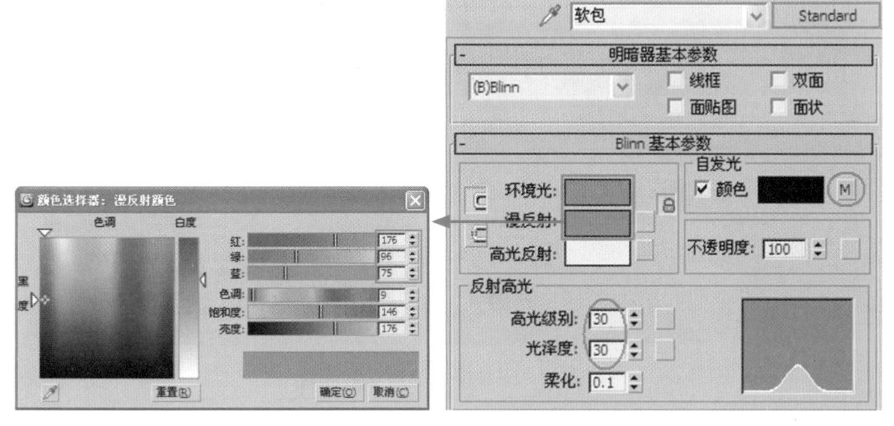

图 8-40　【Blinn 基本参数】卷展栏

(4) 在【Blinn 基本参数】卷展栏中单击【自发光】选项组中的按钮，在弹出的【材质 / 贴图浏览器】对话框中选择【衰减】贴图类型，在【衰减参数】卷展栏中调整颜色 2 为灰色，【衰减类型】为 Fresnel，如图 8-41 所示。

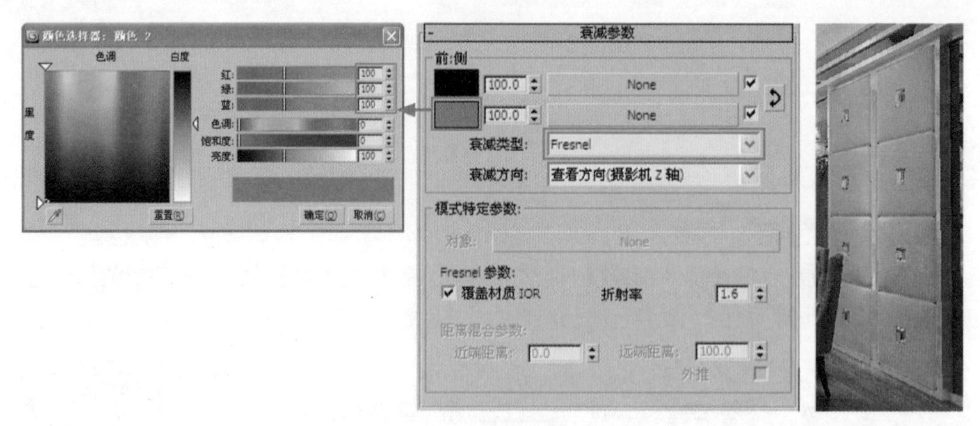

图 8-41　衰减参数设置

(5) 在视图中选择“软包”造型，单击按钮，将材质赋予它们。

8.4.5　设置拉槽材质

具体操作步骤如下。

(1) 设置“拉槽”材质。重新选择一个空白的示例球，将其命名为“拉槽”并为其指定 VRayMtl 材质。在【基本参数】卷展栏中调整反射颜色为灰色，使其产生反射效果，再单击【漫反射】右侧的按钮，在弹出的【材质 / 贴图浏览器】对话框中双击【位图】贴图类型，选择本书光盘“酒店包间”目录下的“砖拉槽 .jpg”文件，其他参数设置如图 8-42 所示。

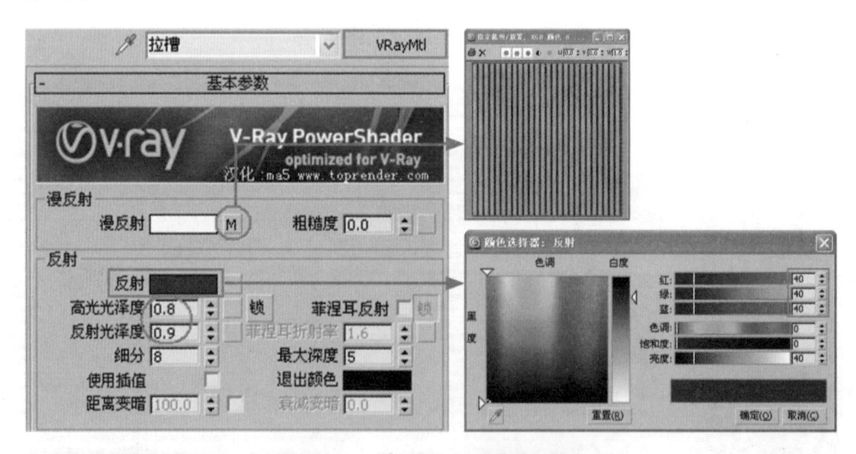

图 8-42　“拉槽”材质参数设置

(2) 在视图中选择如图 8-43 所示的相应造型，单击按钮，将材质赋予它们，再单击按钮，选择【修改器列表】选项下的【UVW 贴图】选项，在【参数】卷展栏中选择【长方体】，设置【长度】、【宽度】、【高度】均为 600，再进入 Gizmo 子对象层级，单击工具栏中的按钮，将纹理旋转 90°。

(3) 用相同的方法选择如图 8-44 所示的相应造型，将“拉槽”材质赋予它们并为其设置贴图坐标。进入 Gizmo 子对象层级，单击工具栏中的按钮，将纹理旋转 90°。

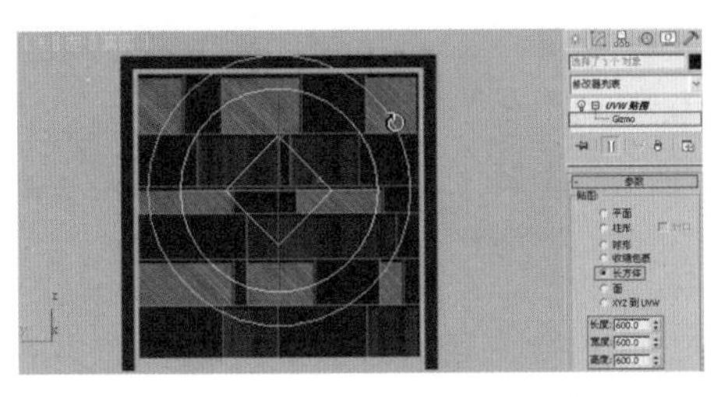

图 8-43　赋予“拉槽”材质并调整坐标 (1)

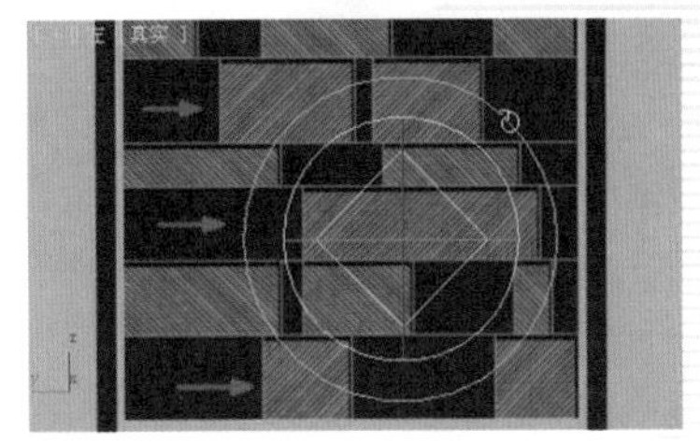

图 8-44　赋予“拉槽”材质并调整坐标 (2)

8.4.6　设置植物材质

具体操作步骤如下。

(1) 设置“叶子”材质。重新选择一个空白的示例球，将其命名为“叶子”并为其指定 VRayMtl 材质。在【基本参数】卷展栏中调整反射颜色为灰色，使其产生反射效果，再单击【漫反射】色块右侧的■按钮，在弹出的【材质 / 贴图浏览器】对话框中双击【位图】贴图类型，选择本书光盘“酒店包间”目录下的“Arch41_042_leaf.jpg”文件，其他参数设置如图 8-45 所示。

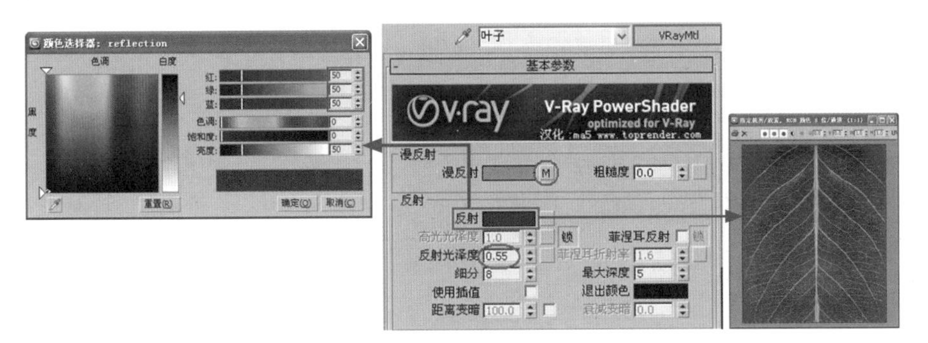

图 8-45　“叶子”材质参数设置

(2) 在视图中选择盆景中的树叶，单击■按钮，将材质赋予它们。

(3) 设置“花”材质。重新选择一个空白的示例球，将其命名为“花”并为其指定 VRayMtl 材质。在【基本参数】卷展栏中单击【漫反射】色块右侧的■按钮，在弹出的【材质 / 贴图浏览器】对话框中双击【衰减】贴图类型。在【衰减参数】卷展栏中设置颜色 1、颜色 2，如图 8-46 所示。

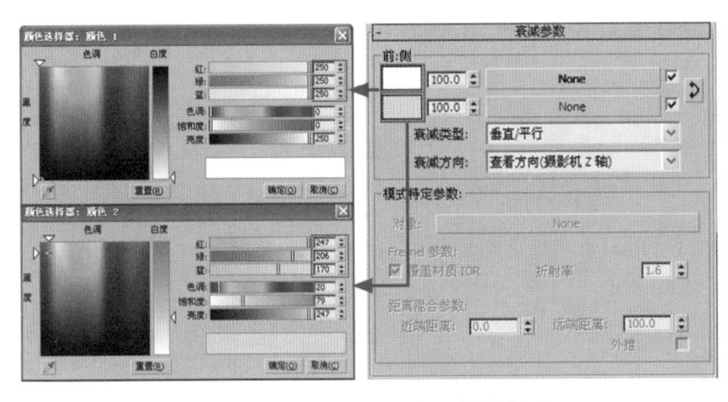

图 8-46　【衰减参数】卷展栏参数设置

(4) 单击按钮，返回到顶级，在【贴图】卷展栏中单击【凹凸】微调框右侧的通道按钮，在弹出的【材质/贴图浏览器】对话框中双击【位图】贴图类型，选择本书光盘“酒店包间”目录下的“Arch41_042_flower_bump . jpg”文件，其他参数设置如图 8-47 所示。在【坐标】卷展栏中设置【模糊】值为 0.2，如图 8-48 所示。

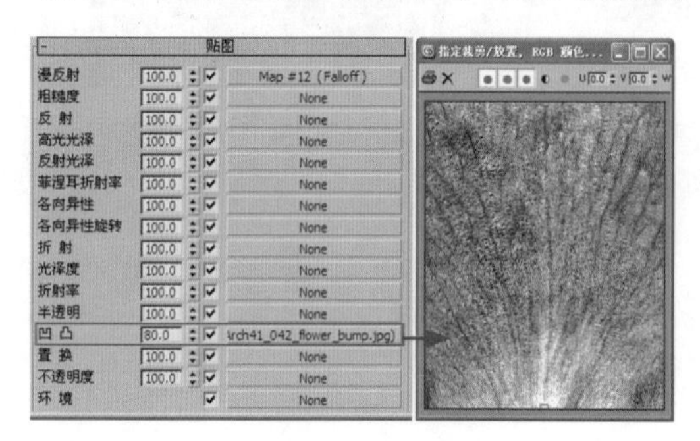

图 8-47 设置【贴图】卷展栏（1）

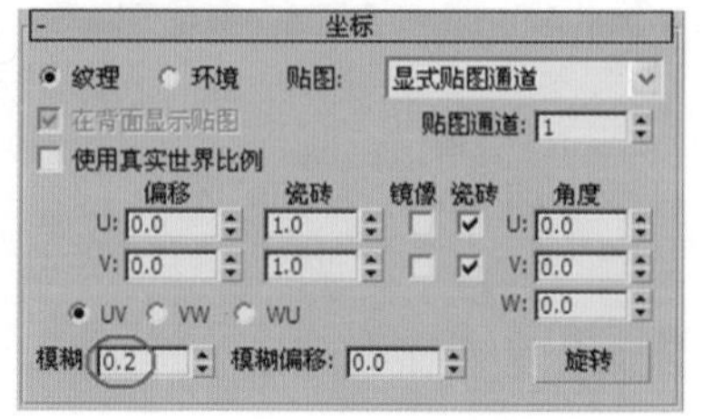

图 8-48 设置【坐标】卷展栏（1）

(5) 在视图中选择盆景中的花，单击按钮，将材质赋予它们。

(6) 设置“树干”材质。重新选择一个空白的示例球，将其命名为“树干”并为其指定 VRayMtl 材质。在【基本参数】卷展栏中单击【漫反射】色块右侧的按钮，在弹出的【材质/贴图浏览器】对话框中双击【位图】贴图类型，选择本书光盘“酒店包间”目录下的“Arch41_042_bark.jpg”文件，如图 8-49 所示。在【坐标】卷展栏中设置参数，如图 8-50 所示。

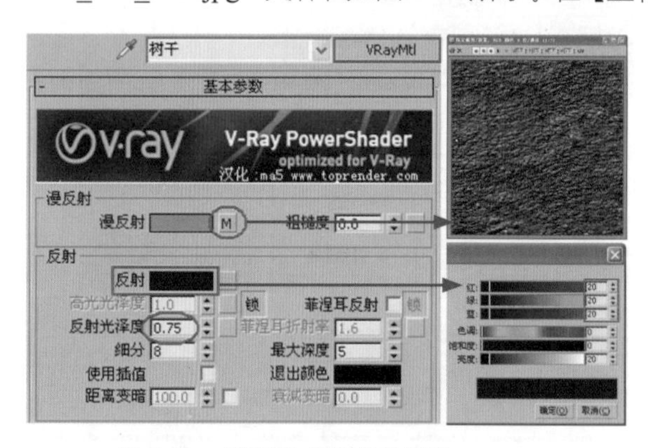

图 8-49 “树干”材质参数设置

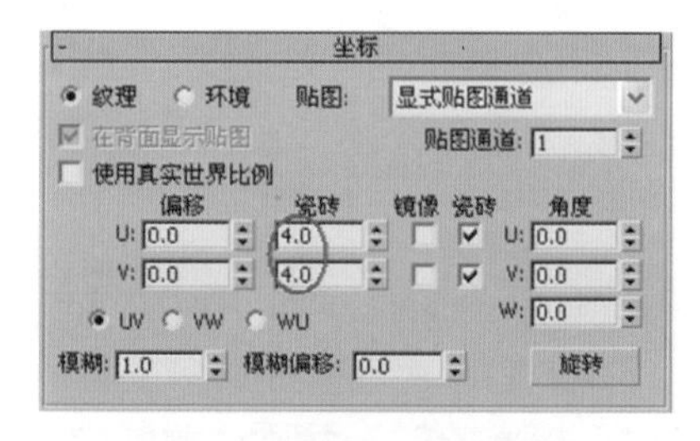

图 8-50 设置【坐标】卷展栏（2）

(7) 单击按钮，返回到顶级，在【贴图】卷展栏中将【漫反射】通道中的贴图文件拖动复制到【凹凸】通道中，设置凹凸数量为 100，如图 8-51 所示。在视图中选择盆景中的枝干，单击按钮，将材质赋予它们。

贴图		
漫反射	100.0	Map #9 (Arch41_042_bark.jpg)
粗糙度	100.0	None
反射	100.0	None
高光光泽度	100.0	None
反射光泽	100.0	None
菲涅耳折射率	100.0	None
各向异性	100.0	None
各向异性旋转	100.0	None
折射	100.0	None
光泽度	100.0	None
折射率	100.0	None
透明	100.0	None
凹凸	100.0	Map #10 (Arch41_042_bark.jpg)
置换	100.0	None
不透明度	100.0	None
环境		None

图 8-51 设置【贴图】卷展栏（2）

(8) 设置“土”材质。重新选择一个空白的示例球，将其命名为“土”并为其指定 VRayMtl 材质。在【基本参数】卷展栏中单击【漫反射】色块右侧的按钮，在弹出的【材质/贴图浏览器】对话框中双击【衰减】贴图类型。

(9) 在【衰减参数】卷展栏中单击颜色 1 右侧的通道按钮，在弹出的【材质 / 贴图浏览器】对话框中双击【位图】贴图类型，选择本书光盘“酒店包间”目录下的“Arch41_042_ground.jpg”文件，单击按钮，返回上一级，将颜色 1 通道中的贴图文件拖动复制到颜色 2 通道中，如图 8-52 所示。

(10) 在视图中选择盆景中的土，单击按钮，将材质赋予它们。

(11) 设置“花盆”材质。重新选择一个空白的示例球，将其命名为“花盆”并为其指定 VRayMtl 材质。在【基本参数】卷展栏中单击【漫反射】色块右侧的按钮，在弹出的【材质 / 贴图浏览器】对话框中双击【混合】贴图类型，如图 8-53 所示。

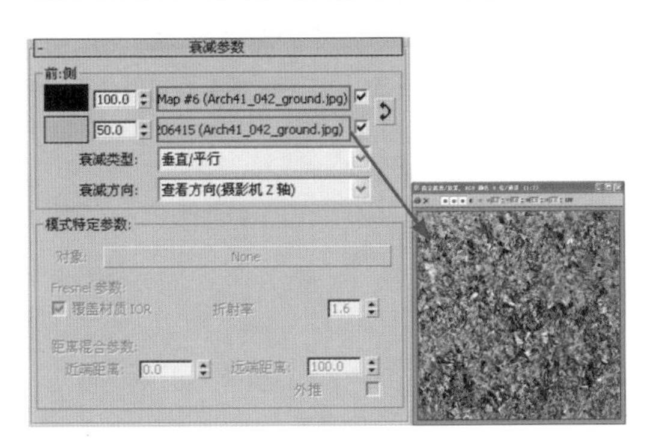

图 8-52　设置通道贴图

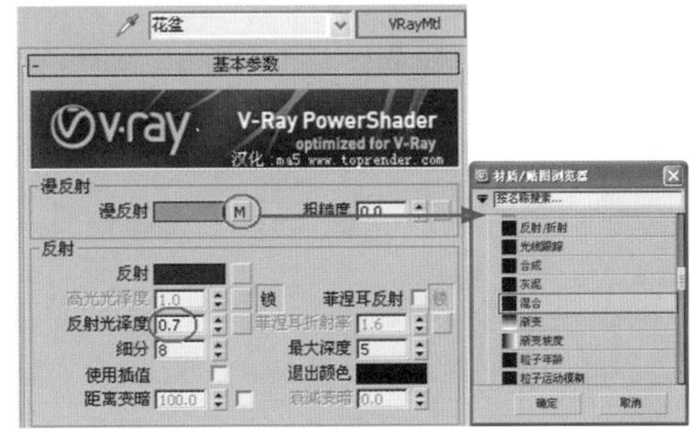

图 8-53　“花盆”材质参数设置

(12) 在【混合参数】卷展栏中设置颜色 #1、颜色 #2，再单击【混合量】微调框右侧的通道按钮，在弹出的【材质 / 贴图浏览器】对话框中双击【贴图】贴图类型，选择本书光盘“酒店包间”中的“arch41_042_pot_mask.jpg”文件，如图 8-54 所示。

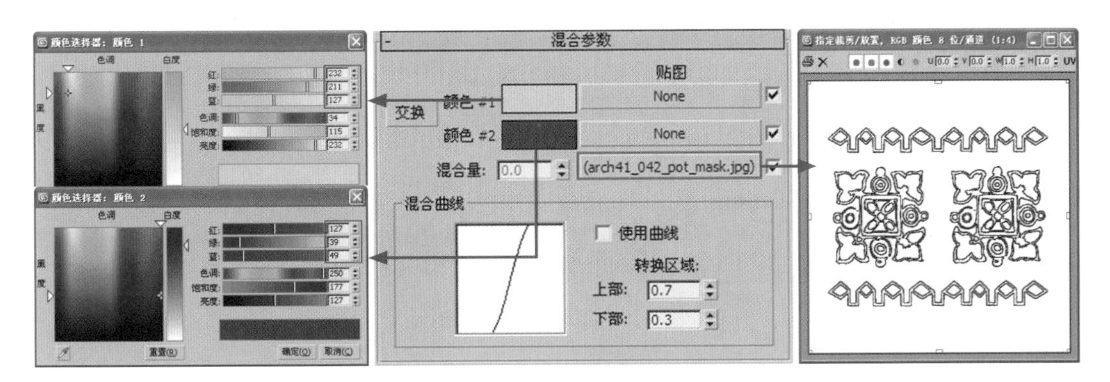

图 8-54　【混合参数】卷展栏参数设置

(13) 单击按钮，返回顶级，在【贴图】卷展栏中将【漫反射】通道中的贴图文件拖动复制到【凹凸】通道中，设置凹凸数量为 300。

(14) 在【贴图】卷展栏中单击【反射】微调框右侧的通道按钮，在弹出的【材质 / 贴图浏览器】对话框中双击【贴图】贴图类型，选择本书光盘“酒店包间”中的“arch41_042_pot_mask.jpg”文件，设置反射数量为 70，如图 8-55 所示。

(15) 在视图中选择花盆，单击按钮，将材质赋予它们，效果如图 8-56 所示。

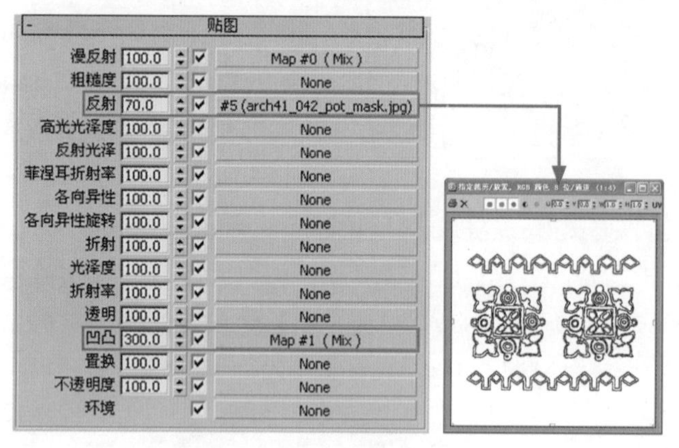

图 8-55　设置【反射】通道

图 8-56　赋予材质后的盆景效果

8.4.7　设置餐桌、餐椅材质

具体操作步骤如下。

(1) 设置“桌布”材质。重新选择一个空白的示例球，将其命名为“桌布”。在【Blinn 基本参数】卷展栏中设置【环境光】、【漫反射】颜色，其他参数设置如图 8-57 所示。

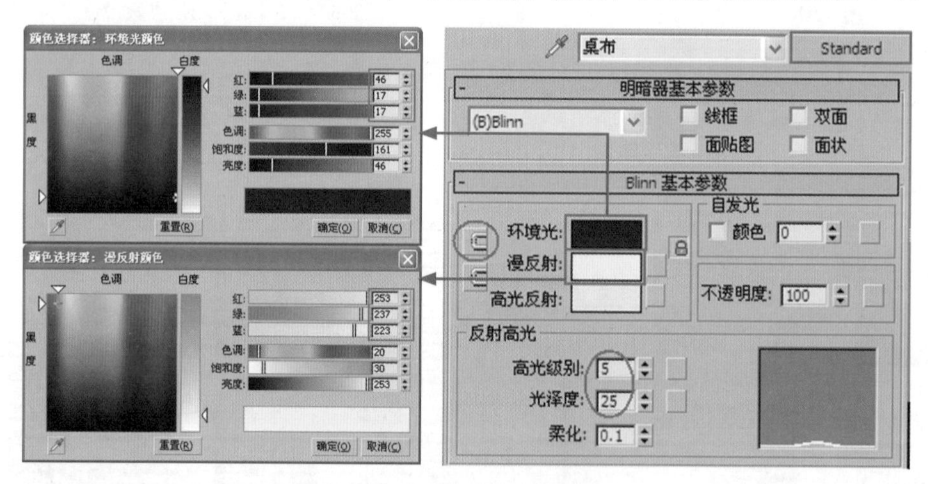

图 8-57　“桌布”材质参数设置

(2) 在视图中选择“桌布”造型，单击按钮，将材质赋予它。

(3) 设置“餐椅”材质。重新选择一个空白的示例球，将其命名为“餐椅”并为其指定 VRayMtl 材质。

(4) 在【基本参数】卷展栏中设置【漫反射】颜色为紫色，单击【反射】右侧的按钮，设置反射颜色为灰色，使其产生反射效果，调整高光光泽度为 0.4，反射光泽度为 0.6，如图 8-58 所示。

(5) 打开【贴图】卷展栏，单击【凹凸】微调框右侧的通道按钮，在弹出的【材质/贴图浏览器】对话框中双击【混合】贴图类型，如图 8-59 所示。

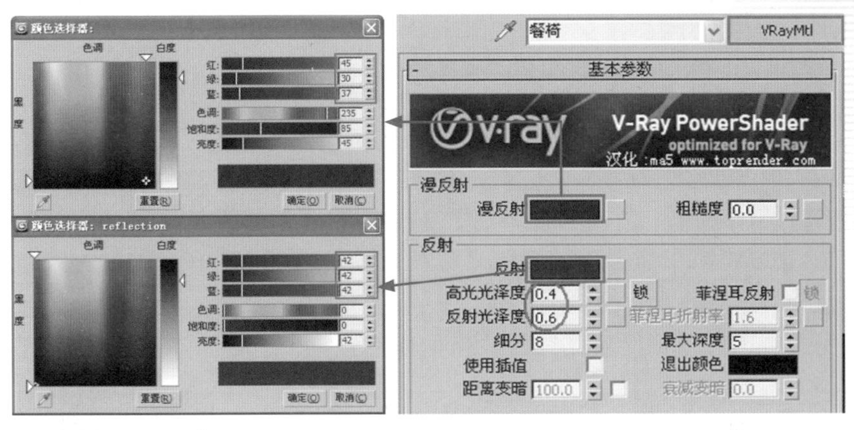

图 8-58　“餐椅”材质参数设置

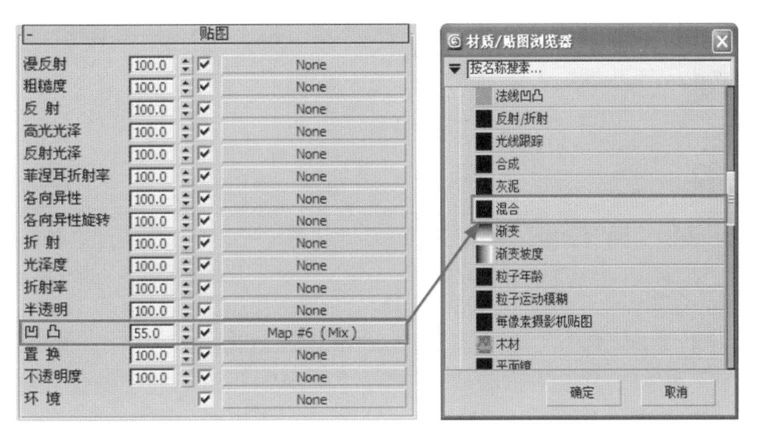

图 8-59　设置【凹凸】通道

(6) 在【混合参数】卷展栏中单击【颜色 #1】右侧的通道按钮，在弹出的【材质/贴图浏览器】对话框中双击【噪波】贴图类型，在【噪波参数】卷展栏中设置【大小】为 1。

(7) 单击按钮，返回上一级，在【混合参数】卷展栏中将【颜色 #1】通道中的贴图文件拖动复制到【颜色 #2】通道中，再进入颜色 #2 通道。在【噪波参数】卷展栏中设置【大小】为 23，其他参数设置如图 8-60 所示。

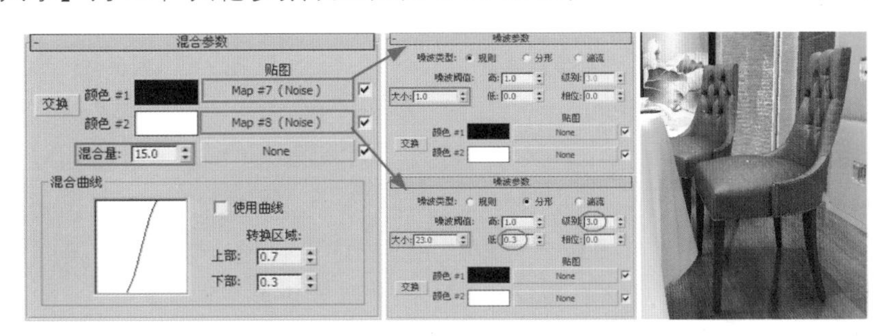

图 8-60　【混合参数】卷展栏参数设置

(8) 在视图中选择所有“餐椅”造型，单击按钮，将材质赋予它们。

8.4.8 设置餐具材质

具体操作步骤如下。

(1) 设置“玻璃酒杯”材质。选择一个空白的示例球，将其命名为“玻璃酒杯”并为其指定 VRayMtl 材质。在【基本参数】卷展栏中设置【漫反射】为黑色，调整反射颜色为灰色，使其产生一定反射效果，设置折射颜色为接近白色，使其产生透明效果，其他参数设置如图 8-61 所示。

(2) 在视图中选择酒杯、玻璃桌面，将材质赋予它们，效果如图 8-62 所示。

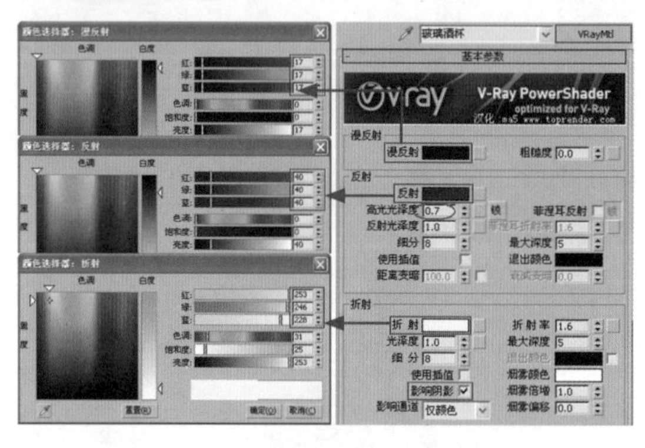

图 8-61 “玻璃酒杯”材质参数设置

图 8-62 赋予材质后的效果

(3) 设置“瓷器”材质。选择一个空白的示例球，将其命名为“瓷器”并为其指定 VRayMtl 材质。在【基本参数】卷展栏中设置【漫反射】为白色，调整反射颜色为灰色，使其产生反射效果，设置【高光光泽度】为 0.7，如图 8-63 所示。

(4) 在视图中选择餐具，单击按钮，将材质赋予它们，效果如图 8-64 所示。

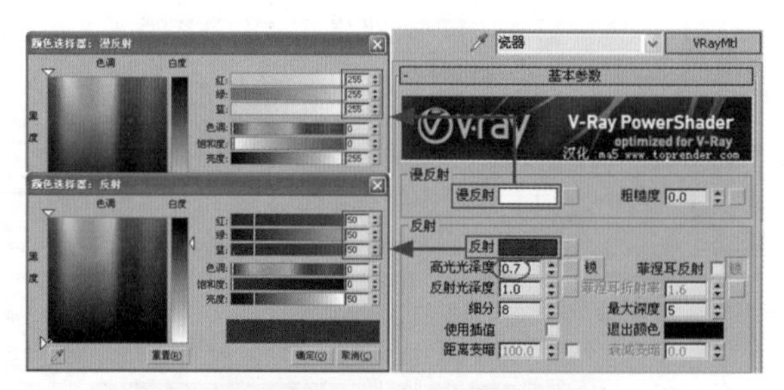

图 8-63 “瓷器”材质参数设置

图 8-64 赋予材质后的效果

你问我答

如何制作无缝贴图？

用户在制作效果图时经常会遇到材质贴图上出现很明显的缝隙的情况。目前，使用 Photoshop 制作无缝贴图是比较快捷的方式，具体方法如下。

(1) 在 Photoshop 软件中打开贴图文件。

(2) 选择菜单栏中的【滤镜】|【其他】|【位移】命令，在【位移】对话框中调整水平、垂直数值，如图 8-65 所示。再用工具箱中的工具进行修补，效果如图 8-66 所示。

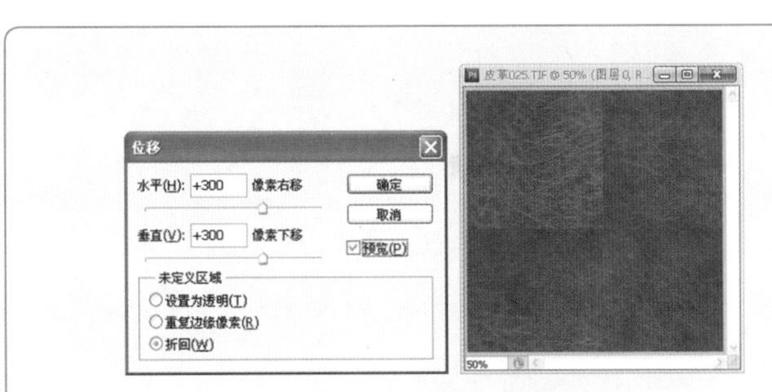

图 8-65　调整水平、垂直数值

图 8-66　制作无缝贴图的效果

你问我答

怎样设置场景的自动保存时间？

选择菜单栏中的【自定义】|【首选项】命令，弹出【首选项设置】对话框，切换至【文件】选项卡，在【自动备份】选项组中设置备份间隔即可，如图 8-67 所示。

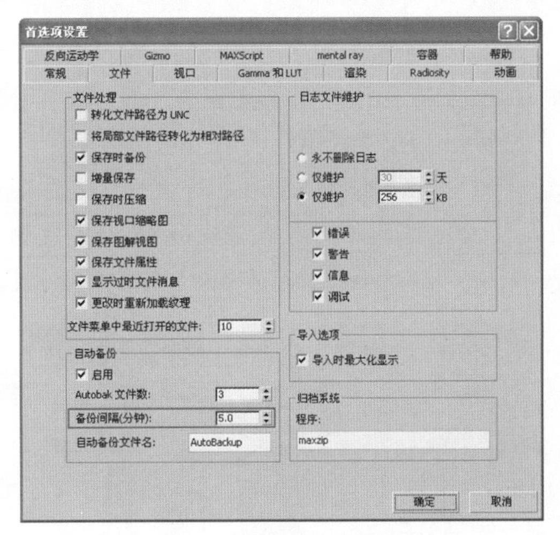

图 8-67　【首选项设置】对话框

(5) 设置“不锈钢漆”材质。选择一个空白的示例球，将其命名为“不锈钢漆”并为其指定 VRayMtl 材质。在【基本参数】卷展栏中设置【漫反射】为浅灰色，调整反射颜色为深灰色，使其略微产生反射效果，降低【高光光泽度】和【反射光泽度】值，如图 8-68 所示。

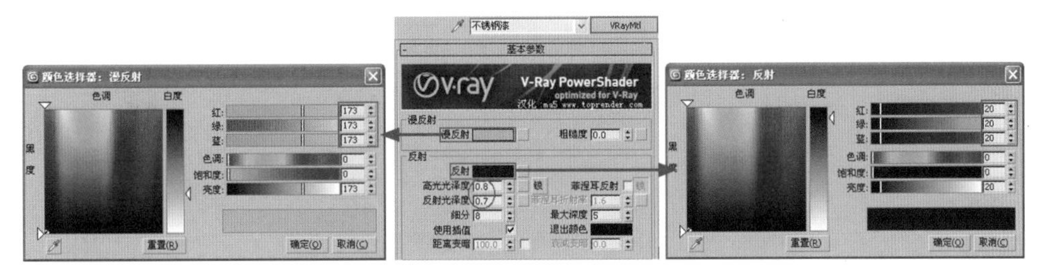

图 8-68　“不锈钢漆”材质参数设置

(6) 在视图中选择餐桌转盘、筒灯管造型，单击按钮，将材质赋予它们。

8.5 最终场景渲染品质及后期处理

8.5.1 渲染场景参数设置

具体操作步骤如下。

(1) 打开【渲染设置 :V-Ray Adv 2.00.03】对话框。在【VR_基项】选项卡中打开【V-Ray::图像采样器(反锯齿)】卷展栏，设置【图像采样器】类型为【自适应细分】、【抗锯齿过滤器】为Catmull-Rom，如图8-69所示。

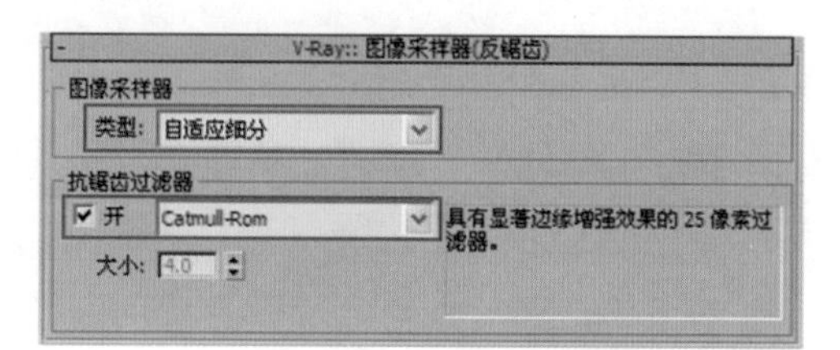

图8-69 【VR_基项】选项卡参数设置

(2) 切换至【VR_间接照明】选项卡，在【V-Ray::发光贴图】卷展栏中设置【当前预置】为【高】，选中【渲染结束时光子图处理】选项组中的【自动保存】、【切换到保存的贴图】复选框，再单击【浏览】按钮，将光子图保存到相应的目录下，然后在【V-Ray::灯光缓存】卷展栏中设置【细分】值为800，如图8-70所示。

(3) 渲染完成后，系统自动弹出【加载发光图】对话框，然后加载前面保存的光子图，如图8-71所示。再返回到【公用】选项卡，设置渲染输出的图像大小为1800×1350，如图8-72所示。

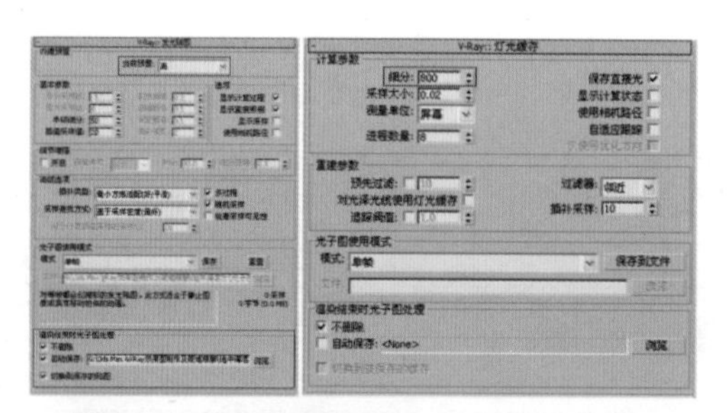

图8-70 【VR_间接照明】选项卡参数设置

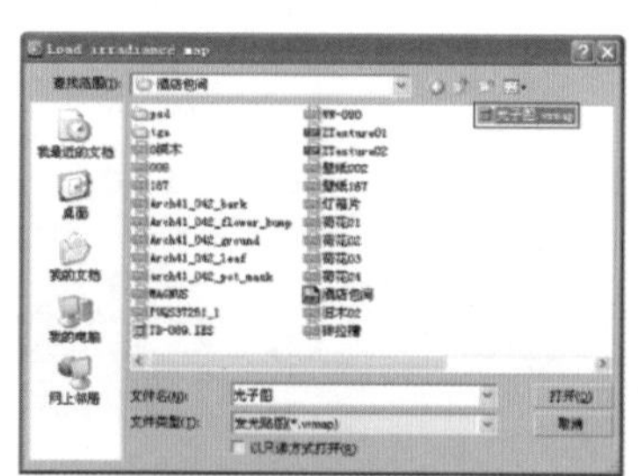

图8-71 加载光子图

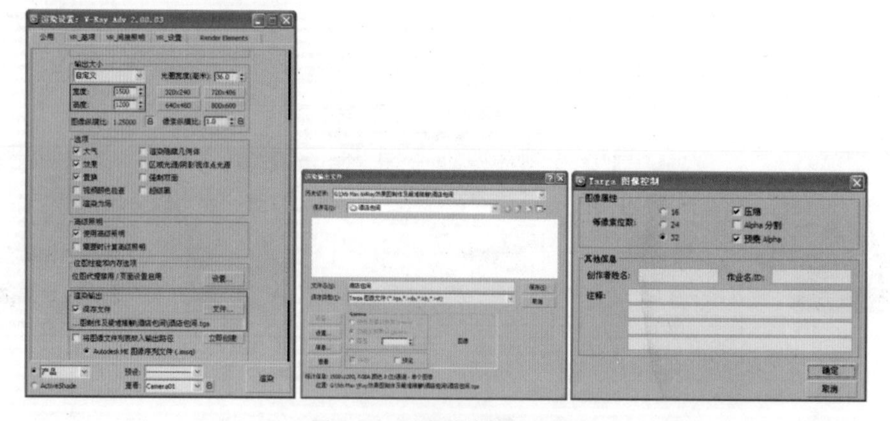

图8-72 设置渲染输出参数

(4) 渲染后的效果如图 8-73 所示。

图 8-73　渲染后的效果

你问我答

怎么解决渲染后的漏光现象？

漏光是由于细分不够而产生的，即【V-Ray:: 发光贴图】卷展栏中的【最小采样比】、【最大采样比】两参数的设置问题。要解决这个问题，可采用两种方法，一种是在【V-Ray:: 发光贴图】卷展栏中选择【高】预设模式，如图 8-74 所示。另一种方法是在【V-Ray:: 发光贴图】卷展栏中选中【随机采样】复选框，如图 8-75 所示。它会对一些接受两个或两个以上灯光照明的表面进行检查，但会稍微减慢渲染速度。

图 8-74　【V-Ray:: 发光贴图】卷展栏

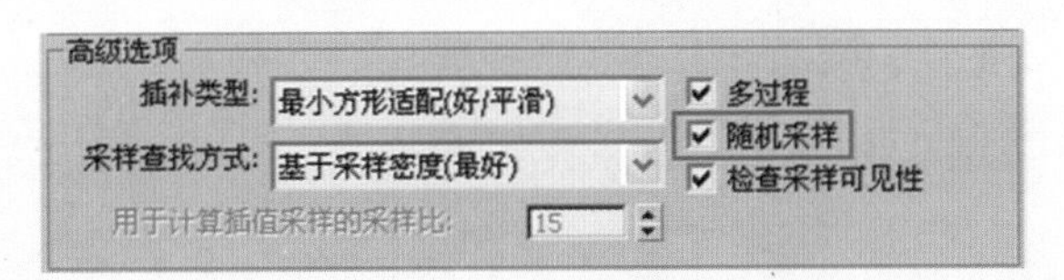

图 8-75　选中【随机采样】复选框

你问我答

怎样使渲染的图像背景透明？

渲染输出时，在【渲染输出文件】对话框中，单击【保存】按钮，如果保存为“＊.TIF”文件，则在弹出的【TIF 图像控制】对话框中选中【存储 Alpha 通道】复选框，如图 8-76 所示。如果保存为“＊.Targa”文件，则在弹出的【Targa 图像控制】对话框中选中【预乘 Alpha】复选框，如图 8-77 所示，从而在 Photoshop 中通过通道使背景透明。

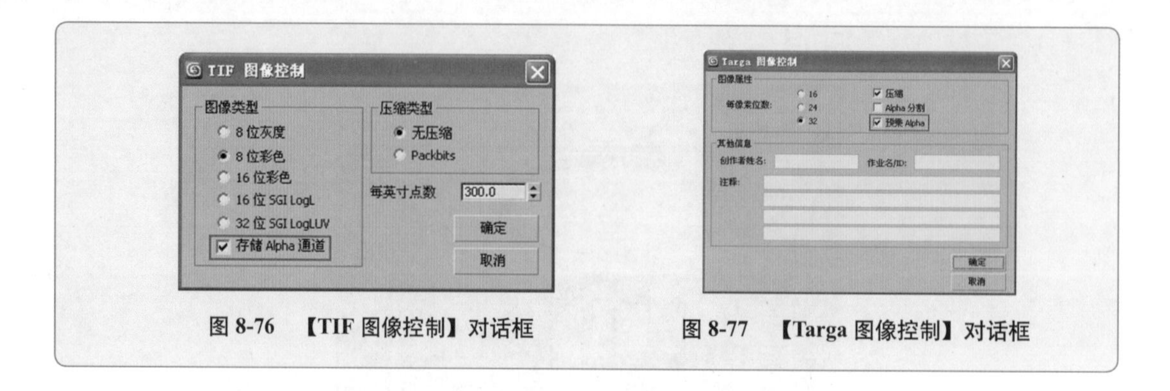

图 8-76 【TIF 图像控制】对话框　　图 8-77 【Targa 图像控制】对话框

8.5.2 渲染图像的后期处理

使用 Photoshop 软件可以对图像的亮度、对比度以及饱和度进行调整，使效果更加生动、逼真，主要使用的命令有【曝光度】、【曲线】、【亮度 / 对比度】、【高反差保留】等。

具体操作步骤如下。

(1) 启动 Photoshop 软件，选择菜单栏中的【文件】|【打开】命令，打开本书光盘"酒店包间"目录下的"酒店包间 .tga"文件。

(2) 按 F7 键，打开【图层】面板，双击背景图层，弹出【新建图层】对话框，将背景层转换为"图层 0"，单击【确定】按钮，如图 8-78 所示。

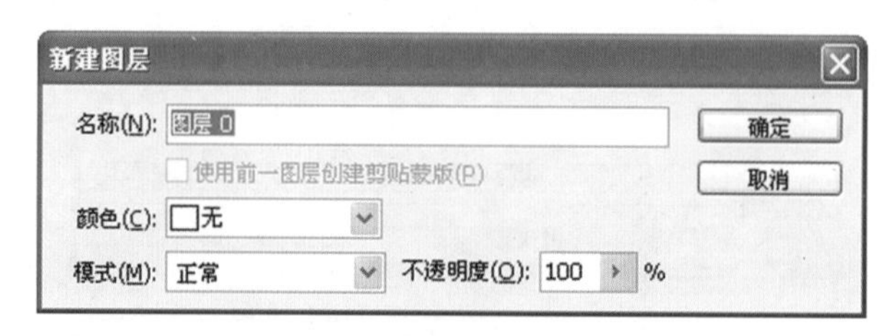

图 8-78 【新建图层】对话框

(3) 单击【图层】面板中的 按钮，在弹出的快捷菜单中选择【曝光度】命令，在【曝光度】对话框中设置曝光度值为 0.33，灰度系数校正为 0.93，如图 8-79 所示。处理后的效果如图 8-80 所示。

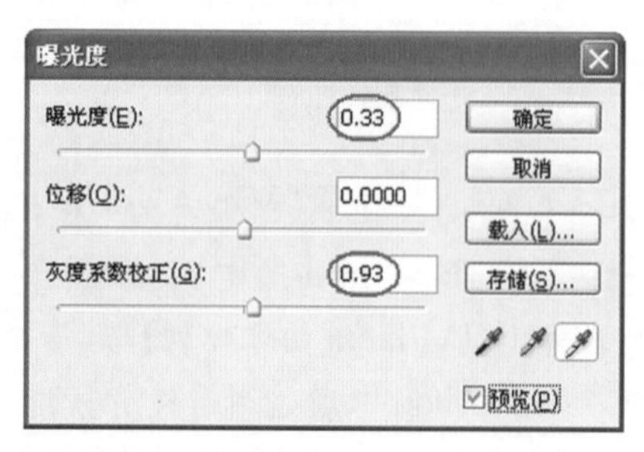

图 8-79 设置【曝光度】对话框

图 8-80 处理后的效果

(4) 单击【图层】面板中的按钮，在弹出的下拉菜单中选择【亮度/对比度】命令，设置【亮度】值为 12，如图 8-81 所示。再选择【曲线】命令，设置参数，如图 8-82 所示。

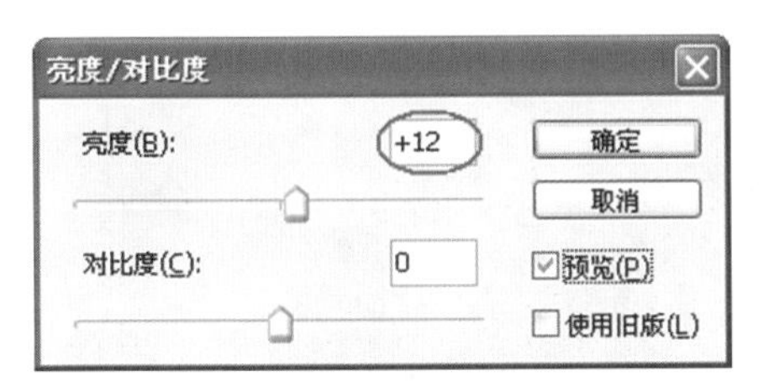

图 8-81　【亮度/对比度】对话框

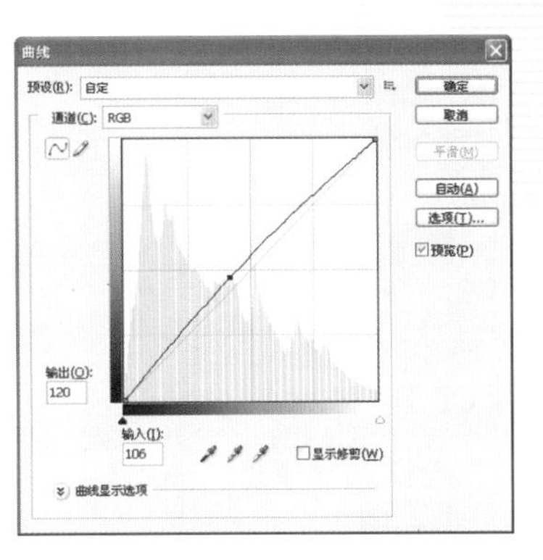

图 8-82　【曲线】对话框

(5) 将顶层图层选为当前图层，处理后的效果如图 8-83 所示。

图 8-83　处理后的效果

(6) 新建可见图层 4，按组合键 Ctrl+Alt+Shift+E，拼合新建可见图层 4。选择菜单栏中的【滤镜】|【其它】|【高反差保留】命令，如图 8-84 所示。在弹出的【高反差保留】对话框中设置【半径】为 2.0，如图 8-85 所示。

图 8-84　选择【高反差保留】命令

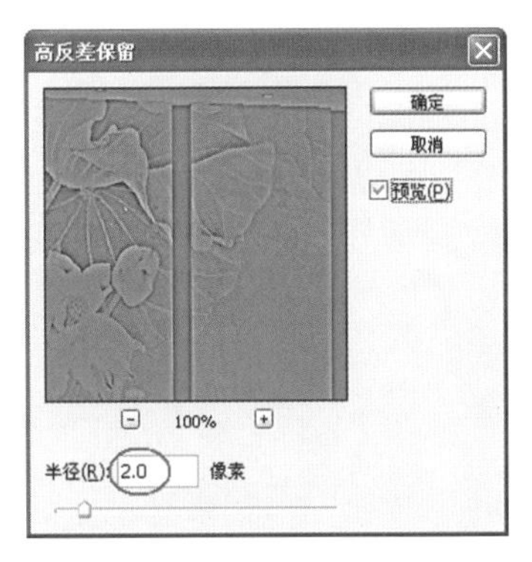

图 8-85　【高反差保留】对话框

(7) 执行确定操作后，在【图层】面板中设置图层的混合模式为【叠加】方式，如图 8-86 所示。

(8) 按 Enter 键，处理后的最终效果如图 8-87 所示。

图 8-86　设置叠加模式

图 8-87　处理后的最终效果

8.6　本章小结

本章主要学习了酒店包间效果图的制作。通过学习，读者可以从中领悟到，室内空间的结构、使用性质不同，其材质和灯光的设计也应该有所侧重。本例材质多运用壁纸以及光滑的烤漆玻璃、软包，灯光主要是以暖色光照射为主，结合吊顶和筒灯的暖色灯光照明表现包间的豪华、大方效果。

第9章

餐厅大堂效果表现

随着生活水平的提高，人们就餐的同时开始希望能享受更多有文化品位的、舒适的餐饮环境。餐饮空间设计就是按不同的民族、不同的地域、不同的文化背景或不同的饮食习惯，在空间设计过程中根据不同的类型进行差异性的设计营造出满足人们需求的就餐环境。本章就来讲解餐厅大堂空间材质、灯光的处理技巧。

9.1 餐厅大堂空间简介

餐厅大堂空间设计要以舒适为主，利用装饰手法来引导消费，给人舒适、自由的轻松感觉，这是餐厅装修设计成败的关键。一个舒适、典雅的环境，能够吸引更多的消费者，从而创造更好的经营效益。

本案例餐厅大堂效果如图 9-1 所示。

图 9-1　餐厅大堂效果表现

餐厅大堂模型的线框效果如图 9-2 所示。

图 9-2　餐厅大堂模型的线框效果

9.2　餐厅大堂测试渲染参数

测试渲染草图，然后进行灯光设置。

具体操作步骤如下。

(1) 打开本书光盘中“餐厅大堂”目录下的“餐厅大堂.max”场景文件，如图 9-3 所示。可以看到这是一个已经创建好的大厅场景。

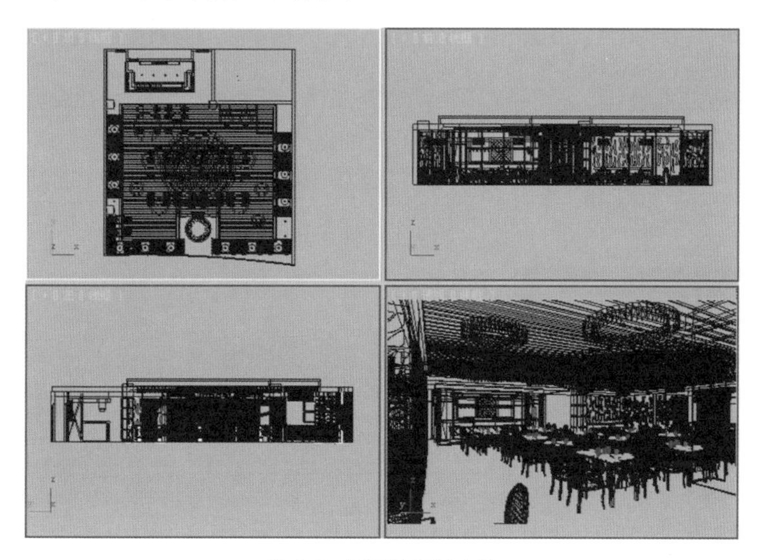

图 9-3　打开的场景文件

(2) 单击或按钮，在【对象类型】卷展栏中单击【目标】按钮，然后在【顶】视图中创建目标摄影机，在【参数】卷展栏中设置【镜头】为 23.805、【视野】为 74.189，调整摄影机角度，如图 9-4 所示。

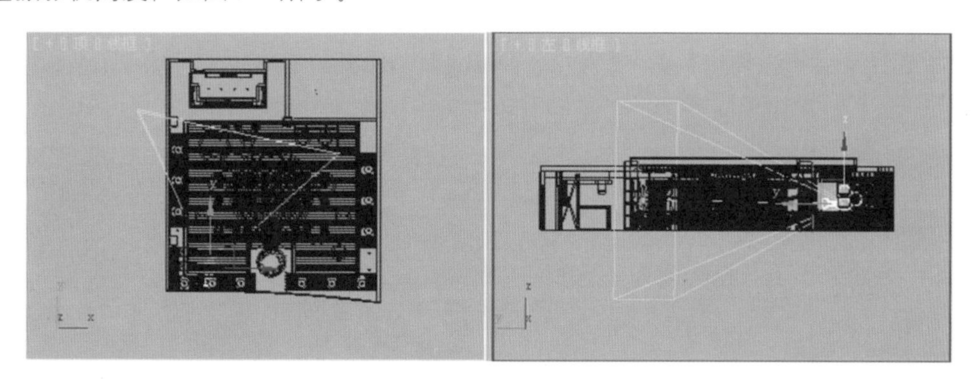

图 9-4　创建摄影机

(3) 在视图中选择摄影机，右击，在弹出的快捷菜单中选择【应用摄影机校正修改器】命令，然后在【2 点透视校正】卷展栏中设置参数，如图 9-5 所示。摄影机校正形态如图 9-6 所示。

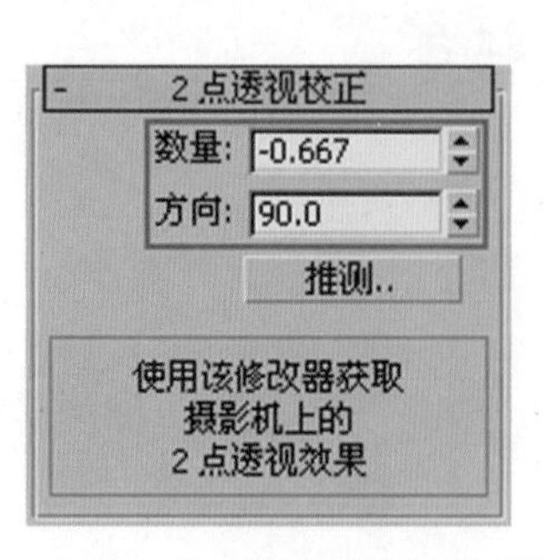

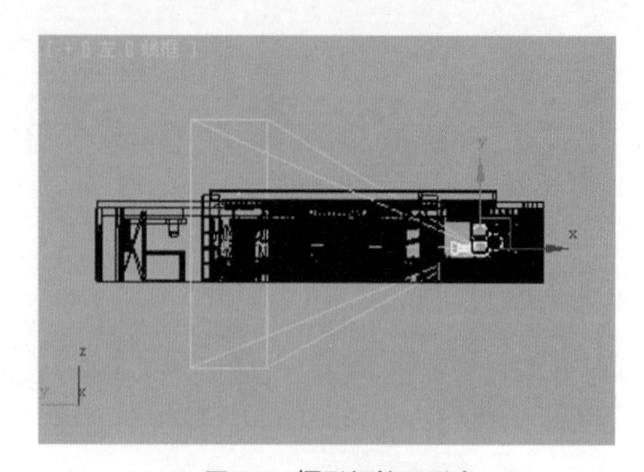

图 9-5 【2 点透视校正】卷展栏　　　　图 9-6 摄影机校正形态

(4) 按键盘中的 F10 键，打开【渲染设置：默认扫描线渲染器】对话框。将渲染尺寸设置为较小的尺寸 500×375。在【公用】选项卡的【指定渲染器】卷展栏中单击【产品级】列表框右侧的...按钮，在弹出的【选择渲染器】对话框中选择安装好的 V-Ray Adv 2.00.03 渲染器，如图 9-7 所示。

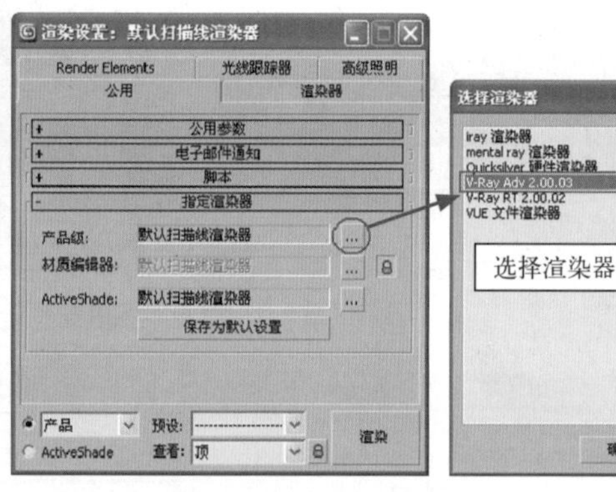

图 9-7 设置渲染尺寸并指定渲染器

(5) 切换至【VR_ 基项】选项卡，在【V-Ray:: 帧缓存】卷展栏中开启 VRay 帧缓存渲染窗口，在【V-Ray:: 全局开关】卷展栏中关闭默认灯光，如图 9-8 所示。

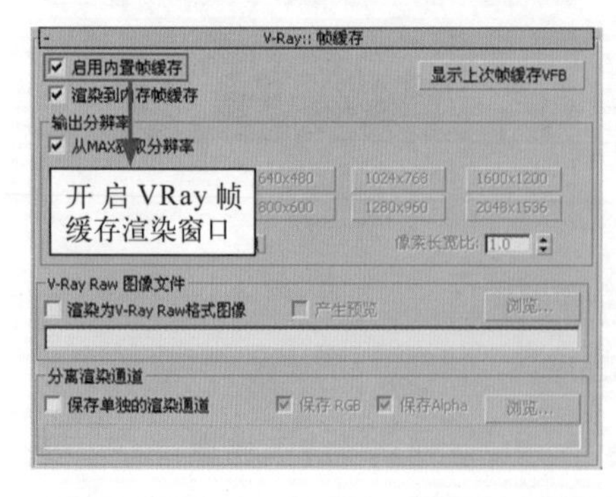

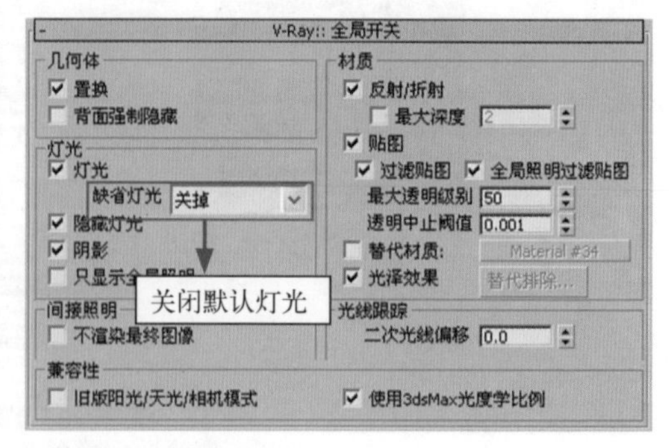

图 9-8 【VR_ 基项】选项卡参数设置

(6) 进入【V-Ray:: 图像采样器 (抗锯齿)】卷展栏，设置【图像采样器】类型为【固定】，关闭抗锯齿过滤器，然后在【V-Ray:: 颜色映射】卷展栏中选择【VR_ 指数】曝光方式，参数设置如图 9-9 所示。

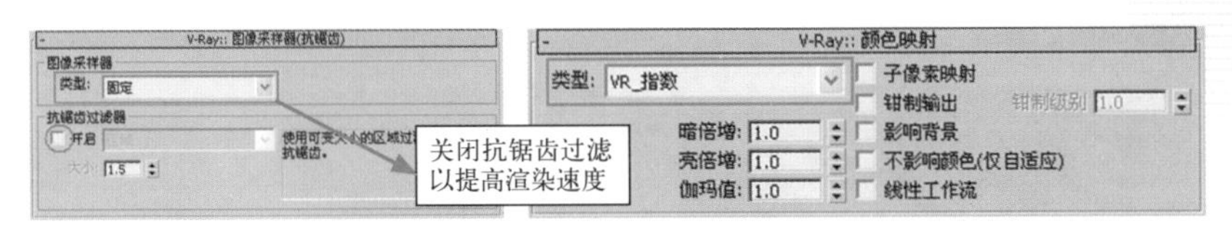

图 9-9　关闭抗锯齿过滤器并选择曝光方式

(7) 切换至【VR_ 间接照明】选项卡，在【V-Ray:: 间接照明 (全局照明)】卷展栏中打开全局光，设置【二次反弹】全局光引擎为【灯光缓存】，在【V-Ray:: 灯光缓存】卷展栏中设置【细分】值为 200，通过降低灯光缓存的渲染品质以节约渲染时间，在【V-Ray:: 发光贴图】卷展栏中设置【当前预置】为【非常低】，如图 9-10 所示。

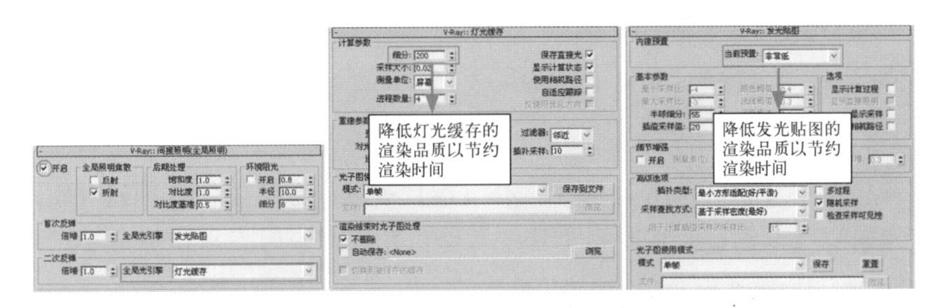

图 9-10　【VR_ 间接照明】选项卡参数设置

9.3　创建餐厅大堂灯光效果

本场景光线来源主要为室外的灯光及阳光。在为场景创建灯光前，首先用一种白色材质覆盖场景中的所有物体，这样便于观察灯光对场景的影响，然后再设置灯光效果。

具体操作步骤如下。

(1) 按键盘中的 M 键，打开【材质编辑器】对话框。选择一个空白的示例球，单击 Standard 按钮，在弹出的【材质 / 贴图浏览器】对话框中选择 VRayMtl 材质，将材质命名为"替代材质"，如图 9-11 所示。

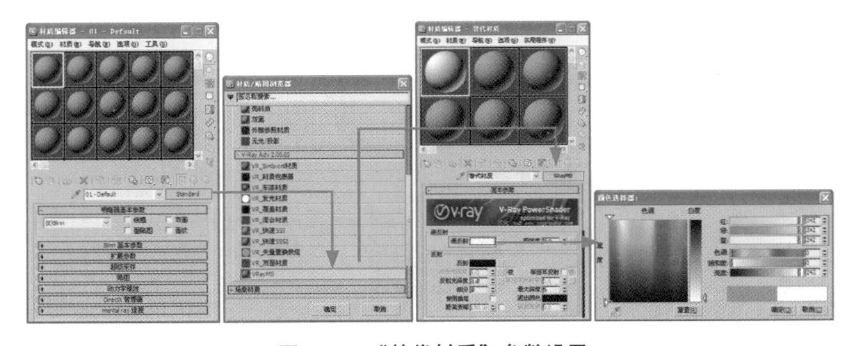

图 9-11　"替代材质"参数设置

(2) 按 F10 键，打开【渲染设置 :V-Ray Adv 2.00.03】对话框，在【V-Ray:: 全局开关】卷展栏中选中【替代材质】复选框，然后进入【材质编辑器】对话框，将“替代材质”的材质类型拖放到【替代材质】复选框右侧的贴图通道上，并以【实例】方式进行关联复制，参数设置如图 9-12 所示。

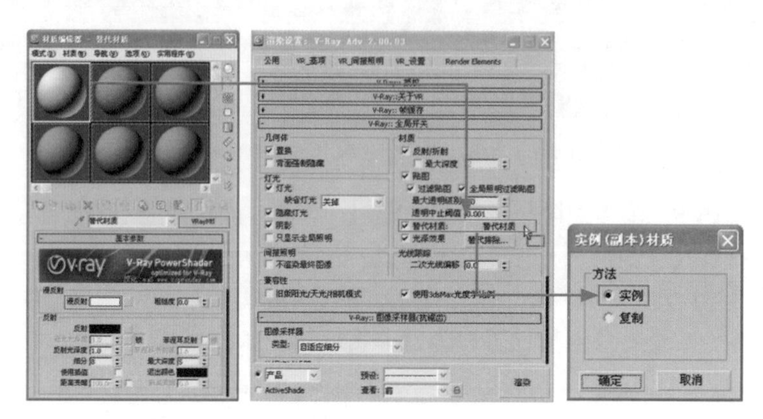

图 9-12　设置【渲染设置 :V-Ray Adv 2.00.03】对话框

(3) 单击创建命令面板中的按钮，在【标准】下拉列表中选择 VRay 选项。单击【对象类型】卷展栏中的【VR_光源】按钮，在【前】视图中窗口的位置创建 VR 光源，再用移动复制的方法以【实例】方式复制 2 盏，调整灯光位置，如图 9-13 所示。

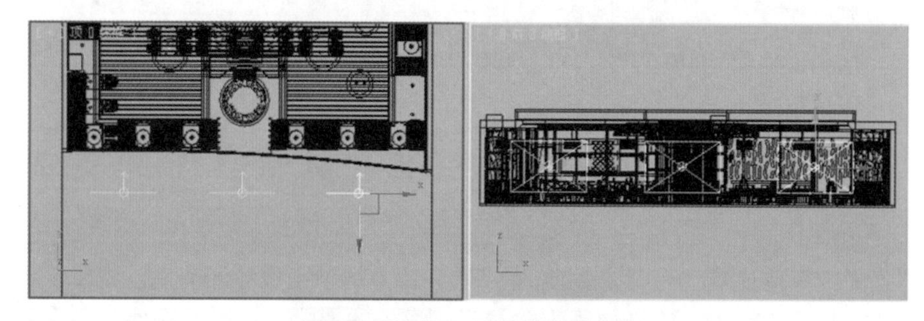

图 9-13　创建 VR 光源并复制 2 盏

(4) 在视图中选择上面创建的灯光，单击按钮，在【参数】卷展栏中修改灯光【倍增器】值为 10，调整灯光颜色为蓝色，设置灯光大小，然后选中【选项】选项组中的【不可见】复选框，参数设置如图 9-14 所示。

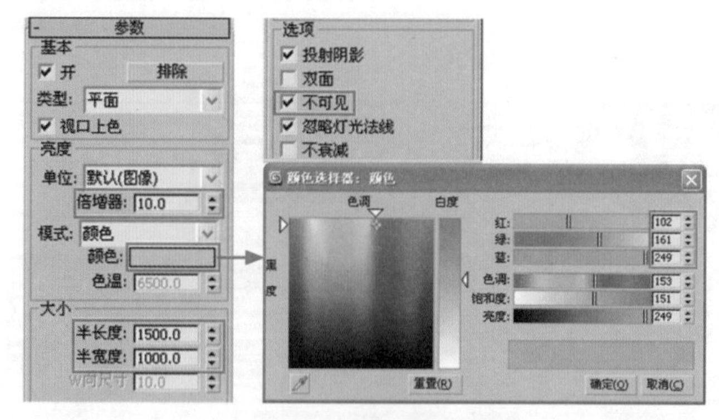

图 9-14　灯光参数设置

(5) 单击 按钮，渲染摄影机视图，渲染效果如图 9-15 所示。

图 9-15 渲染后的效果

(6) 单击 VR_光源按钮，在【顶】视图中筒灯的位置创建 VR 灯光，然后用移动复制的方法以【实例】方式复制并调整位置，如图 9-16 所示。

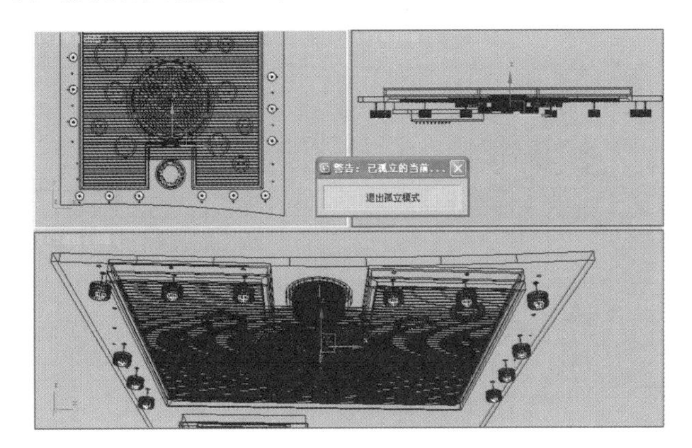

图 9-16 创建并复制光源

(7) 单击 按钮，在【参数】卷展栏中选择灯光类型为【球体】，设置灯光【倍增器】值为 100，灯光颜色为暖色，在【选项】选项组中选中【不可见】复选框，其他参数设置如图 9-17 所示。

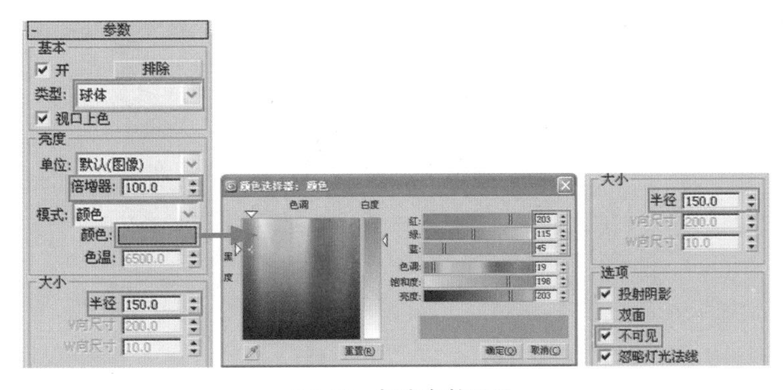

图 9-17 灯光参数设置

(8) 单击按钮，渲染摄影机视图，渲染效果如图 9-18 所示。

图 9-18　渲染后的效果

(9) 单击创建命令面板中的按钮，在【标准】下拉列表框中选择【光度学】选项。在【对象类型】卷展栏中单击【自由灯光】按钮，在【顶】视图中筒灯的位置创建自由灯光，并调整灯光位置，如图 9-19 所示。

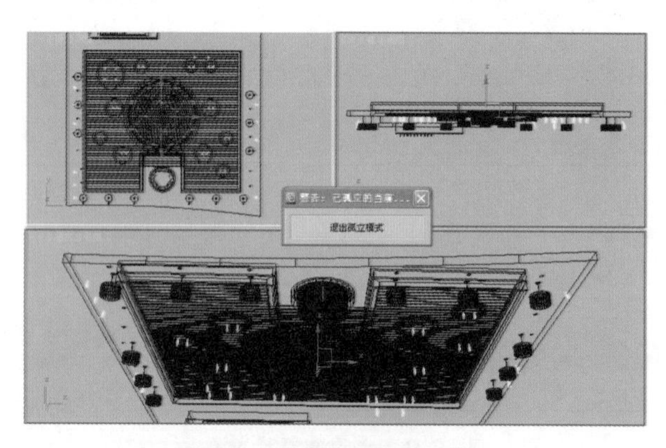

图 9-19　创建并调整灯光位置

(10) 单击按钮，渲染摄影机视图，筒灯渲染效果如图 9-20 所示。

图 9-20　筒灯渲染后的效果

(11) 单击【自由灯光】按钮，在【顶】视图中创建自由灯光，再用移动工具调整灯光位置，如图 9-21 所示。

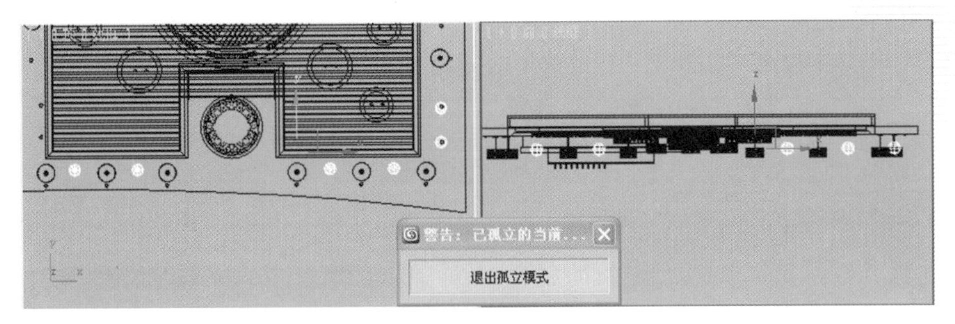

图 9-21　创建自由灯光并调整位置

(12) 单击按钮，在【常规参数】卷展栏中选中【阴影】选项组中的【启用】复选框，选择【VR_阴影贴图】选项，在【灯光分布(类型)】选项组中选择【光度学 Web】选项，然后在【分布(光度学 Web)】卷展栏中单击【选择光度学文件】按钮，打开【打开光域网 Web 文件】对话框，选择本书光盘中“餐厅大堂”目录下的“经典筒灯.IES”文件，再设置灯光强度为 6000，并调整灯光颜色为暖色，其他参数设置如图 9-22 所示。

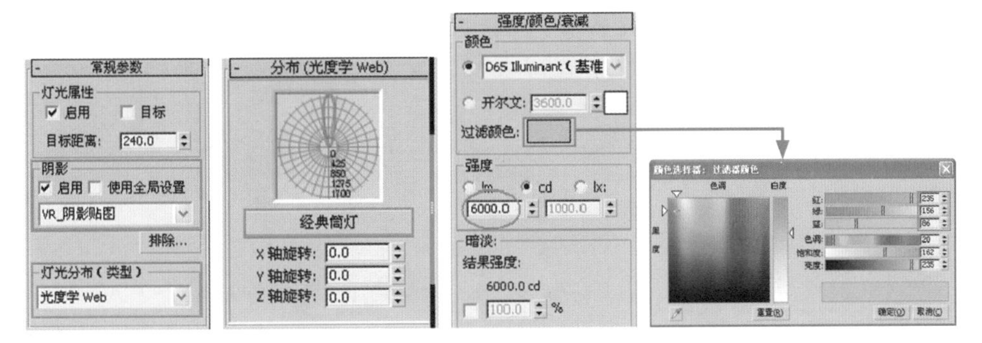

图 9-22　设置灯光参数

(13) 继续在【顶】视图服务台的位置创建 VR 灯光，再用移动复制的方法复制 5 盏，调整灯光位置，如图 9-23 所示。

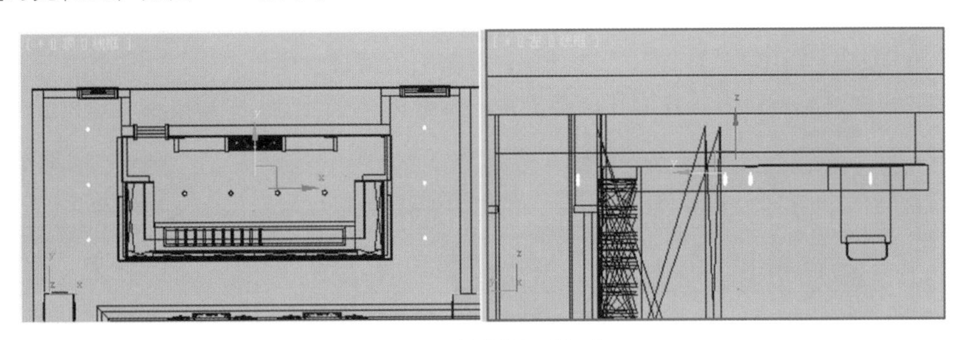

图 9-23　创建并复制灯光

(14) 单击按钮，在【常规参数】卷展栏中选中【阴影】选项组中的【启用】复选框，选择【VR_阴影贴图】选项，在【灯光分布(类型)】选项组中选择【光度学 Web】选项，然后在【分布 (光度学 Web)】卷展栏中单击【选择光度学文件】按钮，打开【打开光域网 Web 文件】对话框，选择本书光盘中"餐厅大堂"目录下的"经典筒灯 .IES"文件，再设置灯光强度为 10000，其他参数设置如图 9-24 所示。

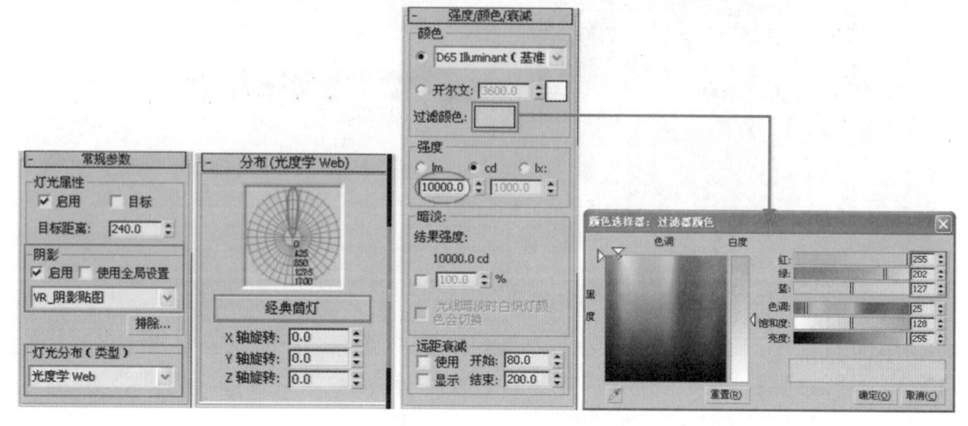

图 9-24　灯光参数设置

(15) 单击按钮，渲染摄影机视图，效果如图 9-25 所示。

图 9-25　照亮效果

(16) 单击【自由灯光】按钮，在【顶】视图吧台吊灯的位置创建自由灯光，再用移动复制的方法以【实例】方式复制并调整位置，如图 9-26 所示。

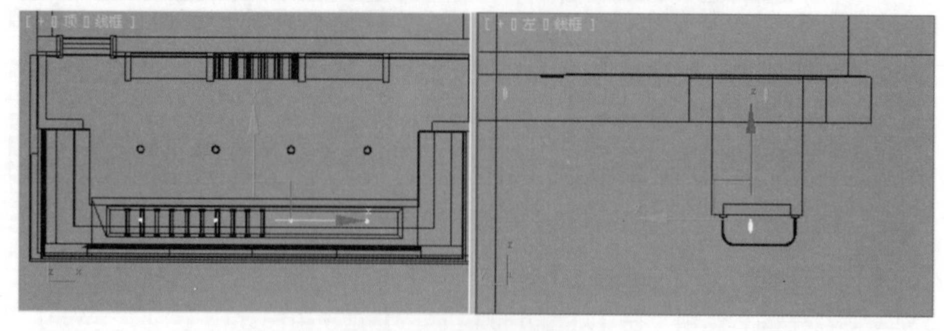

图 9-26　创建并复制灯光

(17) 选择上面创建的自由灯光，单击按钮，在【常规参数】卷展栏中选中【阴影】选项组中的【启用】复选框，选择【VR 阴影贴图】选项，在【灯光分布(类型)】选项组中选择【光度学 Web】选项，然后在【分布(光度学 Web)】卷展栏中单击【选择光度学文件】按钮，打开【打开光域网 Web 文件】对话框，选择本书光盘中"餐厅大堂"目录下的"经典筒灯.IES"文件，再设置灯光强度为 4000，调整灯光颜色为暖色，其他参数设置如图 9-27 所示。

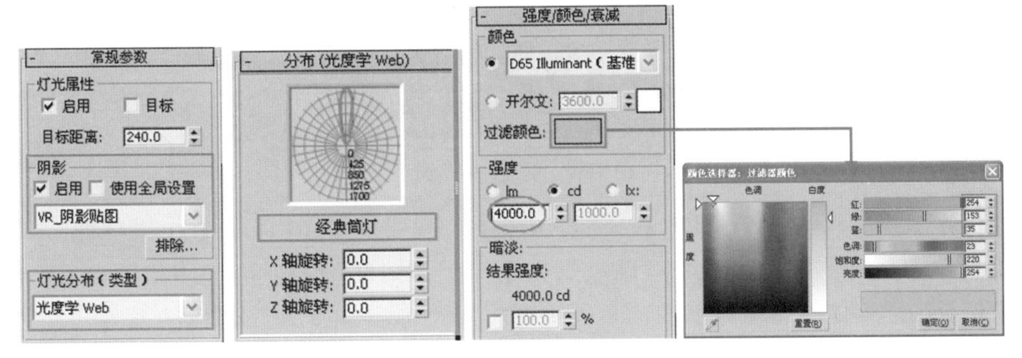

图 9-27　修改灯光参数

(18) 单击【VR_光源】按钮，在【顶】视图筒灯的位置创建 VR 灯光，然后用移动复制的方法以【实例】方式复制灯光并调整位置，如图 9-28 所示。

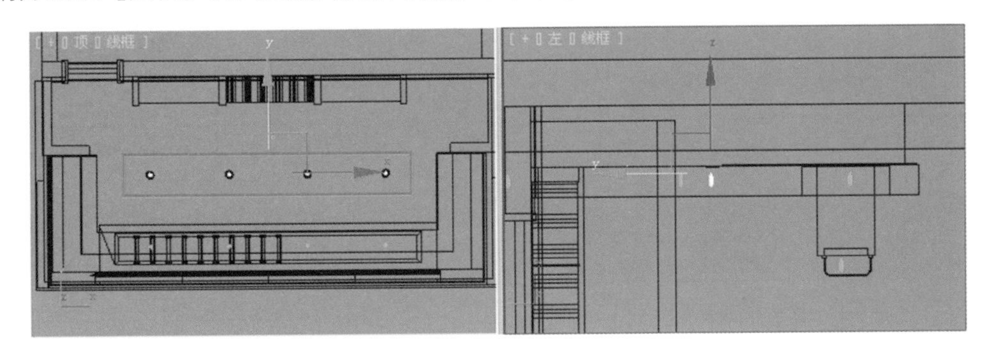

图 9-28　复制灯光

(19) 单击按钮，渲染摄影机视图，效果如图 9-29 所示。

图 9-29　渲染后的效果

(20) 单击【VR_光源】按钮，在【顶】视图筒灯的位置创建 VR 灯光，然后用移动复制的方法以【实例】方式复制并调整位置，如图 9-30 所示。

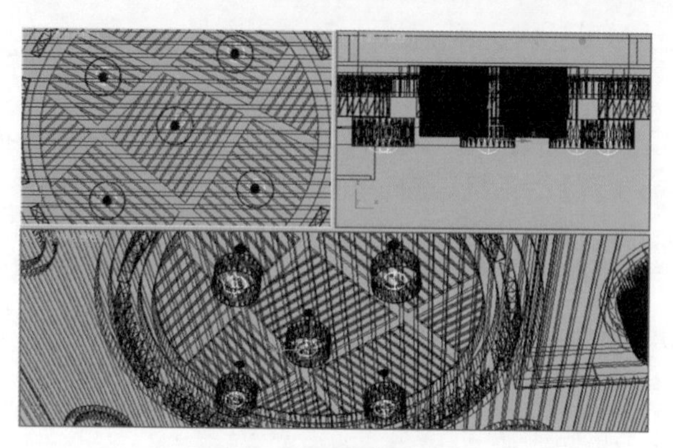

图 9-30　创建并复制灯光

(21) 单击按钮，在【参数】卷展栏中设置灯光【倍增器】值为 100，调整灯光颜色为暖色 (RGB 值为 203、115、45)，调整灯光【半径】为 150，选中【选项】选项组中的【不可见】复选框，如图 9-31 所示。

(22) 单击按钮，渲染摄影机视图，效果如图 9-32 所示。

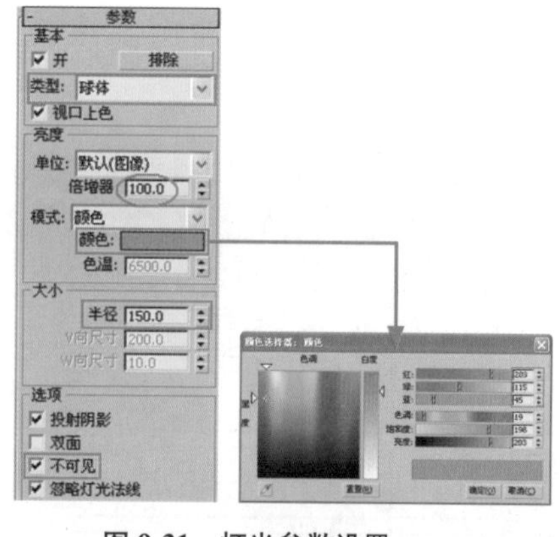

图 9-31　灯光参数设置

图 9-32　渲染后的效果

(23) 单击【VR_光源】按钮，在【顶】视图中壁灯的位置创建 VR 灯光，然后用移动复制的方法以【实例】方式复制并调整位置，如图 9-33 所示。

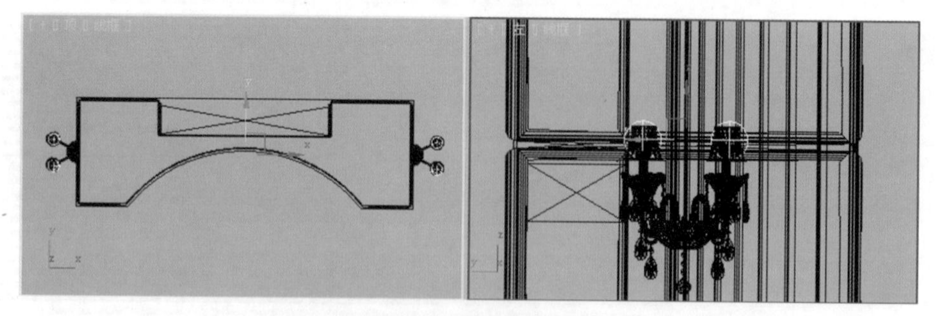

图 9-33　在壁灯位置创建并复制灯光

(24) 单击按钮，在【参数】卷展栏中设置灯光【倍增器】值为 60，调整灯光颜色为暖色 (RGB 值为 187、78、5)，调整灯光【半径】为 50，选中【选项】选项组中的【不可见】复选框，如图 9-34 所示。

(25) 单击按钮，渲染摄影机视图，效果如图 9-35 所示。

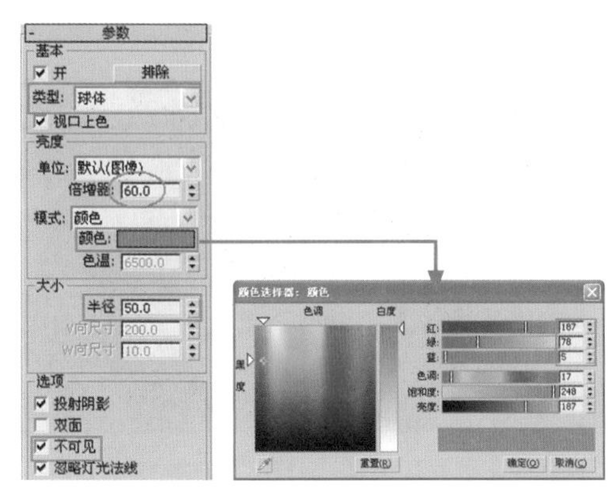

图 9-34　壁灯灯光参数设置

图 9-35　壁灯发光效果

(26) 单击【自由灯光】按钮，在【顶】视图中入口吊灯的位置创建自由灯光，再用移动复制的方法以【实例】方式复制并调整位置，如图 9-36 所示。

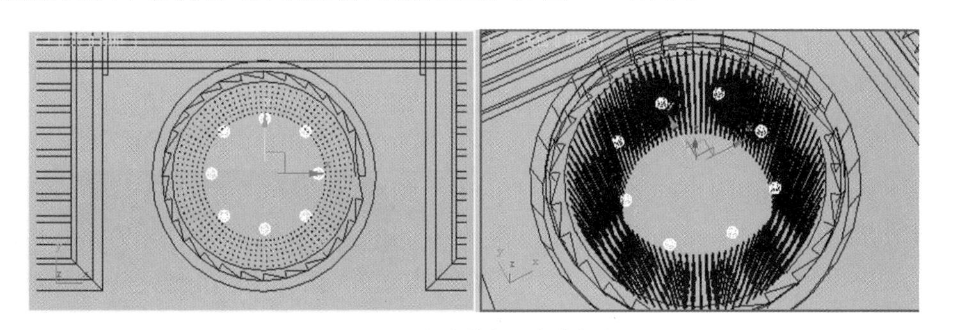

图 9-36　创建并复制自由灯光

(27) 选择上面创建的自由灯光，单击按钮，在【常规参数】卷展栏中选中【阴影】选项组中的【启用】复选框，选择【VR_ 阴影贴图】选项，在【灯光分布 (类型)】选项组中选择【光度学 Web】选项，然后在【分布 (光度学 Web)】卷展栏中单击【选择光度学文件】按钮，打开【打开光域网 Web 文件】对话框，选择本书光盘中“餐厅大堂”目录下的“经典筒灯 .IES”文件，再设置灯光强度为 5000，调整灯光颜色为暖色，其他参数设置如图 9-37 所示。

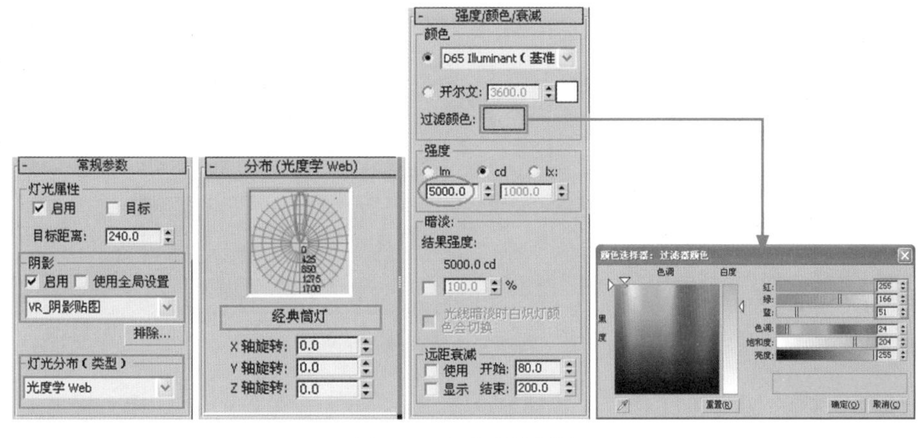

图 9-37　灯光参数设置

(28) 单击【VR_光源】按钮，在【顶】视图中吊灯的中间位置创建 VR 灯光，调整位置如图 9-38 所示。

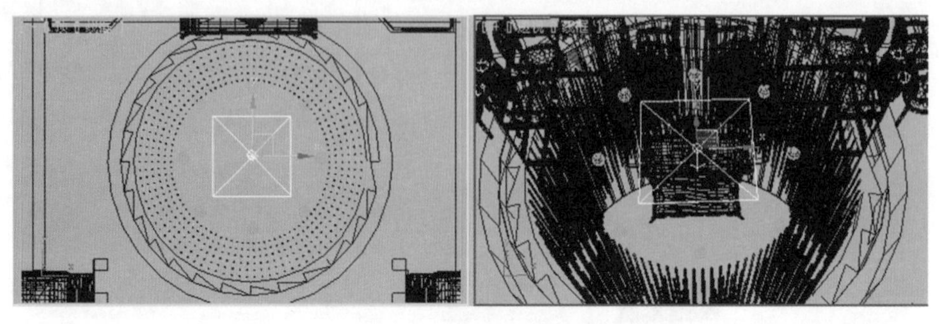

图 9-38　创建 VR 灯光

(29) 单击按钮，在【参数】卷展栏中设置灯光【倍增器】值为 6，调整灯光颜色为暖色 (RGB 值为 246、186、121)，调整灯光大小，选中【选项】选项组中的【不可见】复选框，如图 9-39 所示。

(30) 单击按钮，渲染视图，效果如图 9-40 所示。

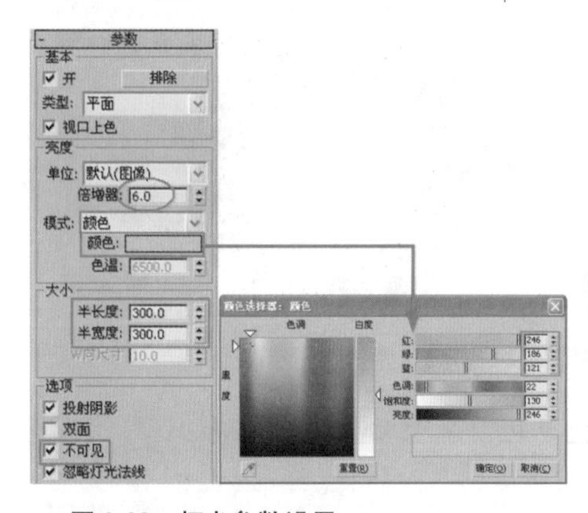

图 9-39　灯光参数设置

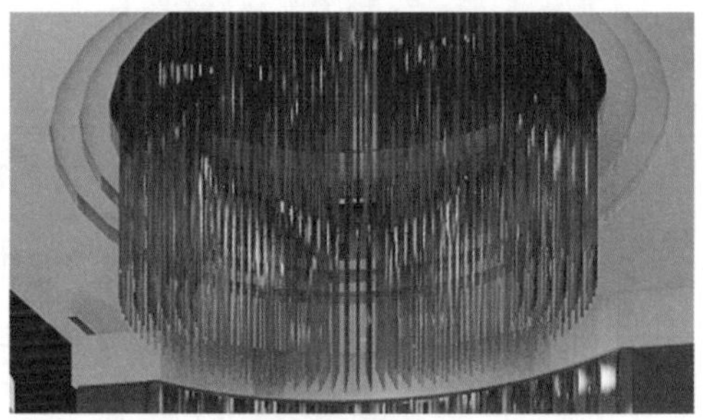

图 9-40　渲染后的效果

(31) 单击【VR_光源】按钮，在【顶】视图中单间的位置创建 VR 灯光，调整位置如图 9-41 所示。

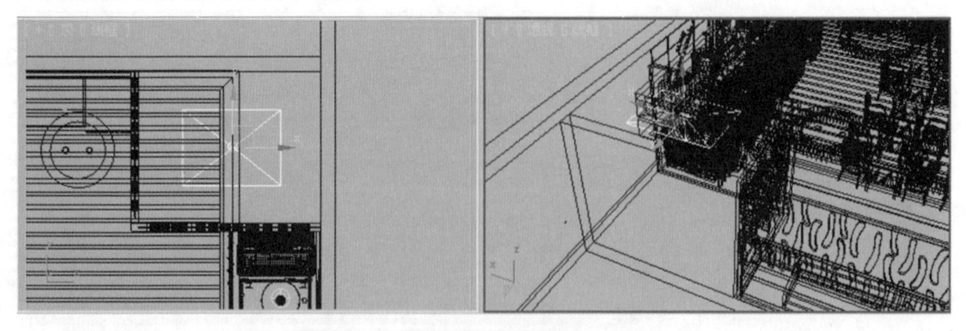

图 9-41　在单间位置创建 VR 光源

(32) 单击按钮，在【参数】卷展栏中设置灯光【倍增器】值为 12，调整灯光颜色为暖色 (RGB 值为 255、171、63)，设置灯光大小，参数设置如图 9-42 所示。

(33) 单击 按钮，渲染摄影机视图，效果如图 9-43 所示。

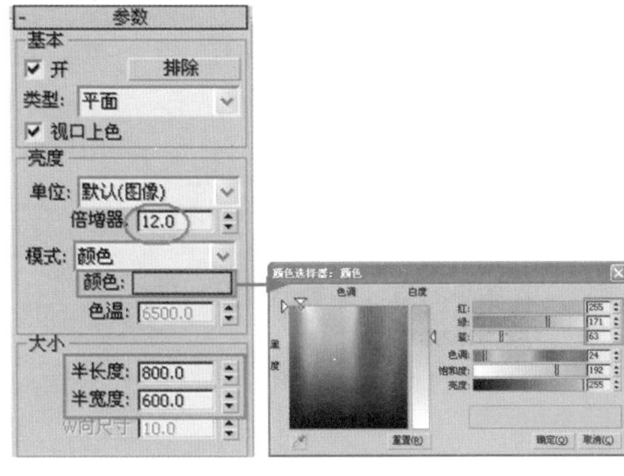

图 9-42　灯光参数设置

图 9-43　渲染后的效果

9.4　调整空间纹理材质

餐厅大堂材质比较丰富，主要有地砖、烤漆、布纹、餐具材质等。下面来介绍不同材质的设置方法。

9.4.1　设置主体材质

本案例以玻璃、烤漆、瓷砖材质为主，学习场景中各纹理材质的设置方法。

设置主体材质的具体操作步骤如下。

(1) 设置“玻璃”材质。选择一个空白的示例球，将其命名为“玻璃”并为其指定 VRayMtl 材质。在【基本参数】卷展栏中设置【漫反射】为深灰色，调整反射颜色为灰色，使其产生反射效果，设置折射颜色为白色，使其产生透明效果，其他参数设置如图 9-44 所示。

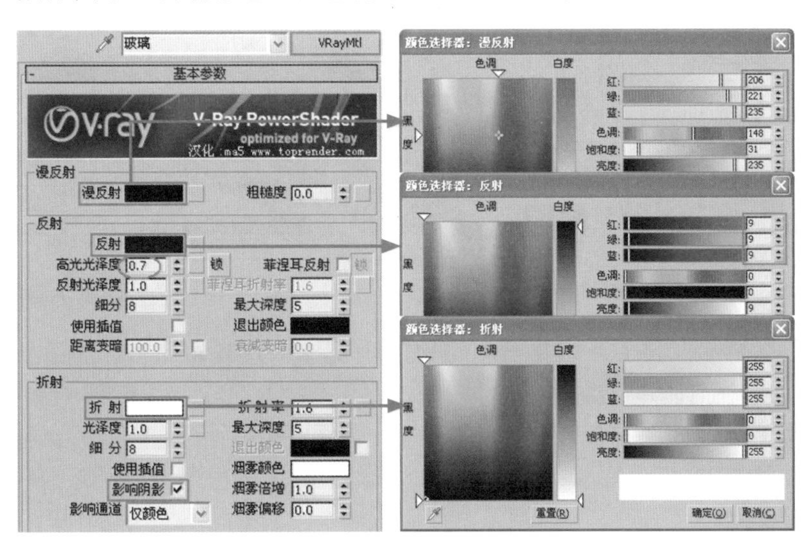

图 9-44　“玻璃”材质参数设置

(2) 在视图中选择窗口玻璃造型，单击按钮，将材质赋予它。

(3) 设置“乳胶漆”材质。选择一个空白的示例球，将其命名为“乳胶漆”并为其指定 VRayMtl 材质。在【基本参数】卷展栏中设置【漫反射】颜色为白色，参数设置如图 9-45 所示。

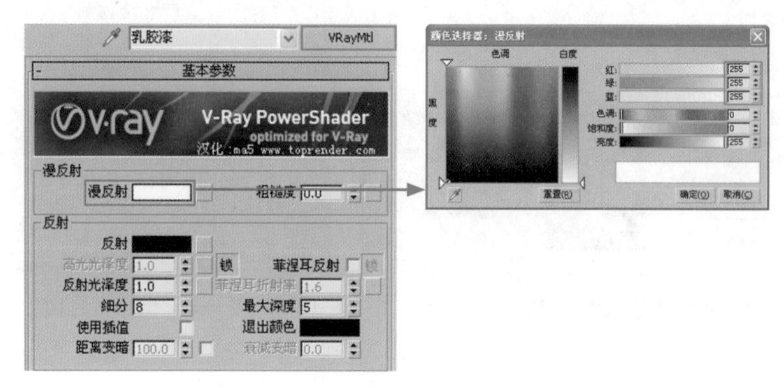

图 9-45　“乳胶漆”材质参数设置

(4) 在视图中选择墙体造型，单击按钮，将材质赋予它。

(5) 设置“瓷砖”材质。选择一个空白的示例球，将其命名为“瓷砖”并为其指定 VRayMtl 材质。在【基本参数】卷展栏中单击【漫反射】色块右侧的按钮，在弹出的【材质/贴图浏览器】对话框中双击【位图】贴图类型，选择本书光盘中“餐厅大堂”目录下的“CK4803.jpg”文件，调整反射颜色为灰色，使其略微产生反射，如图 9-46 所示。

(6) 在视图中选择“地面”造型，单击按钮，将材质赋予它。再单击按钮，在【参数】卷展栏中选择【长方体】贴图类型，设置【长度】、【宽度】、【高度】均为 1000，如图 9-47 所示。

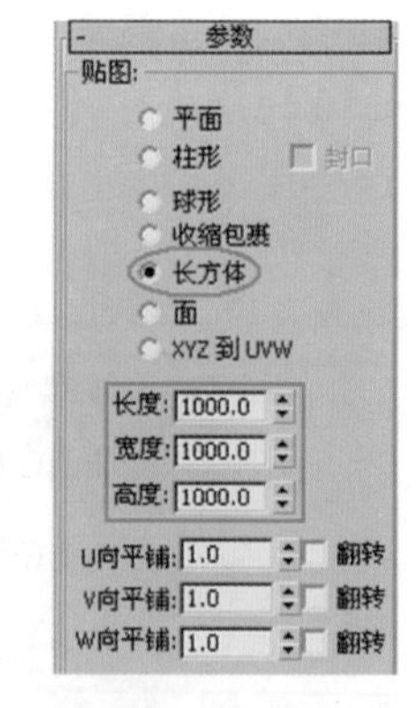

图 9-46　“瓷砖”材质参数设置　　图 9-47　【参数】卷展栏参数设置

(7) 设置“烤漆”材质。选择一个空白的示例球，将其命名为“烤漆”并为其指定 VRayMtl 材质。在【基本参数】卷展栏中单击【漫反射】色块，调整表面颜色为棕红色，调整【反射】颜色为灰色，使其产生反射效果，如图 9-48 所示。

(8) 在视图中选择“隔板”造型，单击按钮，将材质赋予它，效果如图 9-49 所示。

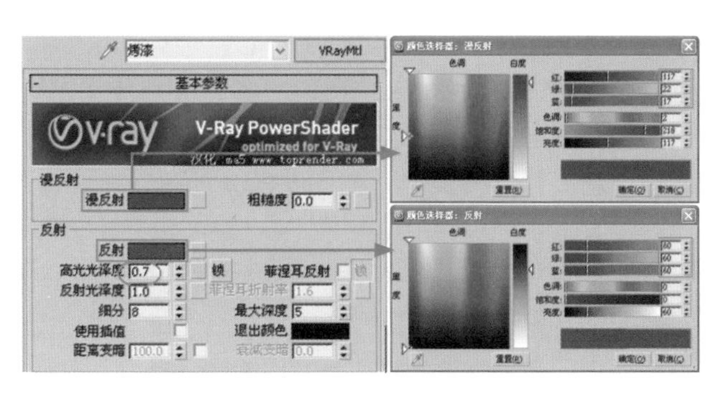

图 9-48　“烤漆”材质参数设置

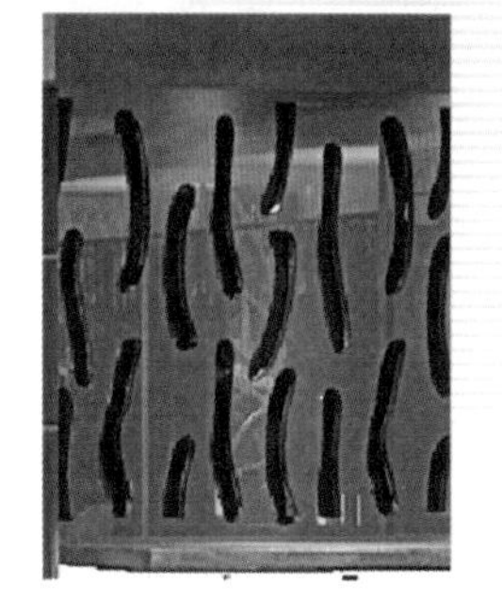

图 9-49　赋予材质后的效果

(9) 设置“墙纸”材质。选择一个空白的示例球，将其命名为“墙纸”。在【Blinn 基本参数】卷展栏中单击【漫反射】色块右侧的按钮，在弹出的【材质 / 贴图浏览器】对话框中双击【位图】贴图类型，选择本书光盘中“餐厅大堂”目录下的“10253.jpg”文件，如图 9-50 所示。

(10) 在视图中选择“墙壁”造型，单击按钮，将材质赋予它，再单击按钮，选择修改命令面板中的【UVW 贴图】命令，在【参数】卷展栏中设置参数，如图 9-51 所示。

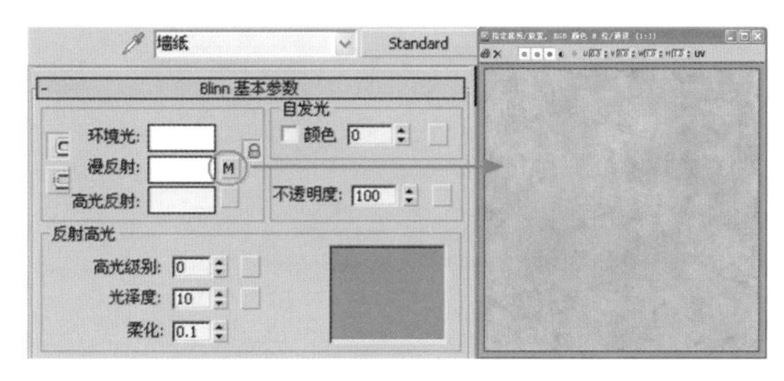

图 9-50　“墙纸”材质参数设置

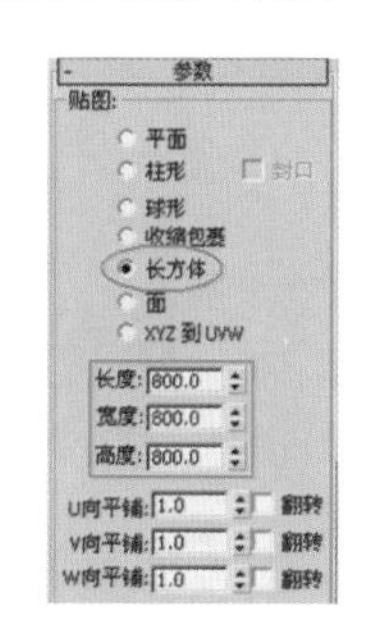

图 9-51　设置【参数】卷展栏中的参数

(11) 设置“帘子”材质。选择一个空白的示例球，将其命名为“帘子”并为其指定 VRayMtl 材质。在【基本参数】卷展栏中单击【反射】色块，设置反射颜色使其略产生反射效果，再单击【折射】色块，调整折射颜色为浅灰色，使其不产生透明效果。

(12) 单击【漫反射】色块右侧的按钮，在弹出的【材质 / 贴图浏览器】对话框中双击【位图】贴图类型，选择本书光盘中“餐厅大堂”目录下的“d-1.jpg”文件，其他参数设置如图 9-52 所示。

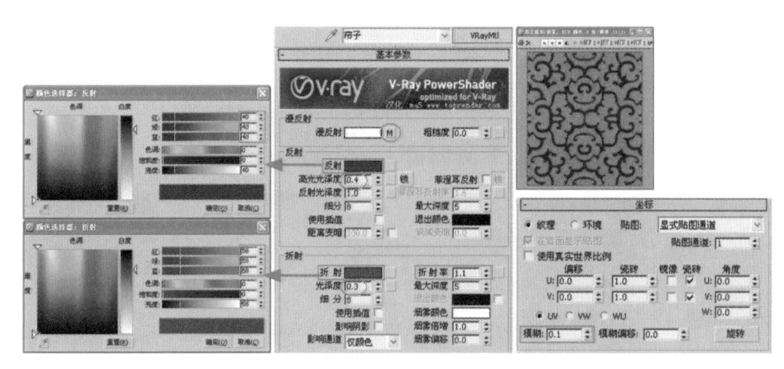

图 9-52　“帘子”材质参数设置

(13) 在视图中选择“窗帘”造型，单击按钮，将材质赋予它。

(14) 设置“烤漆 2”材质。选择一个空白的示例球，将其命名为“烤漆 2”并为其指定 VRayMtl 材质。在【基本参数】卷展栏中单击【漫反射】色块右侧的按钮，在弹出的【材质 / 贴图浏览器】对话框中双击【衰减】贴图类型，如图 9-53 所示。

图 9-53 “烤漆 2”材质参数设置

(15) 在【衰减参数】卷展栏中设置颜色 1、颜色 2，并选择【衰减类型】为 Fresnel，如图 9-54 所示。

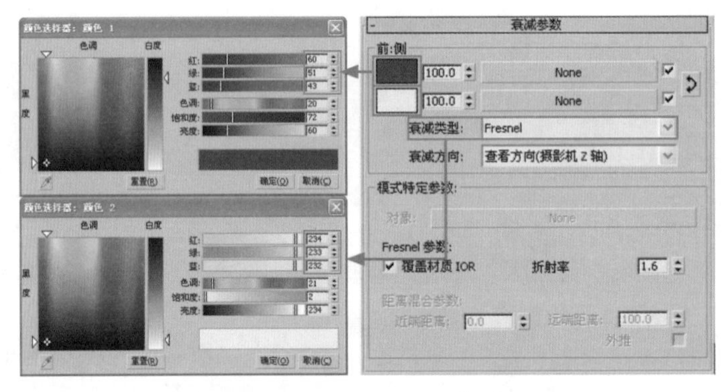

图 9-54 【衰减参数】卷展栏参数设置

(16) 在视图中选择装饰墙造型，单击按钮，将材质赋予它。

(17) 设置“黑色大理石”材质。选择一个空白的示例球，将其命名为“黑色大理石”并为其指定 VRayMtl 材质。在【基本参数】卷展栏中单击【漫反射】色块右侧的按钮，在弹出的【材质 / 贴图浏览器】对话框中双击【位图】贴图类型，选择本书光盘中“餐厅大堂”目录下的“BLACK01.jpg”文件，其他参数设置如图 9-55 所示。

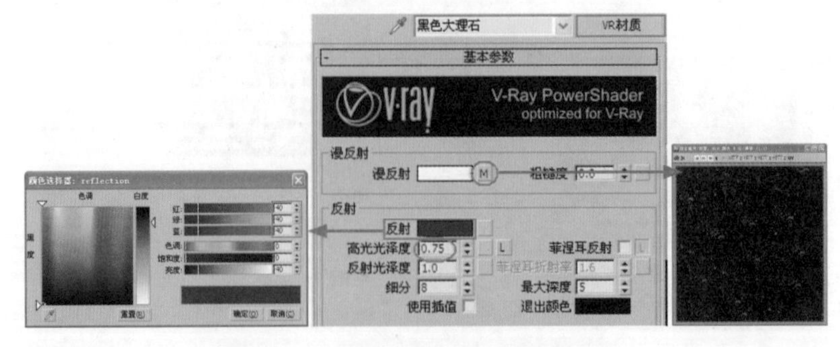

图 9-55 “黑色大理石”材质参数设置

(18) 在视图中选择吧台面造型，单击按钮，将调整好的材质赋予它。单击按钮，选择修改命令面板中的【UVW 贴图】命令，在【参数】卷展栏中设置参数，如图 9-56 所示。

(19) 设置“烤漆玻璃”材质。选择一个空白的示例球，将其命名为“烤漆玻璃”并为其指定 VRayMtl 材质。在【基本参数】卷展栏中单击【漫反射】色块，调整表面颜色为深灰色，调整【反射】颜色为灰色，使其产生反射效果，如图 9-57 所示。

图 9-56　设置【参数】卷展栏中的参数

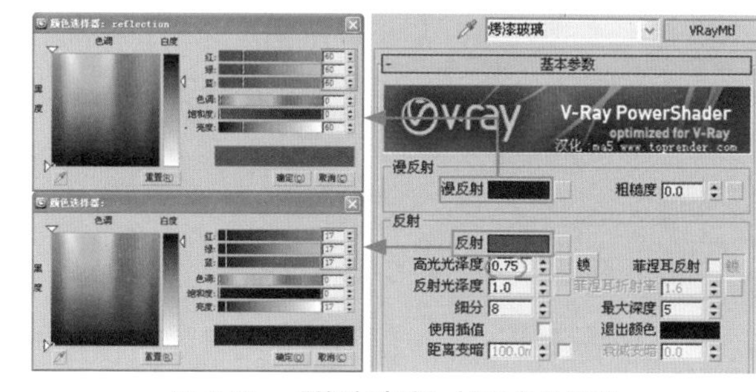

图 9-57　“烤漆玻璃”材质参数设置

(20) 在视图中选择吧台墙面造型，单击按钮，将调整好的材质赋予它。

(21) 设置“红色烤漆”材质。选择一个空白的示例球，将其命名为“烤漆玻璃”并为其指定 VRayMtl 材质。在【基本参数】卷展栏中单击【漫反射】色块，调整表面颜色为棕红色，调整【反射】颜色为深灰色，使其产生反射效果，如图 9-58 所示。

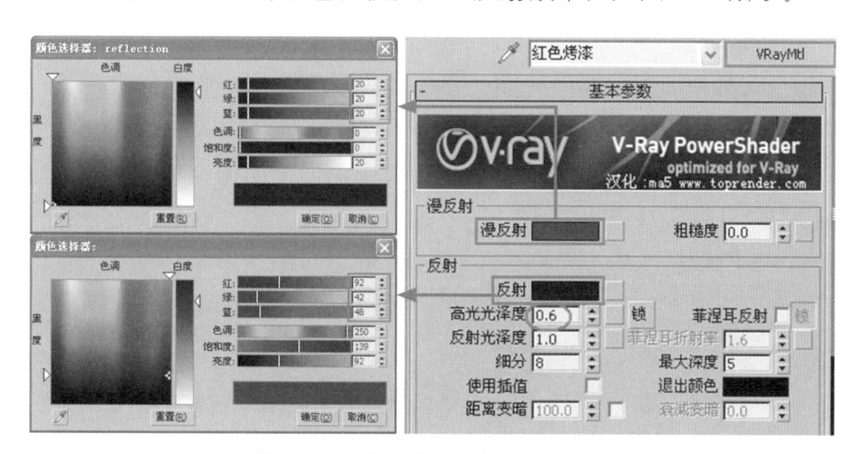

图 9-58　“红色烤漆”材质参数设置

(22) 在视图中选择“造型墙体”造型，单击按钮，将调整好的材质赋予它。

9.4.2　设置餐桌、餐具材质

餐桌、餐具效果如图 9-59 所示。

图 9-59　餐桌、餐具效果

具体操作步骤如下。

(1) 设置“桌布”材质。选择一个空白的示例球，将其命名为“桌布”。在【Blinn 基本参数】卷展栏中单击【漫反射】色块右侧的■按钮，在弹出的【材质 / 贴图浏览器】对话框中双击【衰减】贴图类型，如图 9-60 所示。

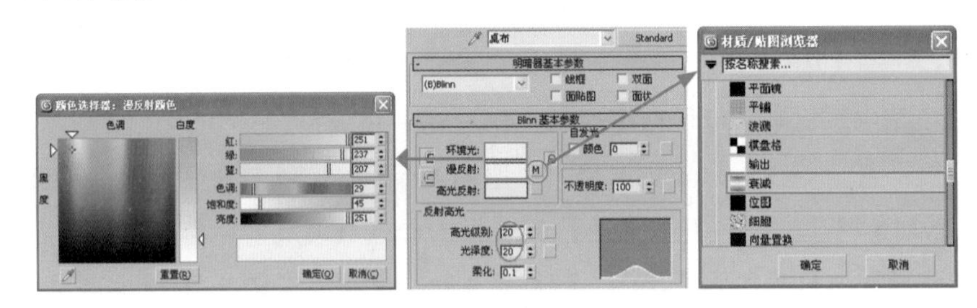

图 9-60　【Blinn 基本参数】卷展栏参数设置

(2) 在视图中选择所有餐桌桌布造型，单击按钮，将调整好的材质赋予它们。

(3) 设置“椅子布纹”材质。选择一个空白的示例球，将其命名为“椅子布纹”。在【Blinn 基本参数】卷展栏中单击【漫反射】色块右侧的■按钮，在弹出的【材质 / 贴图浏览器】对话框中双击【位图】贴图类型，选择本书光盘中“餐厅大堂”目录下的“DY0609.jpg”文件，在【坐标】卷展栏中设置【模糊】值为 0.1，其他参数设置如图 9-61 所示。

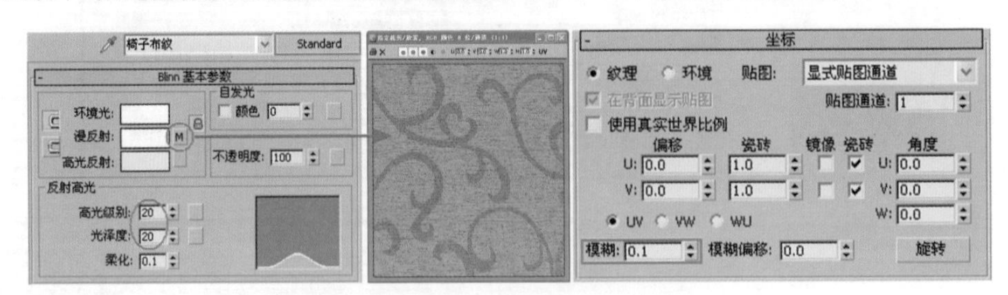

图 9-61　“椅子布纹”材质参数设置

(4) 在视图中选择所有“椅子布纹”造型，单击按钮，将调整好的材质赋予它。

(5) 设置“酒杯”材质。选择一个空白的示例球，将其命名为“酒杯”并为其指定 VRayMtl 材质。在【基本参数】卷展栏中单击【漫反射】色块，调整表面颜色为蓝绿色，单击【反射】色块，调整反射颜色为灰色，使其产生反射效果，调整折射颜色为白色，使

其产生透明效果，其他参数设置如图 9-62 所示。

(6) 在视图中选择“酒杯”造型，单击按钮，将调配好的材质赋予它，效果如图 9-63 所示。

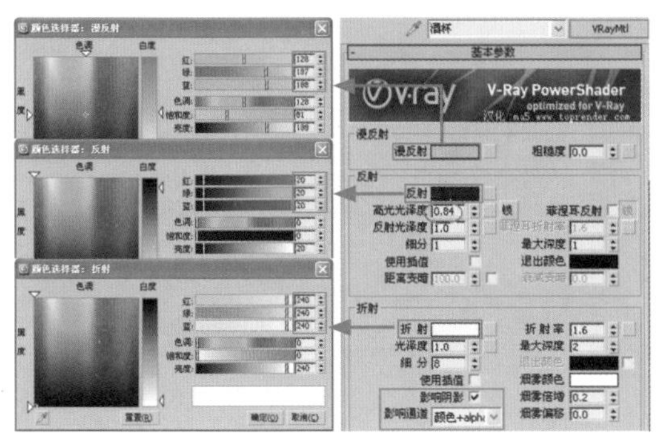

图 9-62 “酒杯”材质参数设置

图 9-63 “酒杯”材质效果

(7) 设置“瓷器”材质。选择一个空白的示例球，将其命名为“瓷器”并为其指定 VRayMtl 材质。在【基本参数】卷展栏中单击【漫反射】色块，调整表面颜色为白色，单击【反射】色块，调整反射颜色为白色，使其产生反射效果，调整【高光光泽度】为 0.78，其他参数设置如图 9-64 所示。

(8) 在视图中选择所有“汤碗”造型，单击按钮，将调整好的材质赋予它们，效果如图 9-65 所示。

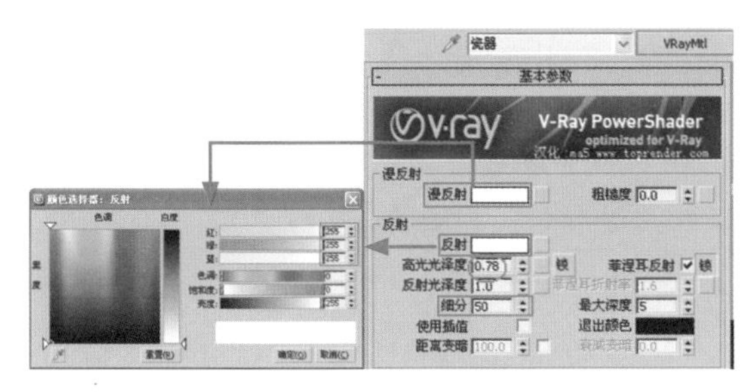

图 9-64 “瓷器”材质参数设置

图 9-65 “汤碗”材质效果

(9) 设置“不锈钢”材质。选择一个空白的示例球，将其命名为“不锈钢”并为其指定 VRayMtl 材质。在【基本参数】卷展栏中单击【反射】色块，调整反射颜色为白色，使其产生反射效果，调整【高光光泽度】为 0.76，然后单击【漫反射】色块右侧的按钮，在弹出的【材质 / 贴图浏览器】对话框中双击【衰减】贴图类型，如图 9-66 所示。

图 9-66 “不锈钢”材质参数设置

(10) 在【衰减参数】卷展栏中设置颜色 1 为深灰色，设置颜色 2 为浅灰色，如图 9-67 所示。

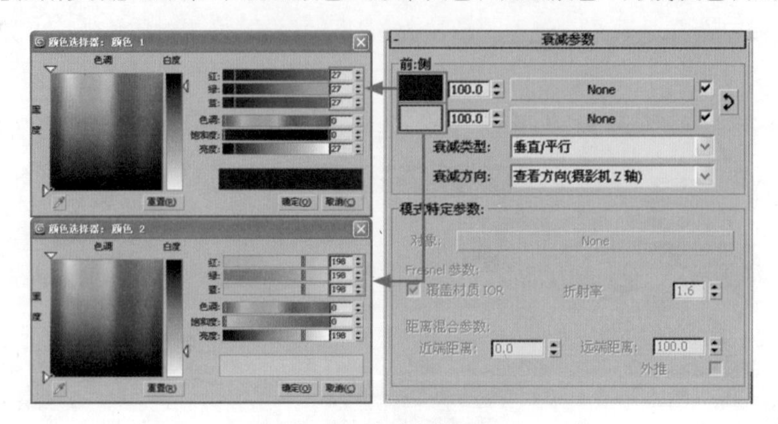

图 9-67　衰减参数设置

(11) 在视图中选择所有“汤勺”造型，单击按钮，将调整好的材质赋予它们，效果如图 9-68 所示。

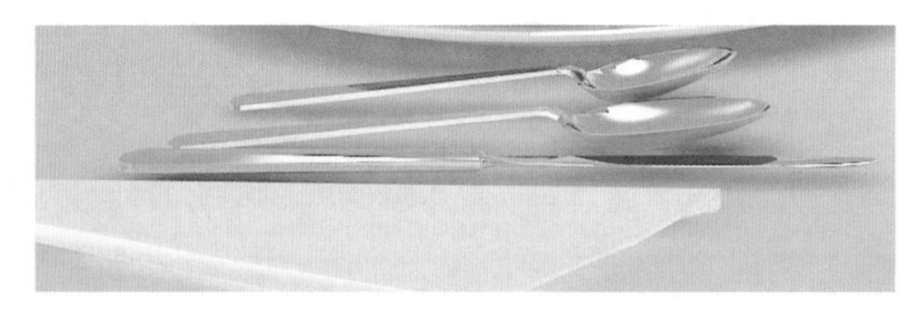

图 9-68　“汤勺”材质效果

9.4.3　设置灯具材质

具体操作步骤如下。

(1) 设置“自发光”材质。选择一个空白的示例球，将其命名为“自发光”。单击 Standard 按钮，在弹出的【材质 / 贴图浏览器】对话框中选择【VR_ 发光材质】材质类型。在【参数】卷展栏中设置颜色为纯白色，调整亮度值为 2，如图 9-69 所示。

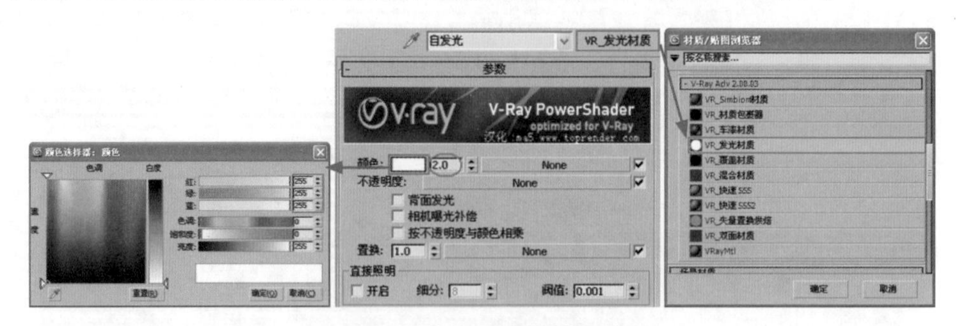

图 9-69　“自发光”材质参数设置

(2) 在视图中选择“吊灯”造型，单击按钮，将调整好的材质赋予它，效果如图 9-70 所示。

图 9-70　吊灯赋予材质后的效果

(3) 设置“吊灯壁纸”材质。选择一个空白的示例球，将其命名为“吊灯壁纸”并为其指定 VRayMtl 材质。在【基本参数】卷展栏中单击【反射】色块，调整反射颜色为深灰色，使其略微产生反射，再单击【折射】色块，调整为灰色，使其不产生透明效果。单击【漫反射】色块右侧的按钮，在弹出的【材质/贴图浏览器】对话框中选择【位图】贴图类型，选择本书光盘中“餐厅大堂”目录下的“156973.jpg”文件，如图 9-71 所示。

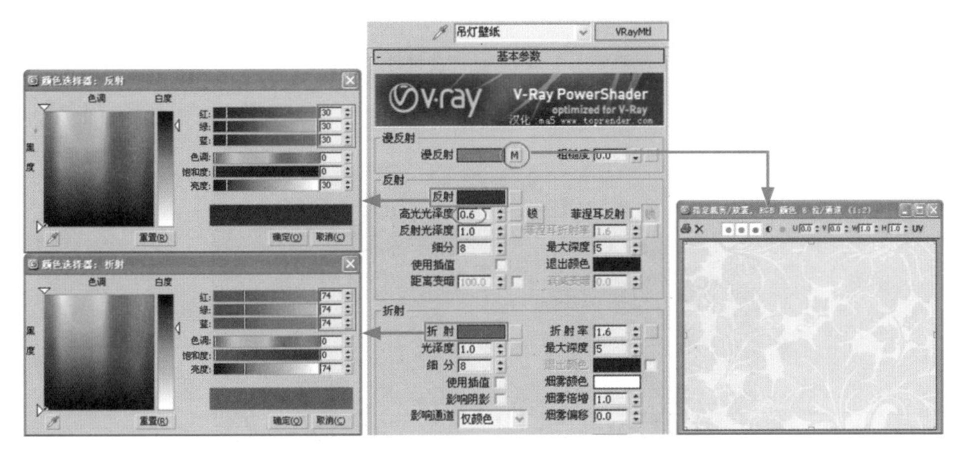

图 9-71　“吊灯壁纸”材质参数设置

(4) 在视图中选择“吊灯”造型，单击按钮，将调整好的材质赋予它，效果如图 9-72 所示。

图 9-72　吊灯壁纸材质效果

(5) 设置“吊灯玻璃”材质。选择一个空白的示例球，将其命名为“吊灯玻璃”并为其指定 VRayMtl 材质。在【基本参数】卷展栏中设置【漫反射】颜色为黑色，调整反射颜色为灰色，使其产生反射效果，设置折射颜色为黄色，使其产生透明效果，其他参数设置如图 9-73 所示。

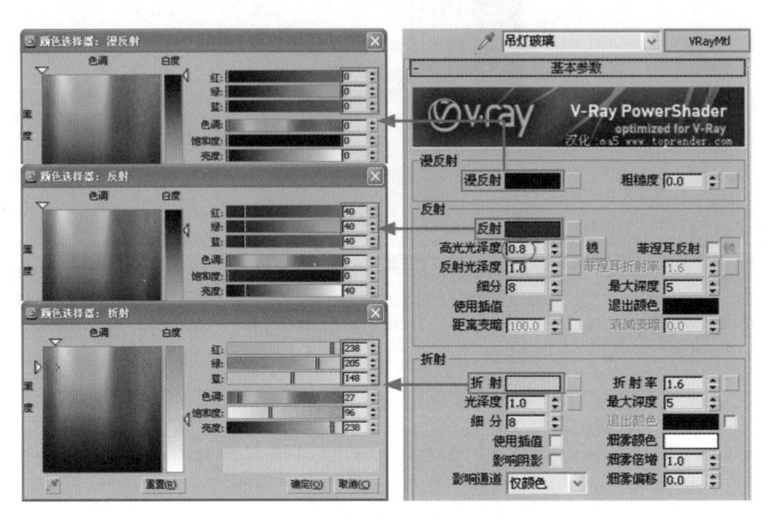

图 9-73 “吊灯玻璃”材质参数设置

(6) 在视图中选择入口处的“吊灯”造型，单击按钮，将调配好的材质赋予它，效果如图 9-74 所示。

图 9-74 “吊灯玻璃”材质效果

你问我答

如何在 VRay 中渲染线框模型?

首先选择 VRay 渲染器，然后打开【材质编辑器】对话框，单击 Standard 按钮，选择【VR_线框贴图】类型，在【VR-线框贴图参数】卷展栏中设置线框颜色、线框粗细，最后进行渲染即可，如图 9-75 所示。

图 9-75 【VR-线框贴图参数】卷展栏

9.5 最终场景渲染品质及后期处理

最终图像渲染是效果图制作中最重要的一个环节，最终的设置将直接影响图像的渲染品质。下面介绍渲染设置。

9.5.1 渲染场景参数设置

具体操作步骤如下。

(1) 打开【渲染设置 :V-Ray Adv 2.00.03】对话框。在【VR_ 基项】选项卡中打开【V-Ray:: 图像采样器 (反锯齿)】卷展栏，设置【图像采样器】类型为【自适应细分】、【抗锯齿过滤器】为 Catmull-Rom，如图 9-76 所示。

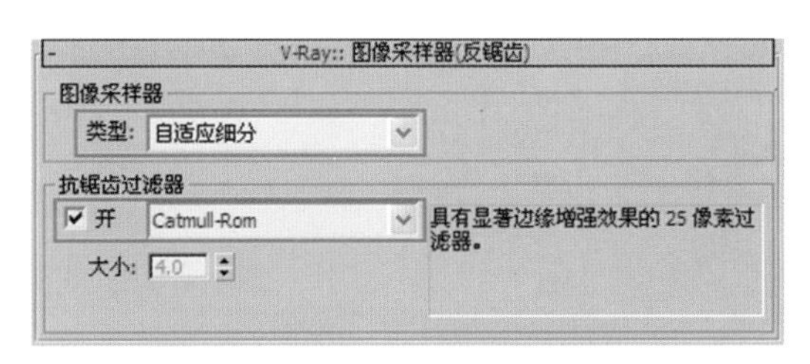

图 9-76 【VR_ 基项】选项卡参数设置

(2) 切换至【VR_ 间接照明】选项卡，在【V-Ray:: 发光贴图】卷展栏中设置【当前预置】为【高】，选中【渲染结束时光子图处理】选项组中的【自动保存】、【切换到保存的贴图】复选框，再单击【浏览】按钮，将光子图保存到相应的目录下，然后在【V-Ray:: 灯光缓存】卷展栏中设置【细分】值为 800，如图 9-77 所示。

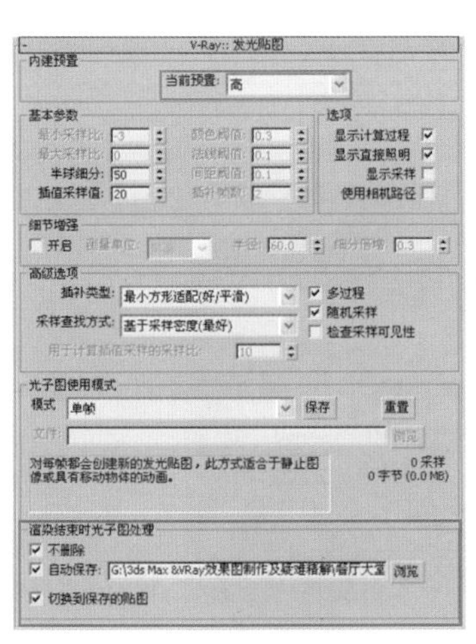

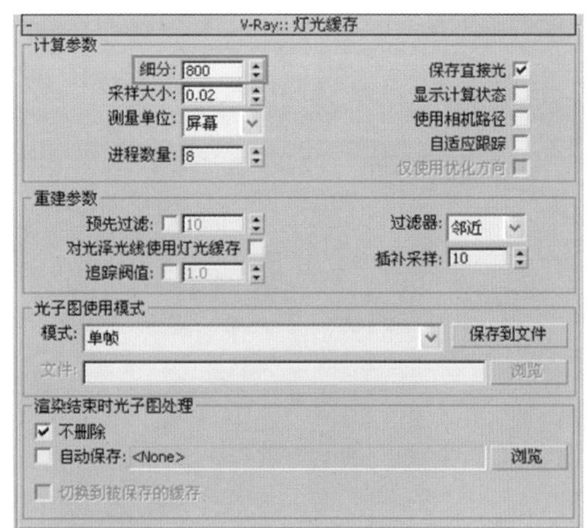

图 9-77 【VR_ 间接照明】选项卡参数设置

(3) 渲染完成后，系统自动弹出【加载发光图】对话框，然后加载前面保存的光子图，如图 9-78 所示。

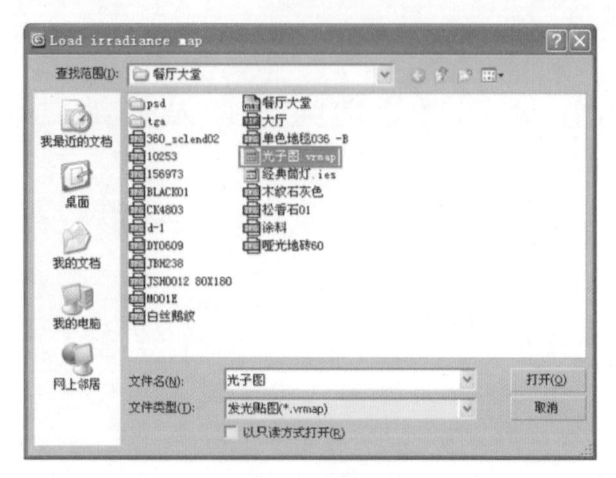

图 9-78　加载光子图

(4) 返回到【公用】选项卡，设置渲染输出的图像大小为 2000 × 1500，单击【渲染输出】选项组中的【文件】按钮，将渲染的图像进行保存，如图 9-79 所示。

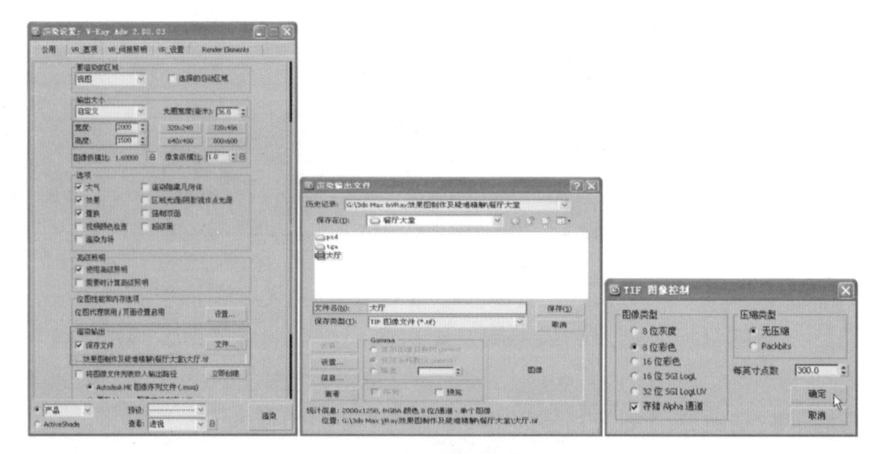

图 9-79　设置渲染输出

(5) 单击按钮，渲染摄影机视图，效果如图 9-80 所示。

图 9-80　渲染后的效果

9.5.2　渲染图像的后期处理

使用Photoshop软件可以对图像的亮度、对比度以及饱和度进行调整，使效果更加生动、逼真，主要使用的命令有【曲线】、【色相/饱和度】、【高反差保留】等。

(1) 启动Photoshop软件，选择菜单栏中的【文件】/【打开】命令，打开本书光盘“餐厅大堂”目录下的“大厅.tif”文件，如图9-81所示。

(2) 按F7键，打开【图层】面板，双击背景图层，弹出【新建图层】对话框，将背景层转换为“图层0”，单击【确定】按钮，如图9-82所示。

图9-81　打开的图像文件

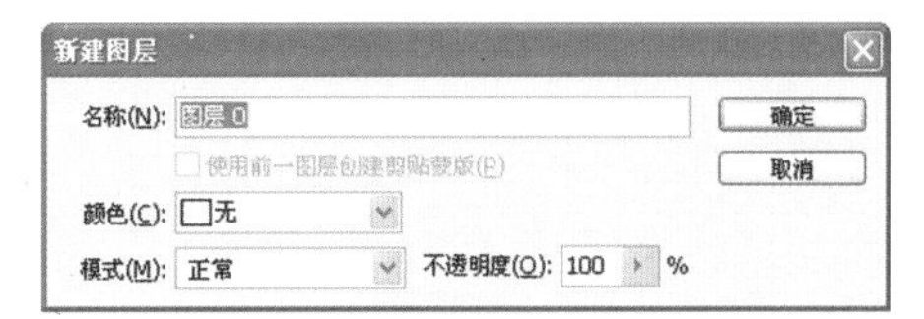

图9-82　【新建图层】对话框

(3) 单击【图层】面板中的按钮，在弹出的下拉菜单中选择【曲线】命令，在弹出的【曲线】对话框中设置亮度，具体参数设置如图9-83所示。调整后的效果如图9-84所示。

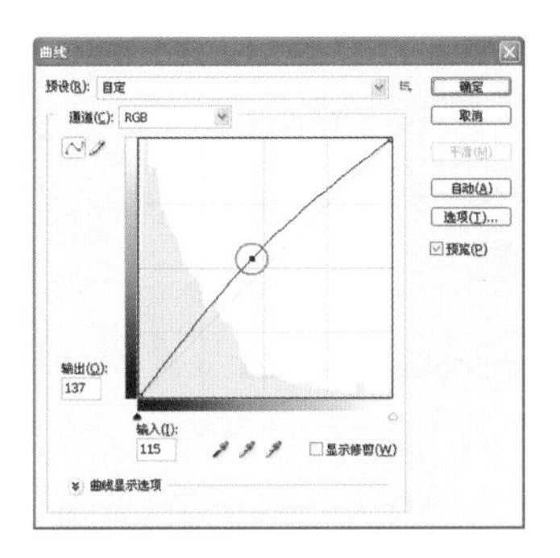

图9-83　【曲线】对话框

图9-84　调整后的效果

(4) 单击【图层】面板中的按钮，在弹出的下拉菜单中选择【色相/饱和度】命令，打开【色相/饱和度】对话框，设置参数如图9-85所示。调整后的效果如图9-86所示。

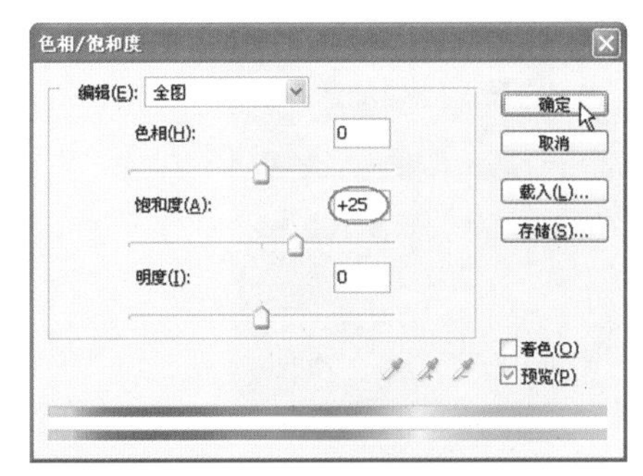

图9-85　【色相/饱和度】对话框

图9-86　调整饱和度后的效果

(5) 单击【图层】面板中的 按钮，在弹出的下拉菜单中选择【色阶】命令，在【色阶】对话框中设置参数，如图 9-87 所示。处理后的效果如图 9-88 所示。

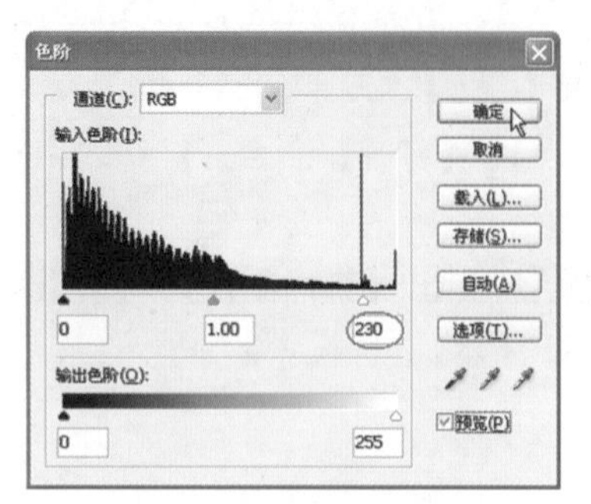

图 9-87 【色阶】对话框

图 9-88 调整色阶后的效果

(6) 新建可见图层 1，按组合键 Ctrl+Alt+Shift+E，拼合新建可见图层 1。选择菜单栏中的【滤镜】|【其它】|【高反差保留】命令，在弹出的【高反差保留】对话框中设置【半径】为 2.0，如图 9-89 所示。

(7) 执行确定操作后，在【图层】面板中设置图层的混合模式为【叠加】方式，如图 9-90 所示。

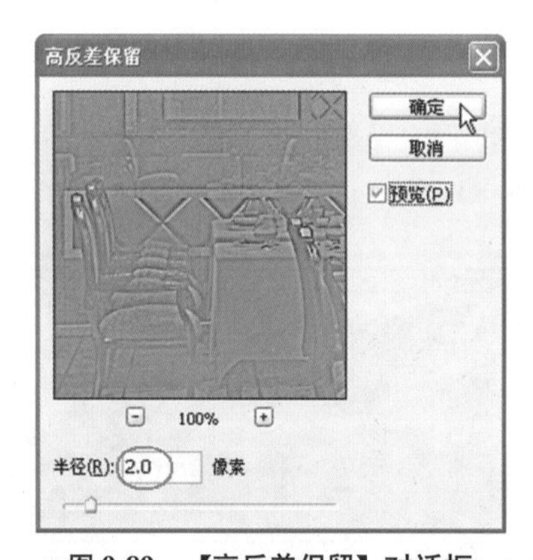

图 9-89 【高反差保留】对话框

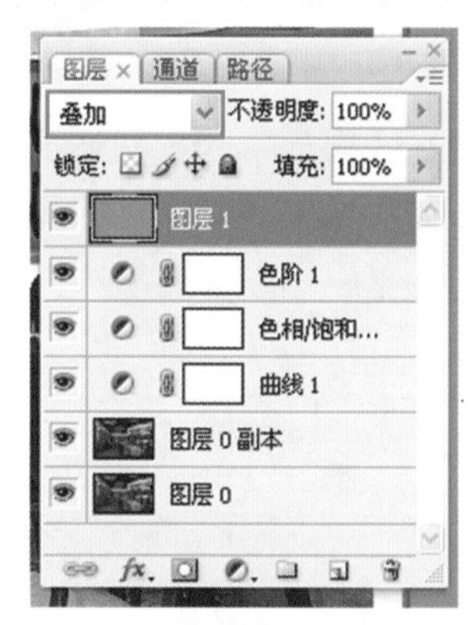

图 9-90 设置图层的混合模式

(8) 执行确定操作后，处理的最终效果如图 9-91 所示。另外 2 个角度处理后的效果如图 9-92 和图 9-93 所示。

图 9-91 处理后的最终效果

图 9-92　角度 2 效果

图 9-93　角度 3 效果

9.6 本章小结

本章主要讲解了餐厅大堂空间的表现技术。其中，在色彩设计上宜采用暖色系，因为从色彩心理学上来讲，暖色有利于促进食欲，这也就是为什么很多餐厅采用黄、红色调系统的原因。另外，材质在表现上应比较稳重，主要突出质感。希望读者通过本章的学习，在理解和掌握空间表现的前提下学会举一反三，灵活掌握纹理材质及灯光的表现技巧。

第10章

会议室效果表现

会议室是必备的办公配套用房，但是规格却不尽相同，根据企业的不同而分为大中小不同类型的会议室。装修时，无论采用什么样的风格，会议室的布置都应该简单朴素，光线要充足，空气一定要流通。本章主要讲解会议室空间材质、灯光的处理技巧，这是小空间日光效果的快速表现方法。

10.1 会议室空间简介

会议室的设计合理性决定了视讯会议室图像的质量。完整的视频会议室规划设计除了考虑提供参加会议人员舒适的开会环境外，更重要的是逼真的反映现场（会场）的人物和景物，使与会者有一种临场感，以达到视觉与语言交换的良好效果，由会议室中传送的图像包括人物、景物、图表、文字等，应当清晰可辨。所以，在设计会议室时应遵循环保性、灵活性、可靠性、先进性的原则。

本案例会议室效果如图 10-1 所示。

图 10-1 会议室效果表现

会议室模型的线框效果如图 10-2 所示。

图 10-2 会议室线框效果

10.2　经理会议室测试渲染参数

测试渲染草图，然后进行灯光设置。

具体操作步骤如下。

(1) 打开本书光盘中“会议室”目录下的“会议室 .max”场景文件，可以看到这是一个已经创建好模型的会议室场景。

(2) 单击创建命令面板中的按钮，在【对象类型】卷展栏中单击【目标】按钮，然后在顶视图中创建目标摄影机，在【参数】卷展栏中设置【镜头】为 24、【视野】为 73.74，如图 10-3 所示。

(3) 在视图中选择摄影机，右击，在弹出的快捷菜单中选择【2 点透视校正】命令，在【2 点透视校正】卷展栏中设置参数，如图 10-4 所示。

图 10-3　创建摄影机

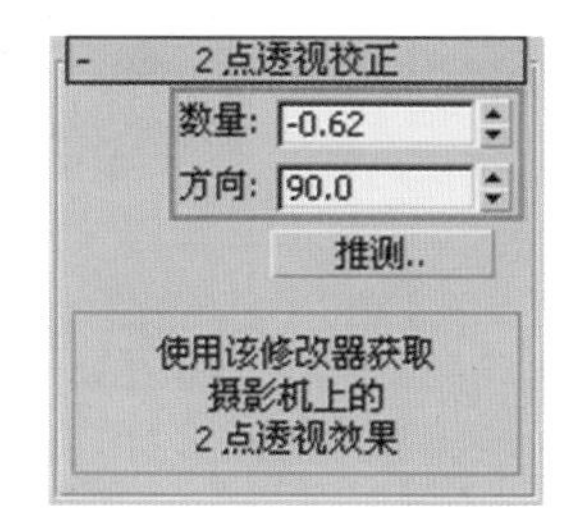

图 10-4　摄影机校正参数设置

10.3　创建空间基本光效

要获得满意的视觉效果，视频会议室的灯光设计是一个很重要的因素。设计良好的视频会议室除了可提供舒适的开会环境外，更可以实现较好的临场感，提高视频会议的效果。视频会议与普通会议不同，因为使用摄像装置，会议室的灯光、色彩、背景等对视频图像的质量影响非常大。

本场景光线来源主要为室外的灯光、阳光及室内射灯。在为场景创建灯光前，首先用一种白色材质覆盖场景中的所有物体，这样便于观察灯光对场景的影响。

具体操作步骤如下。

(1) 按键盘中的 M 键，打开【材质编辑器】对话框。选择一个空白的示例球，单击 Standard 按钮，在弹出的【材质 / 贴图浏览器】对话框中选择 VRayMtl 材质，将材质命名为“替代材质”，如图 10-5 所示。

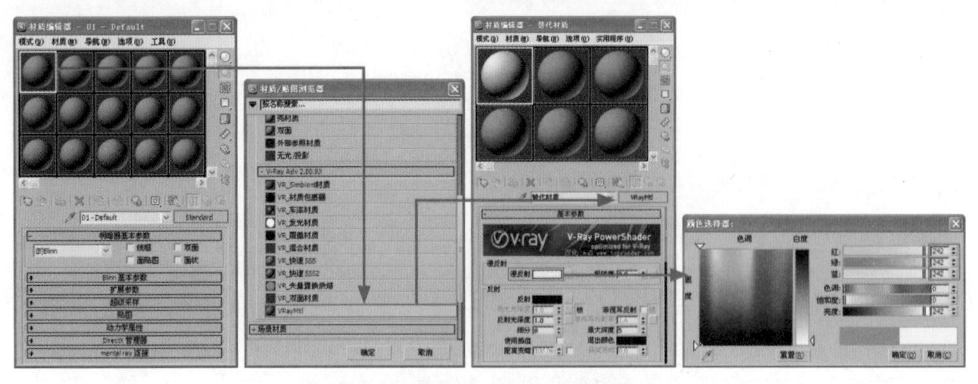

图 10-5　“替代材质”参数设置

(2) 按 F10 键，打开【渲染设置 :V-Ray Adv 2.00.03】对话框，进入【VR_ 基项】选项卡，在【V-Ray:: 全局开关】卷展栏中选中【替代材质】复选框，然后进入【材质编辑器】对话框中，将“替代材质”的材质类型拖放到【替代材质】复选框右侧的贴图通道上，并以【实例】方式进行关联复制，参数设置如图 10-6 所示。

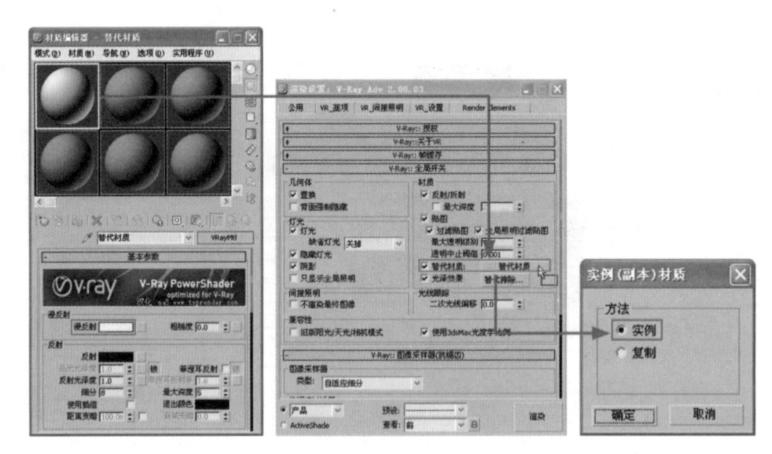

图 10-6　复制替代材质

(3) 在视图中选择窗口处的“玻璃”造型，右击，在弹出的快捷菜单中选择【隐藏选定对象】命令，将玻璃隐藏。

(4) 设置主光源。单击创建命令面板中的按钮，在【标准】下拉列表中单击【目标聚光灯】按钮，在【顶】视图中创建目标聚光灯，调整灯光位置如图 10-7 所示。

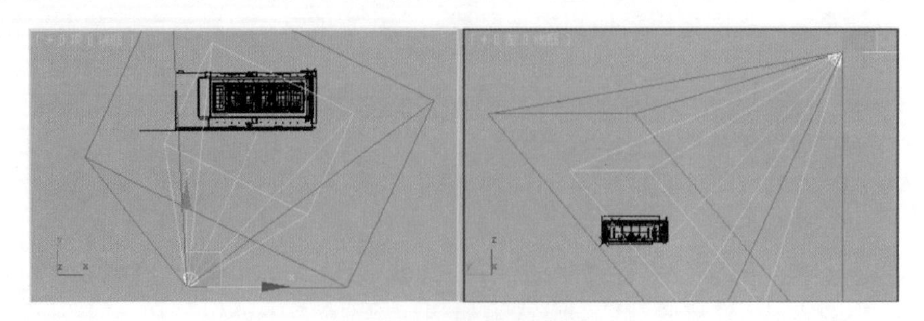

图 10-7　创建目标聚光灯

(5) 单击按钮，在【常规参数】卷展栏中选中【阴影】选项组中的【启用】复选框，选择 VrayShadow 选项。设置灯光颜色为冷色，【倍增】值为 5，其他参数设置如图 10-8 所示。

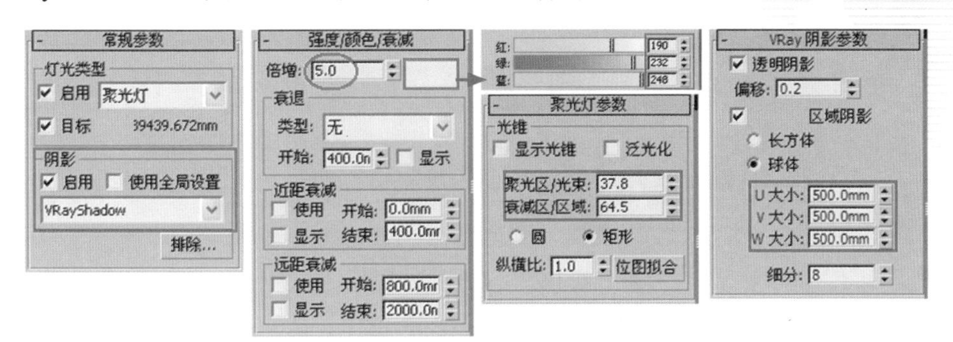

图 10-8　灯光参数设置

(6) 单击工具栏中的按钮，渲染摄影机视图，光线透过窗口射入室内，效果如图 10-9 所示。

图 10-9　渲染效果

(7) 单击或按钮，在【光度学】下拉列表框中选择 VRay 选项，单击【对象类型】卷展栏中的【VR_ 光源】按钮，在 【左】视图窗口中创建 VR 光源，然后用移动复制的方法将其沿窗口的位置以【实例】方式复制，并调整位置，如图 10-10 所示。

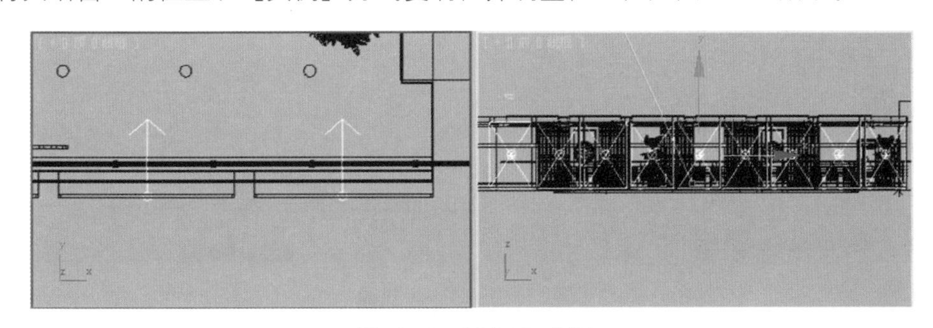
图 10-10　创建 VR 光源

(8) 单击按钮，在【参数】卷展栏中设置【倍增器】值为 12，灯光颜色为冷色，其他参数设置如图 10-11 所示。

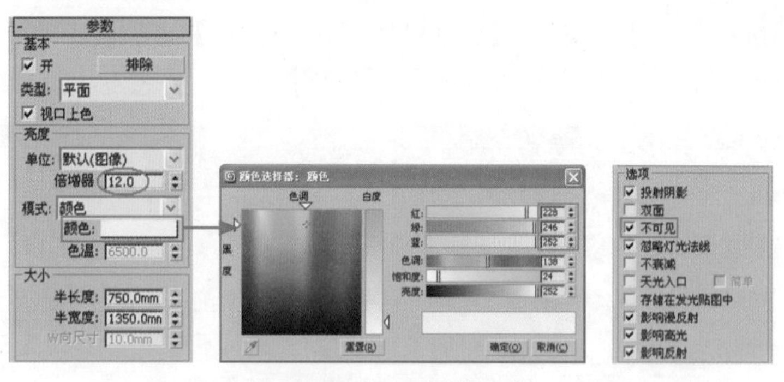

图 10-11　灯光参数设置

(9) 单击工具栏中的按钮，渲染摄影机视图，渲染效果如图 10-12 所示。

图 10-12　渲染后的效果

(10) 单击【VR_光源】按钮，在【顶】视图灯槽的位置创建 VR 光源，单击按钮，在【参数】卷展栏中调整灯光【倍增器】值为 2，选中【选项】选项组中的【不可见】复选框，并调整灯光位置，如图 10-13 所示。

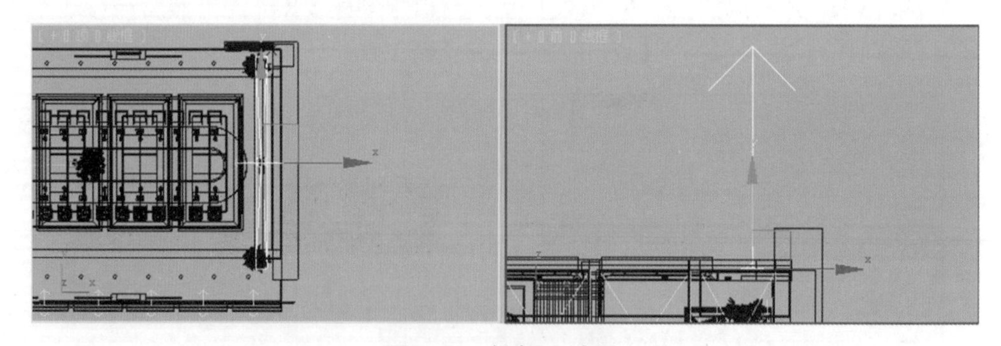

图 10-13　创建 VR 光源

(11) 单击工具栏中的按钮，并在其上右击，在弹出的【栅格和捕捉设置】对话框中设置【角度】为 45，如图 10-14 所示。

(12) 在【顶】视图中选择灯槽处的 VR 光源，单击工具栏中的按钮，按住键盘中的

Shift 键，将其以【复制】的方式复制一盏，单击工具栏中的按钮，将复制的光源进行缩放，调整灯光位置，如图 10-15 所示。

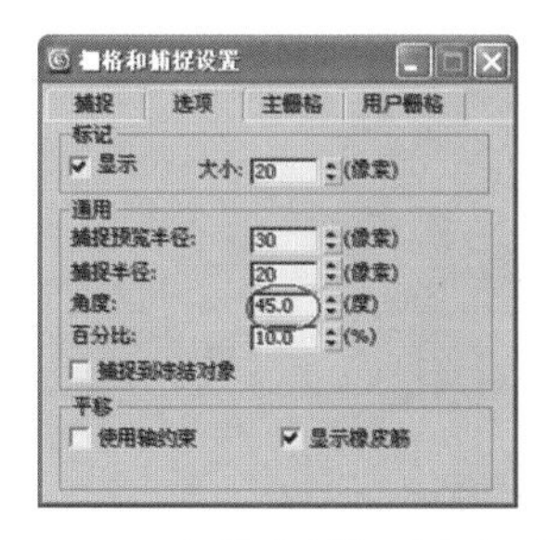

图 10-14 【栅格和捕捉设置】对话框

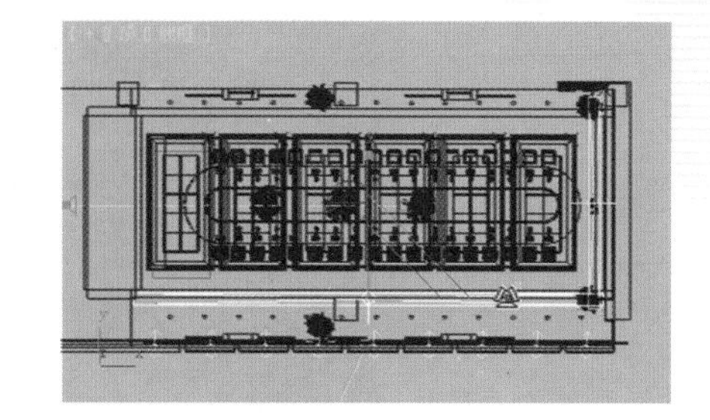

图 10-15 复制灯光

(13) 在【顶】视图中选择灯槽处的 VR 光源，单击工具栏中的按钮，在弹出的【镜像：屏幕 坐标】对话框中选择 XY 镜像轴，以【实例】的方式进行复制，参数设置如图 10-16 所示。

(14) 执行确定操作后，将灯光进行镜像复制，并调整灯光位置，如图 10-17 所示。

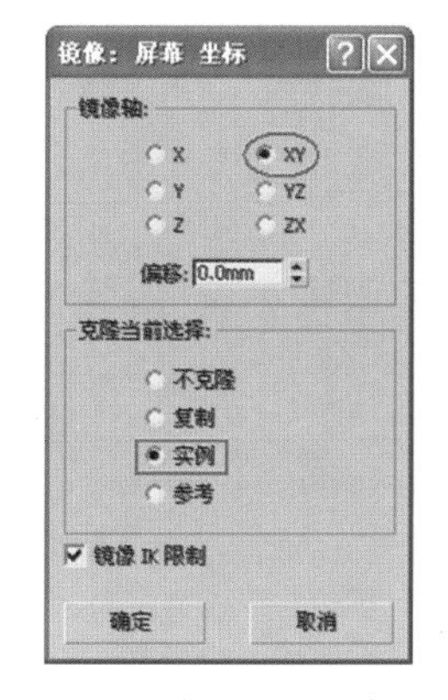

图 10-16 【镜像：屏幕 坐标】对话框

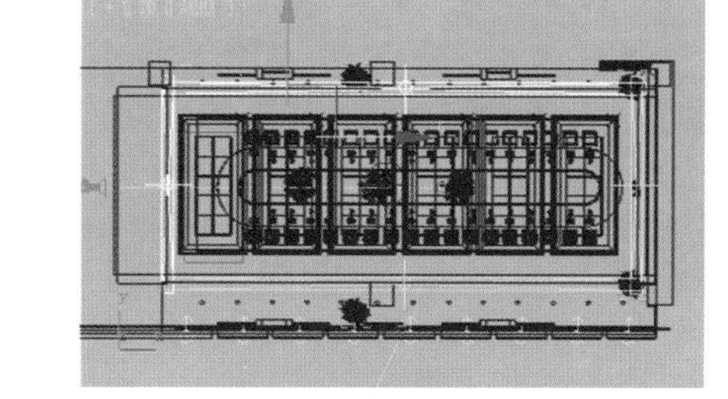

图 10-17 镜像复制灯光

(15) 单击【VR_光源】按钮，在【顶】视图吊灯的位置创建 VR 光源，单击按钮，在【参数】卷展栏中设置【倍增器】值为 3，然后再将创建的 VR 光源用移动复制的方法以【实例】方式复制，如图 10-18 所示。

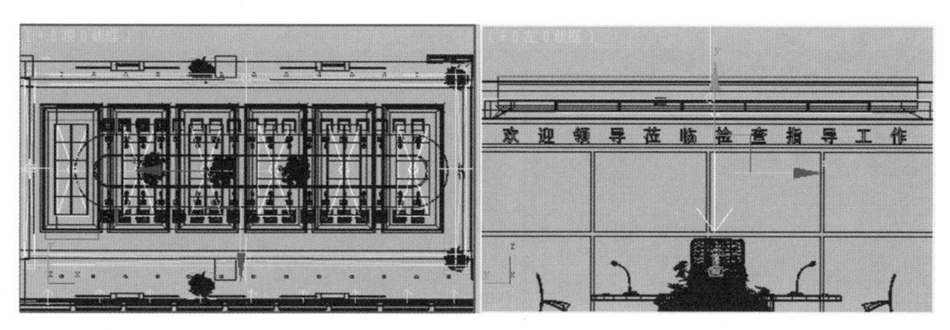

图 10-18 复制光源

(16) 单击按钮，渲染摄影机视图，效果如图 10-19 所示。

图 10-19　渲染后的效果

(17) 单击创建命令面板中的灯光按钮，在【光度学】选项下单击【自由灯光】按钮，在【顶】视图中筒灯的位置创建灯光，如图 10-20 所示。

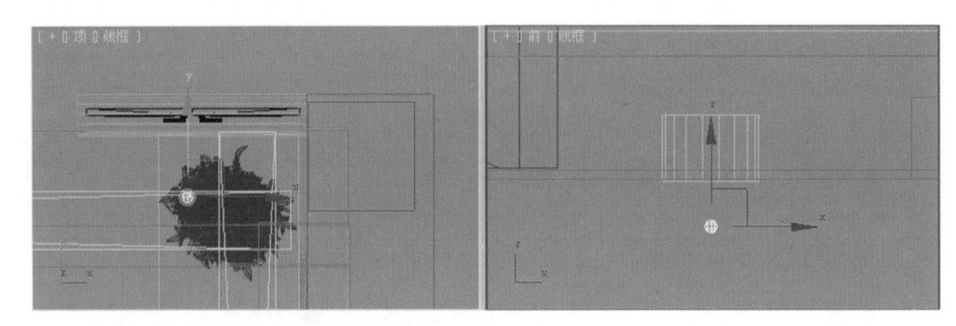

图 10-20　创建自由灯光

(18) 单击按钮，在【常规参数】卷展栏中选中【阴影】选项组中的【启用】复选框，选择 VRayShadow 选项，在【灯光分布(类型)】选项组中选择【光度学 Web】选项，然后在【分布(光度学 Web)】卷展栏中单击【选择光度学文件】按钮，打开【打开光域网 Web 文件】对话框，选择本书光盘中“会议室”目录下的“TD-089.IES”文件，再设置灯光强度为 1500，其他参数设置如图 10-21 所示。

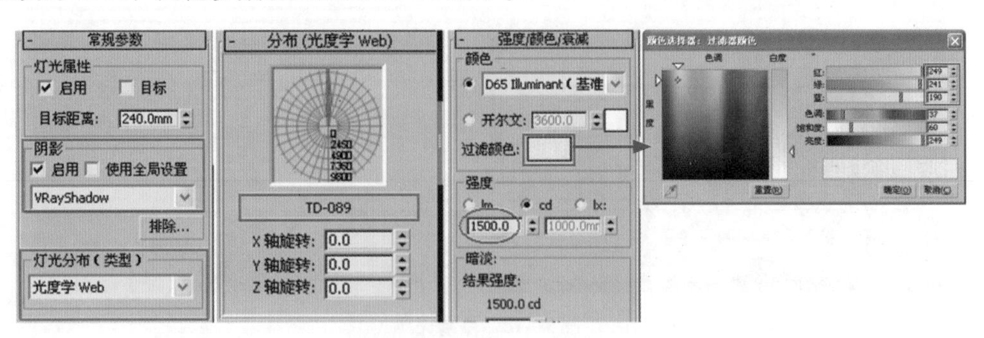

图 10-21　光度学灯光参数设置

(19) 在【顶】视图中选择自由灯光，以【实例】方式进行复制，并调整位置，如图 10-22 所示。

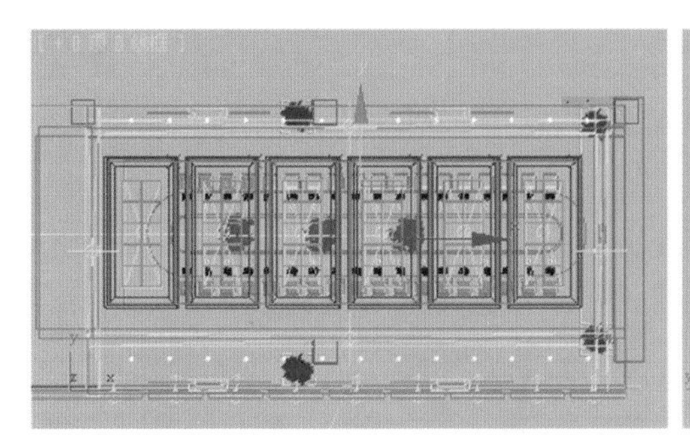
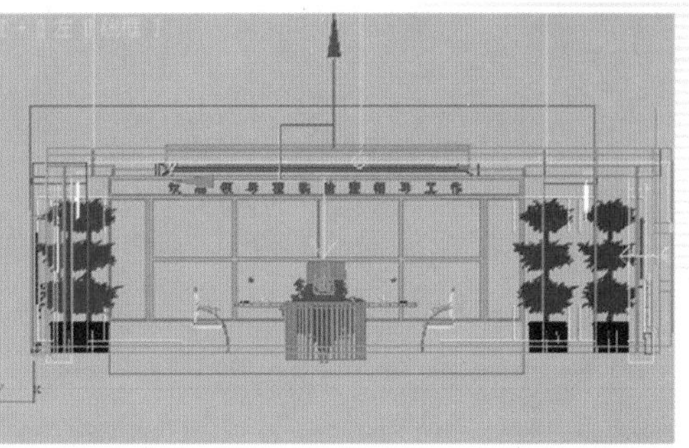

图 10-22　复制灯光并调整位置

(20) 单击按钮，渲染摄影机视图，效果如图 10-23 所示。

图 10-23　渲染后的效果

你问我答

怎样使模拟太阳光的光线变柔和？

将太阳光的阴影设置为 VRayShadow 后，VRayShadows params 卷展栏参数保持默认时阳光的投影会显得很生硬，如图 10-24 所示。此时，只要调节该卷展栏中的参数就可以得到柔和的阳光效果，如图 10-25 所示。

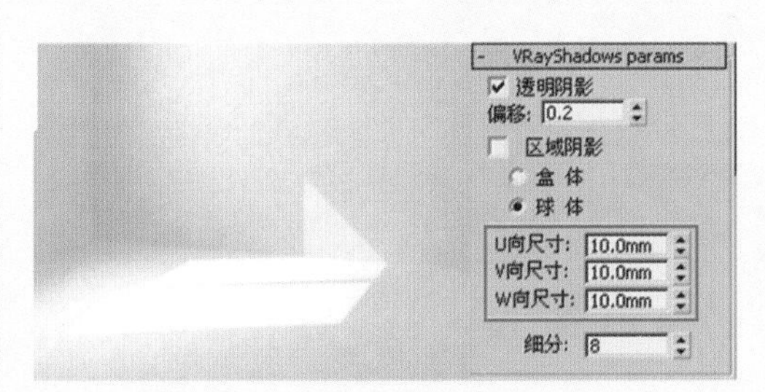

图 10-24　默认阴影参数及渲染效果

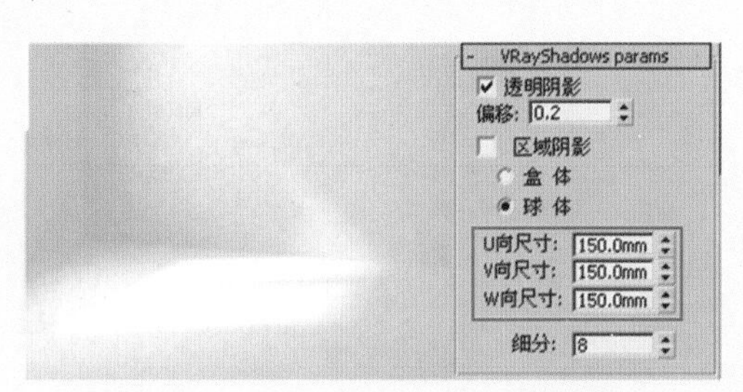

图 10-25　调整后的阴影参数及渲染效果

你问我答

窗口处的灯光总是曝光怎么办?

用户在使用 VR 灯光模拟室外灯光时，容易产生曝光现象，这时可以通过调整灯光倍增值及灯光位置来缓解。当灯光为垂直照射时的效果如图 10-26 所示，将灯光旋转一定角度时的照明效果如图 10-27 所示。

图 10-26　垂直照射时的效果

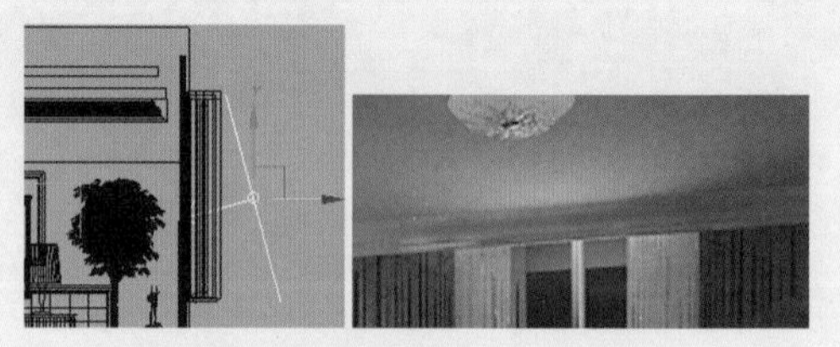

图 10-27　调整灯光角度时的效果

10.4　调整空间纹理材质

会议室办公空间在装饰材料上以吸音为主。墙面一般采用墙纸或乳胶漆。颜色上要选用较明快的色调，吊顶常采用石膏板和矿棉板或铝扣板。地面一般采用防静电木质地板或地毯材质。下面介绍会议室空间材质的调整方法。

10.4.1　设置主体材质

具体操作步骤如下。

(1) 在设置材质前，首先要取消前面对场景物体的材质替换状态。按 F10 键，打开【渲染场景 :V-Ray Adv 2.00.03】对话框，在【V-Ray:: 全局开关】卷展栏中取消选中【替代材质】复选框，如图 10-28 所示。在视图中右击，在弹出的快捷菜单中选择【取消全部显示】命令。

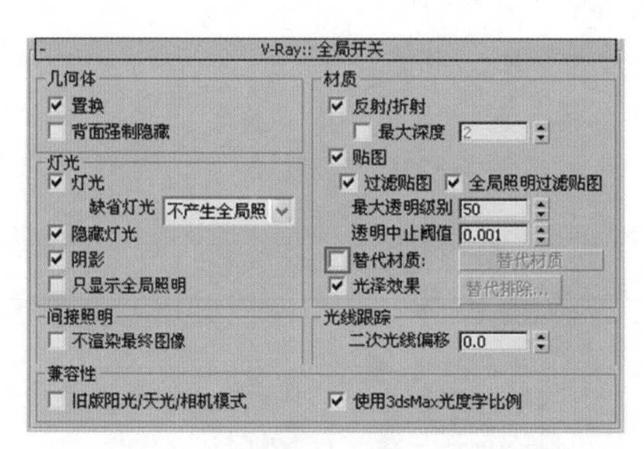

图 10-28　【V-Ray:: 全局开关】卷展栏

(2) 在视图中右击，在弹出的快捷菜单中选择【全部取消隐藏】命令，取消玻璃的隐藏。

(3) 设置“窗玻璃”材质。按键盘中的 M 键，打开【材质编辑器】对话框。选择一个空白的示例球，将其命名为“玻璃”并为其指定 VRayMtl 材质。在【基本参数】卷展栏

中设置【漫反射】为绿色，设置折射颜色为灰白色，使其产生透明效果，其他参数设置如图 10-29 所示。

图 10-29　“玻璃”材质参数设置

(4) 在视图中选择“窗玻璃”造型，单击按钮，将材质赋予它们。

(5) 设置“帘子”材质。选择一个空白的示例球，将其命名为“帘子”并为其指定 VRayMtl 材质。在【基本参数】卷展栏中设置【漫反射】为灰白色，设置折射颜色为灰白色，使其产生透明效果，其他参数设置如图 10-30 所示。

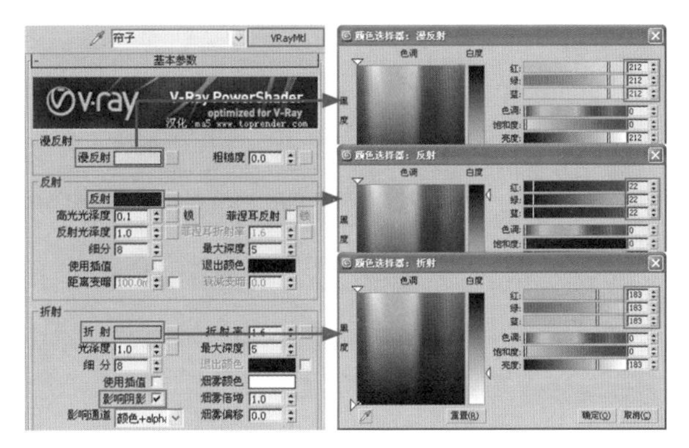

图 10-30　“帘子”材质参数设置

(6) 在视图中选择“帘子”造型，单击按钮，将材质赋予它们。

(7) 设置“乳胶漆”材质。选择一个空白的示例球，将其命名为“乳胶漆”并为其指定 VRayMtl 材质。在【基本参数】卷展栏中单击【漫反射】色块。设置表面颜色为灰白色，如图 10-31 所示。

图 10-31　“乳胶漆”材质参数设置

(8) 在视图中选择“顶和墙”造型，单击按钮，将材质赋予它们。

(9) “壁纸”材质。选择一个空白的示例球，将其命名为“壁纸”并为其指定VRayMtl材质。在【基本参数】卷展栏中单击【漫反射】色块右侧的按钮，在弹出的【材质/贴图浏览器】对话框中双击【位图】，选择本书光盘中“会议室”目录下的“BL030.jpg”文件，如图10-32所示。

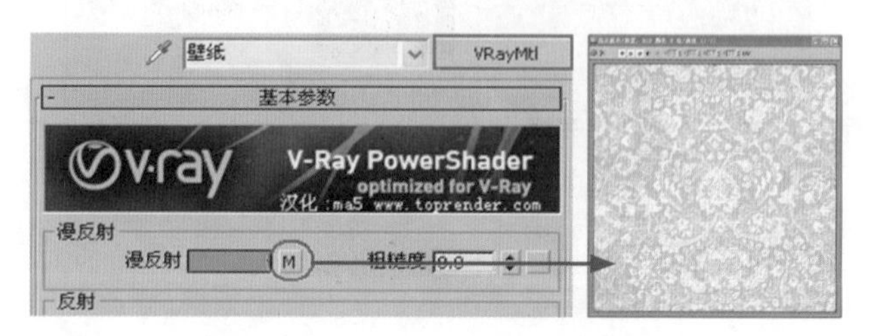

图10-32 “壁纸”材质参数设置

(10) 在视图中选择“墙体”造型，单击按钮，将调配好的材质赋予它。单击按钮，选择修改命令面板中的【UVW贴图】命令，在【参数】卷展栏中选择【长方体】贴图类型，设置【长度】、【宽度】、【高度】值均为1200，如图10-33所示。

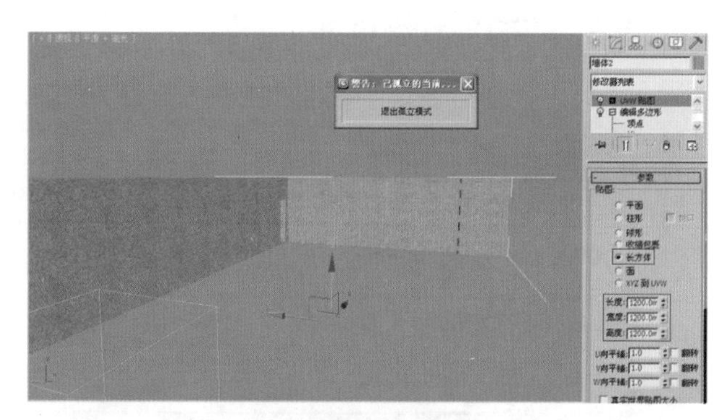

图10-33 墙体贴图参数设置

(11) 设置“地毯”材质。选择一个空白的示例球，将其命名为“地毯”并为其指定VRayMtl材质。在【基本参数】卷展栏中调整反射颜色为灰色，使地毯略产生反射效果，设置【高光光泽度】为0.58、【反射光泽度】为0.43，单击【漫反射】色块右侧的按钮，在弹出的【材质/贴图浏览器】对话框中双击【位图】贴图类型，选择本书光盘中“会议室”目录下的“item0032.jpg”文件，如图10-34所示。

图10-34 “地毯”材质参数设置

(12) 在视图中选择"地毯"造型，单击按钮，将材质赋予它。单击按钮，选择修改命令面板中的【UVW 贴图】命令，在【参数】卷展栏中选择【平面】贴图类型，设置【长度】为 1160、【宽度】为 1104，如图 10-35 所示。

图 10-35　【参数】卷展栏

由于地毯颜色较深，而且其所占面积较大，因此容易产生色溢现象。为了避免这种情况的发生，下面为其添加 VRay 覆盖材质。

(13) 选择地毯材质示例球，单击 Standard 按钮，在弹出的【材质 / 贴图浏览器】对话框中双击【VR_ 覆盖材质】材质类型，弹出【替换材质】对话框，选中【将旧材质保存为子材质】单选按钮，然后单击【确定】按钮，如图 10-36 所示。

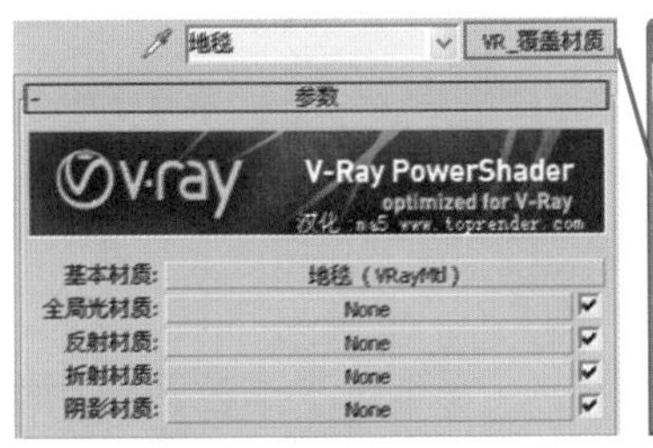

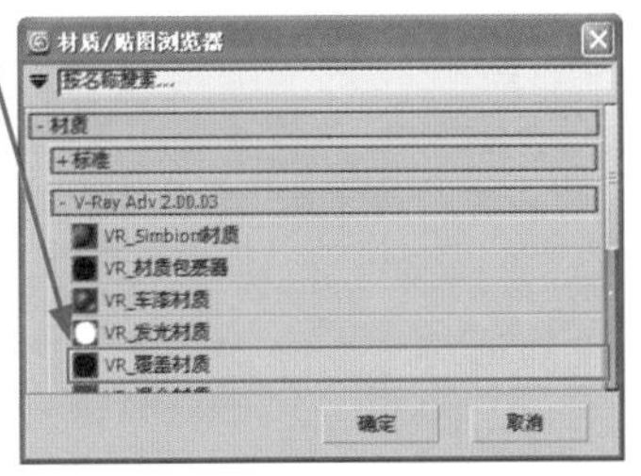

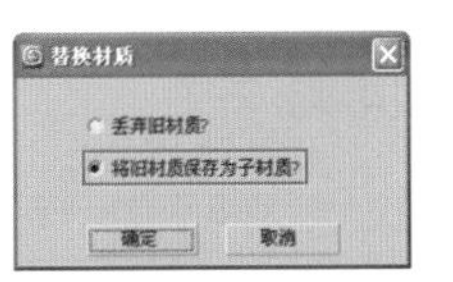

图 10-36　为"地毯"添加覆盖材质

(14) 在【参数】卷展栏中单击【全局光材质】通道按钮，在弹出的【材质 / 贴图浏览器】对话框中双击 VRayMtl 材质类型，然后在【基本参数】卷展栏中设置【漫反射】颜色为白色，如图 10-37 所示。

图 10-37　设置【漫反射】颜色

10.4.2　设置其他材质

具体操作步骤如下。

(1) 设置"木纹"材质。选择一个空白的示例球，将其命名为"木纹"并为其指定 VRayMtl 材质。在【基本参数】卷展栏中单击【漫反射】色块右侧的按钮，在弹出的【材质 / 贴图浏览器】对话框中双击【位图】贴图类型，选择本书光盘中"会议室"目录下的"旋转 teak.jpg"文件。

(2) 单击按钮，返回上一级，调整反射颜色为灰色，使其产生一定反射效果，然后降低高光光泽度和反射光泽度，如图 10-38 所示。

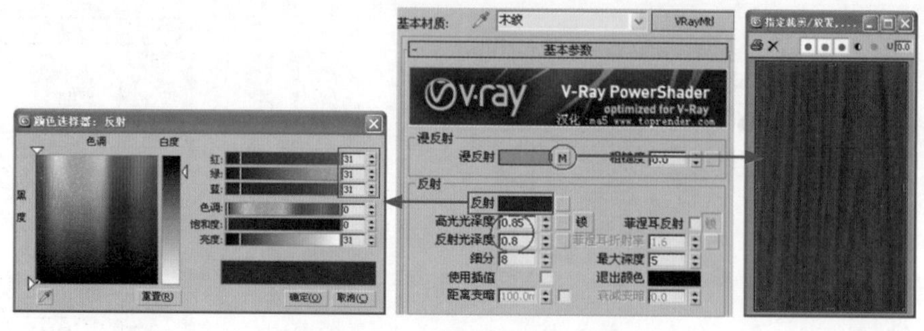

图 10-38 “木纹”材质参数设置

(3) 在视图中选择“会议桌”、“隔断”、“门”以及“雕花”造型，单击按钮，将材质赋予它们。

(4) 设置“不锈钢”材质。重新选择一个示例球，将其命名为“不锈钢”并为其指定 VRayMtl 材质。在【基本参数】卷展栏中单击【漫反射】色块，调整表面颜色为灰色，设置反射颜色为灰色，使其略产生反射，调整高光光泽度为 0.81，如图 10-39 所示。

(5) 选择场景中的“椅子腿”、“话筒杆”造型，单击按钮，将材质赋予它们，效果如图 10-40 所示。

图 10-39 “不锈钢”材质参数设置

图 10-40 “不锈钢”材质效果

(6) 设置“黑纹”材质。重新选择一个示例球并将其命名为“黑纹”。在【Blinn 基本参数】卷展栏中设置表面颜色为深灰色。设置【高光级别】为 45、【光泽度】为 27，如图 10-41 所示。

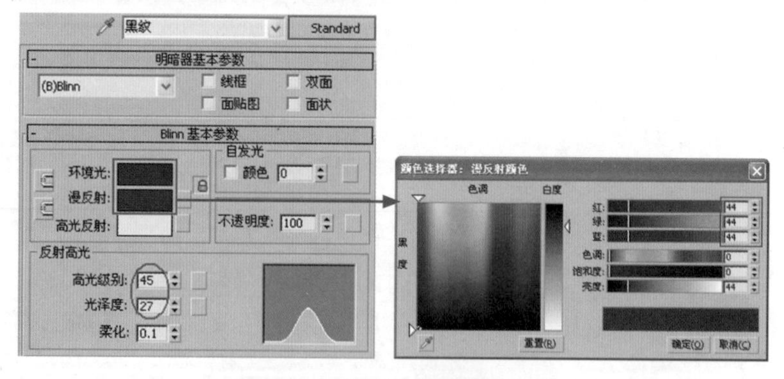

图 10-41 “黑纹”材质参数设置

(7) 选择场景中的“椅子座”、“椅子靠背”造型，单击按钮，将材质赋予它们。

(8) 设置“树干”材质。重新选择一个示例球，将其命名为“树干”并为其指定

VRayMtl 材质。在【贴图】卷展栏中单击【漫反射】微调框右侧的通道按钮，在弹出的【材质 / 贴图浏览器】对话框中选择【位图】贴图类型，选择本书光盘“会议室”目录下的“Arch31_042_bark.jpg”文件。再单击按钮，返回上一级，在贴图卷展栏中将【漫反射】通道中的贴图文件拖动复制到【凹凸】通道中，设置凹凸数量为 50，如图 10-42 所示。

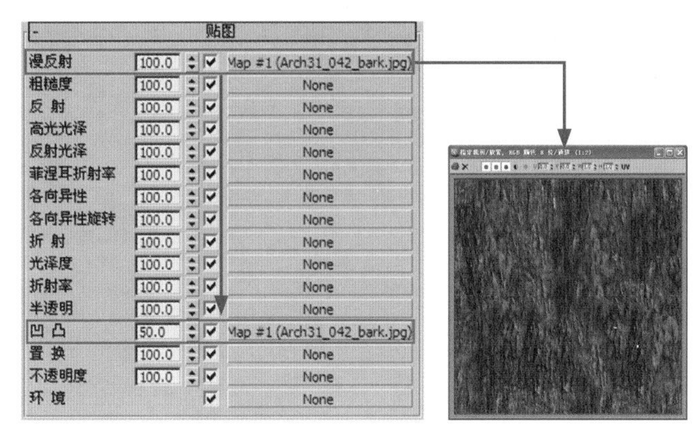

图 10-42　“树干”材质参数设置

(9) 在视图中选择植物“树干”造型，单击按钮，将材质赋予它们。

(10) 设置“树叶”材质。重新选择一个示例球，将其命名为“树叶”并为其指定 VRayMtl 材质。在【基本参数】卷展栏中单击【漫反射】色块右侧的按钮，在弹出的【材质 / 贴图浏览器】对话框中选择【位图】贴图类型，选择本书光盘中“会议室”目录下的“Arch41_017_leaf.jpg”文件。

(11) 单击按钮，返回上一级，调整反射颜色和折射颜色，如图 10-43 所示。

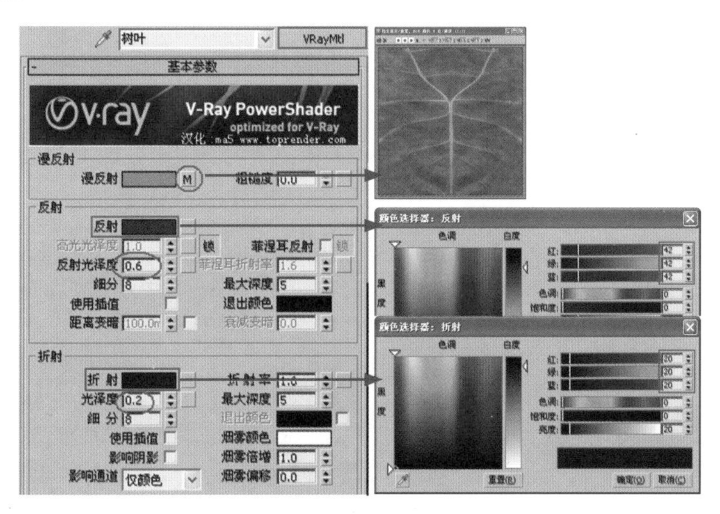

图 10-43　“树叶”材质参数设置

(12) 打开【贴图】卷展栏，单击【凹凸】微调框右侧的通道按钮，在弹出的【材质 / 贴图浏览器】对话框中选择【位图】贴图类型，选择本书光盘中“会议室”目录下的“archmodels66_leaf_11_bump.jpg”文件，设置【凹凸】数量为 60，如图 10-44 所示。

(13) 在视图中选择植物“树叶”造型，单击按钮，将材质赋予它们，效果如图 10-45 所示。

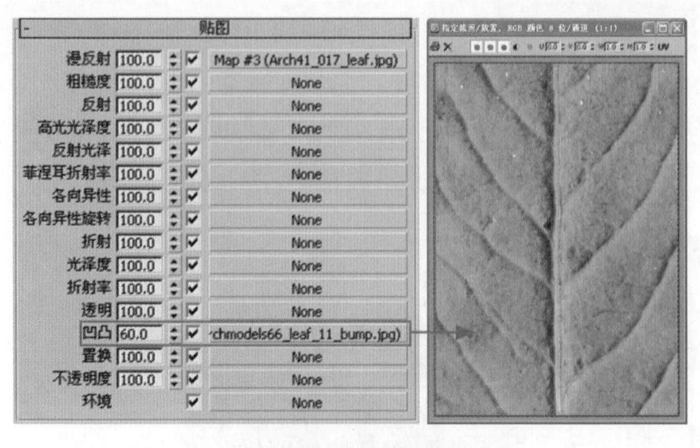

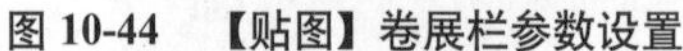

图 10-44　【贴图】卷展栏参数设置　　图 10-45　植物赋予材质后的效果

(14) 设置“白瓷”材质。重新选择一个示例球，将其命名为“白瓷”并为其指定 VRayMtl 材质。在【基本参数】卷展栏中调整【漫反射】颜色为白色，调整反射颜色为灰白色，使其产生反射效果，降低高光光泽度、反射光泽度值，其他参数设置如图 10-46 所示。

图 10-46　“白瓷”材质参数设置

(15) 在视图中选择“花盆”造型，单击按钮，将材质赋予它们。

(16) 设置“绿玻璃”材质。重新选择一个示例球，将其命名为“绿玻璃”并为其指定 VRayMtl 材质。在【基本参数】卷展栏中设置【漫反射】颜色为绿色，设置折射颜色为灰色，使其不产生透明效果，其他参数设置如图 10-47 所示。

(17) 在视图中选择“柱子”及“玻璃造型”，单击按钮，将材质赋予它们，效果如图 10-48 所示。

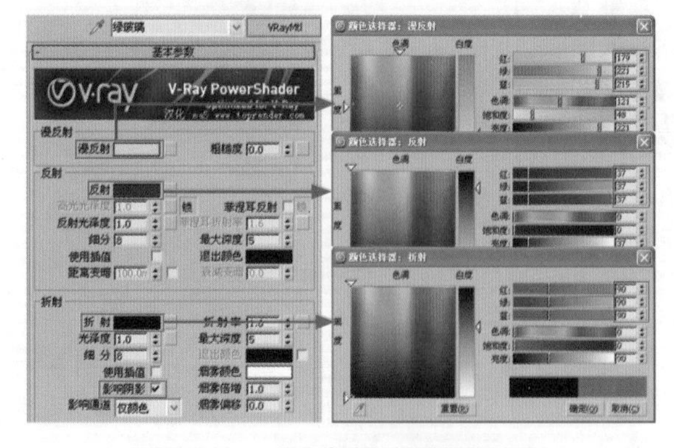

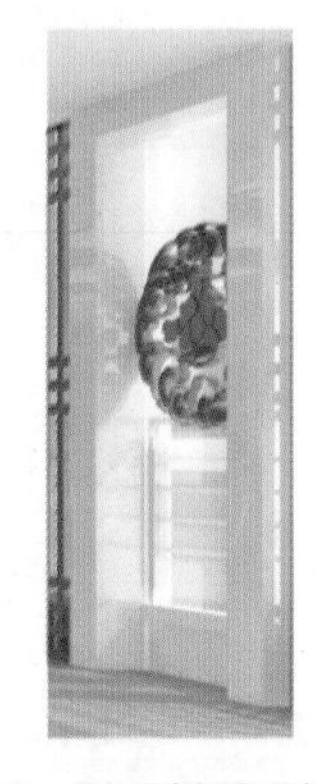

图 10-47　“绿玻璃”材质参数设置　　图 10-48　赋予材质后的效果

(18) 设置“自发光”材质。重新选择一个空白的示例球，并将其命名为“自发光”，单击命名窗口右侧的 Standard 按钮，在弹出的【材质 / 贴图浏览器】对话框中选择【VR_ 发光材质】材质类型，在【参数】卷展栏中设置颜色为白色，调整颜色值为 3，如图 10-49 所示。

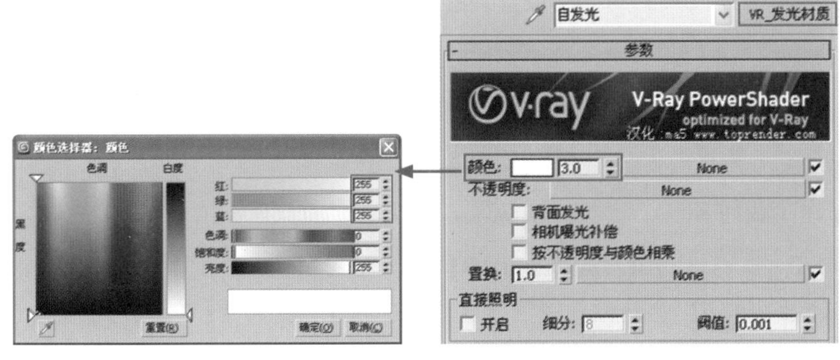

图 10-49　“自发光”材质参数设置

(19) 在视图中选择“筒灯”及“吊灯自发光”造型，将材质赋予它们。

(20) 设置“屏幕”材质。重新选择一个空白的示例球，将其命名为“屏幕”并指定为 VRayMtl 材质。在【基本参数】卷展栏中单击【漫反射】色块右侧的按钮，在弹出的【材质 / 贴图浏览器】对话框中选择【位图】贴图类型，选择本书光盘中“会议室”目录下的“0438.jpg”文件，返回上一级，降低反射颜色值，如图 10-50 所示。

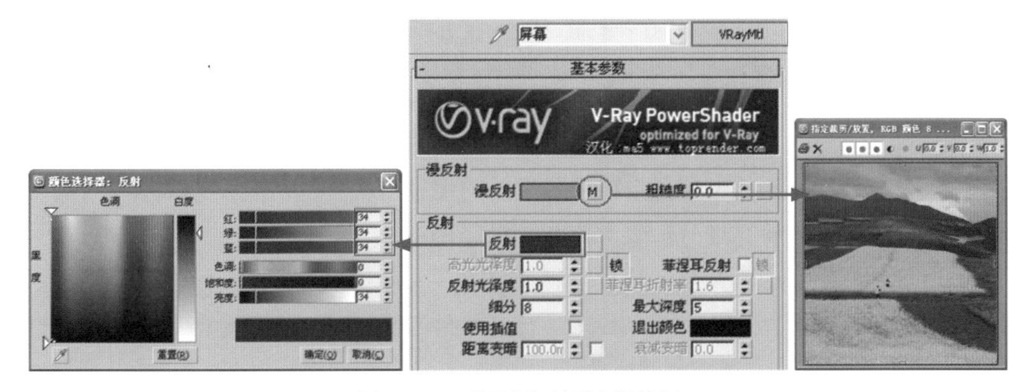

图 10-50　“屏幕”材质参数设置

(21) 在视图中选择“视频屏幕”造型，单击按钮，将材质赋予它。

你问我答

当用户制作完一幅效果图，但是在渲染时突然断电或死机后线架却打不开了，这时该怎么办?

在发生突然断电或死机时，效果图文件可能遭到破坏。这时可以打开 3ds Max 根目录下的 autoback 文件夹，其中有 3ds Max 自动存盘时的线架文件，从中也许能找回丢失的文件。

10.5　最终场景渲染品质及后期处理

最终图像渲染是效果图制作中最重要的一个环节，最终的设置将直接影响图像的渲染品质。

10.5.1　渲染场景参数设置

具体操作步骤如下。

(1) 打开【渲染设置 :V-Ray Adv 2.00.03】对话框。在【VR_ 基项】选项卡中打开【V-Ray:: 图像采样器 (反锯齿)】卷展栏，设置【图像采样器】类型为【自适应细分】、【抗锯齿过滤器】为 Catmull-Rom，如图 10-51 所示。

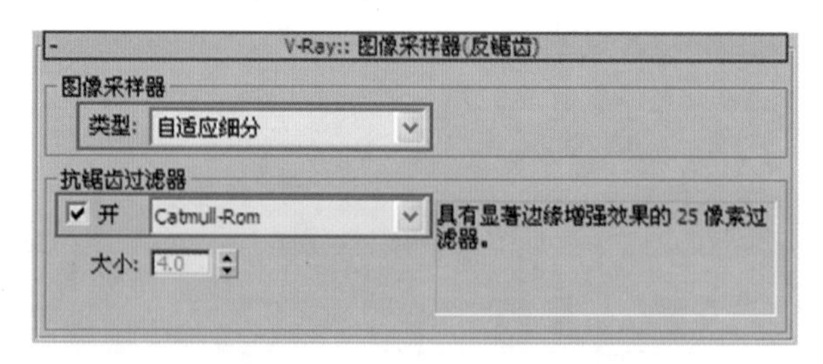

图 10-51　【VR_ 基项】选项卡参数设置

(2) 切换至【VR_ 间接照明】选项卡，在【V-Ray:: 发光贴图】卷展栏中设置【当前预置】为【高】，选中【渲染结束时光子图处理】选项组中的【自动保存】、【切换到保存的贴图】复选框，再单击【浏览】按钮，将光子图保存到相应的目录下，然后在【V-Ray:: 灯光缓存】卷展栏中设置【细分】值为 800，如图 10-52 所示。

(3) 单击按钮，渲染摄影机视图，渲染完成后，系统自动弹出【加载发光图】对话框，然后加载前面保存的光子图，如图 10-53 所示。再返回到【公用】选项卡，设置渲染输出的图像大小为 1800 × 1350。

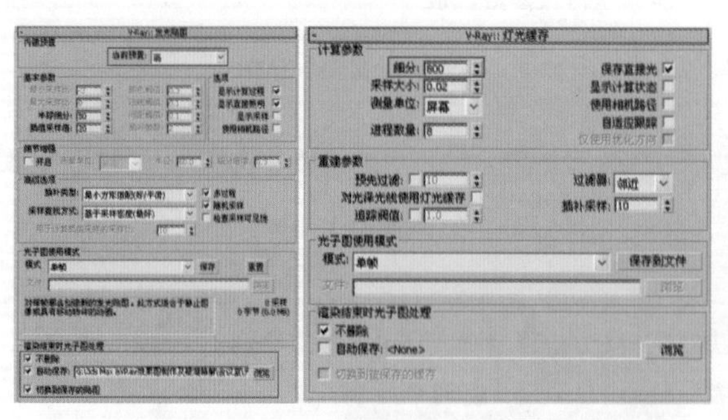

图 10-52　【VR_ 间接照明】选项卡参数设置

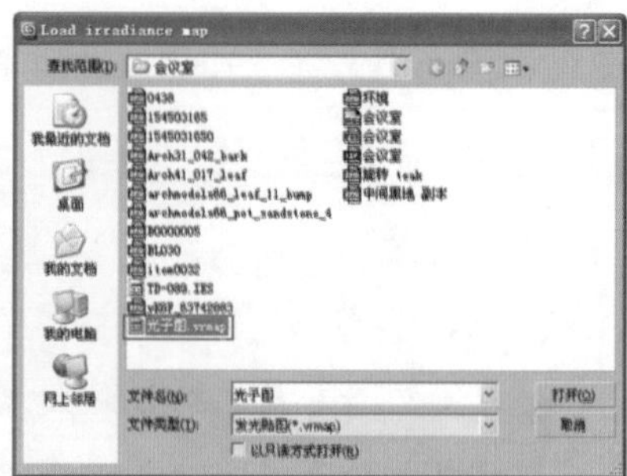

图 10-53　加载光子图

(4) 单击按钮，渲染摄影机视图，效果如图 10-54 所示。

图 10-54　渲染后的效果

10.5.2　渲染图像的后期处理

使用Photoshop软件可以对图像的亮度、对比度以及饱和度进行调整，使效果更加生动、逼真。主要使用的命令有【曲线】、【亮度/对比度】、【高反差保留】等。

具体操作步骤如下。

(1) 启动Photoshop软件，选择菜单栏中的【文件】|【打开】命令，打开本书光盘中“会议室”目录下的“会议室.tif”文件。

(2) 按键盘中的F7键，打开【图层】面板，双击背景图层，弹出【新建图层】对话框，将背景层转换为【图层0】，单击【确定】按钮，如图10-55所示。

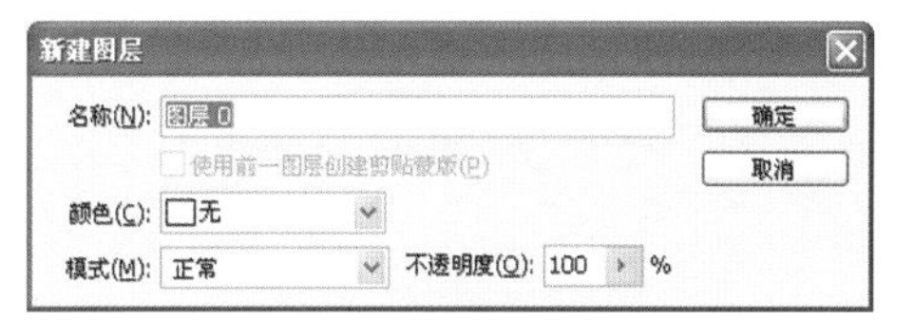

图 10-55　【新建图层】对话框

(3) 打开【通道】面板，按住Ctrl键的同时单击Alpha 1通道，再通过通道选择区域，如图10-56所示。

图 10-56　通过通道选择区域

(4) 按组合键 Ctrl+Shift+J，将选择的区域通过剪切建立新的图层。再选择菜单栏中的【文件】|【打开】命令，打开本书光盘中“会议室”目录下的“环境.jpg”文件，使用移动工具将 背景贴图拖至“会议室”图像中，调整图层位置，如图 10-57 所示。

图 10-57　添加环境贴图

(5) 将【图层 1】置为当前层，单击【图层】面板中的 按钮，在弹出的下拉菜单中选择【色彩平衡】命令，在弹出的【色彩平衡】对话框中设置参数，如图 10-58 所示，调整后的效果如图 10-59 所示。

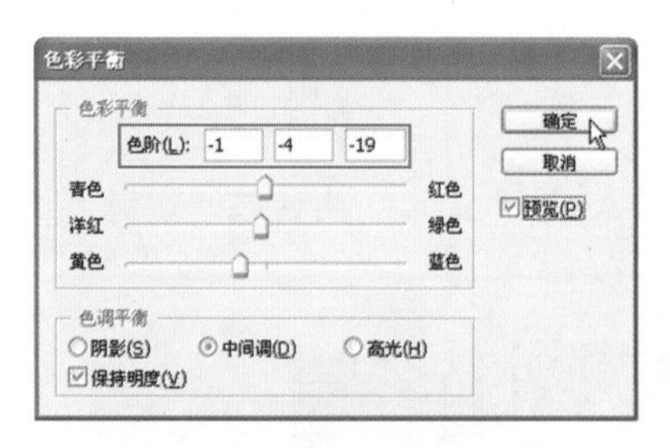

图 10-58　【色彩平衡】对话框

图 10-59　调整后的效果

(6) 单击【图层】面板中的 按钮，在弹出的下拉菜单中选择【曲线】命令，调整曲线如图 10-60 所示。

(7) 新建可见图层 3，按组合键 Ctrl+Alt+Shift+E，拼合新建可见图层 3。选择菜单栏中的【滤镜】|【其它】|【高反差保留】命令，如图 10-61 所示。

(8) 在弹出的【高反差保留】对话框中设置【半径】为 2.0，如图 10-62 所示。

(9) 执行确定操作后，在【图层】面板中设置图层的混合模式为【叠加】方式，如图 10-63 所示。

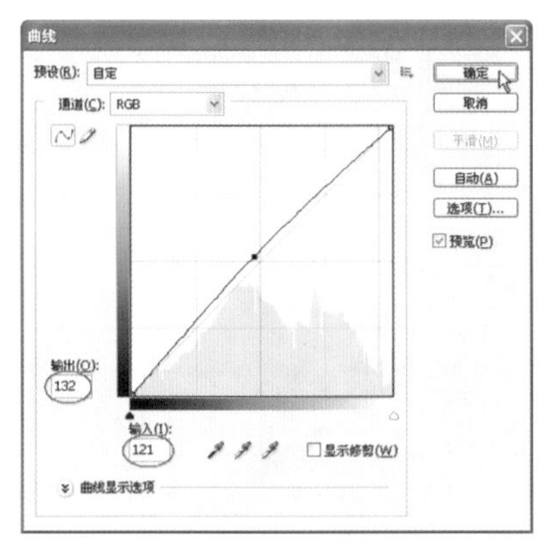

图 10-60 【曲线】对话框

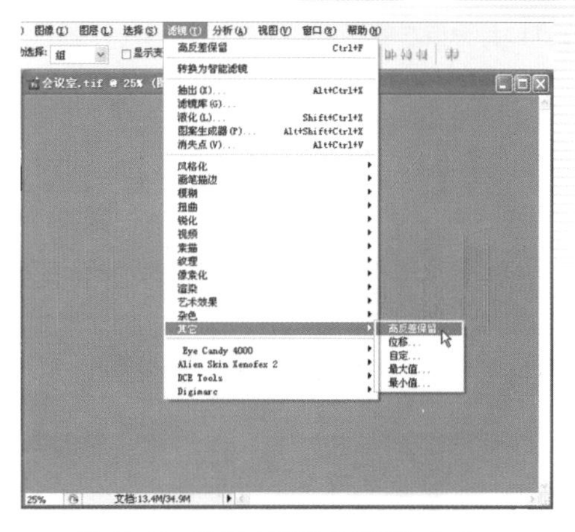

图 10-61 选择【高反差保留】命令

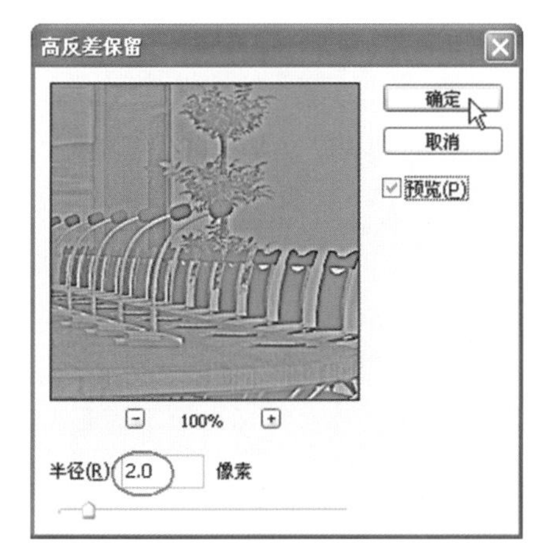

图 10-62 【高反差保留】对话框

图 10-63 设置图层的混合模式

(10) 单击工具箱中的按钮，使用剪切工具裁切图像，调整图像的构图，如图 10-64 所示。

图 10-64 剪切后的图像

(11) 执行确定操作，处理后的最终效果如图 10-65 所示。

图 10-65　处理后的最终效果

10.6　本 章 小 结

本章主要讲解了会议室空间表现技术。通过学习首先要掌握，在设计上要追求功能与形式的完美统一、简洁明快的设计风格。本例材质主要运用玻璃、木纹及隔音地毯，灯光主要是以室外光照及吊灯为主，结合吊顶的灯带和筒灯的暖色灯光照明表现会议室的开阔、大方效果。

第11章

日光办公大厅效果表现

随着生活水平的日益提高，人们不但对居室设计的要求越来越高。而且对办公空间装修的要求也在不断提高。本章在设计办公大厅时融入了作者自己的设计思想和设计灵感，使空间的布置大方得体，以体现功能区的功能特点。本章主要讲解办公大厅空间材质、灯光的处理技巧。

11.1 办公大厅空间简介

空间有限，设计无限。一个舒适的环境应该以人为本，并且给人以美的享受。本案例设计在整体风格上以现代简约、稳重大气、色调和谐为主。通过项目实践可以了解到办公空间的设计流程，在设计中融入自己的设计思想和设计灵感，使各个空间的布置大方得体，从而很好地体现出各功能区的功能特点，如图 11-1 所示。

本案例会议室效果如图 11-1 所示。

图 11-1 办公大厅效果表现

图 11-2 所示为办公大厅模型的线框效果。

图 11-2 办公大厅线框效果

11.2　办公大厅测试渲染参数

下面介绍测试渲染参数的设置。

具体操作步骤如下。

(1) 单击创建命令面板中的按钮，再单击【目标】按钮，在【顶】视图中创建目标摄影机。

(2) 将透视图置于当前视图，按键盘中的C键，将透视图转换为摄影机视图，在【参数】卷展栏中设置【镜头】为24、【视野】为73.74，确定摄影机的视野范围，调整参数及摄影机位置，如图11-3所示。

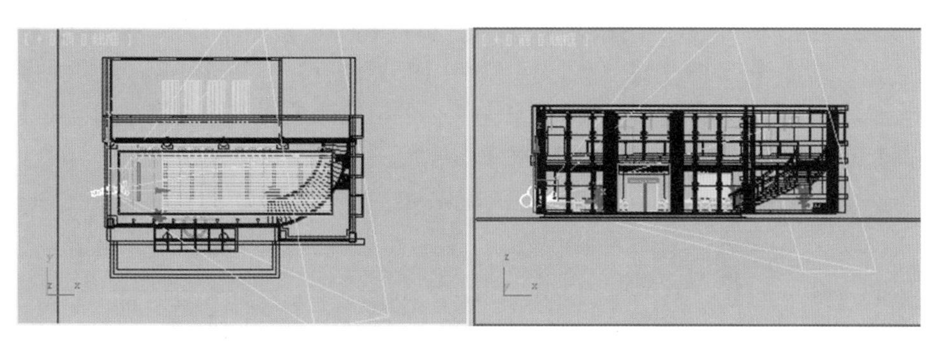

图11-3　创建目标摄影机

(3) 选择创建的目标摄影机，右击，在弹出的快捷菜单中选择【应用摄影机校正修改器】命令，然后在【2点透视校正】卷展栏中设置【数量】为−9.5，如图11-4所示。

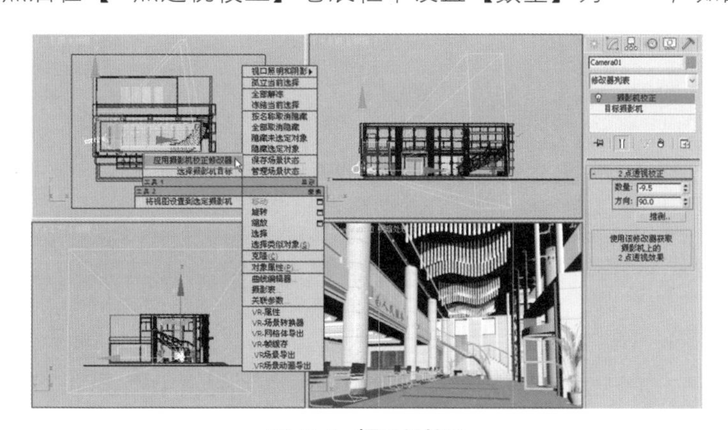

图11-4　摄影机校正

提　示

摄影机校正修改器在摄影机视图中使用2点透视。默认情况下，摄影机视图使用3点透视，垂直线看上去在顶点汇聚；而在2点透视中，垂直线保持垂直。需要使用的校正数取决于摄影机的倾斜程度。例如，摄影机从地平面向上看到的建筑的顶部要比朝向水平线看需要更大程度的校正。

(4) 按F10键，打开【渲染设置::V-Ray Adv 2.00.03】对话框，切换至【VR_基项】选项卡，在【V-Ray:帧缓存】卷展栏中开启VRay帧缓存渲染窗口，关闭默认灯光，然后在【V-Ray::颜色映射】卷展栏中选择【VR_指数】曝光方式，其他参数设置如图11-5所示。

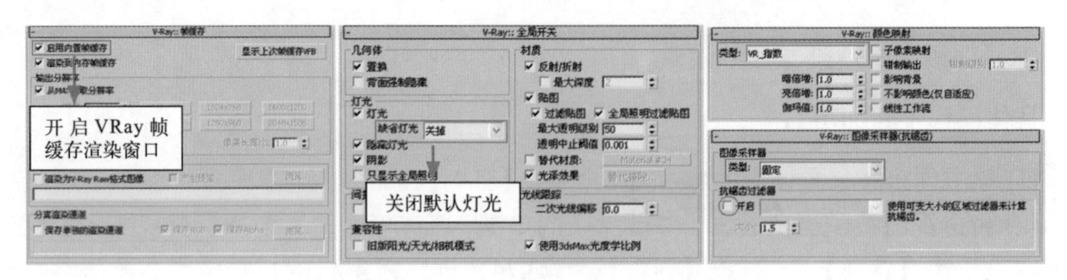

图11-5 【VR_基项】选项卡参数设置

(5) 切换至【VR_间接照明】选项卡，在【V-Ray::间接照明(全局照明)】卷展栏中打开全局光，设置【二次反弹】全局光引擎为【灯光缓存】，在【V-Ray::灯光缓存】卷展栏中设置【细分】值为200，通过降低灯光缓存的渲染品质以节约渲染时间，在【V-Ray::发光贴图】卷展栏中设置【当前预置】为【非常低】，如图11-6所示。

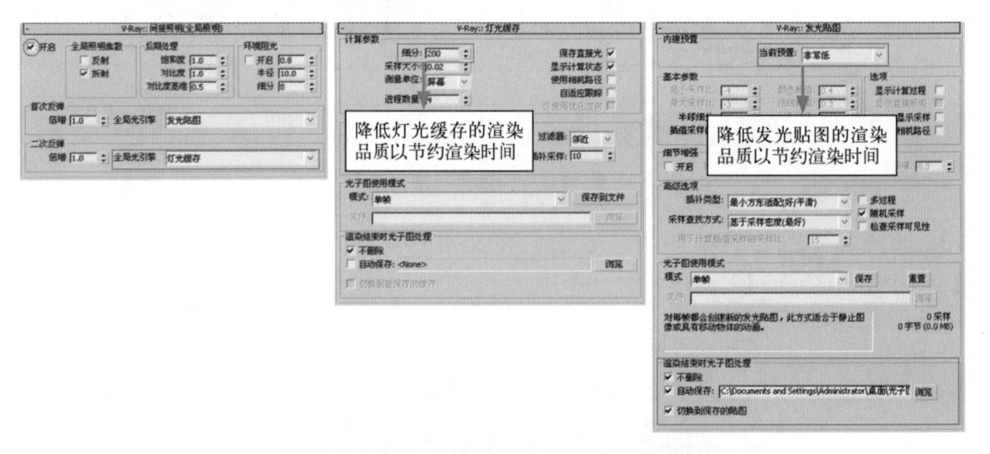

图11-6 【VR_间接照明】选项卡参数设置

11.3 创建空间基本光效

在摄影构图中，光影是重要的构图因素之一，可以起到渲染气氛、烘托主题、均衡画面、表现画面空间感的作用。本案例中大厅的照明布置应围绕两个功能，即实用性与装饰性。

11.3.1 创建VRay太阳光

具体操作步骤如下。

(1) 设置主光源。单击创建命令面板中的按钮，选择【标准】选项，并单击【目标平行光】按钮，在【顶】视图中创建目标平行光，调整灯光位置，如图11-7所示。

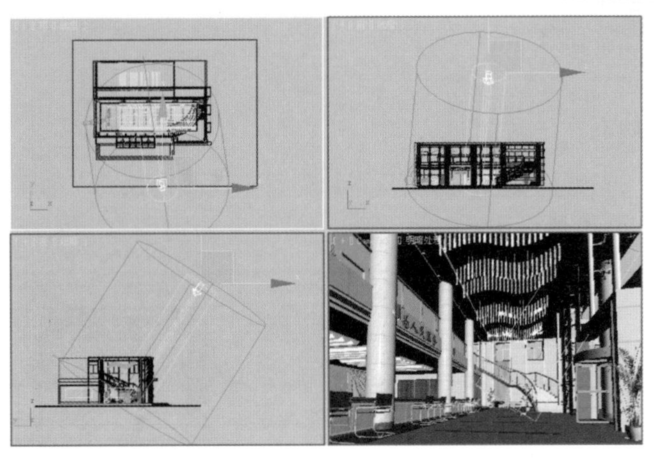

图 11-7 创建目标平行光

(2) 单击按钮，在【常规参数】卷展栏中选中【阴影】选项组中的【启用】复选框，选择 VRayShadow 选项。设置灯光颜色为暖色，【倍增】值为 2，其他参数设置如图 11-8 所示。

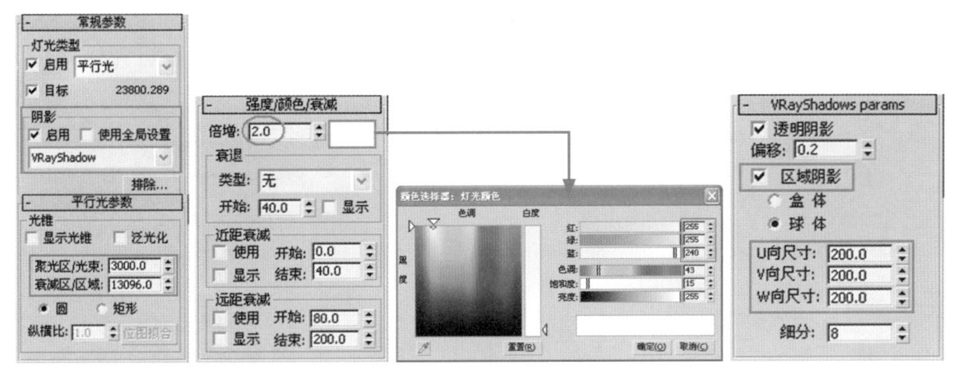

图 11-8 太阳光参数设置

(3) 单击按钮渲染视图，光线透过门窗射进了室内，其效果如图 11-9 所示。

图 11-9 太阳光渲染效果

11.3.2 创建辅助光源

具体操作步骤如下。

(1) 单击【VR_光源】按钮，在大厅门口位置创建面光源，以创建散射光的效果来影响室内光效，如图 11-10 所示。

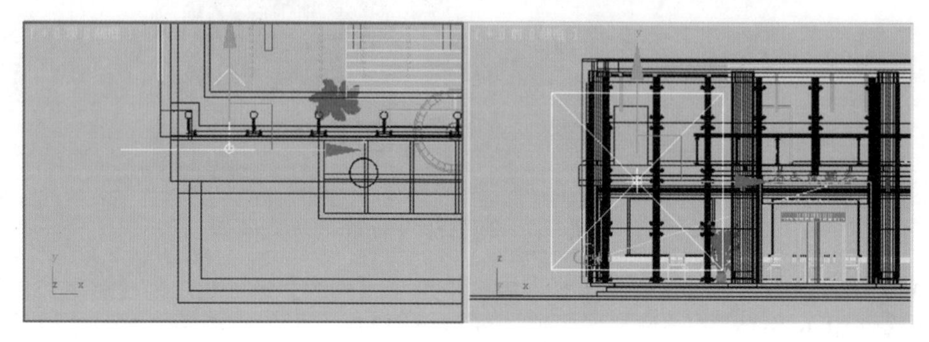

图 11-10 创建 VR 光源

(2) 单击按钮，在【参数】卷展栏中调整灯光颜色为浅蓝色，设置灯光倍增值为 5，其他参数设置如图 11-11 所示。

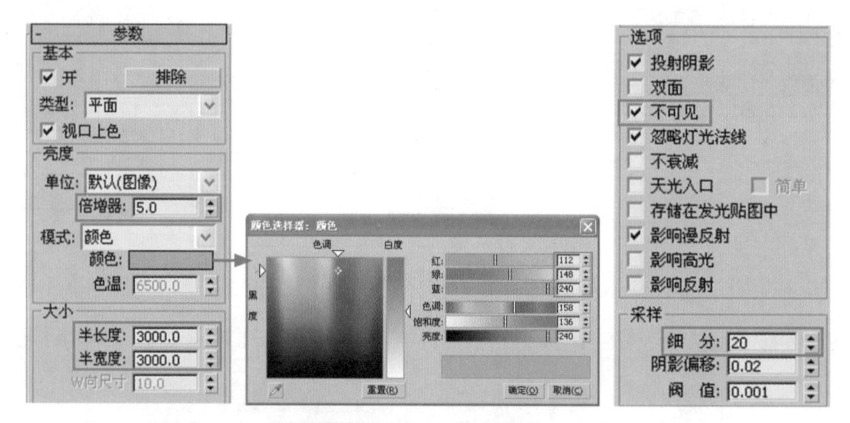

图 11-11 灯光参数设置

(3) 在前视图中选择上面创建的 VR 光源，用移动复制的方法以【实例】方式复制 3 盏，调整位置，如图 11-12 所示。

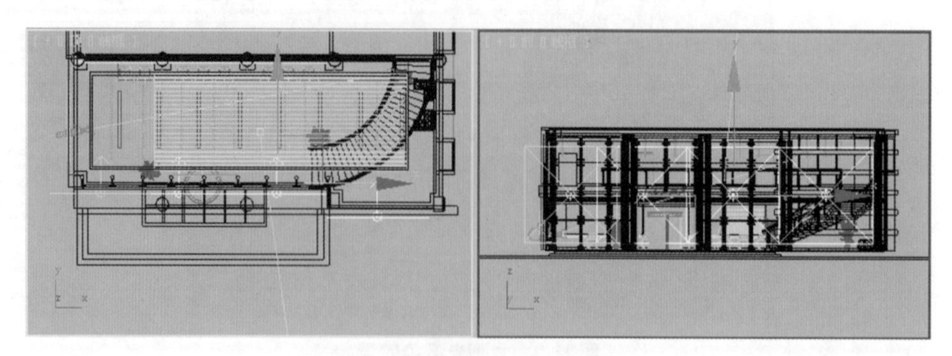

图 11-12 复制并调整 VR 光源

(4) 渲染摄影机视图，观察场景，此时室内已经有了基本的照明效果，但整个场景缺乏明暗对比，如图 11-13 所示。

图 11-13　渲染后的效果

11.3.3　创建灯带光源

具体操作步骤如下。

(1) 在【顶】视图灯槽的位置创建 VR 光源，然后用移动复制的方法将其复制，在左视图中选择灯槽处的所有灯光，单击按钮，将其旋转并调整位置，如图 11-14 所示。

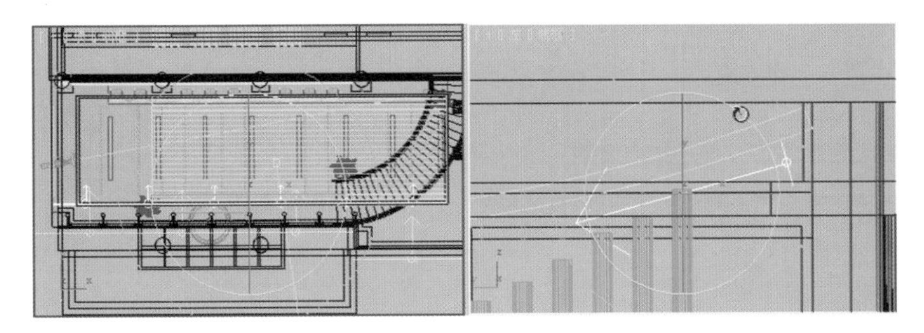

图 11-14　旋转光源

(2) 在【左】视图灯槽的位置创建 VR 光源，单击按钮，在弹出的【镜像：屏幕 坐标】对话框中选择 X 轴，以【实例】的方式将其镜像复制一组并调整位置，如图 11-15 所示。

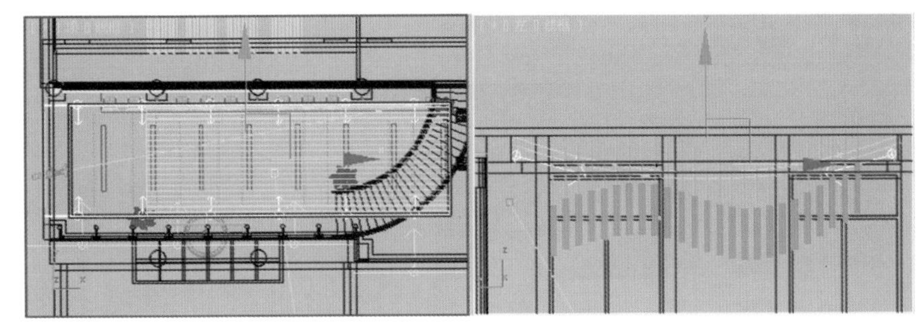

图 11-15　镜像复制 VR 光源

(3) 在【参数】卷展栏中设置灯光【倍增器】值为 8，【半长度】为 2000、【半宽度】为 100，选中【不可见】复选框，如图 11-6 所示。

(4) 单击按钮，渲染摄影机视图，观察场景可发现大厅吊顶灯槽亮起来了，如图 11-17 所示。

图 11-16　灯光参数设置

图 11-17　渲染效果

(5) 单击【VR_光源】按钮，在大厅二层灯槽内创建面光源，调整灯光位置，如图 11-18 所示。

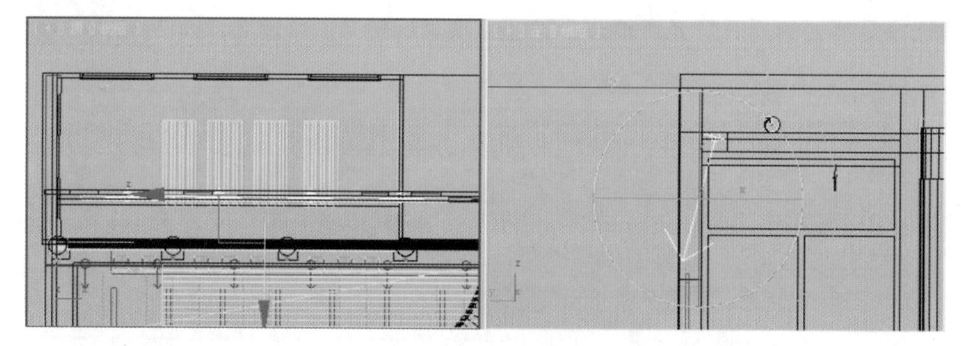

图 11-18　创建 VR 面光源

(6) 在【参数】卷展栏中设置灯光【倍增器】值为 8，调整灯光颜色为暖黄色，如图 11-19 所示。

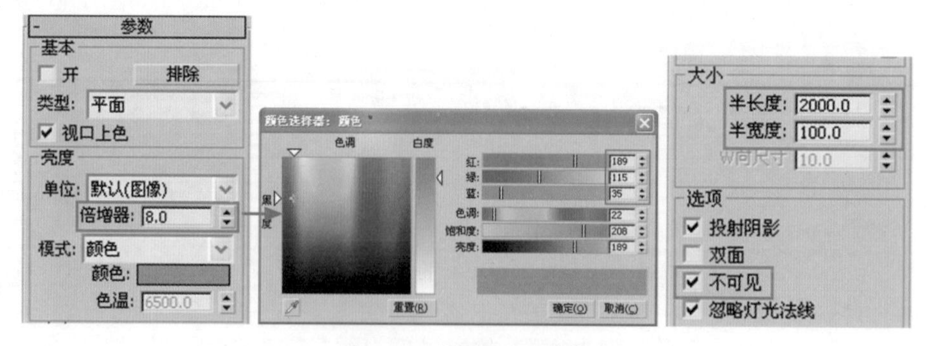

图 11-19　设置面光源参数

(7) 继续在一层吊顶的位置创建 VR 灯光，调整位置，如图 11-20 所示。

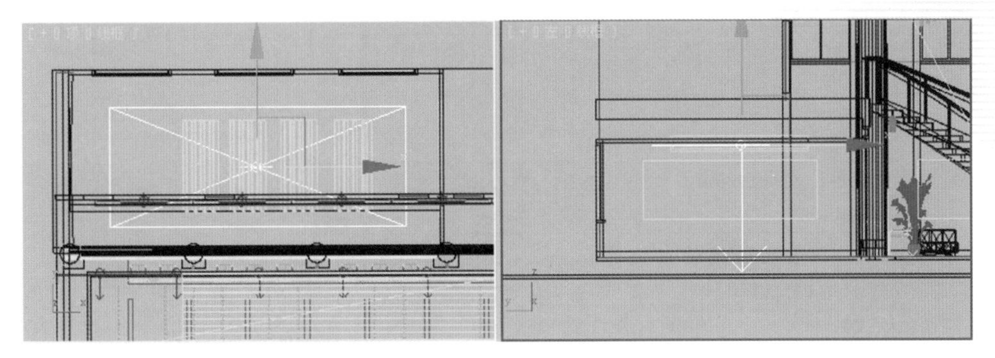

图 11-20　创建 VR 灯光

(8) 在【参数】卷展栏中设置灯光【倍增器】值为 3，调整灯光颜色为黄色，如图 11-21 所示。

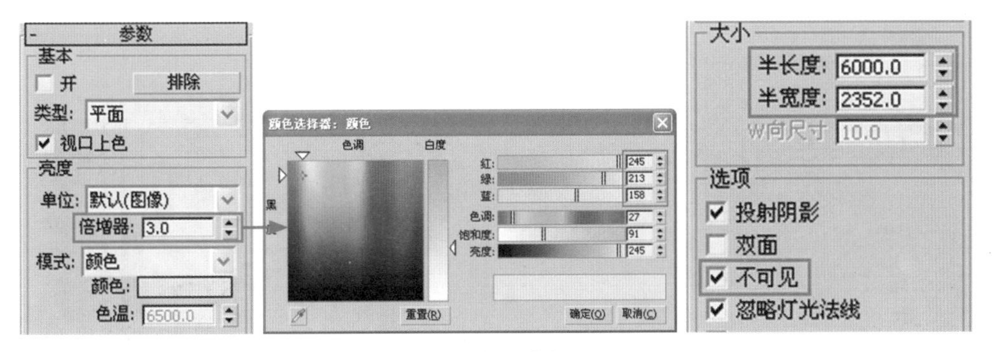

图 11-21　灯光参数设置

(9) 单击创建命令面板中的按钮，在【光度学】选项下单击【自由灯光】按钮，在【顶】视图创建光度学灯光，如图 11-22 所示。

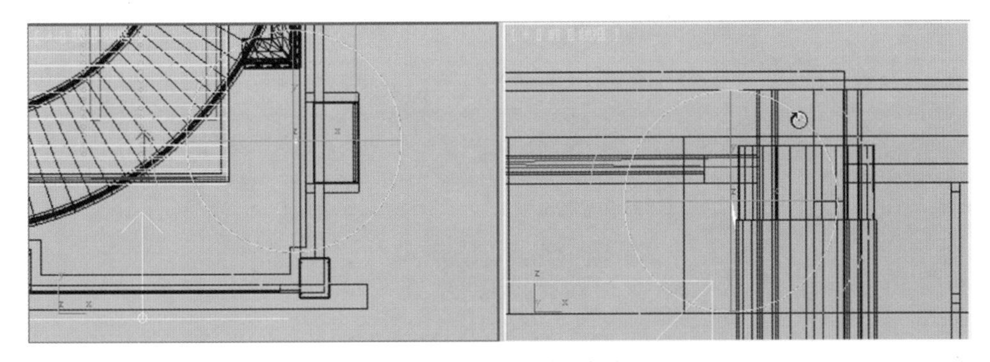

图 11-22　创建光度学灯光

(10) 在【常规参数】卷展栏中选中【阴影】选项组中的【启用】复选框，选择 VRayShadow 选项，在【灯光分布 (类型)】选项组中选择【光度学 Web】选项，然后在【分布 (光度学 Web)】卷展栏中选择“日光办公大厅”目录下的“TD-029.IES”光域网文件，设置灯光强度为 10000cd，如图 11-23 所示。

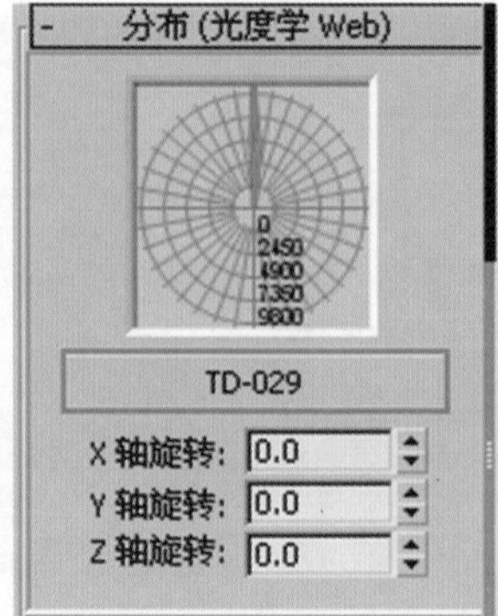

图 11-23　光度学灯光参数设置

(11) 在【顶】视图选择创建的光度学灯光，用移动复制的方法将其以【实例】方式复制并调整位置，如图 11-24 所示。

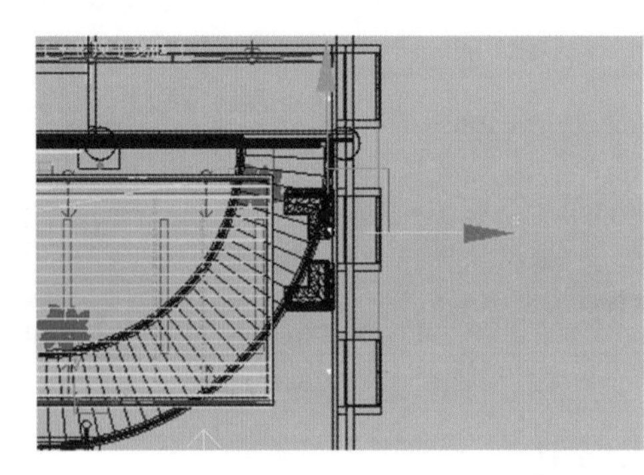

图 11-24　复制灯光

(12) 渲染摄影机视图，最终灯光效果如图 11-25 所示。

图 11-25　渲染后的灯光效果

11.4 办公大厅材质参数设置

材质是制作效果图的重要部分，其中乳胶漆、不锈钢、玻璃、塑钢等材质是表现本案例的重点。

11.4.1 设置主体材质

具体操作步骤如下。

(1) 设置“白色乳胶漆”材质。选择一个空白的示例球，将其命名为“白色乳胶漆”并为其指定 VRayMtl 材质。设置【漫反射】为白色，如图 11-26 所示。

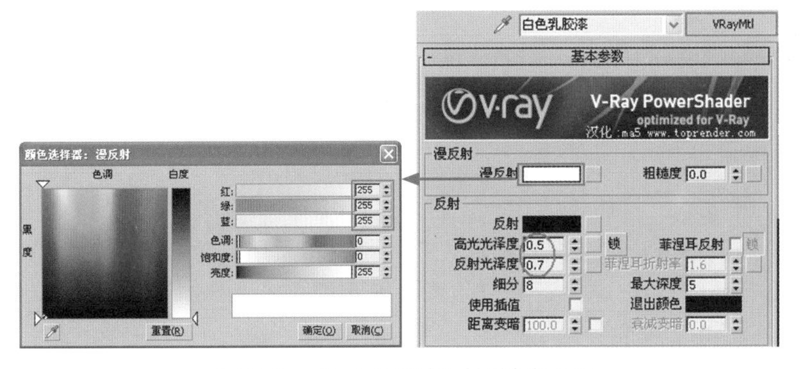

图 11-26 “白色乳胶漆”材质参数设置

(2) 在视图中选择所有“一层吊顶”、“二层吊顶”、“二层墙体”、“单扇窗框”造型，单击按钮，将材质赋予它们。

(3) 设置“维纳斯白麻石”材质。选择一个空白的示例球，将其命名为“维纳斯白麻石”并为其指定 VRayMtl 材质。在【基本参数】卷展栏中单击【漫反射】色块右侧的按钮，在弹出的【材质 / 贴图浏览器】对话框中选择【位图】贴图类型。选择本书光盘“日光办公大厅”目录下的“4.jpg”文件。

(4) 返回上一级，调整反射颜色为灰色，使其产生反射效果，降低反射光泽度和高光光泽度值，参数设置如图 11-27 所示。

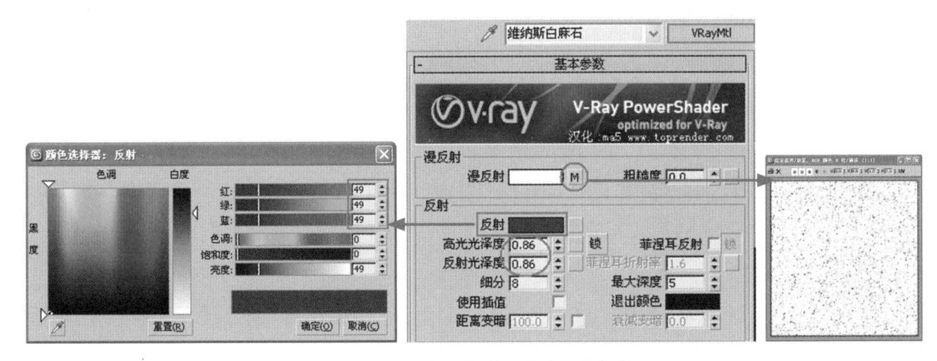

图 11-27 “维纳斯白麻石”材质参数设置

(5) 在视图中选择所有“地面”、“立柱”造型，单击按钮，将材质赋予它们。

(6) 在视图中选择“地面”造型，单击按钮，选择修改命令面板中的【UVW 贴图】命令，在【参数】卷展栏中设置参数，如图 11-28 所示。

(7) 选择“立柱”造型，单击按钮，选择修改命令面板中的【UVW 贴图】命令，在【参数】卷展栏中设置参数，如图 11-29 所示。

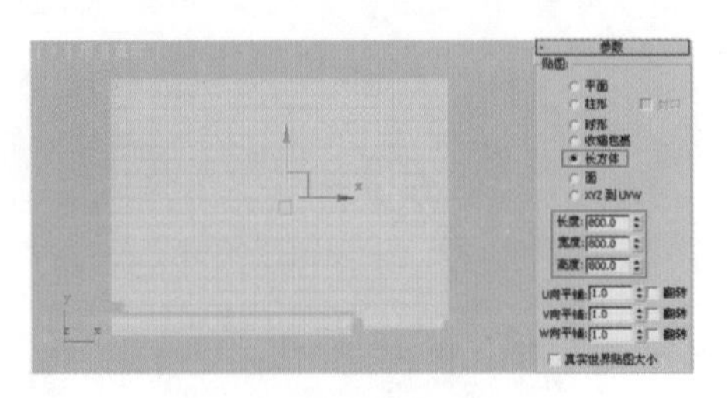

图 11-28　调整地面贴图坐标

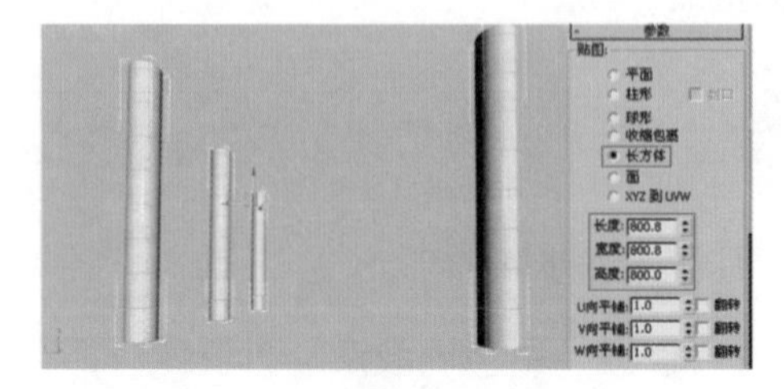

图 11-29　调整立柱贴图坐标

11.4.2　设置其他材质

具体操作步骤如下。

(1) 设置“黑金砂”材质。选择一个空白的示例球，将其命名为“黑金砂”并为其指定 VRayMtl 材质。在【基本参数】卷展栏中单击【漫反射】色块右侧的按钮，在弹出的【材质 / 贴图浏览器】对话框中选择【位图】贴图类型。选择本书光盘“日光办公大厅”目录下的“黑金砂 tif”文件。

(2) 返回上一级，调整反射颜色为灰色，使其略微产生反射效果，降低反射光泽度和高光光泽度值，如图 11-30 所示。

图 11-30　“黑金砂”材质参数设置

(3) 在视图中选择“角线”、“立柱底座”造型，单击按钮，将材质赋予它们。

(4) 设置“柜台”材质。选择一个空白的示例球，将其命名为“柜台”，单击 Standard 按钮，在弹出的【材质 / 贴图浏览器】对话框中选择【多维 / 子对象】材质类型，单击【设置数量】按钮，设置材质数量为 2。

(5) 在【多维 / 子对象基本参数】卷展栏中单击材质 1 右侧的按钮，进入标准材质。再单击 Standard 按钮，为其指定 VRayMtl 材质，并命名为“沙岩”。

(6) 在【基本参数】卷展栏中单击【漫反射】右侧的按钮，在弹出的【材质/贴图浏览器】对话框中选择【位图】贴图类型。选择本书光盘"日光办公大厅"目录下的"YG800881.jpg"文件，如图 11-31 所示。

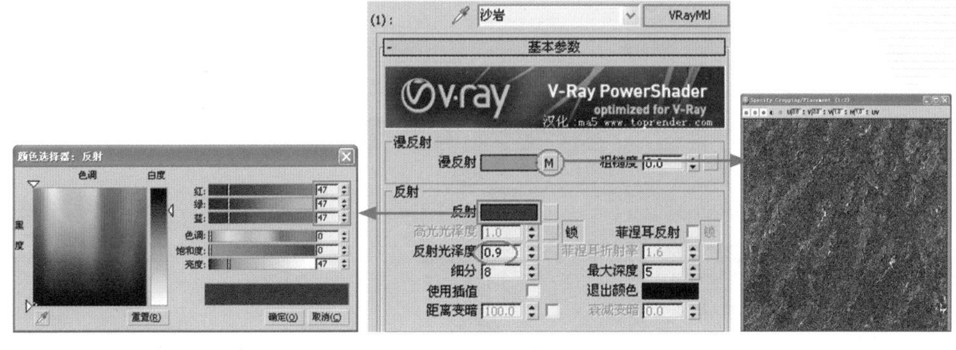

图 11-31 "材质 1"参数设置

(7) 单击按钮，返回上一级，单击材质 2 右侧的按钮，并为其指定 VRayMtl 材质，将其命名为"冲孔板"材质。在【基本参数】卷展栏中单击【漫反射】色块右侧的按钮，在弹出的【材质/贴图浏览器】对话框中选择【位图】贴图类型。选择本书光盘"日光办公大厅"目录下的"BB.jpg"文件，如图 11-32 所示。

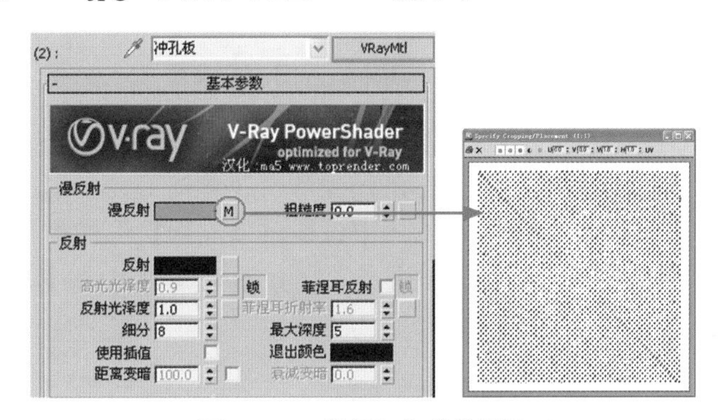

图 11-32 "材质 2"参数设置

(8) 在视图中选择"服务台"造型，单击按钮，将材质赋予它们。

(9) 选择赋予该材质的造型，在修改命令面板中选择【UVW 贴图】命令，在【参数】卷展栏中选中【长方体】单选按钮，其他参数设置如图 11-33 所示。

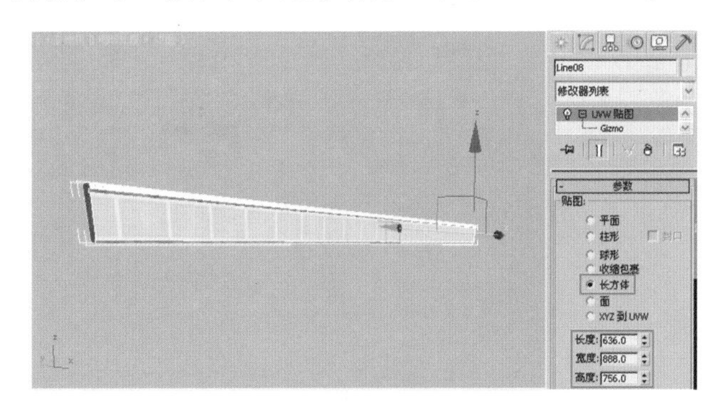

图 11-33 服务台贴图坐标设置

(10) 设置“窗玻璃”材质。选择一个空白的示例球，将其命名为“玻璃”并为其指定VRayMtl材质。在【基本参数】卷展栏中将反射颜色调整为灰色，折射颜色调整为白色，使其完全透明。其他参数的设置如图11-34所示。

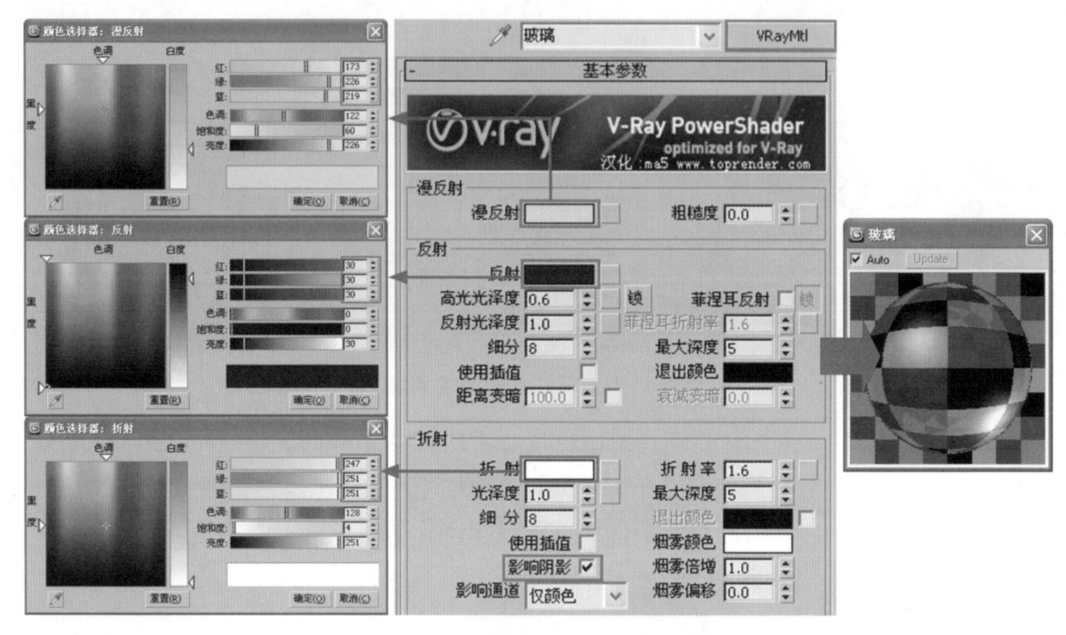

图 11-34 “窗玻璃”材质参数设置

(11) 在视图中选择“玻璃”造型，单击按钮，将材质赋予它们。

(12)“不锈钢”材质。选择一个空白的示例球，将其命名为“磨亮不锈钢”并为其指定VRayMtl材质。在【基本参数】卷展栏中设置【漫反射】颜色为灰色，单击【反射】色块右侧的按钮，在弹出的【材质/贴图浏览器】对话框中选择【衰减】贴图类型。其他参数设置如图11-35所示。

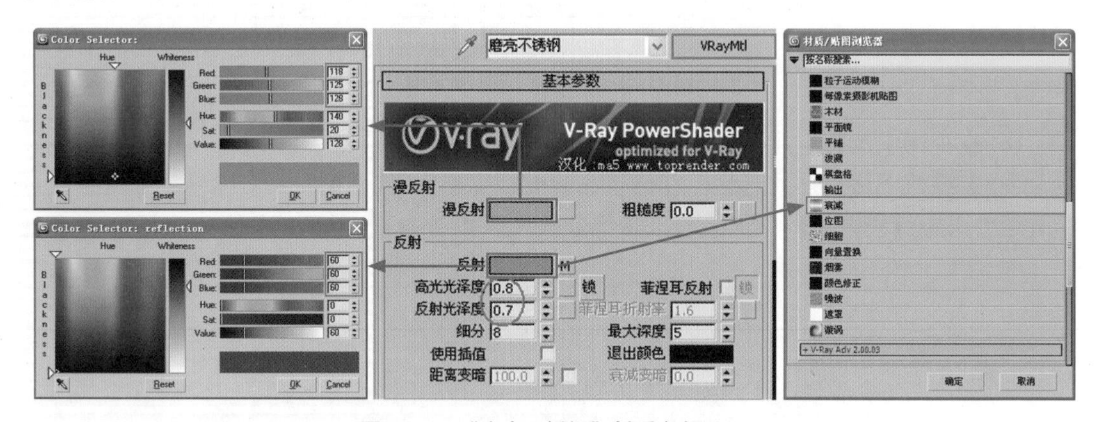

图 11-35 “磨亮不锈钢”材质参数设置

(13) 在【衰减参数】卷展栏中设置颜色 1 为灰色，如图 11-36 所示。

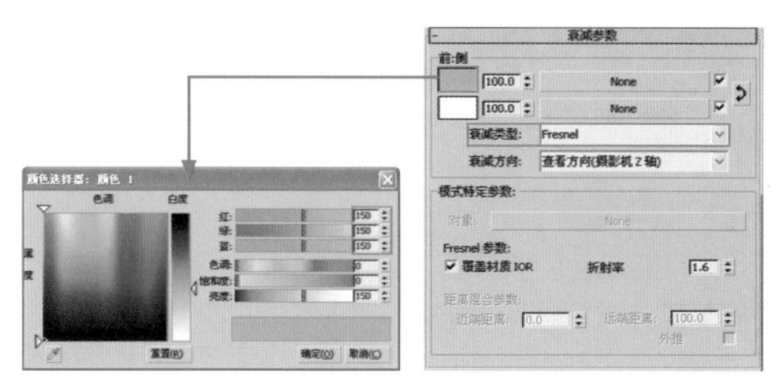

图 11-36 【衰减参数】卷展栏参数设置

(14) 在视图中选择“吊灯架”、“扶手栏杆”、“旋转门框”、“座椅杆”及所有“固定钢架”造型，单击按钮，将材质赋予它们。

(15) 设置“塑钢”材质。选择一个空白的示例球，将其命名为“塑钢”并为其指定VRayMtl 材质。在【基本参数】卷展栏中设置【漫反射】颜色为白色，单击【反射】色块，调整反射颜色为灰色，使其略产生反射效果，其他参数设置如图 11-37 所示。

(16) 在视图中选择入口处的圆形立柱造型，单击按钮，将材质赋予它们，效果如图 11-38 所示。

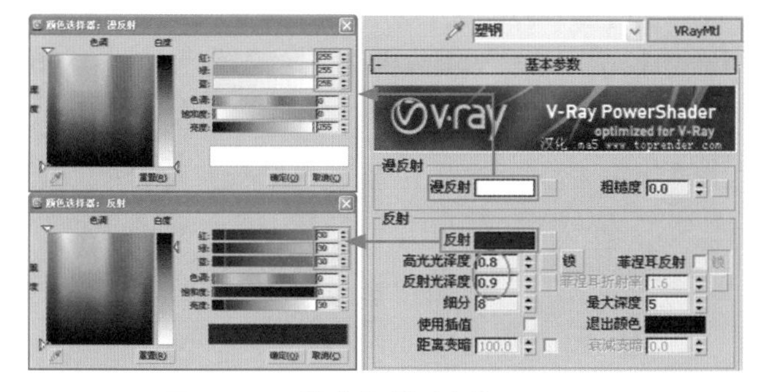

图 11-37 “塑钢”材质参数设置

图 11-38 立柱赋予材质后的效果

(17) 设置“植物”材质。选择一个空白的示例球，将其命名为“植物”。在【Blinn 基本参数】卷展栏中单击【漫反射】色块右侧的按钮，在弹出的【材质 / 贴图浏览器】对话框中选择【顶点颜色】贴图类型，如图 11-39 所示，在【顶点颜色参数】卷展栏中采用默认值即可。

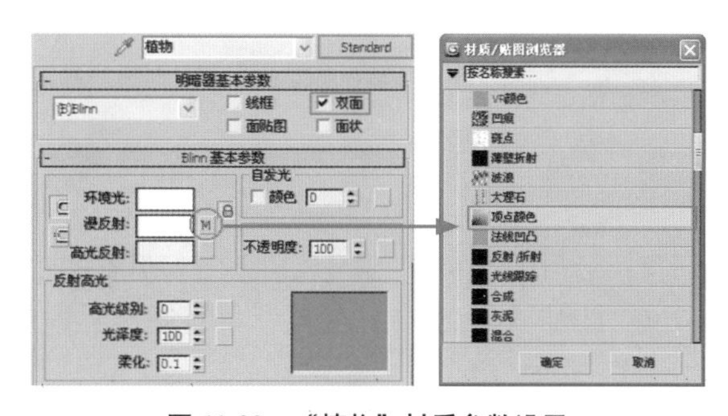

图 11-39 “植物”材质参数设置

(18) 在视图中选择植物造型，单击按钮，将材质赋予它们。

11.5 最终场景渲染品质及后期处理

11.5.1 渲染场景参数设置

具体操作步骤如下。

(1) 打开【渲染设置 :V-Ray Adv 2.00.03】对话框。在【VR_ 基项】选项卡中打开【V-Ray:: 图像采样器 (反锯齿)】卷展栏，设置【图像采样器】类型为【自适应细分】、【抗锯齿过滤器】为 Catmull-Rom，如图 11-40 所示。

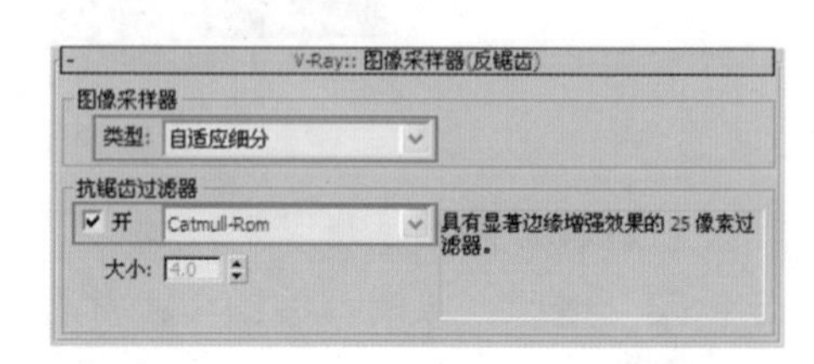

图 11-40 【VR_ 基项】选项卡参数设置

(2) 切换至【VR_ 间接照明】选项卡，在【V-Ray:: 发光贴图】卷展栏中设置【当前预置】为【中】，选中【渲染结束时光子图处理】选项组中的【自动保存】、【切换到保存的贴图】复选框，再单击【浏览】按钮，将光子图保存到相应的目录下，然后在【V-Ray:: 灯光缓存】卷展栏中设置【细分】值为 300。

(3) 渲染完成后，系统自动弹出【加载发光图】对话框，然后加载前面保存的光子图，如图 11-41 所示。再返回到【公用】选项卡，设置渲染输出的图像大小为 1800 × 1350，如图 11-42 所示。渲染后的效果如图 11-43 所示。

图 11-41 加载光子图

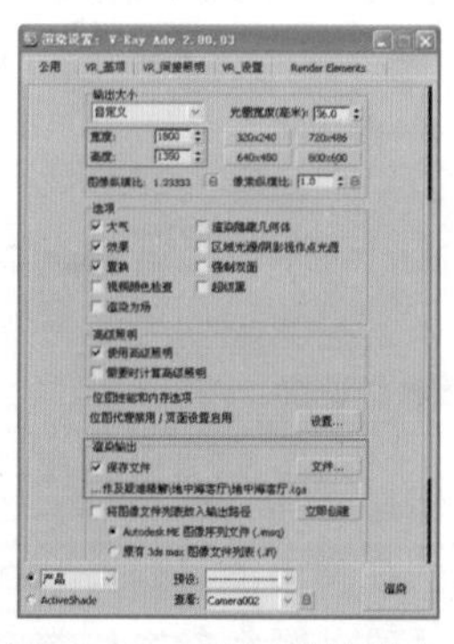

图 11-42 设置渲染输出

图 11-43 渲染后的效果

11.5.2 渲染图像的后期处理

具体操作步骤如下。

(1) 启动 Photoshop 软件，选择菜单栏中的【文件】|【打开】命令，打开上面保存的“日光办公大厅 .tga”文件。在【图层】面板中按住【背景】图层并拖曳至按钮上，将背景层复制一层。

(2) 单击【图层】面板中的按钮，在弹出的下拉菜单中选择【曲线】命令，在【曲线】对话框中调整曲线值，如图 11-44 所示。

(3) 单击【图层】面板中的 按钮，在弹出的下拉菜单中选择【色阶】命令，在【色阶】对话框中调整对比度，如图 11-45 所示。

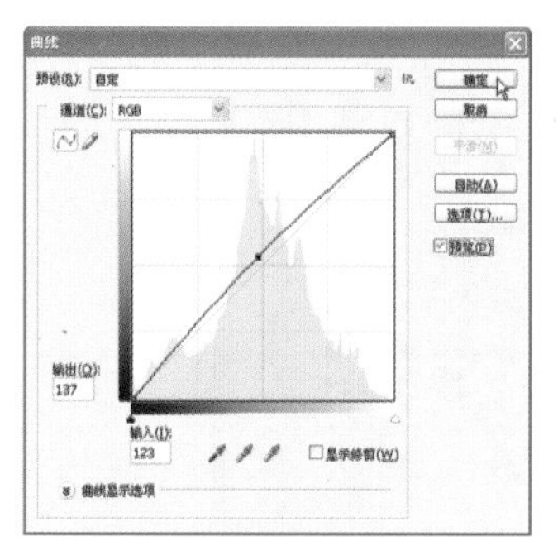

图 11-44　调整图像亮度

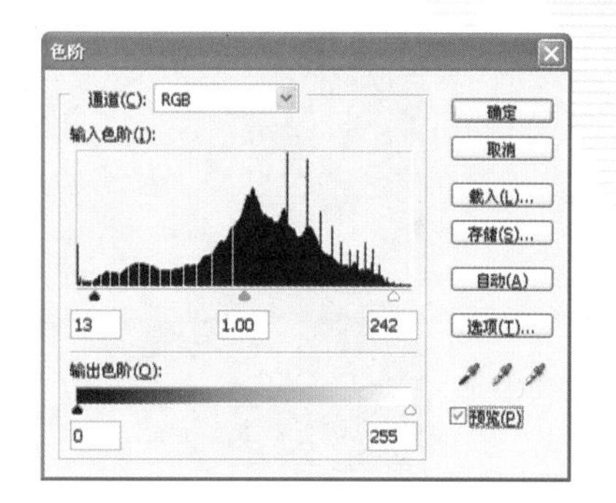

图 11-45　调整图像对比度

(4) 单击【图层】面板中的 按钮，在弹出的下拉菜单中选择【色彩平衡】命令，在【色彩平衡】对话框中调整参数，如图 11-46 所示。处理后的效果如图 11-47 所示。

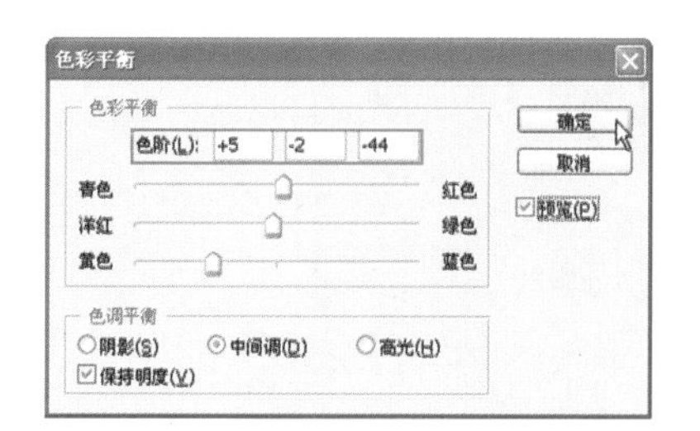

图 11-46　【色彩平衡】对话框

图 11-47　处理后的效果

(5) 选择菜单栏中的【文件】|【打开】命令，打开本书光盘"办公大厅"目录下的"人物 2.psd"文件，用移动工具将其拖曳至图像中，按快捷键 Ctrl+T，调整图像大小及位置，如图 11-48 所示。

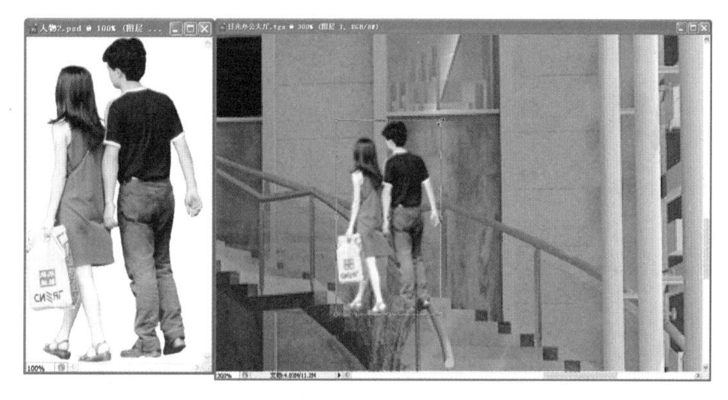

图 11-48　添加人物

(6) 单击工具栏中的 按钮，选择被玻璃遮挡的部分区域，如图 11-49 所示。

图 11-49　选择区域

(7) 在【图层】面板中调整【不透明度】为 14%，效果如图 11-50 所示。

图 11-50　处理后的效果

(8) 选择菜单栏中的【文件】|【打开】命令，打开本书光盘"办公大厅"目录下的"人物.psd"文件，用移动工具将其拖曳至图像中，按快捷键 Ctrl+T，调整图像大小，如图 11-51 所示。

图 11-51　添加人物并调整人物大小

(9) 单击工具箱中的按钮，选择人物腿部的不透明区域，按 Delete 键，将其删除，如图 11-52 所示。

图 11-52 选择区域及删除后的效果

(10) 使用工具，选择被玻璃挡板遮挡的部分，按组合键 Ctrl+Shift+J，将选择的区域通过剪切建立新的图层，再调整不透明度为 32%，如图 11-53 所示。再选择如图 11-54 所示的区域，按键盘中的 Delete 键，删除选区，如图 11-54 所示。

图 11-53 选择玻璃遮挡区域及处理后的效果

图 11-54 选择栏杆区域及删除后的效果

(11) 新建可见图层 5。按组合键 Ctrl+Alt+Shift+E，拼合新建可见图层 5。选择菜单栏中的【滤镜】|【其它】|【高反差保留】命令，在弹出的【高反差保留】对话框中设置【半径】为 2，如图 11-55 所示。

(12) 执行确定操作后，在【图层】面板中设置图层的混合模式为【叠加】方式，其效果如图 11-56 所示。

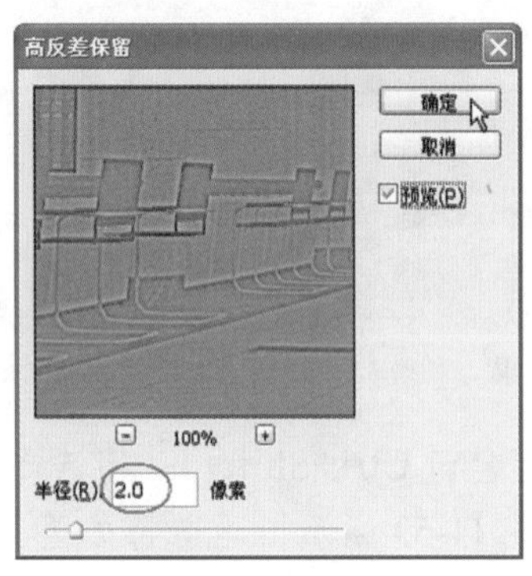

图 11-55　设置【高反差保留】对话框的参数

图 11-56　处理后的最终效果

11.6　本 章 小 结

本章主要讲解了办公大厅空间表现技法。首先，在设计上不仅要考虑投入与产出的关系，更应关注“人性化”设计，一切以人为中心，从而达到方便、舒适、高效的效果。其次，在设计过程中要考虑空间与空间的衔接、过渡，以及空间的流通、空间的封闭与通透等关系。

附　　录

附表 1　3ds Max 软件的常用快捷键

操　作	快 捷 键	操　作	快 捷 键
角度捕捉切换	A	选择【顶点】子对象模式	1
切换到底部视窗	B	选择【边】子对象模式	2
切换到摄影机视窗	C	选择【边界】子对象模式	3
打开、关闭禁用视口	D	选择【多边形】子对象模式	4
选择并旋转	E	选择【元素】子对象模式	5
切换到前视窗	F	切换至【粒子视图】窗口	6
隐藏、显示子栅格	G	显示选择物体的面片数	7
打开【从场景选择】对话框	H	打开【环境和效果】对话框	8
交互式平移	I	打开【高级照明】对话框	9
选择框显示切换	J	打开【渲染到纹理】对话框	0
设置关键点	K	缩小坐标轴	-
切换到左视窗	L	放大坐标轴	=
打开材质编辑器	M	播放动画	/
打开、关闭自动关键点	N	前进一帧	>
自适应降级切换	O	后退一帧	<
切换到透视视窗	P	到开始帧	Home
选择对象	Q	到最后帧	End
选择并等比缩放	R	隐藏、显示摄影机	Shift+C
捕捉开关	S	隐藏、显示几何体	Shift+G
切换到顶视窗	T	隐藏、显示帮助物体	Shift+H
切换到正交视窗	U	隐藏、显示灯光	Shift+L
选择并移动	W	隐藏、显示粒子系统	Shift+P

续表

操　作	快 捷 键	操　作	快 捷 键
隐藏 / 显示 Gizmo 坐标轴	X	隐藏、显示空间扭曲装置	Shift+W
所有视图最大化显示	Z	隐藏、显示安全框	Shift+F
在线帮助	F1	新建场景	Ctrl+N
在面编辑层中、实体显示选择的面	F2	恢复视窗操作	Shift+Z
线框、光滑高光显示模式相互切换	F3	快速渲染	Shift+Q
隐藏、显示面的边缘	F4	百分比捕捉切换	Shift+Ctrl+P
锁定 X 轴	F5	选择锁定标记	Space(空格键)
锁定 Y 轴	F6	选择间隔工具	Shift+I
锁定 Z 轴	F7	切换到灯光视窗	Shift+4
循环 XY、YZ、ZX 轴	F8	所有视窗全部物体满屏显示	Shift+ Ctrl+Z
渲染上次的场景	F9	打开文件	Ctrl+O
打开【渲染设置】对话框	F10	保存文件	Ctrl+S
打开 MAX 脚本列表窗口	F11	选择全部	Ctrl+A
打开键盘输入移动变换窗口	F12	恢复场景操作	Ctrl+Z
打开视图背景视窗	Alt+B	设置高光	Ctrl+H
旋转窗口	Alt+ 鼠标中键	自建与默认的灯光切换	Ctrl+L
缩放	Alt+ Z 或 Ctrl+ Alt+ 鼠标中键	匹配摄影机到当前视窗	Ctrl+C
激活视窗，全部物体满屏显示	Alt+ Ctrl+Z	反选	Ctrl+I
对齐	Alt+A	循环选择区域的形状	Ctrl+F
法线对齐	Alt+N	移动窗口	Ctrl+P 或鼠标中键
选择当前物体的父物体	PageUP	放大区域或视野	Ctrl+W

附表 2　工具栏按钮

图　标	名　称	按钮功能
		主工具栏
	【选择过滤器】下拉列表框	通过改变下拉列表内的选项进行项目选择，默认为【全部】。该下拉列表框中还有【几何体】、【图形】、【灯光】、【摄影机】、【辅助对象】、【扭曲】、【组合】、【骨骼】、【IK链对象】、【点】等选项
	【选择对象】按钮	直接单击对象将其选择，被选择对象以白色线框方式显示
	【按名称选择】按钮	通过选择对象名称进行选择
	【矩形选择区域】按钮	进行对象选择时，鼠标拉出矩形选择框。在此按钮上按住鼠标左键不放，将展开 4 个新的按钮：、、、
	【圆形选择区域】按钮	进行对象选择时，用鼠标拖动出圆形选择框
	【套索选择区域】按钮	进行对象选择时，用鼠标绘制出任意不规则形状选择框
	【围栏选择区域】按钮	进行对象选择时，用鼠标绘制出任意多边形选择框
	【绘制选择】区域	按住鼠标左键不放，鼠标自动成圆形区域，然后靠近要选择的物体即可
	【窗口选择】按钮	在此种选项下，选择框全部包括的物体才能被选中（全包才算）
	【交叉选择】按钮	在此种选项下，选择框非全部包括的物体就能被选中（刮边就算）
	【选择并移动】按钮	选择对象并进行移动，移动的限定方向根据定义的坐标轴而定
	【选择并旋转】按钮	选择对象并进行旋转，旋转限定的转轴根据定义的坐标轴而定
	【选择并均匀缩放】按钮	将被选择对象进行三维等比缩放，即只改变其体积不改变其三维轴向上的比例关系。在此按钮上按住鼠标左键不放将展开两个新的按钮：和
	【选择并非均匀缩放】按钮	将被选择对象在指定的坐标轴向上做变化缩放，其体积和形状都发生了改变
	【选择并挤压】按钮	将被选择对象在指定的坐标轴向上做等体积缩放，即保持其体积不变，只使形状发生改变
参考坐标系下拉列表框		通过改变下拉列表中的选项，改变视图使用的坐标系统，坐标系统是对象进行移动，旋转、缩放变形等的参照系统，其中包括 8 种选项
	视图坐标系统	这是 3ds Max 默认的坐标系统，也是使用最普遍的一种坐标系统。它在透视图中使用世界坐标系统，在其他视图中使用屏幕坐标系统

续表

图　标	名　称	按钮功能
主工具栏		
屏幕	屏幕坐标系统	在所有的视图中都使用同样的坐标轴向，即X轴为水平方向，Y轴为垂直方向，Z轴为景深方向
世界	世界坐标系统	在所有的视图中都使用同样的坐标轴向，即X轴为水平方向，Z轴为垂直方向，Y轴为景深方向
父对象	父对象坐标系统	使用选择对象的父对象的自身坐标系统，保持子对象与父对象间的依附关系，在父对象所在的自身坐标系上进行操作
局部	局部坐标系统	近似自身坐标系统，但它的旋转轴不必彼此正交
万向	万向坐标系统	把对象自身的坐标轴作为坐标系统
栅格	栅格坐标系统	以栅格物体自身的坐标轴作为坐标系统
拾取	拾取坐标系统	选择场景中的任意对象，把它的自身坐标系统作为操作坐标系统
	【使用轴点中心】按钮	以选择对象各自的自身轴心为操作的中心点，在此按钮上按住鼠标左键不放，展开两个新的按钮：和
	【使用选择中心】按钮	以所有选择对象的公共轴心作为操作的中心点
	【使用变换坐标中心】按钮	以当前坐标系统的轴心作为操作的中心点
	【选择并操纵】按钮	用于选择和改变物体的尺寸大小
	【镜像】按钮	移动一个或多个对象，使其沿着指定的坐标轴向镜像到另一个方向，同时可以产生具备多种特性的复制对象。
	【阵列】按钮	创建当前选择物体的阵列(即一连串的复制物体)，它可以产生一维、二维、三维的阵列复制，常大量有序地复制物体
	【快照】按钮	将特定帧的物体以当时的状态复制出一个新的物体，就像拍照片一样，结果会得到一个瞬间的造型
	【间隔工具】按钮	在一条曲线路径上(或空间的两点间)将物体进行批量复制，并且整齐均匀排列在路径上，还可以设置物体的间距方式和轴心点是否与曲线切线对齐
	【对齐】按钮	将选择的对象与目标对象对齐，包括位置对齐和方向对齐，根据各自的轴心点三角轴完成。这个按钮产生的操作有实时调整实时显示效果的功能。在此按钮上按住鼠标左键不放将展开5个新的按钮：、、、、
	【快速对齐】按钮	将当前选择的位置与目标对象的位置快速对齐
	【法线对齐】按钮	将两个对象的法线进行对齐。对于次物体，也可以将指定的面进行法线对齐

续表

图　标	名　称	按钮功能
		主工具栏
	【放置高光】按钮	将选择的灯光或物体通过高光点的精确指定进行重新定位。可灵活控制产生在物体表面的高光点的位置，不用到处移动灯光，只需在物体表面安排高光点即可得到满意的效果
	【对齐摄影机】按钮	将选择的摄像机对齐目标物体所选择表面的法线，灵活控制摄像机要观察的目标
	【对齐到视图】按钮	将所选择物体或次物体集合的自身坐标轴与当前激活的视图对齐，即将其自身的坐标轴的指定轴向与当前视图的 Z 轴垂直
		渲染工具栏
	【渲染场景对话框】按钮	对当前场景进行渲染设置并渲染
	【渲染帧窗口】按钮	显示渲染输出结果
	【快速渲染（产品级）】按钮	按默认设置快速渲染当前场景，产生产品级的效果。在此按钮上按住鼠标左键不放将展开一个新的按钮：
	【渲染迭代】按钮	该按钮可在迭代模式下渲染场景，而无需打开【渲染设置】对话框，无需从【渲染设置】对话框左下角和渲染帧窗口右上角的下拉列表框中进行渲染
		编辑器工具栏
	【层管理器】按钮	单击该按钮，打开层编辑对话框
	【曲线编辑器（打开）】按钮	打开轨迹控制器，此按钮主要用于动画制作
	【图解视图（打开）】按钮	此按钮主要用于动画制作
	【材质编辑器】按钮	打开材质编辑器，进行材质的编辑工作
		链接 / 取消链接工具栏
	【选择并链接】按钮	用此按钮可将两个对象链接起来，使之产生父子层次关系，以便进行链接运动操作
	【断开当前选择链接】按钮	取消两物体之间的层次链接关系，使子物体恢复独立
	【绑定到空间扭曲】按钮	将所选择的对象绑定到空间扭曲物体上，使它受到空间扭曲物体的影响

附表 3　标准视图控制区按钮

图　标	名　称	按钮功能
	【缩放】按钮	激活该按钮后，在任意视图中按住鼠标左键不放进行上下拖动，可以使视图放大或缩小
	【缩放区域】按钮	激活该按钮后，可在除摄影机视图和透视图以外的任意视图中进行框选，使物体局部放大
	【视野】按钮	在透视图或摄影机视图中，激活该按钮，在视图中进行上下拖动，也可以使视图放大或缩小，但在缩小视图时会使其发生透视变形
	【平移视图】按钮	激活该按钮后，在任意视图中按住鼠标左键进行拖动，可以平移观察视图
	【穿行】按钮	使用穿行导航，可通过按下包括方向键在内的一组快捷键从而在视口中移动，正如在众多视频游戏中的 3D 世界中导航一样
	【弧形旋转】按钮	使用视图中心作为旋转中心。如果对象靠近视口的边缘，则可能会旋转出视图
	【弧形旋转子对象】按钮	使用当前子对象选择的中心作为旋转的中心。当视图围绕其中心旋转时，当前选择将保持在视口中的同一位置上
	【弧形旋转选定对象】按钮	使用当前选择的中心作为旋转的中心。当视图围绕其中心旋转时对象将保持在视口中的同一位置上
	【缩放所有视图】按钮	此按钮的功能与按钮基本相同，但它将对所有视图产生影响
	【最大化显示】按钮	激活该按钮可使当前视窗以最大化方式显示
	【最大化显示选定对象】按钮	按住按钮不放，即可出现此按钮，激活该按钮可以使当前视窗中被选择的物体以最大化方式显示
	【所有视图最大化显示】按钮	此按钮的功能与按钮基本相同，但它会使所有视图发生改变
	【所有视图最大化显示选定对象】按钮	此按钮的功能与按钮基本相同，但它会使被选择的物体在所有视图中以最大化方式显示
	【最大化视口切换】按钮	激活该按钮可使当前视窗满屏显示，再次单击可恢复至原来的状态。建议最好使用它的快捷键 Alt+W 进行操作

附表 4　摄影机视图控制区按钮

图　标	名　称	按钮功能
	【推拉摄影机】按钮	沿视线方向移动摄像机的出发点，保持出发点与目标点之间连线的方向不变，使出发点在此线上滑动，这种方式不改变目标点的位置，只改变出发点的位置
	【推拉目标】按钮	沿视线移动摄像机的目标点，保持出发点与目标点之间连线的方向不变，使目标点在此线上滑动，这种方式不会改变摄影机视图的影像效果，只是有可能使摄影机反向
	【推拉摄影机＋目标】按钮	沿视线同时移动摄影机的目标点与出发点，这种方式产生的效果与按钮相同，只是保证了摄影机本身形态不发生改变
	【透视】按钮	以推拉出发点的方式改变摄影机的 FOV 镜头值，配合键盘上的 Ctrl 键可以增加变化的幅度
	【侧滚摄影机】按钮	沿着垂直于视平面的方向旋转摄影机的角度
	【环游摄影机】按钮	固定摄影机的目标点，使出发点围着它进行旋转观测，配合 Shift 键可以在单方向进行旋转。常用于一种注视动画，即观察者的目光紧紧盯着一处，而本人则在不停地运动
	【摇移摄影机】按钮	固定摄影机的出发点，使目标围着它进行旋转。此按钮常用于一种扫视动画，即观察者本人站着不动，只是目光不断变换方向，左顾右盼

附表 5　聚光灯视图控制区按钮

图　标	名　称	按钮功能
	【灯光聚光区】按钮	调整聚光灯聚光区域的大小
	【灯光衰减区】按钮	调整聚光灯衰减区域的大小